Astronomischer Jahresbericht

Gegründet von Walter F. Wislicenus

Mit Unterstützung der Astronomischen Gesellschaft

herausgegeben vom

Astronomischen Rechen-Institut

zu Heidelberg

46. Band

Die Literatur der Jahre 1943–1946

2. Teil

In Kommission bei

Walter de Gruyter & Co.

vormals G. J. Göschen'sche Verlagshandlung — J. Guttentag, Verlagsbuchhandlung — Georg Reimer — Karl J. Trübner — Veit & Comp.

Berlin 1951

Archiv-Nr. 18 01 51

Veroffentlicht unter Zulassung Nr. CBIB
der Nachrichtenkontrolle der Militarregierung

Gedruckt mit Unterstützung der
Notgemeinschaft der Deutschen Wissenschaft

Druck: G. Braun (vorm. G. Braunsche Hofbuchdruckerei und Verlag) G.m.b.H.,
Karlsruhe in Baden

Printed in Germany

Auflage 500 — Juli 1951

Vorwort

Der vorliegende 46. Band des Astronomischen Jahresberichtes (AJB) ist der zweite Teil der Übersicht der astronomischen Literatur aus den Jahren 1943—1946 einschließlich einiger Nachträge aus früheren Jahren. Wie bereits im Vorwort des 45. Bandes mitgeteilt wurde, welcher den ersten Teil enthält, mußte diese Zusammenfassung der Literatur von vier Jahren und ihre Aufteilung in zwei Bände aus zeitbedingten Gründen erfolgen.

Die Einteilung des Stoffes ist dieselbe wie in Band 45.

Sofern russische Arbeiten nicht im Original vorlagen, wurden wenigstens ihre Titel der „Bibliographie der astronomischen Arbeiten in der Sowjetunion in den Jahren 1917—1947" (vgl. AJB 48 Ref. 702) entnommen. Falls Titel und Verfassernamen russischer Arbeiten nicht in englischer oder französischer Sprache vorlagen, wurden diese von W. Lohmann ins Deutsche übersetzt, wobei für russische Namen die in Deutschland übliche Schreibweise benutzt wurde. Es hat sich dadurch nicht vermeiden lassen, daß verschiedentlich englische, französische und deutsche Schreibweisen ein und desselben russischen Namens vorkommen.

Bei Arbeiten, die nicht direkt eingesehen werden konnten, sondern irgendwelchen Registern, Mitteilungen und Hinweisen entnommen wurden, ist es unvermeidlich gewesen, daß Widersprüche und eventuell Fehler mit in den AJB übernommen wurden.

Die Schriftleitung des AJB lag in den Händen von Professor Dr. K. Heinemann. An der Bearbeitung nahm Dr. W. Lohmann teil.

Den Autoren, Gesellschaften, Instituten und Sternwarten sei an dieser Stelle für die Zusendung ihrer Veröffentlichungen herzlichst gedankt. Ferner sei hier allen Förderern des AJB sowie allen Mitarbeitern, deren Namen in dem Verzeichnis auf Seite IV zusammengestellt sind, der verbindlichste Dank ausgesprochen. Insbesondere hat die Notgemeinschaft der Deutschen Wissenschaft den Druck dieses Bandes wie auch des Bandes 48 (Literatur des Jahres 1948) durch einen Zuschuß ermöglicht.

Heidelberg, Januar 1951

Astronomisches Rechen-Institut

Verzeichnis der Mitarbeiter

Schriftleitung: K. Heinemann

Unter Mitwirkung von W. Lohmann (Loh.)

U. Baehr, Heidelberg

S. Böhme, Heidelberg (Böh.)

A. Bohrmann, Heidelberg (Bo.)

Jr. Bouška, Prag — Tschechoslowakische Literatur (J. B.)

F. Gondolatsch, Heidelberg (Go.)

W. Gleissberg, Istanbul (W. Gl.)

H. Klauder, Heidelberg (Kdr.)

A. König, Heidelberg (Kö.)

A. Kopff, Heidelberg

G. R. Miczaika, Heidelberg (Micz.)

E. Rabe, Cincinnati (E. R.)

P. Sconzo, La Plata — Südamerikanische Literatur

W. Strohmeier, München (Str.)

G. Thiessen, Hamburg-Bergedorf (Thi.)

F. Zagar, Brera-Milano — Italienische Literatur (F. Z.)

Inhaltsverzeichnis

Erster Teil: Allgemeines und Geschichtliches

Zweiter Teil: Instrumente. Technik des Beobachtens

Dritter Teil: Sphärische Astronomie

Vierter Teil: Theoretische Astronomie

Fünfter Teil: Theoretische Astrophysik

Sechster Teil: Sonne

Siebenter Teil: Planeten und Monde

Achter Teil: Kometen. Meteore

Neunter Teil: Sterne

Zehnter Teil: Doppelsterne

Elfter Teil: Veränderliche Sterne. Novae

Zwölfter Teil: Sternsysteme. Nebel. Interstellarer Raum

Dreizehnter Teil: Geodäsie. Nautik

Übersicht über die referierten Zeitschriften

Unter Zeitschriften sind nicht nur alle periodisch erscheinenden Schriften verstanden, sondern im weiteren Sinne auch alle zwanglos erscheinenden Veröffentlichungen von Sternwarten, Instituten und Gesellschaften.

Die durchgesehenen Zeitschriften sind in den folgenden Abschnitten III—IV zusammengestellt.

Einzelne Zeitschriftennummern, die nicht direkt eingesehen werden konnten, sind durch einen Stern (*) kenntlich gemacht.

Die im Astronomischen Jahresbericht angewandten Abkürzungen sind in den Abschnitten I—II gegeben.

I. Allgemeine Abkürzungen

Abh.	Abhandlungen	Oss.	Osservatorio, Osservazioni
Abstr.	Abstrakt, abstract	Phil.	Philosophical usw.
Acad.	Académie, Academy	Phys.	Physik usw.
Accad.	Accadémia	Proc.	Proceedings
Akad.	Akademie	Pubbl.	Pubblicazioni
Ann.	Annalen, Annales, Annals	Publ.	Publications, Publikationen
Arch.	Archives	Rech.	Recherches
Astr.	Astronomie usw.	Ref.	Referat
Astrophys.	Astrophysik usw.	Rend.	Rendiconti
Beob.	Beobachtungen	Repr.	Reprint
Ber.	Berichte	Res.	Research
Bull.	Bulletin	Rev.	Review, Revue
Circ.	Circular	Ric.	Ricerche
Commun.	Communications	Sci.	Science, scientific
Comun.	Comunicazioni	Ser.	Série, Serie, Series
Contr.	Contributions usw.	Sitzber.	Sitzungsberichte
Desgl.	Desgleichen	Soc.	Società, Société, Society
Diss.	Dissertation	Sternw.	Sternwarte
Ges.	Gesellschaft	Suppl.	Supplement
Inst.	Institut usw.	T.	Tidskrift, Tidsskrift, Tijdschrift
J.	Journal	Trans.	Transactions
Math.	Mathematik usw.	Univ.	Universität usw.
Medd.	Meddelanden, Meddelelser	Veröff.	Veröffentlichungen
Mém.	Mémoires	Vgl.	Vergleiche
Mem.	Memoirs, Memoire	VJS	Vierteljahrsschrift
Mitt.	Mitteilungen	Wetensch.	Wetenschappen
Nachr.	Nachrichten	Wiss.	Wissenschaften
(NF)	Neue Folge	Z.	Zeitschrift
(NR)	Neue Reihe		
(NS)	Neue Serie		
Obs.	Observatorium usw.		

AAVSO vgl. AJB **45** Ref. 104
Ref. AAS vgl. 102
Ref. AG vgl. 106
Ref. ASP vgl. 104

II. Abkürzungen der Zeitschriften

Die Nummern beziehen sich auf den ausführlichen Titel der Zeitschriften und Veröffentlichungen in Liste III S. X und Liste IV S. XIII. Ist anstatt einer Nummer ein † gesetzt, so ist die betreffende Abkürzung in AJB 45 S. XI einzusehen.

	Nr.		Nr.
AA(a), AA(b), AA(c)	3	Mem SA It	35
AJ	†	MN ASSA	39
AJB	†	MN	40
AN	†	MN Geophys Suppl	†
Ann d' Astrophys	5	MWC	†
Ann d Hydrog	4	NAT	60
ApJ	†	Nat	38
Ark Mat Astr Fys	7	Naturwiss	†
Astr Circ USSR	†	Obs	42
BA	15	PAT	59
BAA Circ	†	Phys Ber	11
BAAH	†	Phys Rev	50
BAB	171	Pop Astr	9
BAF	†	Proc Roy Soc	47
BAN	†	Publ AAS	48
BIA	122	Publ ASP	49
BSAF	8	Pulk Circ	149
Bull hor	17	Pulk Mitt	148
CR	21	Pulk Publ	†
DAN	22	RAJ	28
Gaz astr	23	Rev Astr	53
Harv Ann	84	Rev Mod Phys	52
Harv Bull	86	Rev d'Opt Théor et Instr	54
Harv Card	89	RH	55
Harv Circ	85	Smithsonian Publ	178
Harv Repr	87, 88	TAB	165
JBAA	29	Terr Mag	58
J Can RAS	†	Trans Inter Astr Union	†
JJAG	27	UAI Circ	†
JO	31	UC	†
J Opt Soc Amer	32	Union Circ	†
Kop Akt Medd	†	Urania Barcelona	62
Lick Bull	†	VS Bull	63
LOB	†	Wash Nat Ac Proc	46
Lund Medd	127	ZfA	†
Math Rev	51	ZfMG	66
McDC	98	Z f Naturf	†
Mem BAA	36	Z f Phys	65
Mem RAS	†		

Weitere Zeichen und Abkürzungen, die sich auf Kleine Planeten und Veränderliche beziehen, sind in § 56 bzw. § 85 S. 194 erläutert.

III. Zeitschriften und Veröffentlichungen von Gesellschaften

1. Abhandlungen der Preußischen Akademie der Wissenschaften. Mathematische und naturwissenschaftliche Klasse. — **1944** Nr. 1—7 (8—10 ist nicht erschienen), 11—12.
2. Abhandlungen der Deutschen Akademie der Wissenschaften zu Berlin, Mathematisch-naturwissenschaftliche Klasse. — Jahrgang **1945/46** Nr. 1.
3. Acta Astronomica. Krakau. — Vol. **4** S. 25—34.
4.* Annalen der Hydrographie und maritimen Meteorologie. Berlin. — **71**, **72**.
5. Annales d'Astrophysique. — Tome **9** Nr. 1—4.
6. Annales Françaises de Chronométrie. Besançon.— **13**e année Nr. 1—4, 1943. **14**e année Nr. 1—4, 1944. **15**e année Nr. 1—4, 1945. **16**e année Nr. 1*, 2—4, 1946.
7. Arkiv för Matematik, Astronomi och Fysik. Stockholm. — Band **33** Heft 1.
8. L'Astronomie. Bulletin de la Société Astronomique de France. Paris. — **55** Octobre—Décembre, 1941. **57**—**60** Janvier—Décembre, 1943—1946.
9. Popular Astronomy. Northfield. — Vol. **50** Nr. 3—5, 8—10, 1942. Vol. **51** Nr. 1, 4—6, 9—10, 1943. Vol. **52** Nr. 1—2, 5—10, 1944. Vol. **53** Nr. 1—2, 4—10, 1945. Vol. **54** Nr. 1—10, 1946. (Die Arbeiten aus den fehlenden Nummern wurden dem Register jeden Bandes entnommen).
10. Astrophysica Norvegica. Oslo. — Vol. **3**, **4**.
11. Physikalische Berichte. Braunschweig, Fr. Vieweg & Sohn. — **25**. Jahrgang Heft 1—10, 1944.
12. Berichte über die Verhandlungen der Sächsischen Akademie der Wissenschaften zu Leipzig. Mathematisch-naturwissenschaftliche Klasse. — **96** Nr. 1.
13. Astronomische Blätter. Zeitschrift der Astronomischen Abteilung des Konigl. Ungarischen Naturwissenschaftlichen Vereins, Budapest. — **6**. Jahrgang Nr. 3—4, 1943. **7**. Jahrgang Nr. 1—3, 1944.
14. Neue Physikalische Blatter. Karlsruhe, Verlag von Volk und Zeit. Stuttgart, Franz Mittelbach Verlag. — **2**. Jahrgang Heft 1—9, 1946.
15. Bulletin Astronomique. Deuxième série. Mémoires et Variétés. Paris. — Tome (2) **11** fasc. 8 (1938). Tome **12** fasc. 1—6 (1940) in AJB **42** und AJB **43** referiert. Tome **12** fasc. 7 (1940), **12** fasc. 8 (1946).
16.* Bulletin der Astronomisch-Geodatischen Gesellschaft der Sowjetunion. Verlag der Akademie der Wissenschaften der Sowjetunion. Moskau-Leningrad. — Nr. **5**.
17. Bulletin horaire du Bureau International de l'Heure. Observatoire de Paris. — Avril—Juin, Août—Octobre 1942. Décembre 1942—Février, Avril—Juin, Août—Octobre 1943. Décembre 1943—Février, Avril—Juin, Août—Octobre 1944. Décembre 1944—Février 1945.

    2me Série: Mai—Août, Septembre—Décembre 1945. Janvier—Avril, Mai—Août, Septembre—Décembre 1946.

    Série D: Janvier—Juin, Juillet—Décembre 1942. Desgl. 1943. Janvier—Juin 1946.

18. Bulletın de la Station Astronomique de Sigmaringen. 1ère année Nr. 1, 1945. 2me année Nr. 2, 3, 1946.

19. Ciel et Terre. Bulletin Mensuel de la Société Belge d'Astronomie, de Météorologie et de Physique du Globe. Ucrle-Bruxelles. — Année **60** Nr. 1—12, 1944.

20.* Coelum. Bologna. — **14** Nr. 1—12, 1946. Von F. Zagar, Brera-Milano, besprochen.

21.* Comptes Rendus hebdomadaires des Séances de l'Académie des Sciences, Paris. — Tome **200, 212, 214, 216—217, 220—223.**

22.* Doklady. Berichte der Akademie der Wissenschaften der Sowjetunion. Moskau. — **27—55.**

23. Gazette astronomique. Bulletin de la Société d'Astronomie d'Anvers. — Année **28** Nr. 1—12, 1946 (Gesamtnummer 319—324).

24. Glasnik. Societas Scientiarum Naturalium Croatica. Periodicum Mathematico-Physicum et Astronomicum, Zagreb. — Serıja (2) Tome **1** Nr. 1—5.

25. Heelal. Tijdschrift der Vereniging voor Sterrenkunde, Meteorologie, Geophysica en aanverwante Wetenschappen. Antwerpen. — Jahrgang 1 Nr. 1—4, 1945. Jahrgang **2** Nr. 1—12, 1946.

26.* Hemel en Dampkring. Groningen. J. B. Wolters. — **39, 43, 44.**

27.* Japanese Journal of Astronomy and Geophysics. Tokyo. — **18—21.**

28.* Astronomical Journal of Soviet Union (bis 1934 Russıan Astronomical Journal). Moskau—Leningrad. — Tom **18—23.**

29. Journal of the British Astronomical Association. — Vol. **54** Nr. 1, 1944, Vol. **55** Nr. 6, 1945. — Die Arbeiten in Nummer 1 und 6 sind dem Register der beiden Bande entnommen.

30.* Journal of the Franklin Institute. Philadelphia. — **234, 236.**

31. Journal des Observateurs. Marseille. — Vol. **25—29.**

32.* Journal of the Optical Society of America. Published by the American Institute of Physics in Lancaster and New York. — Vol. **34.**

33. Csillagászati Lapok. — (Siehe unter Nr. 13). Astronomische Blatter.

34.* Leaflet. Astronomical Society of the Pacific. San Francisco. — Nr. 142, 147, 150, 151, 154, 155, 157—162, 168, 170, 173, 176, 178, 180, 181, 183, 189, 193, 195, 197, 200, 201, 205, 207, 212, 213. (Die Arbeiten sind den Annual report Mt. Wilson entnommen).

35. Memorie della Società Astronomica Italiana. Nuova Serie. Pavia. — Vol. **17** Nr. 3—4, **18** Nr. 1.

36. Memoirs of the British Astronomical Association. London. — Vol. **34** part 3, 4, **35** part 1—4.

37. Nachrichten der Akademie der Wissenschaften in Gottingen. Math.-Phys. Klasse. — **1945, 1946.**

38.* Nature. A Weekly Journal of Science. London. — Vol. **152—154, 156—158.**

39. Monthly Notes of the Astronomical Society of South Africa. Cape Town. — Vol. **5** Nr. 10—11, 1946.

40. Monthly Notices of the Royal Astronomical Society. London. — **106** Nr. 2—6.

41.* The Griffith Observer. Los Angeles. — Vol. **5—7.**

42. The Observatory. London. — Vol. **64** Nr. 807—811, 1942. Vol. **65** Nr. 812 —823, 1943/44. Vol. **66** Nr. 824—835, 1945/46.
43. Orion Genève. Mitteilungen der Schweizerischen Astronomischen Gesellschaft. — Nr. **13**, 1946.
44.* Priroda (Natur). UdSSR. — **29**—**35**.
45.* Proceedings of the American Philosophical Society. Philadelphia. — **85** —**90**.
46.* Proceedings of the National Academy of Sciences of the United States of America. Washington. — Vol. **27**, **28**, **30**.
47.* Proceedings of the Royal Society. Series A. Mathematical and Physical Sciences. London. — Vol. **181**, **186**.
48.* Publications of the American Astronomical Society. — Vol. **10**.
49. Publications of the Astronomical Society of the Pacific. San Francisco. — **54** Nr. 317—319, **55***—**58*** (Die Arbeiten sind dem Annual report Mt. Wilson entnommen.)
50.* The Physical Review. Published for the American Physical Society by the American Institute of Physics in Lancaster and New York. — (2) **70**, **71**.
51. Mathematical Reviews. — Vol. 8—**10**.
52.* Reviews of Modern Physics. New York. — Vol. **15**.
53.* Revista Astronomica. Buenos Aires. — **12**—**18**. Von Prof. P. Sconzo, La Plata, besprochen.
54.* Revue d'Optique Théorique et Instrumentale. Paris. — **1946**.
55.* Říše hvězd. Reich der Sterne. Herausgegeben von der Tschechischen Astronomischen Gesellschaft in Prag. — **25** Nr. 1—10, 1944. **26** Nr. 1—9, 1945. **27** Nr. 1—10, 1946. Von Jr. Bouška, Prag, besprochen.
56. Sitzungsberichte der Akademie der Wissenschaften in Wien. Mathematisch-naturwissenschaftliche Klasse. Abteilung II a. Mathematik, Astronomie, Physik, Meteorologie und Technik. Wien. — **152** Heft 1—10, **153** Heft 1—10, **154** Heft 1—10, **155** Heft 1—2.
57. Sky and Telescope. Cambridge Mass., Harvard College Observatory. — Vol. **3** Nr. 5, **5** Nr. 8, **6** Nr. 1, 2.
58.* Terrestrial Magnetism and Atmospheric Electricity. Baltimore, Maryland. — Vol. **46**—**51**.
59. Populär Astronomisk Tidskrift. Stockholm. — Årgång **27** Häfte 1—4.
60. Nordisk Astronomisk Tidsskrift. Kopenhagen. — **1945** Nr. 1—4, **1946** Nr. 1—4.
61. Universitas. Zeitschrift für Wissenschaft, Kunst und Literatur. Stuttgart. — **1**.
62. Urania. Revista de Astronomia y Ciencias Afines. Organo Oficial de la Sociedad Astronómica de España y América y de la Unión Nacional de Astronomia y Ciencias Afines. Barcelona, Madrid. — Año **29** Nr. 208, 1944. Año **30** Nr. 209—212, 1945. Año **31** Nr. 213—215, 1946.
63. Veränderliche Sterne. Bulletin, herausgegeben vom Astronomischen Rat der Akademie der Wissenschaften der Sowjetunion. Moskau—Leningrad. — Tom **5** Nr. 11 (59), 12 (60), **6** Nr. 1 (61), 2 (62).
64. Zeitschrift fur die gesamte Naturwissenschaft. Berlin-Dahlem. — **10**.
65. Zeitschrift für Physik. Berlin, Göttingen, Heidelberg. Springer-Verlag. — Band **122** Heft 1—12, 1944.
66. Zentralblatt für Mathematik und ihre Grenzgebiete. Berlin, Springer-Verlag. — Band **28** Heft 7—8.

IV. Veröffentlichungen von Sternwarten und Instituten

Aarhus

67. Meddelelser fra Ole Römer-Observatoriet.

Nr. **17**: A. V. Nielsen, The velocity of the Pultusk meteor. Ref. **6741**.

18: A. V. Nielsen, On three bright meteors. Ref. **6742**.

Abastumani

68. Bulletin of the Abastumani Astrophysical Observatory.

Nr. **6**: G. A. Shajn, The occurence of carbon isotopes in the spectra of N type stars. Ref. **7525**.

E. K. Kharadse, Color-indices of 1758 stars in five Kapteyn's areas in galactic plane. Ref. **7416**.

M. A. Vashakidse, Color-indices of 155 extragalactic nebulae. Ref. **8930**.

M. A. Vashakidse, The distribution of stars of different spectral classes in dark and bright regions of the Milky Way. Ref. **9022**.

O. A. Melnikov, On the phases of variation of radii of the chromosphere and photosphere of Cepheids. Ref. **8467**.

E. K. Kharadse, N. B. Demidov, Photographic observations of minor planets. Ref. **5615**.

G. A. Tevsadse, Determination of the latitude and longitude of Abastumani Observatory on the Mount Kanobili based on observations in 1939. Ref. **9719**.

S. M. Chkhaidse, Spectroheliosocopic observations on Mount Kanobili in 1940. Ref. **4410**.

S. M. Chkhaidse, Actinometric observations on Mount Kanobili. Ref. **4506**.

7: M. A. Vashakidse, An investigation of the polarization of the solar corona at the total eclipse of September 21, 1941. Ref. **4208**.

V. B. Nikonov, Radiometric observation of the solar corona during the eclipse of 1941, September 21. Ref. **4208**.

V. T. Hase, On the effect of line absorption on the temperature determination of the inner corona. Ref. **4708**.

G. A. Shajn, Some physical characteristics of the atmospheres of supergiants cB5—cA3. Vgl. AJB **45** Ref. **7574**.

E. K. Charadse, Farbenindizes von 4535 Sternen in elf Kapteynschen Eichfeldern. Ref. **7404**.

P. T. Shajn, The study of selective absorption in the region of the rift of milky way in Aquila. Ref. **9119**.

G. A. Tevsadse, Note on two new comets. Ref. **6609**a.

A brief report on the activity of the Abastumani Astrophysical Observatory on Mount Kanobili in the years 1940—1942. Ref. 101.

8: M. A. Vashakidse, Color-indices of 215 extragalactic nebulae. Ref. 8931.

W. A. Ambarzumjan, Über die Helligkeitsschwankungen der Milchstraße. Ref. 9002.

O. A. Melnikov, On the absorption in the windows of zone of avoidance. Ref. 9112.

O. A. Melnikow, Die kosmische Absorption nach langperiodischen Cepheiden in Verbindung mit der Frage über den Nullpunkt der Perioden-Helligkeitsbeziehung. Ref. 8468.

E. K. Charadse, Farbenindizes von 3219 Sternen in 9 Kapteynschen Eichfeldern der Breiten b = $\pm 10°$—$20°$. Ref. 7405.

M. A. Vashakidse, On the degree and direction of the plane of polarization in the streamers of the solar corona and in the regions free of them according to the observation of the total solar eclipse of September 21, 1941. Ref. 4208.

G. A. Tewsadse, Zur Bestimmung des Schweiftyps des Kometen 1942 Tevsadse II. Ref. 6649.

S. M. Tschchaidse, Zur aktinometrischen Charakterisierung des Kurortes Abastumani. Ref. 401.

Abbadia

69. Catalogue résumant dix années d'observations (1920—1930), comprenant 1246 étoiles dont 764 fondamentales de +46° à −26°, réduites à 1925.0. Ref. 7116.

70. Sixième catalogue comprenant 1376 étoiles dont 742 fondamentales de +45° à −26° observées en 1930, 1931, 1932, réduites à 1925.0. Ref. 7117.

Åbo

71. Meddelanden från Åbo Akademis Astronomiska Observatorium.

Nr. 2: H. O. Gronstrand, On some differential formulae in the calculation of solar eclipses. Ref. 2303.

3: H. O. Gronstrand, The total solar eclipse of 1945 July 9. Prediction for Finland. Vgl. AJB 45 Ref. 4215.

Amsterdam

72. Publications of the Astronomical Institute of the University of Amsterdam.

Nr. 6: A. Pannekoek, G. B. van Albada, A photometric study of some stellar spectra (δ Cephei, ϑ Cygni, π Cephei, δ Equulei). Part 2. Discussion of results. Ref. 7523.

7: Vgl. AJB 44 Ref. 8804.

Ann Arbor

73. Publications of the Observatory of the University of Michigan.

8 11: R. McMath, The Julius F. Stone spectroheliograph for the determination of solar atmospheric radial velocities. Ref. 1512.

12: D. B. McLaughlin, On the spectra of novae. Ref. 8614.

9 1: R. A. Rossiter, Fifth list of new southern double stars found at the Lamont-Hussey Observatory of the University of Michigan at Bloemfontein, South Africa. Ref. 8205.

Arcetri

74. Osservazioni e Memorie dell'Osservatorio Astrofisico di Arcetri.

Nr. **63**: G. Abetti, Osservazione di protuberanze e della cromosfera solare eseguite nel 1943. AJB **45** Ref. **4629**.

G. Frosali, Osservazioni fotometriche dell'eclisse lunare del 26 agosto 1942. AJB **45** Ref. **5409**.

G. Righini, La radiazione ultravioletta e corpuscolare del sole. AJB **45** Ref. **4515**.

M. G. Fracastoro, Ricerche sulla variabile ζ Aurigae durante l'eclisse del 1942. Nota II: Ampiezze e fasi monocromatiche — spettro. Ref. 8431.

G. Abetti, Osservazioni di protuberanze e della cromosfera solare eseguite nel 1943—1944. Ref. **4627**.

G. Abetti, Osservazioni di protuberanze e della cromosfera solare eseguite nel 1945. Ref. **4627**.

G. Righini, Smorzamento e profondità ottica delle righe del sodio nell'atmosfera solare. Ref. **4425**.

M. G. Fracastoro, Ricerche sulla variabile ζ Aurigae durante l'eclisse del 1942. Nota III: Considerazioni finali. Ref. 8432.

M. Hack, Ricerche su FF Aquilae. Ref. 8437.

M. G. Fracastoro, Sopra un metodo di fotometria fotografica stellare e le sue applicazioni. Ref. 1806.

M. C. Ballario, A. Colacevich, Generalità e calcolo delle velocità spaziali di 2459 stelle. Ref. **9031**.

Armagh

75. Contributions from the Armagh Observatory.

Nr. **1**: E. M. Lindsay, The region of bright nebulosity in the coal sack. Ref. 8807.

Asiago

76. Contributi dell'Osservatorio Astrofisico dell'Università di Padova in Asiago.

3: A. Gennaro, S. Taffara, Posizioni delle comete Oterma 1 (1942b), Oterma 2 (1942f) e Whipple-Fedtke (1942g) dedotte da fotografie prese con il riflettore di cm. 120 dell'Osservatorio di Asiago. Ref. **6644**, **6648**, **6649**.

Berlin-Babelsberg

77. Mitteilungen über veranderliche Sterne. Herausgegeben von den Sternwarten Berlin-Babelsberg und Sonneberg. Nr. 21—48 (1943), Nr. 49—101 (1944), Nr. 102—105a (1945). § **85**.

Bern

78. Veröffentlichungen des Astronomischen Instituts der Universität Bern.

Nr. 1: S. Mauderli, Der Anteil der Schweiz an der Entwicklung der Himmelsforschung. Ref. 518.

2: M. Schürer, Beitrag zur Dynamik der Sternsysteme. AJB **45** Ref. **9060**.

Bjurakan

79.* Mitteilungen (Soobschtschenija) des Observatoriums Bjurakan.

Nr. 1: B. E. Markarjan, Die Schwankungen in der scheinbaren Verteilung der Sterne und die kosmische Absorption. Ref. **9017**.

Bloomington

80. Publications of the Kirkwood Observatory of Indiana University.

Nr. 1: K. P. Williams, The transits of Mercury (with Supplement). Siehe AJB **42** Ref. 5209. Ref. zu Supplement siehe AJB **46** Ref. 5206.

2: F. K. Edmondson, Stellar kinematics and mean parallaxes. II. AJB **42** Ref. **9047**.

3: J. Cuffey, The galactic clusters NGC 6649 and NGC 6694. AJB **42** Ref. 8713.

4: J. Cuffey, The galactic clusters Messier 46, Messier 50, and NGC 2324. AJB **43** Ref. 8703.

5: J. Cuffey, The galactic clusters NGC 2126 and NGC 2194. AJB **45** Ref. 8709.

6: J. Cuffey, NGC 5053 and NGC 6838. AJB **45** Ref. 8728.

7: F. K. Edmondson, H. L. Giclas, BN Monocerotis: An N-type variable. AJB **45** Ref. 8409.

8: K. P. Williams, A comparison of the solar theories of Newcomb and Le Verrier with conversion tables for the nineteenth century. Ref. 3266.

9: L. H. Aller, The atmosphere of 10 Lacertae. AJB **45** Ref. 3601.

Bologna

81. Pubblicazioni dell'Osservatorio Astronomico di Bologna.

4 1: F. Zagar, La nebulosa anulare della Lira. Ref. 8817.

2—7: Siehe AJB **45** S. XVII.

8: L. Rosino, Considerazioni sulla relativa frequenza e distribuzione delle variabili fisiche regolari. Ref. 8420.

5 1: L. Rosino, Ricerche fotografiche sul gruppo di nebulose presso Θ Orionis I. Le stelle variabili. Ref. 8544.

2: A. Kranjc, Sulle immagini di una sorgente puntiforme generate da uno specchio rotondo concavo. Ref. 1126.

Bruxelles

82. Université de Bruxelles. Institut d'Astronomie.

(1) Nr. 8: J. F. Cox, H. Jehle, Eléments canoniques des petites planètes 1 à 1183. Ref. 5607.

(2) Nr. 34: F. Pierrard, Mesures de la déviation par rapport à la verticale dans la montée à vitesse constante d'un poids suspendu à un fil. Ref. 9607.

Budapest-Szabadsághegy

83. Contributions from the Konkoly Observatory.

Nr. 19: Siehe AJB 48 Ref. 6107.

20: L. Dezso, The short period Cepheid RU Piscium. Ref. 8462.

Cambridge, Mass.

84. Annals of Harvard College Observatory.

108 2: V. McKibben, Photographic magnitude sequences in the Small Magellanic Cloud. Ref. 8535.

109 2: E. H. Boyce, Variable stars in MWF 361. Ref. 8505.

3: C. M. Hanley, One hundred and eleven new variable stars in MWF 360. Ref. 8529.

4: E. H. Boyce, M. Huruhata, One hundred and fifty-two new variable stars in MWF 11. Ref. 8506.

5: I. G. Buttery, Twenty-two new variable stars in MWF 10. Ref. 8508.

6: V. McKibben Nail, Three hundred and thirty-nine new variable stars in the Small Magellanic Cloud. Ref. 8536.

7: M. D. Ashbrook, Ninety-nine variable stars in Milky Way Field 359. Ref. 8501.

8: M. D. Ashbrook, Fifty-nine variable stars in Milky Way Field 355. Ref. 8502.

9: H. H. Swope, Variable stars in MWF 183. Ref. 8548.

10: H. H. Swope, Variable stars in the southern third of MWF 187. Ref. 8549.

11: H. Shapley, A. S. Carlston, The light curves of forty-nine selected Cepheids in the Small Magellanic Cloud. Siehe AJB 48 Ref. 11210.

110 4/8: L. Campbell, Observations of variable stars by the American Association of Variable Star Observers. Ref. 8509, 8511/12, 8514/15, § 86.

Add.: L. Campbell, Observations of variable stars by the American Association of Variable Star Observers. Ref. 8517.

113 1: C. Payne-Gaposchkin, V. K. Brenton, S. Gaposchkin, The variables of RV Tauri type. Ref. 8418 und § 85.

115 1: C. Payne-Gaposchkin, Variable stars in Milton Field 54. Ref. 8539.

2: S. Gaposchkin, Variable stars in Milton Field 53. Ref. 8523.

3: C. Payne-Gaposchkin, Variable stars in Milton Field 52. Ref. 8540.

4: S. Gaposchkin, Variable stars in Milton Field 51. Ref. 8524.

5: S. Gaposchkin, Variable stars in Milton Field 50. Ref. 8525.

6: C. Payne-Gaposchkin, Variable stars in Milton Field 49. Ref. 8541.

7: S. Gaposchkin, Variable stars in Milton Field 48. Ref. 8526.

8: C. Payne-Gaposchkin, Variable stars in Milton Field 47. Ref. 8542.

9: S. Gaposchkin, Variable stars in Milton Field 46. Ref. 8527.

10: C. Payne-Gaposchkin, Variable stars in Milton Field 45. Ref. 8543.

11: S. Gaposchkin, Variable stars in Milton Field 44. Ref. 8528.

116 1: L. Campbell, Observations of variable stars by the American Association of Variable Star Observers. Ref. 8519, § 86.

85. Harvard College Observatory Circular.

Nr. **444**: V. McKibben, R. A. Craig, F. W. Wright, Periods for 307 variables in the Small Magellanic Cloud. Ref. 8537.

445: C. Payne-Gaposchkin, S. Gaposchkin, A spectrophotometric study of five bright novae. Ref. 8622.

446: E. J. Woodward, A study of four W Ursae Majoris stars. Ref. 8458.

447: E. J. Woodward, Statistical study of W Ursae Majoris type eclipsing binaries. Ref. 8459.

448: D. Hoffleit, The spectra and absolute magnitudes of bright M-type stars (With the observational collaboration of E. J. Woodward). Ref. 7508.

449: D. Hoffleit, Spectroscopic absolute magnitudes of 365 southern K-type stars. Ref. 7705.

86. Bulletin of the Harvard College Observatory.

Nr. **916**: H. Shapley, V. McKibben, Note on the variable stars in the center of the Small Magellanic Cloud. Ref. 8475.

C. Payne-Gaposchkin, On the system of TX Ursae Majoris. Ref. 8551.

F. W. Wright, Eleven variable stars in the globular cluster NGC 4833. Ref. 8716.

S. L. Thorndike, Variable stars in Milky Way Field 377. Ref. 8550.

H. H. Swope, Prediscovery photographic observations of SS Cygni. Ref. 8551.

J. Ashbrook, Secondary light variations of Alpha Herculis. Ref. 8551.

J. Ashbrook, The eclipsing binary 66.1939 Cygni. Ref. 8552.

J. Ashbrook, A new bright Cepheid variable in Scorpius: CPD −45° 8503. Ref. 8554.

R. Prager, The peculiar variable SW Ceti. Ref. 8551.

S. Gaposchkin, Two photographic minima of Epsilon Aurigae. Ref. 8551.

S. Gaposchkin, Remarks on ten spectroscopic binaries. Ref. 8302.

W. J. Luyten, Note on the motion of LPM 206 = L 232—29. Ref. 9046.

Z. Kopal, Proper motions of twenty-four eclipsing systems. Ref. 7202.

J. F. Foster, Notes on photographic meteor showers. Ref. 6771.

J. Ashbrook, Brightness of the eclipsed moon, August 25, 1942. Ref. 5435.

H. Shapley, V. McKibben, Eclipsing stars in the Magellanic Clouds. Ref. 8924.

M. D. Ashbrook, V. McKibben Nail, Note on prediscovery observations of Nova Cygni 1942. Ref. 8640.

917: E. H. Boyce, Eighty-one new variable stars in VSF 524 and 566. Ref. 8507.

S. Gaposchkin, A new bright eclipsing variable with small range, HV 11085. Ref. 8556.

E. J. Woodward, Note on the periods of twenty eclipsing binaries. Ref. 8551.

C. Payne-Gaposchkin, Notes on five eclipsing stars. Ref. 8551.

R. Prager, GR Carinae. Ref. 8551.

J. Ashbrook, Ephemeris corrections for seven Cepheid variables. Ref. 8503.

J. Ashbrook, The Cepheid variable BK Aurigae. Ref. 8551.

S. Gaposchkin, Notes on seven eclipsing stars. Ref. 8551.

S. Gaposchkin, The cluster-type variable W Tucanae. Ref. 8551.

S. Gaposchkin, Photographic light curve of Nova Aquilae 1943. Ref. 8633.

H. Shapley, E. H. Boyce, Indices to Harvard variable star numbers and to published Variable Star Fields. Ref. 8547.

918: M. W. Mayall, Nova Sagittarii 1941 and Nova Scorpii 1941. Ref. 8657, 8658.

M. W. Mayall, Nova Sagittae 1913, 1946. Ref. 8655.

A. Hagopian, C. B. Sawyer, Light curves of Nova Aquilae 1945. Ref 8634.

S. Gaposchkin, Photographic prediscovery and light curve of Nova Puppis 1942. Ref. 8653.

J. Ashbrook, The visual light curve of T Coronae Borealis in 1946. Ref. 8637.

F. W. Wright, Photographic observations of T Coronae Borealis in 1946. Ref. 8637.

S. Gaposchkin, Note on RS Ophiuchi. Ref. 8648.

S. Gaposchkin, The recent variations of XX Ophiuchi. Ref. 8551.

C. Payne-Gaposchkin, M. W. Mayall, The variations of ϱ Cassiopeiae. Ref. 8551.

S. Gaposchkin, The eclipsing system AS Eridani. Ref. 8551.

S. Gaposchkin, A new variable star, HD 26750 (BD $-10°$ 863), HV 11087. Ref. 8553.

C. Payne-Gaposchkin, On the identity of Y Ceti. Ref. 8551.

E. F. Reilly, The orbit of TT Hydrae. Ref. 8551.

B. J. Bok, C. B. Sawyer, Photo-red magnitudes in Harvard Standard Region C 5. Ref. 7403.

87. Harvard Reprint.

Nr. **228**: H. Shapley, Galactic and extragalactic studies, XII. The giant globular cluster 47 Tucanae and its long-period variables. Ref. 8714.

229: Z. Kopal, An analysis of methods for determining the elements of eclipsing binaries. Vgl. AJB **43** Ref. 8467.

230: Z. Kopal, Theoretical light-curves of close eclipsing systems. I. Vgl. AJB **43** Ref. 8468.

231: Vgl. AJB **43** Ref. 8401 und 8402.

232: Vgl. AJB **43** Ref. 1516 und 7403.

233—241: Vgl. AJB **44** S. XII.

242: Z. Kopal, Theoretical light-curves of close eclipsing systems. II. Vgl. AJB **44** Ref. 8411.

243: L. H. Aller, Curves of growth for the A dwarfs γ Geminorum and Sirius. Vgl. AJB **45** Ref. 7509.

244: Z. Kopal, A study of the Algol system. Vgl. AJB **45** Ref. 8453.

245: W. Petrie, D. H. Menzel, The wave lengths of new corona lines. Vgl. AJB **45** Ref. 4715.

246: C. Payne-Gaposchkin, S. Gaposchkin, On the material ejected from novae. Ref. 8623.

247: C. Payne-Gaposchkin, S. Gaposchkin, On the dimensions and constitution of variable stars. Ref. 8416.

248: C. Payne-Gaposchkin, V. K. Brenton, A study of the RV Tauri variables. Ref. 8417.

249: H. Shapley, Galactic and extragalactic studies. XVI. Photographic amplitudes of classical Cepheids. Ref. 8474.

250: L. Campbell, Variable star notes from the American Association of Variable Star Observers in 1942. § 85 und § 86.

251: S. Gaposchkin, The color equation of a visual observer. Ref. 1706.

252: L. H. Aller, A study of emission-line intensities in some bright northern Wolf-Rayet stars. Vgl. AJB **45** Ref. 7510.

253: S. Gaposchkin, The variable star S Doradus as an eclipsing binary. Vgl. AJB **45** Ref. 8441.

254: A. M. Risley, The milky way in Cepheus. Vgl. AJB **45** Ref. **9018**.

255: H. Shapley, Trends in the metagalaxy. Ref. **8925**.

256: F. J. Heyden, Colors of early-type stars in the southern milky way. Vgl. AJB **45** Ref. **7434**.

257: H. Shapley, Galactic and extragalactic studies, XVII. Revision of the distances of thirty high-latitude globular clusters. Ref. 8715.

258: Z. Kopal, Note on the problem of U Cephei. Vgl. AJB **45** Ref. **8454**.

259: L. Campbell, Variable star notes from the American Association of Variable Star Observers in 1943. § **85**, **86**.

260: B. J. Bok, The Milky Way. Ref. **9009**.

261: G. Haro, Note on the discovery of red stars. Ref. **7412**.

262: Z. Kopal, A study of the Wolf-Rayet eclipsing binary HD 193576 = V 444 Cygni. Vgl. AJB **45** Ref. **8455**.

263: C. Payne-Gaposchkin, The eclipsing star BD Virginis. Vgl. AJB **45** Ref. **8517**.

264: L. Campbell, Variable star notes from the American Association of Variable Star Observers in 1944. Ref. **8516**.

265: S. Gaposchkin, The eclipsing system RX Cassiopeiae. Vgl. AJB **45** Ref. **8443**.

266: S. Gaposchkin, The Wolf-Rayet eclipsing variable HV 11086 = HD 214419. Vgl. AJB **45** Ref. **8444**.

267: C. Payne-Gaposchkin, The eclipsing star AR Monocerotis. Vgl. AJB **45** Ref. **8475**.

268: S. Gaposchkin, The eclipsing system SX Cassiopeiae. Vgl. AJB **45** Ref. **8442**.

269: R. M. Scott, Spectrophotometry of Mira Ceti. Vgl. AJB **45** Ref. **7572**.

270: C. Payne-Gaposchkin, S. Gaposchkin, Eclipses of stars with thick atmospheres. Vgl. AJB **45** Ref. 8476.

271: W. O. Roberts, A preliminary report on chromospheric spicules of extremely short lifetime. Vgl. AJB **45** Ref. **4626**.

272: H. Shapley, On the astronomical dating of the earth's crust. AJB **47** Ref. **3910**.

273: B. J. Bok, J. M. Rendall-Arons, The milky way in Monoceros. Vgl. AJB **45** Ref. **9008**.

274: B. J. Bok, F. W. Wright, The stellar distribution for two southern fields. Vgl. AJB **45** Ref. **9009**.

275: B. J. Bok, An adventure in galactic research. Vgl. Ref. **9010**.

276: H. R. Steel, Curve of growth for α Persei. Vgl. AJB **45** Ref. **7575**.

277: L. Campbell, Variable star notes from the American Association of Variable Star Observers in 1945. § **85** und § **86**.

278: C. Payne-Gaposchkin, The system of RX Cassiopeiae. Vgl. AJB **45** Ref. 8477.

279: Z. Kopal, On the nature of the eclipses of ζ Aurigae. Vgl. AJB **45** Ref. 8457.

280: Z. Kopal, The distribution of brightness at the extreme limb of the sun. Vgl. AJB **45** Ref. 4413.

281: C. Payne-Gaposchkin, The eclipsing star RT Andromedae. Vgl. AJB **45** Ref. 8517.

282: C. Payne-Gaposchkin, F. W. Wright, The photographic light-curve of T Coronae Borealis. Vgl. AJB **45** Ref. 8616.

283: F. L. Whipple, Concentrations of the interstellar medium. Vgl. AJB **45** Ref. 3812.

284: B. J. Bok, The time-scale of the universe. Vgl. AJB **45** Ref. 3106.

285: Z. Kopal, M. B. Shapley, A study of the extended envelope surrounding the Wolf-Rayet component of V 444 Cygni. Vgl. AJB **45** Ref. 8459.

286: S. Gaposchkin, The eclipsing system RX Geminorum. Vgl. AJB **45** Ref. 8517.

287: C. Payne-Gaposchkin, C. Boyd, The light-curves of R Aquarii. Vgl. AJB **45** Ref. 8428.

288: C. Payne-Gaposchkin, The light-curves of Z Andromedae and AX Persei. Vgl. AJB **45** Ref. 8429.

289: S. Gaposchkin, The eclipsing system UV Leonis. Vgl. AJB **45** Ref. 8517.

290: J. Miller, The Harvard variable star fields. Vgl. AJB **45** Ref. 8424.

291: L. Campbell, Variable star notes from the American Association of Variable Star Observers. § **85** und § **86**.

88. Harvard Reprint Series II.

Nr. 1: Z. Kopal, Theoretical light curves of close eclipsing systems. Ref. 8442.

2: C. Payne-Gaposchkin, S. Gaposchkin, Variable stars and sources of stellar energy. Ref. 8419.

3: Z. Kopal, The effects of reflection upon light and velocity curves of close binary systems. Ref. 8444.

4: Z. Kopal, An application of the method of least squares to the adjustment of photometric elements of eclipsing binaries. Ref. 8443.

5: H. Shapley, Notes on Thomas Jefferson as a natural philosopher. Ref. 350.

6: F. L. Whipple, Meteors and the Earth's upper atmosphere. Ref. 6763.

7: Z. Kopal, Some tables to facilitate computation of elements of eclipsing binaries. Ref. 8445.

8: S. Gaposchkin, Edgeless stars. Ref. 8435.

9: S. Gaposchkin, υ Sagittarii as a variable star. AJB **45** Ref. 8517.

10: F. Recillas, E. J. Woodward, A study of the eclipsing binary U Pegasi, BD +15°4915. AJB 45 Ref. 8517.

11: Z. Kopal, Theoretical velocity curves of close binary systems. Ref. 8446.

12: W. O. Roberts, A. H. Shapley, F. Hodder, Observations of the green (λ 5303) coronal line made at The Fremont Pass Station of the Harvard College Observatory at Climax, Colorado, August 1942—July 1945. Ref. 4717.

13: Z. Kopal, An outline of the theory of atmospheric eclipses. Ref. 8447.

14: R. A. Daly, Origin of the moon and its topography. Ref. 5404.

15: J. L. Gossner, C. A. Bauer, Observations. of T Pyxidis. AJB 45 Ref. 8625.

J. Gossner, J. Ashbrook, A note on the period of CY Aquarii. AJB 45 Ref. 8517.

J. Ashbrook, J. Gossner, The period of BC Eridani. AJB 45 Ref. 8517.

89. Harvard Announcement Card Nr. 609—611, 1941. Nr. 612—613, 615, 617—620, 625—630, 632—635, 637—640, 642—646, 1942 (die Nummern 614, 616, 621—624, 631, 636 und 641 sind nicht eingegangen). Nr. 647—674, 1943. Nr. 675—685, 687—697, 1944 (die Nummer 686 ist nicht eingegangen). Nr. 698—702, 704—708, 710, 712—713, 715—719, 721—723, 730—731, 1945 (die Nummern 703, 709, 711, 714, 720, 724—729 sind nicht eingegangen). Nr. 733—746, 750, 753—754, 758—787, 1946 (die Nummern 732, 747—749, 751—752, 755—757 sind nicht eingegangen).

Cartuja

90. Boletin Mensual del Observatorio de Cartuja, Granada.
Observaciones astronómicas y sísmicas. Ref. 4345, 4507.

Catania

91. Osservatorio Astrofisico Catania. Contributi astrofisici.

Nr. 60: L. Taffara, L'attività del Sole nell'anno 1945. Ref. 4345, 4627.

Charkow

92.* Bulletin des Astronomischen Observatoriums der Gorkij-Staatsuniversitat Charkow.

Nr. 5: N. P. Barabaschew, A. T. Tschekirda, Über die Reflexion des Lichtes von der Oberflache des Mondes und des Mars. Ref. 5403.

6: G. M. Bashenow, Einige Spezialfalle des n-Körperproblems. Ref. 3207.

A. T. Tschekirda, Über die Veränderung der Integralhelligkeit des Mondes und der Planeten in Abhängigkeit vom Phasenwinkel. Ref. 5124.

I. M. Gordon, Die Verteilung der Cepheiden in der Großen und Kleinen Magellanschen Wolke in Abhängigkeit von der Periode. Ref. **8464**.

I. M. Gordon, Die Absorption des Lichtes in der Kleinen und Großen Magellanschen Wolke. Ref. **8907**.

L. I. Krysenko, Beobachtungen von Sonnenflecken und -fackeln. Ref. **4345**.

N. P. Barabaschew, W. A. Michajlow, Beobachtungen der Kontakte wahrend der Sonnenfinsternis vom 9. Juli 1945 am Astronomischen Observatorium Charkow. Ref. **4211**.

Coimbra

93. Anais do Observatório Astronómico da Universidade de Coimbra. Primeira Secção.

8 1936: Fenómenos solares. (Nicht eingegangen).

9 1937: Fenómenos solares. Ref. **4345**, **4627**.

Cordoba

94. Resultados del Observatorio Nacional Argentino.

37: M. L. Zimmer, Catálogo fundamental general de Córdoba de 761 estrellas para el equinoccio medio de 1950.0 Ref. **7115**.

95. Tirada Aparte.

Nr. **21**: J. Bobone, Benjamin Apthorp Gould. Ref. **306**.

Erewan

96.* Bulletin des Astronomischen Observatoriums Erewan.

Nr. **3**: S. W. Nekrassowa, A. S. Badaljan, Der Randverdunklungskoeffizient bei den Bedeckungsveranderlichen Z Normae und AR Cassiopeiae. Ref. **8452**.

4: Konnte nicht zusammengestellt werden.

5: L. A. Watjan, Über mogliche überdichte Sternkonfigurationen. Ref. **3739**.

P. O. Geworgjan, Meteorphotographie am Astronomischen Observatorium Erewan 1939—1940. Ref. **6720**.

6: G. S. Badaljan, Photographische Beobachtungen des Bedeckungsveränderlichen OO Aquilae. Ref. **8551**.
P. O. Geworgjan, Einige Ergebnisse visueller Meteorbeobachtungen in Erewan 1940. Ref. **6721**.

Evanston, Ill.

97. Annals of the Dearborn Observatory of Northwestern University.

4 11: O. J. Lee, N. L. Pierce, H. Thiele, Observations of Eros. Ref. **5616**.

12: O. J. Lee, R. B. Baldwin, R. Torp-Smith, Latitude and longitude of the Dearborn Observatory. Ref. **408**.

13: D. W. Hamlin, M. B. Wishard, Table for absolute magnitudes. Ref. **904**.

14: R. B. Baldwin, Tables of functions used in determinations of stellar ionization temperatures. Ref. **3501**.

15: R. B. Baldwin, D. W. Hamlin, Two peculiar red stars. Ref. 7401.

16: Siehe AJB **42** Ref. 7521.

5 1 A: O. J. Lee, R. J. Baldwin, D. W. Hamlin, Dearborn catalog of faint red stars. Titanium oxide stars in zones −4°5 to +13°5. Ref. **7419**.

1 B: O. J. Lee, T. J. Bartlett, Dearborn catalogue of faint red stars. Titanium oxide stars in zones +13°5 to +40°5. Ref. **7420**.

1 C: O. J. Lee, G. D. Gore, T. J. Bartlett, Dearborn catalogue of faint red stars. Titanium oxide stars in zones +40°5 to +90°. Ref. **7421**.

2: O. J. Lee, R. J. Baldwin, D. W. Hamlin, Dearborn survey of faint red stars. Titanium oxide stars in zones −4°5 to +13°5. Ref. **7422**.

3: O. J. Lee, T. J. Bartlett, Dearborn survey of faint red stars. Carbon stars in zones +22° to +40°. Ref. **7423**.

4: O. J. Lee, T. J. Bartlett, Dearborn survey of faint red stars. Titanium oxide stars in zones +13°5 to +40°5. Ref. **7424**.

5: O. J. Lee, G. D. Gore, T. J. Bartlett, Dearborn survey of faint red stars. Titanium oxide stars in zones +40°5 to 90°. Ref. **7425**.

6: O. J. Lee, G. D. Gore, T. J. Bartlett, Dearborn survey of faint red stars. Summary of Titanium oxide stars in this survey from declinations −4°5 to +90°. Ref. **7426**.

7: O. J. Lee, G. D. Gore, T. J. Bartlett, Dearborn survey of faint red stars. Carbon stars in zones +40° to +90°. Ref. **7427**.

6 : P. Fox, Measures of double stars. Ref. **8210**.

Fort Davis

98. Contributions from the McDonald Observatory.

Nr. **1**: M. B. Mayfield, P. M. Batchelder, William Johnson McDonald. Ref. **334**.

O. Struve, The organization of the Observatory. Ref. 409.

G. van Biesbroeck, The geographical co-ordinates of the McDonald Observatory. Ref. 409.

C. T. Elvey, The climate at the McDonald Observatory. Ref. **409**.

J. S. Plaskett, The 82-inch mirror of the McDonald Observatory. Ref. **1221**.

J. S. Plaskett, The 82-inch telescope: Introduction. Ref. **1222**.

E. N. Jennison, The 82-inch telescope: The mounting. Ref. **1215**.

G. W. Moffitt, G. van Biesbroeck, The prime-focus camera for the 82-inch telescope of the McDonald Observatory. Ref. **1219**.

G. W. Moffitt, The Cassegrain camera for the 82-inch telescope of the McDonald Observatory. Ref. **1220**.

G. W. Moffitt, The Cassegrain spectrograph for the 82-inch telescope of the McDonald Observatory. Ref. 1516.

E. L. McCarthy, The slitless spectrograph of the McDonald Observatory. Ref. 1511.

G. van Biesbroeck, The Coudé spectrograph. Ref. 1503.

W. W. Dornberger, The physical plant of the McDonald Observatory. Ref. 409.

Georgetown, Wash.

99. Georgetown Observatory. Reprint.

Nr. **1**: E. C. Phillips, A new transit reduction computing machine. Nicht referiert.

2: E. C. Phillips, Some applications of mathematics to architecture: Gothic tracery curves. Nicht referiert.

3: E. C. Phillips, J. A. Blatchford, Occultation of Saturn by the Moon, 1927 July 10. AJB **29** Ref. 5802.

4: E. C. Phillips, Second note on personal equation in observing occultations. AJB **30** Ref. 1704.

5: P. A. McNally, The Herschel 52 areas of nebulosity. AJB **31** Ref. 8827.

6: P. A. McNally, The Barnard dark spots. AJB **31** Ref. 8827a.

7: T. D. Barry, Collineation diagrams for the parallax of the moon in right ascension and in declination. AJB **34** Ref. 2304.

8: P. A. McNally, Observing a total eclipse of the sun. Dimming solar light for a few seconds entails years of work for science and attracts throngs to «nature's most magnificent spectacle». Ref. 4205.

9: M. S. Quigley, Observatory Hill. A history. Ref. 410.

10: P. A. McNally, U. S. Navy solar eclipse expedition of 1937 to Canton Island. Intensity, extent, and shape of the corona. AJB **41** Ref. 4220.

11: P. A. McNally, Contact-times of total solar eclipse of October 1, 1940, determined from photographs of the partial phases. Ref. 4207.

Hamburg-Bergedorf

100. Jahresbericht der Hamburger Sternwarte in Bergedorf für das Jahr 1942. Ref. 101.

Hamburg-Pinneberg

101. Contributions of Baltic University.

Nr. **13**: S. Slaucitajs, Vergleichende Untersuchung über die Genauigkeit der S-Diagramme und des Astronomischen Rechengerätes. Ref. **10020**.

Haute-Provence

102. Publications de l'Observatoire de Haute-Provence.

(A) Nr. **2**: D. Barbier, Le spectre du ciel nocturne dans la région des longeurs d'onde inférieures à 5000 Å. Ref. 5338.

3: J. Dufay, Les bandes de Herzberg de la molécule O_2 dans le spectre du ciel nocturne. Ref. 5345.

4: Tcheng Mao-Lin, J. Dufay, Etude du spectre de la nébuleuse d'Orion de 3700 à 5000 Å. AJB 45 Ref. 8816.

5: C. Fehrenbach, Le spectre de l'étoile rouge J 2001. Ref. 7504.

6: C. Fehrenbach, A. Daudin, Une méthode pour la recherche d'étoiles rouges. Ref. 1805.

7: D. Barbier, Recherches sur les nébuleuses. — II. Le spectre continu de la Crab Nebula dans la région des courtes longeurs d'onde. Ref. 8803.

8: J. Dufay, Tcheng Mao-Lin, Recherches spectrophotométriques sur la lumière du ciel nocturne dans la région visible. Ref. 5346.

9: Tcheng Mao-Lin, Note sur les spectres de quelques étoiles particulières à raies d'émission. Ref. 7533.

10: M. Bloch, J. Dufay, C. Fehrenbach, Tcheng Mao-Lin, Etude préliminaire du spectre de Nova T Coronae Borealis en 1946. Ref. 8637.

(C) Nr. 1: J. Dufay, L'Observatoire de Haute-Provence. Ref. 412.

2: J. Dufay, Recherches sur la lumière du ciel nocturne à l'Observatoire de Haute-Provence. Ref. 5347.

Helsinki

103. Veröffentlichungen des Astronomischen Observatoriums Helsinki - Finnland.

1941/46: G. Järnefelt, Nykyaikaisista kosmologioista (Über moderne Kosmologien). Ref. 3137.

G. Järnefelt, Om relativa monokromatiska storleksklassbestamningar i astronomin. Vgl. AJB 45 Ref. 7607.

G. Järnefelt, Spektralphotometrische Versuche an der Sternwarte Helsinki. Vgl. AJB 45 Ref. 7435.

G. Järnefelt, Zur rechnerischen Ausführung eines Sternmodells mit konstanter Energieerzeugung. Vgl. AJB 45 Ref. 3713.

G. Järnefelt, Tahtien Liikkeistä (Über Bewegungen der Sterne). Vgl. AJB 45 Ref. 9037.

G. Järnefelt, Bemerkung zur Aufstellung der Relation zwischen den Parametern des Sternaufbaus. Vgl. AJB 45 Ref. 3714.

G. Järnefelt, Tahtien Etäisyyksien Määräämisestä (Über die Bestimmung der Sternentfernungen). Ref. 7305.

G. Jarnefelt, Mitteilungen über die Sonnenfinsternis am 9. Juli 1945. Vgl. AJB 45 Ref. 4215.

Hyderabad

104. Publications of the Nizamiah Observatory. Astrographic Catalogue 1900.0. Hyderabad Section (Part III).

12: Measures of rectangular co-ordinates and diameters of 60,144 star-images on plates with centres in Dec. +36°. Ref. 7118.

105. Nizamiah Observatory. Reprint.

Nr. 1: Occultation of stars by the moon, observed at the Nizamiah Observatory, Hyderabad, during the year 1939. Siehe AJB **42** Ref. 5414.

2: Desgl. fur 1940. Siehe AJB **44** Ref. 5403.

3: T. P. Bhaskaran, Akbar Ali, On the variability of X Orionis. Ref. 8402.

Innsbruck

106. Mitteilung der Universitats-Sternwarte Innsbruck.

Nr. 15: Nicht eingegangen.

16: V. Oberguggenberger, Untersuchungen zum Problem der Übersensibilisierung photographischer Emulsionen mit Quecksilberdampf. Ref. 1315.

Jena

107. Veröffentlichungen der Universitats-Sternwarte zu Jena.

Nr. 4: O. Knopf, Beobachtungen veranderlicher Sterne und Bestimmung ihrer Großen. Ref. 8530, 8635.

Kasan

108. Publications de l'Observatoire Astronomique Engelhardt de l'Université de Kasan.

Nr. 23: A. A. Jakovkin, The rotation and the figure of the Moon. II. Ref. 5416.

N. A. Tchudovitcheva, Results of latitude variation observations at Engelhardt Observatory in the years 1932.7 — 1942. 7. Ref. 9718.

109. Engelhardt Observatory Bulletin.

Nr. 22: A. S. Gainullin, Colorimetric investigation of AR Lacertae. Ref. 8434.

23: N. Tchudovitchev, Photometrical investigation of the system of U Sagittae. Ref. 8457.

Occultations of the stars by the moon observed in the USSR during the years 1939—1940. Ref. 5443.

L. Agafonova, Determination of the division-errors for the Repsold meridian circle of the Engelhardt Observatory. Ref. 1201.

24: A. A. Nefedjev, Observations of phases of Venus. Ref. 5211.

L. D. Agafonova, Investigation of limb-errors of the Repsold meridian circle. Ref. 1202.

N. Iljassowa, XX Cephei. Ref. 8441.

Reports on the activity of the Engelhardt Observatory in the years 1942—44 and in 1945. Ref. 101.

Kiew

110. Publikationen des Astronomischen Observatoriums Kiew.

Nr. 1: S. K. Wsechswjatskij, Hundert Jahre Astronomisches Observatorium Kiew. Ref. 414.

S. K. Wsechswjatskij, Die Verteilung der großen magnetischen Störungen. Ref. 5312.

S. K. Wsechswjatskij, Über die Natur der erdmagnetischen Störungen (Solare Korpuskularströme). Ref. 4849.

S. K. Wsechswjatskij, Über „lokale" und geomagnetische Stürme. Ref. 4850.

S. K. Wsechswjatskij, Die jährliche Variation in der Anzahl der magnetischen Stürme und ihre Natur. Ref. 4851.

S. K. Wsechswjatskij, N. W. Fatschichin, Chromosphärenhöhen und Linienintensitäten aus in Ak-Bulak während der Sonnenfinsternis vom 19. Juni 1936 erhaltenen Spektrogrammen. Ref. 4622.

A. F. Bogorodskij, Kovariante Integration im vierdimensionalen Riemannschen Raum. Ref. 3108.

A. F. Bogorodskij, Die Integration linearer Gleichungen mit kovarianten Ableitungen ersten Grades. Ref. 3109.

A. F. Bogorodskij, Das Prinzip der Geodätischen in der Newtonschen Mechanik. Ref. 3110.

S. K. Wsechswjatskij, I. I. Iljinskij, Bestimmung der Verbesserung der Mondkoordinaten nach Aufnahmen partieller Phasen der Sonnenfinsternis vom 19. Juni 1936. Ref. 4206.

S. K. Wsechswjatskij, Über den Beobachtungsdienst schwacher Kometen. Ref. 6528.

E. N. Semanek, Die photosphärische Aktivität der Sonne 1942—1944. Ref. 4345.

A. N. Sergejewa, Die chromosphärische Aktivität der Sonne 1942—1944. Ref. 4627.

S. K. Wsechswjatskij, A. Bykow, Beobachtungen der Nova Monocerotis. Ref. 8646.

S. K. Wsechswjatskij, Beobachtungen des Kometen 1940c (Cunningham) am Astronomischen Observatorium Kiew. Ref. 6633.

F. Felizin, Photographische Örter des Kometen Cunningham. Ref. 6633.

F. Felizin, Photographische Überwachung des Kometen Friend (1941a). Ref. 6636.

Das hundertjährige Jubiläum des Astronomischen Observatoriums Kiew. Ref. 414.

D. J. Martynow, Die Bedeutung der Bedeckungsveränderlichen für die Erforschung der Natur der Sterne. Ref. 8451.

N. P. Benkowa, Der Einfluß der Sonne auf das Magnetfeld der Erde. Ref. 4805.

N. N. Parijskij, Probleme der Kosmogonie des Sonnensystems. Ref. 3917.

A. F. Bogorodskij, Das kosmologische Problem. Ref. 3111.

B. A. Woronzow-Weljaminow, Die Natur der Kometenkerne. Ref. 6527.

B. A. Woronzow-Weljaminow, Die Temperaturen der Wolf-Rayet-Sterne. Ref. 7607.

E. W. Rybka, Katalog photovisueller Sternhelligkeiten nördlich von 76° Deklination. Ref. 7436.

S. D. Tscherny, Die Stabilität der Bedeckungsveränderlichen. Ref. 8456.

K. K. Dubrowskij, Die optimalen Bedingungen zur Bestimmung der Breitenschwankungen aus den Beobachtungen. Ref. 9706.

D. J. Martynow, Das 15-zöllige aberrationsfreie Schmidt-Teleskop des Engelhardt-Observatoriums. Ref. 1217.

I. T. Mergentaler, Vorlaufige Ergebnisse der Untersuchung der Veranderlichen in den Feldern 71 und 83. Ref. 8412.

111. Zirkulare des Astronomischen Observatoriums Kiew.

Nr. 1—7: S. K. Wsechswjatskij, Die photosphärische Sonnenaktivitat. Ref. 4345.

S. K. Wsechswjatskij, Die helle Eruption am Sonnenrand vom 27. Oktober 1942. Ref. 4627.

Kodaikanal

112. Kodaikanal Observatory Bulletin.

Nr. 117: A. L. Narayan, Summary of prominence observations for the second half of the year 1938. Ref. 4627.

118: Vgl. AJB 45 Ref. 4629.

119: Vgl. AJB 45 Ref. 4629.

113. Report of the Kodaikanal Observatory for the year 1942, 1943, 1944, 1945, 1946. Ref. 101.

Kolozsvár

114. University Observatory, Kolozsvár, Reprint.

Nr. 1: L. Dezso, Histoire de l'Astronomie en Hongrie. Ref. 506.

2: L. Dezsö, The motion of the prominences. Ref. 4606.

Kopenhagen

115. Publikationer og mindre Meddelelser fra Kobenhavns Observatorium.

Nr. 134: K. A. Thernoe, Numerische Untersuchungen über die Emden-Funktionen. I. AJB 45 Ref. 3528.

135: Beobachtungen von Veränderlichen und von Sternbedeckungen, angestellt von Mitgliedern der nordischen «Astronomisk Selskab» und auf der Kopenhagener Sternwarte. AJB 43 Ref. 8512, AJB 44 Ref. 8510, AJB 45 Ref. 5426 und 8517.

136: M. Rudkjobing, On the continuous absorption of the negative hydrogen ion in the ultraviolet. Ref. 3534.

137: P. Pedersen, Librationspunkte im restringierten Vierkörperproblem. Ref. 3252.

138: B. Stromgren, Tables of model stellar atmospheres (model stellar atmospheres. I). Ref. 3607.

139: Beobachtungen von veränderlichen Sternen, ausgeführt von Mitgliedern der Astronomisk Selskab. AJB 44 Ref. 8510, AJB 45 Ref. 8517.

140: M. Rudkjöbing, A determination of the abundances of sodium and magnesium in the solar atmosphere from lines near the series limits. Ref. **4428**.

141: P. Naur, The orbit of comet Du Toit-Neujmin-Delporte (1941e). Ref. **6640**.

142: B. Strömgren, An aplanatic anastigmatic lens system suitable for astrograph objectives. Ref. **1140**.

143: M. Rudkjobing, On the temperature distribution in a stellar atmosphere with a convectively unstable zone. Ref. **3603**.

La Plata

116. Observatorio Astronómico de la Universidad Nacional de La Plata. Serie Astronómica (Antes Publicaciones).

6 7: B. H. Dawson, Observaciones de planetas y cometas. Ref. **5642, 6633, 6634, 6639, 6641**.

8: G. M. Iannini, Medidas micrométricas de estrellas dobles. Posible movimiento rectilíneo de β 311 y una nueva determinación de la órbita de ψ Argus. Ref. **8210/11**.

9: A. D. N. Schreiber, Observaciones fotográficas de Ceres. Ref. **5644**.

7 : F. Aguilar, B. H. Dawson, Catálogo La Plata B de 7792 estrellas de declinaciones comprendidas entre −57° y −62° (1875) para el equinoccio 1925. AJB **32** Ref. **7113**.

8 : H. A. Martínez, Catálogo La Plata C de 4412 estrellas entre 61° 50′ y 66° 10′ declinación austral (1875) para el equinoccio 1925. AJB **26** Ref. **7116**.

9 : V. Manganiello, Catálogo La Plata D de 4513 estrellas entre 65° 50′ y 72° 10′ de declinación austral (1875) para el equinoccio 1925. AJB **39** Ref. **7123**.

10 1: Siehe AJB **47** Ref. **7106**.

11 1: H. A. Martínez, Estrellas Kapteyn para las áreas seleccionadas australes. AJB **30** Ref. **7128**.

2: H. A. Martínez, Estrellas Eros para la oposición del año 1931. AJB **36** Ref. **5639**.

3: H. A. Martínez, Estrellas de latitud para el servicio internacional de latitud austral. AJB **36** Ref. **7117**.

12 : H. A. Martínez, 2123 estrellas del catálogo de Boss comprendidas entre −15° y −80°. AJB **39** Ref. **7124**.

13 : H. A. Martínez, Catálogo La Plata F de 4828 estrellas entre 46° 50′ y 52° 10′ de declinación austral (1875) para el equinoccio 1935. AJB **40** Ref. **7113**.

14 : A. Wilkens, La constitución dinámica de las estrellas de paralaje conocida estudiada especialmente en base a los movimientos lineales tangenciales. AJB **41** Ref. **9067**.

15 : H. A. Martínez, Estrellas Kapteyn para las áreas seleccionadas australes. Ref. **7113**.

16 : A. Wilkens, Determinación de órbitas de planetas y cometas. AJB **41** Ref. **3414**.

17 : R. P. Cesco, Perturbaciones seculares de Plutón. Ref. 3216.

18 : A. Wilkens, La aceleración secular de los ejes mayores de las órbitas planetarias. Ref. 3264.

19 : H. A. Martínez, Catálogo de 3710 estrellas galacticas australes. Ref. 7114.

20 1: A. Wilkens, Determinaciones de temperaturas espectrográficas de estrellas dobles. Ref. 7606.

117. Publicaciones del Observatorio Astronómico de la Universidad Nacional de La Plata. Serie Astronómica.

20 2: J. Sahade, Determinación de las intensidades de las líneas Hγ, G, Hγ y Hβ en los espectros estelares. Ref. 7524.

21 1: A. Wilkens, Estadística de las velocidades absolutas estelares en su relación con las magnitudes absolutas y los tipos espectrales. Ref. 9057.

2: G. M. Iannini, Orbita definitiva del cometa Whipple-Bernasconi-Kulin, 1942a. Ref. 6643.

3: A. Wilkens, Aceleración secular de las semi-ejes mayores y de las longitudes medias de los planetas, en especial de la tierra, y sus satelites. Ref. 3265.

22: H. Wilkens, Estadística estelar simultáneamente en varias longitudes de ondas efectivas y las leyes de la absorción interestelar. Ref. 9122.

118. Publicaciones del Observatorio Astronómico de la Universidad Nacional de La Plata. Serie Especial.

Nr. 1: La Escuela superior de ciencias astronómicas y conexas. Ref. 415.

119. Observatorio Astronómico de la Universidad Nacional de La Plata. Serie Geodesica.

2: F. Aguilar, Una solucion del metodo de Gauss generalizado a mas de 3 astros y tablas auxiliares para tiempo sidereo y acimut en el instante de la observacion. Ref. 9701.

Le Houga (Gers)

120. Publications de l'Observatoire du Houga.

Nr. 7: G. Oriano de Vaucouleurs, Sur la frange sombre cernant la calotte polaire australe de la planète Mars en 1939 et les phénomènes de contraste. Ref. 5511.

8: G. Oriano de Vaucouleurs, Sur la concordance de la période de transformation massive des matériaux de la calotte polaire australe de la planète Mars et de celle d'existence de sa bordure sombre. Ref. 5512.

9: Siehe AJB 45 Ref. 5516.

10: Siehe AJB 45 Ref. 1313.

11: Siehe AJB 45 Ref. 5517.

12: G. de Vaucouleurs, Méthode de mesure précise des distances pour les étoiles doubles serrées. Ref. 8208.

Leiden

121. Annalen van de Sterrewacht te Leiden.

19 2: L. Binnendijk, A study of stars in the Plejades region, based on photographic magnitudes, colour-equivalents, spectral types and proper motions. Ref. 8702.

Leningrad

122.* Bulletin de l'Institut Astronomique.

Nr. **51**: Nicht eingegangen.

52: D. Zagrebin, Stokes formula for the case of an ellipsoidal level surface. Ref. **3315**.

G. Tchebotarev, Sur le mouvement du périhélie de Mercure comme une preuve expérimentale de la théorie de relativité. Ref. **5205**.

53: N. Samoilova-Yachontova, The differential correction of elliptic orbits. Ref. **3408**.

S. Warsar, Les perturbations absolues et les éléments de 10 petites planètes du type de Minerve. Ref. **5641**.

A. Taht, Über die Lösung der Keplerschen Gleichung. Ref. **3409**.

M. Schmakova, Improvement of the orbit of (264) Libussa. Ref. **5634**.

S. Sharaf, Improvement of the orbit of the planet (643) Scheherezade. Ref. **5636**.

S. Sharaf, Improvement of the orbit of the planet (65) Cybele. Ref. **5637**.

S. Sharaf, An approximate improvement of the orbit of (229) Adelinda. Ref. **5638**.

W. Moschkowa, Verbesserung der rechtwinkligen Ausgangskoordinaten des Planeten (702) Alauda. Ref. **5618**.

W. Moschkowa, Die Bahn des Planeten (94) Aurora. Ref. **5619**.

M. Leontovski, The structure of the Stebbins' regions of the Andromeda nebula. Ref. **8917**.

M. Leontovski, The nebular spectrograph of the Astronomical Institute. Ref. **1509**.

123.* Bulletin des Instituts für Theoretische Astronomie der Akademie der Wissenschaften der UdSSR.

4 1 (54): M. F. Subbotin, Die Verbesserung der Konvergenz von Entwicklungen in der Theorie der gestorten Bewegung. Ref. **3262**.

M. F. Subbotin, Tables relatives aux développements de la fonction perturbatrice obtenus par la transformation linéaire et la transformation de Légendre. Ref. **3263**.

P. S. Messiss, Über die Konvergenz sukzessiver Näherungen in der Gaußschen Methode der Bahnbestimmung. Ref. **3404**.

I. Shongolowitsch, M. I. Frolowa †. Ref. **301**.

A. Gishizkij, M. D. Roshnow †. Ref. **301**.

Liége

124. Université de Liége, Institut d'Astrophysique. Collection de Mémoires Nr. 255—298.*)

Nr. **256**: P. Swings, M. Désirant, Les raies ou bandes d'absorption interstellaires non encore identifiées et leurs rapports avec l'optique des corps solides aux très basses températures. Ref. **3817**.

257: P. Swings, Y. Öhman, The origin of unidentified interstellar absorption lines. Ref. **3818**.

258: P. Swings, B. Edlén, J. Grandjean, New identifications of Fe III in the spectra of early B stars. Vgl. AJB **41** Ref. **7539**.

259: F. P. Coheur, Le rayonnement ultra-violet lointain des étoiles est-il beaucoup plus intense que celui du corps noir à la température effective stellaire? Ref. **7602**.

261: P. Swings, M. Migeotte, Le domaine infra-rouge en spectroscopie astronomique. Vgl. AJB **41** Ref. **409**.

266: M. Migeotte, Le nouveau spectrographe infrarouge de l'Institut d'Astrophysique de l'Université de Liége. Ref. **1514**.

268: M. Nicolet, Aperçu sur l'observation de la surface solaire. Vgl. AJB **43** Ref. **4325**.

269: M. Migeotte, Le monochromateur interférentiel polarisant. Ref. **1515**.

272: L. Hermans, La mesure des latitudes géographiques, spécialement dans les régions équatoriales. Ref. **9708**.

276: F. Nisoli, Le mystère de β Lyrae. Vgl. AJB **44** Ref. **7511**.

277: M. Migeotte, Récents progrès en astrophysique. Vgl. AJB **44** Ref. **514**.

278: F. P. Coheur, Sur la mesure des températures au moyen des bandes moléculaires. Ref. **7603**.

279: M. Migeotte, Première application d'un nouveau spectrographe infra-rouge auto-enregistreur à l'étude, à grande dispersion, du spectre solaire. Vgl. AJB **44** Ref. **4426**.

280: F. P. Coheur, Contribution à l'étude du spectre de bandes de la molécule TiO. Ref. **7501**.

298: M. Migeotte, The solar spectrum from 13440 Å to 15960 Å. Ref. **4419**.

Los Angeles

125. Astronomical Papers of the Department of Astronomy of the University of California.

Nr. **1**: S. Herrick jr., A proposal for the use of „Standard Equatorial Coordinates". Vgl. AJB **41** Ref. **2402**.

2: S. Herrick, Position line graphs. Ref. **10011**.

3: S. Herrick, Grid navigation. Ref. **10012**.

4: S. Herrick, The accuracy of Ageton's method in celestial navigation. Ref. **10013**.

5: S. Herrick, The air almanac refraction tables. Ref. **2504**.

*) Nummern nichtastronomischen Inhalts sind nicht aufgeführt.

Louvain

126. Publications du Laboratoire d'Astronomie et de Géodésie de l'Université de Louvain.

11 92: A. van Hoof, Provisional ephemerides of ten new variable stars. Ref. **8561**.

93: A. van Hoof, A new faint variable, probably of the SS Cygni-class. Ref. **8561**.

94: A. van Hoof, Photographic estimates of twelve new variable stars. Ref. **8561**.

95: A. van Hoof, Sept nouvelles variables dans la constellation Canis Major. Ref. **8561**.

96: A. van Hoof, Eléments provisoires de douze nouvelles variables à courte période. Ref. **8561**.

97: G. Lemaître, L'itération rationelle. Nicht referiert.

98: G. Lemaître, Champ magnétique et rayons cosmiques. AJB **45** Ref. **9214**.

99: A. van Hoof, Quinze nouvelles variables dans la constellation Canis Major. AJB **45** Ref. **8509, 8528**.

100: A. van Hoof, Une nouvelle méthode pour déterminer le diamètre linéaire et la magnitude absolue des Céphéides. AJB **45** Ref. **84100**.

101: G. Lemaître, Hypothèses cosmogoniques. AJB **45** Ref. **3128**.

102: A. van Hoof, Note sur le calcul des orbites photométriques. AJB **45** Ref. **8113**.

103: A. M. Descamps, Contributions à la théorie des effets de latitude et d'asymétrie des rayons cosmiques. VIII. Détermination de l'angle η des trajectoires asymptotiques en leur point d'intersection avec l'axe λ. Ref. **9207**.

104: A. van Hoof, Remarques sur l'ellipsoïde des vitesses des étoiles K. Ref. **9041**.

105: A. van Hoof, Diameter en absolute magnitude van Y Aurigae. Ref. **7706**.

106: A. van Hoof, Eleven new variable stars of short period. Ref. **8561**.

Lund

127. Meddelande från Lunds Observatorium.

(1) Nr. **163**: K. Lundmark, The distance indicators of Astronomy. Ref. **9016**.

Lwow

128. Zirkular des Astronomischen Observatoriums der Staatsuniversitat Lwow.

Nr. 1: G. N. Rodionow, T. L. Mandrykina, Sonnenflecke, Fakkeln und Protuberanzen August—September 1946. Ref. **4345, 4627**.

Lyon

129. Publications de l'Observatoire de Lyon. Série I. Astronomie.

2 11: J. Gauzit, Spectre du ciel nocturne et luminiscence des gaz interstellaires. AJB **42** Ref. **5334**.

12: H. Grouiller, Sensitométrie spectrale et photométrie photographique astronomique. Application à la méthode photographique de Ch. Fabry. Ref. **1311**.

13: Tcheng Mao-Lin, Le spectre de Gamma Cassiopeiae. Ref. **7541**.

3 1: J. Dufay, Analyse de la bande de Raffety et de la bande 3157 Å de la molécule CH. Ref. **3516**.

2: J. Gauzit, Une hypothèse sur l'origine des raies coronales. Ref. **4706**.

3: J. Dufay, Gauzit jr., Tcheng Mao-Lin, Spectre de l'aurore du 1er mars 1941. Ref. **5361**.

4: J. Dufay, Recherche de la bande de Raffety et de la bande 3157 Å de la molécule CH dans le spectre solaire. Ref. **4413**.

5: R. Grandmontagne, Sur une évaluation approchée de la masse d'air traversée par un rayon lumineux. Application à la diffusion primaire par l'atmosphère avant et pendant le crépuscule. Ref. **5322**.

6: R. Grandmontagne, Etude photoélectrique du ciel nocturne et du crépuscule. Ref. **5353**.

7: J. Dufay, Etude du spectre des noyaux cométaires. Ref. **6507**.

8: Nicht eingegangen.

9: R. Herman, L. Herman, Etude de la phosphorescence de l'oxygène et du peroxyde d'azote. Ref. **3519**.
Remarques sur les bandes de Goldstein-Kaplan de l'azote. Ref. **3520**.

10: Nicht eingegangen.

11: G. Déjardin, J. Dufay, Le rayonnement ultraviolet du ciel nocturne. I. Description du spectre d'émission. Ref. **5344**.

12: Nicht eingegangen.

13: R. Herman, L. Herman, Distribution d'intensité des bandes dans les spectres des aurores polaires et température de la haute atmosphère. Ref. **5362**.

14: Gauzit jr., Les récombinaisons moléculaires dans la haute atmosphère et l'origine de la couche ionosphérique E. Ref. **5318**.

15: R. Herman, Mécanismes d'excitation du système de bandes de Vegard-Kaplan de la molécule neutre d'azote. Ref. **3521**.

16: Nicht eingegangen.

17: J. Dufay, Tcheng Mao-Lin, Le spectre du noyau de la comète Whipple-Fedtke (1942g). Ref. **6649**.

4 1: J. Dufay, M. Bloch, Les raies de [Fe III], [Fe V], [Fe VI], et [Fe VII] dans le spectre de Nova Herculis 1934. AJB **42** Ref. **8633**.

2: J. Dufay, Gauzit jr., Application des interférences à l'étude des raies d'émission et des raies d'absorption dans les spectres stellaires. AJB **42** Ref. **7509**.

3: Tcheng Mao-Lin, Etude spectrophotométrique des minima d'Algol. AJB **43** Ref. **8484**.

4: Tcheng Mao-Lin, Le spectre d'absorption de Gamma Cassiopeiae de août à octobre 1940. AJB **43** Ref. **7542**.

5: R. Herman, L. Herman, Extension du système des bandes de Lyman-Berge-Hopfield de la molécule d'azote. AJB **44** Ref. **5345**.

6: J. Dufay, Remarques sur la courbe d'énergie solaire dans les régions violette et ultra-violette. AJB **44** Ref. **4414**.

7: J. Dufay, Notes sur l'absorption sélective dans l'atmosphère terrestre. I. Description du spectre du soleil couchant, de 4600 à 6900 Å. AJB **44** Ref. **4413**.

8: J. Gauzit, La température des étoiles. Remarques sur les difficultés de sa détermination photométrique et sur le désaccord des méthodes visuelle et photographique. AJB **45** Ref. **7602**.

9: J. Gauzit, Sur les conditions d'émission des «radiations interdites». AJB **45** Ref. **3804**.

10—11: Erscheint später.

12: J. Cabannes, J. Dufay, Le spectre du ciel nocturne dans les régions bleue et violette. AJB **45** Ref. **5332**.

13: L. Herman, R. Herman, Raies interdites de l'atome neutre d'oxygène. AJB **45** Ref. **5336**.

14: J. Dufay, P. Flajolet, Relations entre l'activité solaire et les perturbations de la déclinaison magnétique enregistrées à Saint-Genis-Laval. Ref. **4815**.

15: J. Gauzit, La température de l'atmosphère supérieure et la dissociation photochimique des molécules d'oxygène. Ref. **5319**.

16: J. Dufay, G. Déjardin, Le rayonnement ultraviolet du ciel nocturne. II. Origine probable du spectre d'émission. Ref. **5348**.

17: Erscheint später.

18: J. Dufay, J. Gauzit, Mesures spectrophotométriques de la brillance du ciel au crépuscule. Ref. **5301**.

Madrid

130. Boletín Astronómico del Observatorio de Madrid.

3 6: E. Gullón, Protuberancias solares. Resumen de las observaciones realizadas durante los años 1943 y 1944. Ref. **4627**.

E. Gullón, Actividad solar. Observaciones de manchas solares efectuadas en los Observatorios de Madrid, Valencia y Cartuja (Granada) en 1944. Ref. **4345**.

R. Carrasco, Observaciones de cometas. Ref. **6666**, **6668**.

R. Carrasco, Observaciones de pequeños planetas. Vgl. AJB **48** § 75.

R. Carrasco, Efemérides de pequeños planetas durante su opposición en 1947. Vgl. AJB **48** § 75.

Moskau

131.* Publikationen des Staatlichen Astronomischen Sternberg-Institutes.

15 1: N. Moissejew, Über einige allgemeine Methoden der qualitativen Erforschung von Bewegungsformen in himmelsmechanischen Problemen. 6. Über Bewegungen in einer fingierten Zeit. Ref. **3246**.

N. Moissejew, Über einige Eigenschaften der Bahnen im eingeschränkten Dreikörperproblem. 6. Über die Jakobische Stabilitat des Kopenhagener Problems in den Punkten orthogonaler Kreuzung mit den Koordinatenachsen. Ref. **3247**.

N. Moissejew, Über einige Eigenschaften der Bahnen im eingeschrankten Dreikorperproblem. 7. Über die Gebiete der dichten anticoriolisischen Bahnstabilitat im Kopenhagener ebenen Problem. Ref. **3248**.

N. D. Moissejew, Über einige grundlegende vereinfachte Darstellungen der Himmelsmechanik, die sich mit Hilfe der Übermittelung*) des eingeschrankten kreisförmigen Dreikorperproblems ergeben. Ref. **3249**.

N. F. Rein, Über die Eigenschaften der Bewegungen im vereinfachten, halbübermittelten, elliptischen, eingeschränkten Dreikorperproblem. 2. Über die Eigenschaft der Apsiden im Problem Sonne-Jupiter-Asteroid. Ref. **3254**.

G. N. Duboschin, Über die periodischen Bewegungen im System der Saturntrabanten. Ref. **5803**.

G. N. Duboschin, Über Reihen, mit denen die Bewegungen der Saturntrabanten dargestellt werden können. Ref. **5804**.

G. N. Duboschin, Die Zerlegung der Kraftfunktion in der Theorie der Saturntrabanten. Ref. **5805**.

G. Duboschin, Über die Stabilitat trivialer Lösungen gewisser Differentialgleichungen der Himmelsmechanik. 2. Über die Stabilität im Spezialfall nicht beständig gewordener Bewegung. Ref. **3221**.

W. M. Lossewa, Die Eigenschaften der Bewegung im ebenen, übermittelten, hyperbolischen, eingeschrankten Dreikörperproblem. 1. Aufstellung des Problems. Die Librationspunkte. Ref. **3244**.

A. A. Orlow, Über die periodischen Bahnen großer Neigung im eingeschrankten Dreikörperproblem. 1. Über fast kreisförmige periodische Bahnen der Neigung 90° im halbübermittelten eingeschränkten Dreikörperproblem nach Fatou. Ref. **3251**.

W. A. Poroschin, Über die Auswurf- und Einfallbahnen im eingeschränkten Dreikörperproblem. 1. Über diese Bahnen im halbubermittelten kreisformigen Dreikorperproblem nach Fatou. Ref. **3253**.

M. M. Agrest, Über die Stabilitat der Librationslosungen des eingeschrankten kreisförmigen Dreikorperproblems im widerstehenden Mittel. Ref. **3203**.

---

*) Die hier und in den folgenden Arbeiten verwandten Ausdrucke „Übermittelung, ubermittelt und halbubermittelt" wurden von den Autoren in russischer Sprache eingefuhrt. Begrifflich gehen sie auf Gauß (Werke **3** 331) zuruck. Loh.

15 2 bis 17 1: Konnte mangels Unterlagen nicht zusammengestellt werden.
17 2: P. Kulikowskij, Über die Anwendung des lichtelektrischen Effektes in der Astronomie. Ref. 1127.

132. Bulletin of the Sternberg State Astronomical Institute.
Nr. 7: A. J. Orlow, On the pole motion 1916—1928. Ref. 9710.
8: A. J. Orlow, On the pole motion 1892—1938. Ref. 9711.

Mount Stromlo

133.* Memoirs of the Commonwealth Solar Observatory Mount Stromlo, Canberra.

Nachtrag fur die Jahre 1928—1939.

Nr. 1 : W. G. Duffield, The luminosity of the night sky observed with a Rayleigh photometer at the Commonwealth Solar Observatory during the years 1926 and 1927. Ref. 5349.
2 : W. B. Rimmer, The luminosity and parallaxes of 350 stars of spectral type B. Vgl. AJB 33 Ref. 7308 und Ref. 7701.
3 : A. J. Higgs, Measurements of atmospheric ozone, made at the Commonwealth Solar Observatory, Mount Stromlo, Canberra, during the years 1929 to 1932. Nicht referiert.
4 : C. W. Allen, Atmospheric potential gradient observations at the Commonwealth Solar Observatory, Mount Stromlo, Canberra. Nicht referiert.
5 1: C. W. Allen, The intensity of Fraunhofer lines in the region 4036—6600 A. Vgl. AJB 37 Ref. 4409.
2: C. W. Allen, Fraunhofer intensity tables. (a) General intensity table, 4277—6600 A. (b) Multiplet intensity table, 4036—6600 A. Vgl. AJB 37 Ref. 4407.
6 : C. W. Allen, Fraunhofer intensity table 3924—4300 A. Ref. 4401.
7 : A. R. Hogg, The conduction of electricity in the lowest levels of the atmosphere. Nicht referiert.
8 : Nicht eingegangen.

134.* Reprint.
Nr. 1—5: Nicht eingegangen.
6: F. J. P. Wood, Comparison of two Abbot silver disc pyrheliometers. Vgl. AJB 40 Ref. 1546.
7: W. B. Rimmer, The depletion of solar radiation by volcanic dust. Nicht referiert.
8: Nicht eingegangen.
9: A. J. Higgs, R. G. Giovanelli, Recent solar eruptions, auroras, and magnetic storms. Vgl. AJB 40 Ref. 53119.
10: C. W. Allen, Velocity of a dark hydrogen marking. Vgl. AJB 40 Ref. 4428.
11: R. G. Giovanelli, Eruptive prominences and ionospheric disturbances. Vgl. AJB 40 Ref. 4436.
12: R. G. Giovanelli, The relations between eruptions and sunspots. Vgl. AJB 41 Ref. 4314.

13: R. G. Giovanelli, A. J. Higgs, The association of radio fade-outs with solar eruptions. Vgl. AJB **41** Ref. **4620**.

14: C. W. Allen, Photometry of the solar D lines. Vgl. AJB **41** Ref. **4405**.

15: C. W. Allen, Stark effect and damping factor in the Fraunhofer spectrum. Vgl. AJB **41** Ref. **4404**.

16: R. G. Giovanelli, The motion of eruptive prominences. Vgl. AJB **42** Ref. **4445**.

17: A. R. Hogg, The intermediate ions of the atmosphere. Nicht referiert.

18: R. G. Giovanelli, Solar eruptions. Vgl. AJB **42** Ref. **4446**.

Odessa

135.* Bulletin des Astronomischen Observatoriums der Staatsuniversität Odessa.

Nr. 1: W. Zessewitsch, Über drei kurzperiodische Cepheiden. Ref. 8478.

B. Nowopaschenny, Katalog schwacher Sterne. Ref. **7106**.

B. Nowopaschenny, Komet 1936a Peltier. Ref. **6629**.

W. Zessewitsch, Über den Bedeckungsveränderlichen 345.1934 Leo. Ref. **8552**.

Oslo

136. Institute of Theoretical Astrophysics of Oslo University.

3 1: Z. Sekera, Zur Wellenbewegung in Flüssigkeitsschichten mit vertikal veränderlicher Geschwindigkeit. Nicht referiert.

2: S. Rosseland, G. Randers, On the stability of pulsating stars. Vgl. AJB **40** Ref. **3587**.

3: S. Rosseland, On Jehle's theory of stellar systems. Vgl. AJB **41** Ref. **9007**.

4: G. Randers, Convection currents in rotating stars. Vgl. AJB **41** Ref. **3547**.

5: C. Störmer, The meteor train of March 24, 1935. Vgl. AJB **41** Ref. **6739**.

6: E. A. Hylleraas, Über die Schwingungen eines stabil geschichteten, durch Meridiane begrenzten Meeres. Teil I. Ref. **3304**.

7: H. Euler, H. Wergeland, Über die ausgedehnten Luftschauer der kosmischen Strahlung. Ref. **9212**.

8: P. Ledoux, Sur la théorie des oscillations radiales d'une étoile. Vgl. AJB **43** Ref. **3525**.

9: C. Störmer, Some auroral spectra from Southern Norway 1940. Ref. **5364**.

10: J. E. Fjeldstad, Tidal waves of finite amplitude. Ref. **3303**.

11: E. A. Hylleraas, W. Romberg, Über die Schwingungen eines stabil geschichteten, durch Meridiane begrenzten Meeres. Teil II. Ref. **3305**.

12: C. Störmer, Spectra of the bright night sky of January 26th, 1941. Ref. **5355**.

13: J. V. Garwick, A new method of calculating general perturbations of asteroids and comets. Ref. 3231.

14: J. V. Garwick, Note on stellar systems with ellipsoidal velocity-distribution. Ref. 9040.

4 : J. Wasiutyński, Studies in hydrodynamics and structure of stars and planets. Ref. 3738.

Ottawa

137. Dominion Observatory Reprint*).

Nr. 33: E. A. Hodgson, The structure of the earth as revealed by seismology. Ref. 9604.

34: R. E. De Lury, The law of the solar rotation. AJB 42 Ref. 4103.

35: W. E. W. Jackson, Agincourt magnetic data 1899—1937 and the sunspot cycle. AJB 42 Ref. 4612.

36: Nicht eingegangen.

41: A. H. Miller, The figure of the earth. AJB 45 Ref. 9609.

Oxford

138. Communications from the University Observatory, Oxford.

Nr. 16: G. L. Camm, The sun's speed of galactic rotation, determined from the globular clusters. AJB 41 Ref. 9047.

17: D. S. Evans, Photometric observations of Hα in the solar spectrum. AJB 42 Ref. 4409.

18: M. G. Adam, Variation of faint Fraunhofer lines across the solar disc (second paper). AJB 42 Ref. 4401.

19: H. H. Plaskett, The observational determination of the line absorption coefficient and its variation with depht in the solar atmosphere. AJB 43 Ref. 3557.

20: D. S. Evans, The inverse problem of stellar absorption line formation. AJB 43 Ref. 3550.

21: I. W. Busbridge, On the solution of the equation of radiative transfer. AJB 43 Ref. 3504.

22: G. L. Camm, The ellipsoidal distribution of stellar velocities. AJB 43 Ref. 9031.

23: E. A. Milne, On the spiral character of the external galaxies. Ref. 8920.

Padua

139. Osservatorio Astronomico di Padova. Pubblicazioni e Ristampe.

Nr. 80: G. Silva, Contributo allo studio di alcuni enti geometrici nei punti di una linea sghemba. Nicht referiert.

81: G. Silva, Concavità, convessità e curvatura di una linea relative a un punto dato e a una data direzione. Nicht referiert.

82: E. L. Martin, Su alcuni cronotopi nella teoria dell'universo in espansione. Ref. 3145.

---

*) Nummern nichtastronomischen Inhalts sind nicht aufgefuhrt.

83: E. L. Martin, Espressioni di alcune grandezze negli spazi a curvatura costante. Ref. 3146.

84: G. Silva, Curvatura relativa a una data direzione o ad un punto dato di una linea qualsiasi. Nicht referiert.

85: G. Silva, Linee che hanno costante la curvatura relativa a una data direzione o a un punto fisso. Nicht referiert.

Palermo

140. Pubblicazioni dell'Osservatorio Astronomico di Palermo.

9 12: C. Mineo, Su una condizione necessaria per la stratificazione d'un astro fluido ro tante in equilibrio relativo. Ref. 3310.

13: C. Mineo, Superficie d'equilibrio terrestri chiuse. Ref. 9605.

Paris

141. Annales de l'Observatoire de Paris. Section d'Astrophysique à Meudon.

9 1: C. Bertaud, Recherches sur Nova Herculis 1934 et contribution à l'étude comparative des principales novae. Ref. 8601.

142. Observatoire de Paris. Section d'Astrophysique à Meudon.

1 6: L. d'Azambuja, Cartes synoptiques de la chromosphère solaire et catalogue des filaments de la couche supérieure. Ref. 4627.

7: L. d'Azambuja, R. Servajean, Cartes synoptiques de la chromosphère solaire et catalogue des filaments de la couche supérieure. Année 1937. Ref. 4627.

143. Contributions de l'Institut d'Astrophysique de Paris.

(B) Nr. 1: H. Berthod-Zaborowski, Recherche d'une deuxième correction au zéro de la relation période–luminosité et à la constante d'absorption dans l'espace interstellaire. Ref. 8401.

2: R. Canavaggia, D. Chalonge, Recherches sur le spectre continu du soleil. II. Nouvelles données d'observation. Ref. 4408.

3: D. Barbier, La structure de la photosphère solaire. Ref. 4403.

4: G. de Vaucouleurs, Photométrie photographique des étoiles brillantes. I. Réduction des mesures de Brill au système des magnitudes combinées de King. Ref. 7439.

5: E. Schatzman, Théorie des supernovae. Ref. 8663.

144. Observatoire de Paris. Catalogue photographique du ciel. Ascensions droites et déclinaisons déduites des coordonnées rectilignes pour toutes les étoiles jusqu'à la grandeur 9.9 (équinoxe 1900.0). Première partie zones paires +18°, 20°, 22°, 24°. Ref. 7119.

145. Exposition Le Verrier et son temps, organisée par l'Observatoire de Paris avec le concours de la Société Astronomique de France. Catalogue. Ref. 370.

146a. L'Observatoire de Paris. Ref. 422.

146b. E. Esclangon, Rapport annuel sur l'état de l'Observatoire de Paris pour l'année 1940. Ref. 101.

Prag

147. Publications de l'Institut Astronomique (Prof. Heinrich) de l'Université Charles de Prague.

(2) **21**: W. W. Heinrich, Sur une transformation des théories classiques des perturbations, permettant d'aborder l'étude du choc planétaire. Ref. **3237**.

22: W. W. Heinrich, Sur la régularisation du choc planétaire. Calcul des séries. Ref. **3238**.

Pretoria

148. Communications from the Radcliffe Observatory, Pretoria.

Nr. **1**: W. H. Steavenson, H. Knox-Shaw, Atmospheric conditions at the site for the Radcliffe Observatory near Pretoria. Siehe AJB **37** Ref. 426.

2: H. Knox-Shaw, The new Radcliffe Observatory. Siehe AJB **41** Ref. 417.

3: R. O. Redman, A new projection micrometer machine for stellar spectrograms. Siehe AJB **41** Ref. 1521.

4: H. Zanstra, Theory of a polarisation effect in Fraunhofer lines due to oscillator scattering. Siehe AJB **43** Ref. 3561.

R. O. Redman, Observational search for polarisation in the Calcium line λ 4227 near the sun's limb. Siehe AJB **43** Ref. 4429.

H. Zanstra, On the weakening of the polarisation effect by collision damping. Siehe AJB **43** Ref. 3562.

R. O. Redman, Note on a further search for polarization in Fraunhofer lines at the sun's limb. Siehe AJB **45** Ref. 4417.

H. Zanstra, Non-coherent scattering and the absence of polarization in Fraunhofer lines. Ref. **4431**.

5: R. O. Redman, Spectrographic observations at the total solar eclipse of 1940 October 1.
I. Instrument and observational procedure. Siehe AJB **44** Ref. 4203.
II. Concerning the flash spectrum and atomic velocities in the chromosphere. Siehe AJB **44** Ref. 4203.
III. The spectrum of the extreme limb of the sun. Siehe AJB **45** Ref. 4210.

6: E. G. Williams, H. Knox-Shaw, Magnitudes and colours of O- and early B-type stars south of −35° declination. Siehe AJB **44** Ref. 7412.

7: H. Zanstra, Experiments to elucidate scattering in the sky and in optical instruments. Siehe AJB **45** Ref. 1149.

8: Occultations observed at the Radcliffe Observatory, Pretoria, in the years 1939 to 1944. Siehe AJB **45** Ref. 5426.

9: R. O. Redman, The Fabry method of stellar photometry. Siehe AJB **45** Ref. 1814.

10: D. S. Evans, Electromagnetic forces in solar prominences. Ref. **4609**.

11: D. S. Evans, An analysis of solar atmospheric structure. Siehe AJB **47** Ref. 4404.

Pulkowo

149.* Mitteilungen (Iswestija) des Astronomischen Hauptobservatoriums Pulkowo.

16 4 (133) : W. W. Lawdowskij, Untersuchung der Dunkelnebel in den Sternbildern Zwillinge und Orion nach Sternzählungen. Ref. 9110.

5 (134) : Vgl. AJB 45 S. XXXV.

6 (135)[1] : Nichtastronomische Arbeiten von W. A. Krat, T. W. Krat und N. M. Pogosinskaja.

150.* Zirkular des Astronomischen Hauptobservatoriums Pulkowo.

Nr. 31: N. W. Zimmermann, Die Zusammenarbeit der Observatorien der UdSSR zur Aufstellung des Kataloges „geodätischer" Sterne. Ref. 7111.

W. A. Jelistratow, Vorläufige Untersuchung der Teilkreise des Meridiankreises des Astronomischen Hauptobservatoriums. Ref. 1214.

W. R. Berg, Die Verbesserung $\Delta\delta_\alpha$ der Fundamentalsysteme GC und FK3 auf Grund von Breitenreihen in Pulkowa, Greenwich und des Internationalen Breitendienstes. Ref. 1702.

A. F. Bogorodskij, Über die Perihelbewegung im relativistischen Zweikörperproblem. Ref. 3106.

O. A. Melnikow, Spektralphotometrie des Kohlenwasserstoffanteiles der G-Bande in den Spektren von sechs normalen Sternen und vier Cepheiden. Ref. 7515.

W. Krat, Über die Rotation der Sonnenchromosphäre. Ref. 4111.

W. Krat, Über das Alter der Novae. Ref. 8611.

G. N. Neujmin, Photographic observations of Minor Planets at Simeis in 1939. Ref. 5620.

32: W. Krat, The problem of cosmology and the „Great Universe". Ref. 3141.

A. F. Bogorodsky, On the gravitation equations in relativity. Ref. 3107.

G. N. Neujmin, Untersuchung der Bewegung des periodischen Kometen Neujmin II. 2. Teil. Ref. 6625.

W. W. Scharonow, The brightness contrasts observed on the surface of Mars. Ref. 5514.

M. S. Eigenson, The main internal characteristics of solar activity impulses. Ref. 4311.

M. S. Eigenson, B. M. Rubashev, The intensity of solar activity impulses and the number of arctic inbursts. Ref. 4816.

W. Krat, Tables of auxiliary functions ψ and χ to determine the elements of eclipsing binaries. I. Ref. 8449.

M. D. Lavrova-Berg, Determination of stellar magnitudes with a Hartmann microphotometer. Ref. 7418.

V. R. Berg, Preliminary curves of latitude variation at Poulkovo for the years 1933, 1934 and 1938 from observations with the large zenith-telescope. Ref. 9702.

S. V. Voroshilova-Romanskaya, Preliminary curves of latitude variation at Poulkovo for the years 1935—1940. Ref. 9720.

---

[1]) In RAJ 24 325—326 mit Pulk Mitt 17 1 (135), 1946 bezeichnet.

Richmond Hill, Ontario

151\. Publications of the David Dunlap Observatory, University of Toronto.

1 11: H. B. Sawyer, The light curves of four variable stars in the Hercules cluster Messier 13. Ref. 8708.

12: H. B. Sawyer, Variable stars in the globular cluster Messier 80. Ref. 8709.

13: R. K. Young, The radial velocities of 374 stars. Ref. 7209.

14: H. B. Sawyer, New variable stars in four globular clusters in Ophiuchus. Ref. 8710.

15: H. B. Sawyer, Variable stars in the globular cluster Messier 22. Ref. 8711.

16: R. K. Young, The radial velocities of 681 stars. Ref. 7210.

17: H. B. Sawyer, Light curves of the variable stars in the globular cluster NGC 5466. Ref. 8712.

18: H. B. Sawyer, Periods of variable stars in the globular cluster NGC 5053. Ref. 8713.

Riga

152.* Mitteilungen aus dem Institut fur Theoretische Astronomie und Analytische Mechanik an der Lettlandischen Universitat zu Riga.

Nr. **5**: E. Gehlinsch, The orbits of electrically charged particles moving with high speed. Ref. 3517.

Rom

153\. Osservatorio e Museo Astronomico di Roma. Contributi scientifici (N. S.).

Nr. **124**: G. Armellini, Misure micrometriche di stelle doppie. Ref. 8210.

125: M. Cimino, Nuova determinazione della latitudine dell'Osservatorio astronomico di Roma a Monte Mario eseguita in primo verticale. Ref. 9703.

126: L. Gialanella, Sulla distribuzione dei poli delle orbite dei piccoli pianeti. Ref. 5610.

127: G. Armellini-Conti, La pioggia a Roma negli ultimi cento anni. Nicht referiert.

128: M. Cimino, Una conferma del ciclo solare ventiduennale dedotta dalle oscillazioni dei diametri solari. Ref. 4105.

129: L. Gialanella, Fotometria visuale e indice del colore della „Nova Aquilae 1945". Ref. 8634.

130: G. Armellini, Sul secondo problema fondamentale della cosmogonia. Ref. 8901.

131: M. Cimino, Determinazione spettroscopica del periodo di rotazione del Sole dalle righe del sodio. Ref. 4104.

132: M. Cimino, Sopra un'estensione alle eclissi parziali di Sole del metodo di Julius per la determinazione dell'oscuramento del bordo solare. Ref. 4201 a.

Sendai

154. Sendai Astronomiaj Raportoj.

2 1: Z. Hitotuyanagi, Über die Randverdunklung der Sonne. I. Zweite Naherungslosung in der Milne-Lindbladschen Theorie vom Blanketing-Effekt der umkehrenden Schicht. Ref. **4415**.

2: Z. Hitotuyanagi, Über die Randverdunklung der Sonne. II. Der Einfluß der Fraunhoferschen Linien auf das kontinuierliche Spektrum. Ref. **4416**.

3: Z. Hitotuyanagi, Zur Theorie der Fraunhoferschen Linien in der Sonnenatmosphare. Ref. **4417**.

Sonneberg

Siehe unter Berlin-Babelsberg.

Stalinabad

155.* Annals of the Tadjik Astronomical Observatory.

1 3: A. V. Soloviev, Observations of 57 stars of the RR Lyrae type. § **85**.

2 1: V. V. Fedynsky, Results of observations of meteor trains in Tadjikistan 1934—1938. Ref. **6716**.

A. M. Bakharev, Telescopical meteors in the years 1937—39. Ref. **6711**.

156.* Tadjik Observatory Circular Nr. 52.

Stockholm

157. Stockholms Observatorium Meddelande.

Nr. **56**: B. Lindblad, On the interpretation of spiral structure in the nebulae. Vgl. AJB **42** Ref. **8841**.

57: C. Walén, On the distribution of the solar general magnetic field and remarks concerning the geomagnetism and the solar rotation. Vgl. AJB **47** Ref. **4117**.

58: B. Lindblad, R. Brahde, On the direction of rotation in spiral nebulae. Vgl. AJB **45** Ref. **8917**.

Swarthmore

158 Reprints of articles published by the Sproul Observatory.

Nr. 1: P. van de Kamp, The invisible universe. Nicht eingegangen.

2: P. van de Kamp, Note on the reduction of photographic plates. AJB **40** Ref. **2404**.

3: P. van de Kamp, A determination of the mass ratio and parallax of 85 Pegasi. AJB **40** Ref. **7309**, **8218**.

4: P. van de Kamp, A determination of the mass ratio and parallax of β 648. AJB **40** Ref. **7310**, **8218**.

5: P. van de Kamp, A determination of the mass ratio and parallax of ς Herculis. AJB **40** Ref. **7311**, **8218**.

6: P. van de Kamp, A determination of the mass ratio and parallax of β Delphini. AJB **41** Ref. **7311**, **8210**.

7: P. van de Kamp, A determination of the mass ratio and parallax of 70 Ophiuchi. AJB **41** Ref. **7311**, **8210**.

8: P. van de Kamp, Remarks on the attainable accuracy of the precessional constants. AJB **41** Ref. 2503.

9: M. E. Wolff, Tables for parallax factors in declination. AJB **41** Ref. 2116.

10: P. van de Kamp, A distant companion to Hu 575 = A.D.S. 9352. AJB **41** Ref. 8211.

11: P. van de Kamp, A determination of the mass ratio and parallax of 9 Argus. AJB **41** Ref. 7311, 8210.

12: P. van de Kamp, Secular effects inherent in the reduction of photographic proper motions and parallaxes. AJB **41** Ref. 1808.

13: P. van de Kamp, A distant companion to σ Coronae Borealis. AJB **41** Ref. 8211.

14: P. van de Kamp, Note on the proper motion of Σ 2026 = ADS 9982. AJB **42** Ref. 8221.

15: P. van de Kamp, A determination of the mass ratio and parallax of τ Cygni. AJB **42** Ref. 7301, 8220.

16: P. van de Kamp, List of stars nearer than five parsecs. AJB **42** Ref. 9013.

P. van de Kamp, List of stars of the first magnitude. AJB **42** Ref. 9015.

17: R. H. Wilson jr., A new orbit for the visual binary ADS 3064. AJB **42** Ref. 8222.

18: R. H. Wilson jr., An orbit for the binary star β 949. AJB **42** Ref. 8222.

19: P. van de Kamp, J. M. De Vilbiss, Proper motions of some double stars. AJB **42** Ref. 8204.

20: P. van de Kamp, A determination of the mass ratio and parallax of 61 Cygni. AJB **42** Ref. 7302, 8220.

21: K. A. Strand, A determination of the orbit of Castor. AJB **42** Ref. 8215.

22: R. W. Marriott, Eclipse studies — Past and present. Totality, five minutes, october first. AJB **42** Ref. 4205.

23: J. H. Pitman, Quaker Astronomer — John A. Miller. AJB **43** Ref. 328.

24: P. van de Kamp, V. Burger, Relative proper motion in the multiple system τ Cygni. AJB **42** Ref. 8205.

25: K. A. Strand, Photographic measurements of double stars. AJB **43** Ref. 8119.

26: P. van de Kamp, J. M. De Vilbiss, Relative proper motion in the multiple system σ Coronae Borealis. AJB **42** Ref. 8207.

27: P. van de Kamp, Report on measurements of double stars. Ref. 8203.

28: P. van de Kamp, Mean secular parallaxes of faint stars. AJB **43** Ref. 7301.

29: P. van de Kamp, Report on measurements of double stars. Ref. 8203.

30: P. van de Kamp, Note on the dependence reduction of photographic plates. AJB **44** Ref. 2401.

G. Land, A determination of the parallax and proper motion of Lalande 21185. AJB 44 Ref. 7202.
P. van de Kamp, Note on the distant companion of Cincinnati 918. AJB 44 Ref. 8205.

31: K. A. Strand, The double star 61 Cygni. AJB 45 Ref. 8221.

32: K. A. Strand, The orbital motion of the triple system Zeta Aquarii. AJB 44 Ref. 8206.

33: G. Land, On displacements of photographic emulsions in positional measurements. AJB 45 Ref. 1310.

34: K. A. Strand, The triple system μ Draconis. Ref. 8211.
K. A. Strand, The triple system ξ Boötis. Ref. 8211.
K. A. Strand, 61 Cygni as a triple system. Ref. 8211.

35: A. Thomas, Our nearest cosmic neighbors. AJB 45 Ref. 8111.

36: P. van de Kamp, Photographic determinations of stellar masses. Ref. 7708.

37: K. A. Strand, The orbital motion of 61 Cygni. AJB 45 Ref. 8222.

38: P. van de Kamp, On the choice of configurations of reference stars in long-range astrometric problems. AJB 45 Ref. 1808.

39: P. van de Kamp, Copernicus and the present world picture. Ref. 618.

40: P. van de Kamp, The astrometric study of unseen companions to near-by stars. Ref. 8110.

41: P. van de Kamp, Astrometry and astromechanics. Ref. 2108.

42: P. van de Kamp, The galactocentric system. AJB 45 Ref. 511.

43: P. van de Kamp, The astrometric study of unseen companions of single stars. AJB 45 Ref. 8116.
K. A. Strand, The astrometric study of unseen companions in double stars. AJB 45 Ref. 8126.

44: P. van de Kamp, The Sproul Observatory. Ref. 427.

45: P. van de Kamp, A photographic study of the proper motion of nearby stars. AJB 45 Ref. 7202.

46: P. van de Kamp, Stars or planets. AJB 45 Ref. 8100.

47: P. van de Kamp, Stars nearer than five parsecs. Ref. 9015.

48: P. van de Kamp, On the weight of astrometric photographs. AJB 45 Ref. 1701.
P. van de Kamp, Note on the photographic determination of stellar masses. AJB 45 Ref. 8118.
P. van de Kamp, S. L. Lippincott, A determination of the parallax and mass-ratio of δ Equulei. AJB 45 Ref. 8216, 8232.

49: K. A. Strand, Photographic observations of double stars made with the 24-inch Sproul refractor. AJB 45 Ref. 8223.

Sydney

159. Sydney Observatory. New South Wales, Australia.

17: Astrographic Catalogue 1900.0. Sydney Section. R. A. 0^h to 6^h, Dec. $-55°$ to $-57°$, with plate constants for Vols. 13—16. Ref. 7120.

18: Astrographic Catalogue 1900.0. Sydney Section. R. A. 0^h to 12^h, Dec. −55° to −57°, with plate constants for Vols. 21—24. Ref. **7121**.

19: Astrographic Catalogue 1900.0. Sydney Section. R. A. 12^h to 18^h, Dec. −55° to −57°. Ref. **7122**.

20: Astrographic Catalogue 1900.0. Sydney Section. R. A. 18^h to 24^h, Dec. −55° to −57°. Ref. **7123**.

21: Astrographic Catalogue 1900.0. Sydney Section. R. A. 0^h to 6^h, Dec. −56° to −58°. Ref. **7124**.

22: Astrographic Catalogue 1900.0. Sydney Section. R. A. 6^h to 12^h, Dec. −56° to −58°. Ref. **7125**.

23: Astrographic Catalogue 1900.0. Sydney Section. R. A. 12^h to 18^h, Dec. −56° to −58°. Ref. **7126**.

24: Astrographic Catalogue 1900.0. Sydney Section. R. A. 18^h to 24^h, Dec. −56° to −58°. Ref. **7127**.

160. Sydney Observatory Paper.

Nr. **1**: H. W. Wood, Nomograms for some astronomical computations. Ref. **923**.

Tartu

161.* Publikationen des Astronomischen Observatoriums der Universitat Tartu.

V. Riives, On the brightness of comets. Ref. **6520**.

Taschkent

162.* Bulletin des Astronomischen Observatoriums Taschkent.

2 4 (14): W. E. Stepanow, Die Folgen der Wirbelhypothese der Flecken. Ref. **4335**.

W. E. Stepanow, Das Zodiakallicht. Ref. **5380**.

J. M. Slonim, Ergebnisse der Sonnenbeobachtungen von 1939. Ref. **4345**.

5 (15): J. P. Zukerwanik, Eigenbewegungen von Sternen im Gebiet des Sternhaufens NGC 7789. Ref. **7207**.

E. J. Bugoslawskaja, Bestimmung der Verzeichnung des Koronographenobjektivs des Observatoriums Taschkent. Ref. **1110**.

6 (16): A. A. Michajlow, Über die Ausgleichung von Uhrkorrektionen. Ref. **1617**.

W. P. Schtscheglow, Untersuchung der Teilkreisfehler des Meridiankreises des Astronomischen Observatoriums Taschkent. Ref. **1226**.

J. M. Slonim, Ergebnisse der Sonnenbeobachtungen von 1940. Ref. **4345**.

7 (17): A. W. Merkulow, Bestimmung des Randverdunklungskoeffizienten der Sonne nach Beobachtungen partieller Phasen der Sonnenfinsternis vom 21. September 1941. Ref. **4208**.

J. M. Slonim, Ergebnisse der Sonnenbeobachtungen von 1941. Ref. **4345**.

163. Astronomisches Zirkular Nr. **130**—**189**. Davon konnten nur die Nummern **161**—**189** direkt eingesehen werden. Ref. **1649**, **4345**, **4627**.

Tokyo

164. Tokyo Astronomical Observatory Reprints.

Nr. 1: Y. Hagihara, Radiative equilibrium of a planetary nebula. Vgl. AJB **40** Ref. 3552.

2: Y. Fujita, Über die Konvektionsstabilitat der von doppelt ionisierten Atomen gebildeten Sternatmospharen. Vgl. AJB **40** Ref. 3534.

3: S. Nakano, Harmonic analysis of latitude variations observed at the three international latitude stations. Vgl. AJB **41** Ref. 9731.

4: Y. Fujita, An interpretation of the spectral sequence for the late type stars. Vgl. AJB **41** Ref. 3574.

5: Y. Hagihara, Electron velocity distribution in a planetary nebula. Part. 1. Vgl. AJB **42** Ref. 3520/21.

6: M. Hasimoto, Observation of the opposition of Eros, (1930—1931). Vgl. AJB **42** Ref. 5627.

7: Y. Hagihara, Electron velocity distribution in a planetary nebula. Part 2. Vgl. AJB **42** Ref. 3520/21.

8: Y. Fujita, On the M–S differentiation of the late type stars. Vgl. AJB **42** Ref. 3588.

9: Y. Hagihara, Electron velocity distribution in a planetary nebula. Part 3. Ref. 3801.

10: Y. Hagihara, Electron velocity distribution in a planetary nebula. Part 5 and part 6. Ref. 3803.

11: Y. Hagihara, T. Hatanaka, Radiative transfer in a planetary nebula. Ref. 3804.

12: T. Hatanaka, Intensity of forbidden lines and abundance of O II and O III atoms in planetary nebulae. Ref. 3810.

13: Y. Hagihara, Electron velocity distribution in a planetary nebula. Part 7. Ref. 3805.

14: Y. Hagihara, Electron velocity distribution in a planetary nebula. Part 8. Ref. 3806.

15: Y. Hagihara, N. Soma, Electron velocity distribution in a planetary nebula. Part 9. Ref. 3807.

16: N. Soma, Electron velocity distribution in a planetary nebula. Part 10. Ref. 3816.

17: Y. Hagihara, On the osculating representation for a dynamical system with slow variation. First note. Ref. 3232.

18: Y. Hagihara, On the osculating representation for a dynamical system with slow variation. Second note. Ref. 3233.

19: Y. Fujita, Über die totale Sonnenfinsternis am 21. September 1941. Spektralphotometrie der Korona mit einem spaltlosen Spektrographen. II. Ref. 4208, 4705a.

20: Y. Hagihara, A proof of Poisson's theorem on the invariability of the major-axes of planetary orbits. Ref. 3235.

21: Y. Hagihara, On the general theory of libration. Ref. 3236.

22: Y. Hagihara, T. Hatanaka, On the radiative transfer in an expanding nebula. Ref. 3809.

23: M. Kaburaki, Studies on the structure and motion of the galactic system. Ref. 9044.

24: Y. Hagihara, The electron velocity distribution in the celestial gaseous assemblies in radiative equilibrium. Ref. 3808.

25: Y. Hagihara, On the reducibility of the differential equations in the n-body problem. Ref. 3234.

26: T. Hatanaka, On the theory of the optical interaction among He II, O III and N III atoms in a planetary nebula. Ref. 3811.

165. Tokyo Astronomical Bulletin Nr. 535—738.

Torino (Pino Torinese)

166. Contributi dell'Osservatorio Astronomico di Torino (Pino Torinese). Nuovo serie.

Nr. 7: E. Tedeschini, Curva di luce e orbita fotometrica di AK Herculis. Ref. 8455.

8: Siehe AJB **45** Ref. 9706.

9: N. Missana, Perturbazioni e correzione dell'orbita del pianetino 381 Myrrha. Ref. 5617.

Toronto

Siehe unter Richmond Hill.

Tortosa

167. Memorias del Observatorio del Ebro.

8: J. Torroja Menéndez, Contribución al estudio general del problema de la repetición de los eclipses. Ref. 2305.

168. Boletin Mensual del Observatorio del Ebro. Serie A. Heliofísica, Meteorología, Sismología.

28 Nr. 1—12: Boletin Mensual del Observatorio del Ebro. Ref. 4345. Resumen de las observaciones solares, meteorológicas y sismológicas effectuadas durante el año 1937. Ref. 4345.

29 : In Vorbereitung.

30 Nr. 1—12: Boletin Mensual del Observatorio del Ebro. Ref. 4345. Resumen de las observaciones solares, meteorológicas y sismológicas effectuadas durante el año 1942. Ref. 4345.

31 Nr. 1—12: Boletin Mensual del Observatorio del Ebro. Ref. 4345. Resumen de las observaciones solares, meteorológicas y sismológicas effectuadas durante el año 1943. Ref. 4345.

32 Nr. 1—12: Boletin Mensual del Observatorio del Ebro. Ref. 4345. Resumen de las observaciones solares, meteorológicas y sismológicas effectuadas durante el año 1944. Ref. 4345.

25 Apéndice: R. P. L. Rodés, Influencia del sol en la frequencia de los terremotos. Ref. 4836.

33 Nr. 1—12: Boletin Mensual del Observatorio del Ebro. Ref. 4345. Resumen de las observaciones solares, meteorológicas y sismológicas effectuadas durante el año 1945. Ref. 4345.

Triest

169. Osservatorio Astronomico di Trieste. Annuario astronomico per l'anno 1946. Desgl. 1947. Ref. 207.

Uccle

170\. Annales de l'Observatoire Royal de Belgique. Troisième Série.

3 1: R. Coutrez, Etudes statistiques sur la théorie des comètes. Ref. **6505**.

R. Coutrez, Note sur le calcul de la solution locale. Ref. **6505**.

P. Bourgeois, R. Coutrez, L'effet K et le caractère spiral de la voie lactée. Ref. **9034**.

R. Coutrez, La dynamique des nébuleuses spirales. Ref. **9038**.

2: P. Bourgeois, R. Coutrez, L'effet K et le caractère spiral de la voie lactée. II. Etude statistique intrinsèque des étoiles de type spectral B à mouvement spatial connu. Ref. **9035**.

R. Coutrez, Photométrie énergétique et systèmes de magnitudes. Ref. **3514**.

171\. Bulletin Astronomique de l'Observatoire Royal de Belgique, à Uccle.

3 7: F. Moreau, J. Verbaandert, Heures de réception des signaux rythmés radiotélégraphiques et longitudes conclues en 1942. Ref. **1649**.

E. Delporte, S. Arend, F. Rigaux, Observations photographiques de petites planètes et de comètes. Ref. **5644, 6649, 8640**.

S. Arend, Objets nébulaires en relation avec la comète Whipple-Fedtke (1942g). Ref. **6649**.

S. Arend, Orbite de l'étoile double ADS 1631 = BDS 1074 = Σ 208 = 10 Arietis. Ref. **8212**.

S. Arend, Les découvertes d'asteroides à l'Observatoire royal de Belgique et leur exploitation rationelle. Ref. **5604**.

J. Hunaerts, A. Velghe, Détermination de longueurs d'onde effectives. Ref. **7509**.

E. Vandekerkhove, Etude au sujet des magnitudes résultantes. Ref. **7438**.

8: F. Moreau, J. Verbaandert, S. D. Téhérany, Heures de réception des signaux rythmés radiotélégraphiques et longitudes conclues en 1943. Ref. **1649**.

F. Moreau, J. Verbaandert, S. D. Téhérany, Ascensions droites de la Lune et de planètes. Ref. **5401, 5701, 5801**.

E. Delporte, S. Arend, F. Rigaux, Observations photographiques de petites planètes et de comètes. Ref. **5644**, § **66**.

S. Arend, Orbite de l'étoile double ADS 3098 = BDS 2088 = Σ 511. Ref. **8212**.

J. Biezemans, Orbite elliptique de l'astéroïde 1943 EG = 1930 EF = 1563 = Noel. Ref. **5644**.

J. F. Cox, H. Jehle, Eléments canoniques des petites planètes 1 à 1183. Ref. **5607**.

9: F. Moreau, J. Verbaandert, S. D. Téhérany, Heures de réception des signaux rythmés radiotélégraphiques et longitudes conclues en 1944. Ref. **1649**.

F. Moreau, J. Verbaandert, S. D. Téhérany, Ascensions droites et déclinaisons de la Lune et de planètes. Ref. **5401, 5501, 5701, 5801, 5901**.

F. Moreau, J. Verbaandert, Nova Aquilae 1945. Ref. **8634.**

E. Delporte, S. Arend, F. Rigaux, Observations photographiques de petites planètes et de comètes. Ref. **5644, 6662, 8634.**

Eclipse partielle de Soleil du 9 juillet 1945. Ref. **4211.**

F. Moreau, J. Verbaandert, Observation de l'éclipse partielle de Soleil du 9 juillet 1945. Ref. **4211.**

L. Neven, Eclipse partielle de Soleil du 9 juillet 1945. Ref. **4211.**

Eclipse partielle de Soleil du 9 juillet 1945. Ref. **4211.**

S. Arend, Orbite de l'étoile double ADS 2765 = BDS 1849 = $O\Sigma$ 62. Ref. **8212.**

S. Arend, Rattachements astrographiques différentiels ou multiples aux mêmes étoiles. Ref. **2401.**

G. Becq, L. de Clerck, Sur la discordance R—D. Ref. **1701.**

E. Vandekerkhove, Etude au sujet de la longueur d'onde des extrémés d'une raie résultante. Ref. **3608.**

E. Vandekerkhove, Etude au sujet des raies résultantes à fond plat ou très larges. Ref. **3609.**

E. Vandekerkhove, Calcul des paramètres d'une raie simple ayant même contour qu'une raie résultante. Ref. **3610.**

E. Vandekerkhove, Etude de la discontinuité résultante dans les spectres stellaires. Ref. **3611.**

J. Hunaerts, Sur la présence de la molécule OH^+ dans les comètes. Ref. **6511.**

A. Velghe, Recherches sur les couleurs et les éclats dans la nébuleuse spirale Messier 51. Ref. **8933.**

R. Coutrez, Sur l'amélioration des courbes de fréquence observées et sur l'inversion de certaines transformations fonctionnelles. Ref. **1703.**

C. H. Smiley, W. Crowley, F. W. Hoffmann, Revised elements and ephemeris of Hildegard (898). Ref. **5644.**

172. Annuaire de l'Observatoire Royal de Belgique. Jaarboek van de Koninklijke Sterrenwacht van België. 1944. Desgl. 1945. Ref. **203.**

Upper Darby

173. Flower Observatory of the University of Pennsylvania. Reprint.

Nr. **43**: The American Meteor Society. Ref. **6766.**

44—48: Siehe AJB **45.**

49: C. P. Olivier, Meteor notes from the American Meteor Society. AJB **41** Ref. **6726.**

50: S. G. Barton, The proper motion of Oxford Astrographic 29° 34482—3. AJB **42** Ref. **7201.**

51: S. G. Barton, The names of the satellites. Ref. **5103.**

52: C. P. Olivier, Meteor notes from the American Meteor Society. AJB **42** Ref. **6725.**

53: P. H. Taylor, A note on the variation in period of ZZ Cassiopeiae. AJB **43** Ref. **8483.**

54: AJB **43** Ref. **8481.**

55: S. G. Barton, The pronunciation of the names of the navigational stars. Ref. 867.
56: AJB **45** Ref. 8234.
57: E. F. Reilly, A statistical study based upon four methods for computing meteor heights. Ref. **6**757.
58: AJB **43** Ref. **6**718.
59: 1947 erschienen. AJB **47** Ref. 8201.
60: C. P. Olivier, Long enduring meteor trains. AJB **45** Ref. **6**718.
61: Nicht eingegangen.
62: AJB **45** Ref. 8117.
63: C. P. Olivier, Meteor notes from the American Meteor Society. Ref. **6**748.
64: C. P. Olivier, Meteor notes from the American Meteor Society. Ref. **6**749.
65: C. P. Olivier, Meteor notes from the American Meteor Society. Ref. **6**750.
66: C. P. Olivier, Meteor notes from the American Meteor Society. Ref. **6**751.
67: C. P. Olivier, Meteor notes from the American Meteor Society. Ref. **6**752.

Uppsala

174. Uppsala Astronomiska Observatoriums Annaler.
2 1: E. Bodén, Colours and magnitudes in the galactic cluster NGC 457. Ref. 8703.

Utrecht

175. Recherches Astronomiques de l'Observatoire d'Utrecht.
11 1: H. C. van de Hulst, Optics of spherical particles. AJB **45** Ref. 3519.

Warschau

176. Circular of the Astronomical Observatory of the Warsaw University.
Nr. 21: The history of the Astronomical Observatory of the Warsaw University during the German-Polish war and the German occupation (1939—1944). Ref. 431.
J. Pagaczewski, The minima of eclipsing variables. § 85.
J. Gadomski, Pleione. Ref. 8551.
22: M. Kamieński, The motion of the Wolf's I comet in the period 1934–1942 and its apparition in november 1942. Ref. **6**642.
J. Gadomski, Observations of the Algolids. § 85.
J. Gadomski, Photometric measurements of eclipsing variables. § 85.
J. Gadomski, Changes of the length of the period of the X Trianguli. Ref. 8551.
J. Mergentaler, On the space-orientation of the axes of the extragalactic nebulae. Ref. 8919.
J. Pagaczewski, Visual total brightness of the comets. Ref. **6**629, **6**630.

177. Institut d'Astronomie Pratique de l'Ecole Polytechnique de Varsovie. Publication.

Nr. 23: F. Kępiński, Dr. Mieczyslaw Kowalczewski. Ref. 301.

F. Kępiński, Notre institut pendant les années 1939—1945. Ref. 101.

F. Kępiński, The motion of the periodic comet 1906 IV, part 4. Ref. 6621.

F. Kępiński, Exact ephemeris of the periodic comet 1906 IV. Ref. 6621.

F. Kępiński, Sur la méthode de la détermination simultanée de l'azimut, de la latitude et de l'heure à base des mesures de la différence des azimuts de deux étoiles et de la hauteur d'une d'elles. Ref. 2203.

F. Kępiński, Méthode de la détermination do l'azimut et de la latitude géographique, basée sur la mesure des différences des azimuts de trois étoiles, observées à la même hauteur. Ref. 2204.

Washington

178. Smithsonian Institution. Publication.

3589: H. H. Clayton, The 11-year and 27-day solar periods in meteorology. Ref. 4812.

3742: C. G. Abbot, Solar radiation as a power source. Ref. 4801.

3771: C. G. Abbot, Weather predetermined by solar variation. Ref. 4802.

3800: C. G. Abbot, On the 27.0074-day cycle in Washington precipitation. Ref. 4803.

3806: L. B. Aldrich, The solar constant and sunspot numbers. Ref. 4501.

3807: C. G. Abbot, Correlations of solar variation with Washington weather. Ref. 4804.

3808: C. G. Abbot, W. H. Hoover, L. B. Clark, A sensitive radiometer. Ref. 1501.

3816: H. H. Clayton, Sunspot changes and weather changes. Ref. 4814.

Erster Teil

Allgemeines und Geschichtliches

§ 1

Tätigkeitsberichte von Instituten und Gesellschaften

101. **Jahresberichte von Sternwarten und Instituten**

Abastumani. Astrophysical Observatory on Mt. Kanobili. Abastumani Bull. Nr. 7 S. 209, 1943. — Berichtszeit 1940—1942.

Cordoba. Rev Astr 18 1—15, mit 4 Fig., 1946. Memoria correspondiente a los años 1944 y 1945.

Greenwich. The Royal Observatory, Greenwich. Annual report. Nat **154** 307—308, 1944.

Hamburg-Bergedorf. Jahresbericht der Hamburger Sternwarte in Bergedorf für das Jahr 1942, erstattet von dem Direktor O. Heckmann. Hamburg-Bergedorf 1943. 7 S. mit einer Übersicht über meteorologische Beobachtungen.

Kasan. Engelhardt Obs. Reports on the activity of the Engelhardt Observatory in the years 1942—44 and in 1945. Engelhardt Bull. Nr. **24** 20—26, 1946 (russisch).

Kodaikanal. Report of the Kodaikanal Observatory for the year 1942. 4 S. (A. L. Narayan).

Desgl. für 1943, 4 S.; 1944, 3 S.; 1945, 4 S. (A. L. Narayan).

Desgl. für 1946, 5 S. (A. K. Das).

La Plata. Rev Astr **14** 288—296 (für 1941) **15** 233—236 (fur 1942), **17** 162—168 (fur 1943), **18** 208—214 (für 1945).

Mount Wilson. Annual report of the director of the Mount Wilson Observatory. Year Book Nr. 45 for the year 1945—1946, S. 3—22 (I. S. Bowen). Survey of the year's work at Mount Wilson. Publ ASP **54** 223—229, **55** 253—262, **56** 213—219, **57** 287—295, 1942—1945 (W. S. Adams), **58** 329—340, 1946 (I. S. Bowen).

Paris. Rapport annuel sur l'état de l'Observatoire de Paris pour l'année 1940. 1942. 27 S. (E. Esclangon).

—, Bureau International de l'Heure. Rapport annuel sur les Travaux du Bureau International de l'Heure en 1944. Bull hor Décembre 1944—Février 1945 S. 1—6.

Desgl. fur 1945. Bull hor (2) Septembre—Décembre 1945 S. 1—6.

Desgl. für 1946. Bull hor (2) Septembre—Décembre 1946 S. 1—9.

Stockholm. Stockholms Observatoriums Årsberattelse for Året 1944. K. Svenska Vetenskapsakad. Årsbok for År 1945, S. 127—132.

Desgl. fur 1945 in K. Svenska Vetenskapsakad. Årsbok for År 1946, S. 131—139 (B. Lindblad).

Stonyhurst. Stonyhurst College Observatory. Results of geophysical and solar observations with report and notes of the director for the years 1939, 1940, 1941, 1942, and 1943 (J. P. Rowland).

Torino. Relazione sull'attività dell'Osservatorio Astronomico di Torino nel biennio 1945—46. 8 S., 1946 (G. Cecchini).

Triest. Oss. Astr. di Trieste, Annuario astr. per l'anno 1946. — Tatigkeitsbericht der Sternwarte fur 1944—45.

Washington. Astrophysical Observatory. Smithsonian Report for 1946, S. 113—117 (L. B. Aldrich).

102. **American Astronomical Society**

68. Meeting. Pop Astr **50** 349, 1942. D. B. McLaughlin.
69. Meeting. Pop Astr **51** 59, 1943. D. B. McLaughlin.
70. Meeting. Pop Astr **51** 349, 1943. D. B. McLaughlin.
71. Meeting. Pop Astr **52** 2—6, mit 2 Tafeln, 1944. D. B. McLaughlin.
72. Meeting. Pop Astr **52** 313—317, mit 2 Tafeln, 1944. D. B. McLaughlin.
74. Meeting. Pop Astr **54** 159—162, mit 4 Tafeln, 1946. D. B. McLaughlin.
75. Meeting. Pop Astr **54** 385—388, mit 2 Tafeln, 1946.

103. **Asociación Argentina «Amigos de la Astronomia» Buenos Aires**

Rev Astr **13** 139—155, mit 7 Fig., 1941. La primera exposición astronomica realizada en Sud América.

Rev Astr **16** 83—99, mit 4 Fig., 1944. Inauguración del edificio social y observatorio astronomico de la Asociación. — Einweihung am 22. April 1944.

104. **Astronomical Society of the Pacific**

R. F. Sanford, Reno meeting of the Astronomical Society of the Pacific. Publ ASP **58** 236—238, 1946.

105. **Astronomical Society of South Africa**

Obs **65** 14—16, 1943.

106. **Astronomische Gesellschaft**

H. Straßl, Astronomische Gesellschaft in der britischen Zone. Naturwiss **33** 375—376, 1946 (ausgegeben 1947). — Gründungsversammlung 14.—16. April 1947.

Neue Phys. Blatter 1946 S. 180—181. Astronomentagung in Hamburg.

107. **Astronomisk Selskab**

NAT **1946** 78. Selskabets ordinære Generalforsamling.

108. **Comité National Français d'Astronomie**

Session du 22 au 24 octobre 1946. BSAF **60** 291—294, mit 1 Bild, 1946.

109. **Conseil International des Unions Scientifiques**

G. Abetti, L'assemblea generale del Consiglio internazionale delle Unioni scientifiche — Londra, 22—24 luglio 1946. Ricerca Sc. e Ricostruzione **16** Nr. 10, 7 S., 1946.

110. **International Astronomical Union**

L. de Clerck, A. Velghe, De Internationale Astronomische Unie en onze Koninklijke Sterrenwacht. Heelal **1** 11—18, mit 2 Abb. 1945.

B. Lindblad, Internationella Astronomiska Unionens mote i Köpenhamn 7—13 mars 1946. PAT **27** 137—138, 1946.

F. J. M. Stratton, The International Astronomical Union. Obs **66** 246—248, 1946. — Bericht über die Kopenhagener Tagung 1946 März 7—13.

E. Strömgren, Den internationale astronomiske Unions Delegeretmöde i Kobenhavn i Dagene Marts 7—13. NAT **1946** 70—71.

O. Struve, The Copenhagen conference of the International Astronomical Union. Pop Astr **54** 327—339, 1946.

111. **Meteoritical Society**

J. A. Russell, Report of the ninth meeting of the Society. Pop Astr **54** 478—482, 1946.

L. La Paz, The report of the President of the Society for the term 1941 June to 1946 September. Pop Astr **54** 538—541, 1946.

Sky and Telescope **6** Nr. 1 S. 12, 1946. — Umbenennung der Society for Research on Meteorites in Meteoritical Society.

112. **The Nantucket Maria Mitchell Association**
Thirty-eight annual report, 1940. 46 S. Memorial House, Nantucket, Mass.
Thirty-ninth annual report, 1941. 46 S.
Fortieth annual report, 1942. 45 S.
Forty-first annual report, 1943. 43 S.
Forty-second annual report, 1944. 45 S.
Forty-third annual report, 1945. 43 S.
Forty-fourth annual report, 1946. 46 S.

113. **The Research Associateship in the Institute of Meteoritics of the University of New Mexico.**
Pop Astr **54** 154, 1946. — Prasident: L. La Paz, Sekretar: C. H. Cleminshaw.

114. **Royal Astronomical Society**
Annual General Meeting, 1942 April 10. Obs **64** 217—223, 1942.
Annual General Meeting, 1943 April 9. Obs **65** 21—24, 1943.
Annual General Meeting, 1944 April 14. Obs **65** 157—162, 1944.
Annual General Meeting, 1945 April 13. Obs **66** 70—73, 1945.
Annual General Meeting, 1946 Febr. 8. Obs **66** 233—238, 1946.

115. **Schweizerische Astronomische Gesellschaft**
Orion Genève Nr. **13** S. 258—259, 1946. Bericht über die 5. Generalversammlung der S. A. G. vom 13.—14. Juli 1946 in Zurich.

116. **Sociedad Astronomica de España y America**
F. Armenter de Monasterio, Actividades de la «Sociedad Astronómica de España y América» durante los años 1940 al 44. Memoria leida en la Asamblea General celebrada por la Sociedad en 15 octubre de 1944. Urania Barcelona **30** Nr. 209 S. 15—23, 1945.
R. Parés, Crónica de la Sociedad Astronómica de España y América. Urania Barcelona **30** Nr. 209 S. 33—35, 1945.
Urania Barcelona **31** Nr. 213 S. 166—168, 1946. Asamblea general de la Sociedad Astronomica de España y America. — Bericht über die Tagung in Barcelona 1946 Jan. 20.

117. **Societas Scientiarum Naturalium Croatica**
Glasnik (Zagreb) **1** 237 (kroatisch). Reports for 1946 of the Astronomical Section.

118. **Société Astronomique de France**
BSAF **59** 154—167, mit 1 Bild von F. Baldet, 1945. — Assemblée générale annuelle de la Société Astronomique de France.
G. C. Flammarion, La Société Astronomique de France pendant la guerre. BSAF **60** 11—14, 1946.

119. **Société d'Astronomie d'Anvers**
A. Dermul, La Société d'Astronomie d'Anvers. Gaz astr **28** 1—7, mit 2 Abb., 1946.

120. **Société Belge d'Astronomie, de Météorologie et de Physique du Globe**
Ciel et Terre **60** 56—60, 1944. Assemblée générale du 11 Décembre 1943.
G.-A. Heuse, Cinquantenaire de la Société Belge d'Astronomie, de Météorologie et de Physique du Globe. BSAF **60** 120, 1946.

121. **Société Chronométrique de France**
Assemblée générale du 17 Novembre 1945. Ann. Françaises de Chronométrie **15** 119—126, 1945.
Assemblée générale des 25—26 Mai 1946 à Besançon. Ann. Françaises de Chronométrie **16** 195—205, 1946.

122. **Société Suisse de Chronométrie**
Ann. Françaises de Chronométrie **15** 127, 1945. XXe Assemblée générale. 22—23 Septembre 1945.

Ann. Françaises de Chronométrie **16** 311—321, 1946. XXIe Assemblée générale au Burgenstock.

123. **Svenska Astronomiska Sällskapet** PAT 27 58—60, 1946. — Jahresbericht für 1945.

124. **D. Chalonge,** L'Astronomie française pendant la guerre. Obs **66** 23—25, 1945.

125. **L. de Clerck, A. Velghe,** De internationale astronomische samenwerking en de Koninklijke Sterrenwacht van Belgie. Wetenschappelijke Tijdingen **7** 199—203, 227—234, 1942.

126. **R. H. Garstang,** Post-war Astronomy. Obs **66** 221—222, 1946.

127. **L. Gialanella,** Le principali scoperte astronomiche avvenute durante la guerra. Ricerca Sc. e Ricostruzione **16** Nr. 3—4, 8 S., 1946.

128. **P. Gorshkov,** Leningrad Astronomers during the war and the blockade. Obs **66** 217—221, 1946.

129. **C. Hoffmeister, H. Schneller, P. Ahnert,** Interne Arbeitstagung über veränderliche Sterne auf der Sternwarte zu Sonneberg vom 5. bis 8. September 1944. MVS Nr. 88—89, 1944. — Verhandlungsbericht.

130. **F. Kępiński,** Notre institut pendant les années 1939—1945. Institut d'Astronomie Pratique de l'Ecole Polytechnique de Varsovie Publ. Nr. **23** S. 6—7, 1946.

131. **G. P. Kuiper,** German Astronomy during the war. Pop Astr **54** 263—287, 1946.

132. **F. Palmér,** Astronomiska studieresa under första krigsåret. PAT **26** 1—11, mit 9 Fig., 1945.

133. **L. La Paz,** The tenth anniversary message from the president of the Society. Pop Astr **51** 453, 1943.

134. **S. Plakidis,** Astronomy in Greece during the war. Obs **66** 298—299, 1946.

135. **R. L. Price,** Demonstration equipment for effective teaching in astronomy. Pop Astr **50** 369, 1942.

136. **R. O. Redman,** Post-war Astronomy. Obs **66** 153—159, 1945.

137. **P. J. van Rhijn,** Post-war Astronomy. Obs **66** 184—185, 1945.

138. **P. J. van Rhijn,** Astronomy in the Netherlands during the war. Obs **66** 258—261, 1946.

139. **E. Schoenberg,** Das Astronomentreffen in Hamburg-Bergedorf am 26.—28. September 1946. Zf Naturf **1** 603—604, 1946.

140. **F. J. Sellers,** Solar work in France during 1941—1943. JBAA **55** 148, 1945.

141. **E. Strömgren,** Den internationale astronomiske Nyhedstjeneste under og mellem de to Verdenskrige (1914—1945). NAT **1945** 88—92, mit 3 Fig.

142. **O. Struve,** Astronomy faces the war. Pop Astr **50** 465—472, 1942. — Der Verf. liefert unter der Überschrift „Astronomy faces the war" eine kritische und anregende Diskussion über die Lage der amerikanischen Astronomie. Insbesondere werden Fragen der Ausbildung des wissenschaftlichen Nachwuchses, der Steigerung der Wirksamkeit kleinerer Institute, der sinnvollen Planung größerer Forschungsaufgaben und der weiteren Entwicklung auf dem Gebiet der Publikationsmittel behandelt. Micz.

143. **M. S. Swerew,** Die astrometrische Konferenz vom 1.—3. Dezember 1940 in Moskau. RAJ **18** 173—180, 1941.

144. **J. M. Torroja Menendez,** La Astronomía en los Estados Unidos. Sumario de publicaciones recientes. Bol. Real Soc. Geográfica **82** 300—306, 1946.

145. **Å. Wallenquist,** Den holländska astronomien under ockupationen. PAT **27** 40—47, mit 2 Fig., 1946.

146. **M. Williams,** Report of the conference of teachers of astronomy, at Cambridge, Massachusetts. Pop Astr **51** 352, 1943.

147. **R. v. d. R. Woolley,** Japanese astronomy after the war. Obs **66** 322—323, 1946. — Vgl. auch Himmelswelt **55** 210.

148. **C. C. Wylie,** War work of astronomers. Pop Astr **50** 259—262, 1942.

149. Inter-American Astrophysical Conference. Pop Astr **50** 140—150, 1942. — Zur Einweihung des neuen Schmidt-Teleskopes. Versammlung amerikanischer, mexikanischer und südamerikanischer Astronomen in Mexico City, Puebla und Tonanzintla, 1942 Febr. 16—25. Die Berichte der auf der Versammlung gehaltenen Vorträge sind in den Paragraphen 12, 51, 53, 84, 86 und 91 aufgeführt.

150. Report prepared by the committee of the American Astronomical Society on preferred spellings and pronunciations. Pop Astr **50** 356, 1942.

151. El pequeño congreso de astronomia y física realizado en Córdoba. Rev Astr **14** 15—44, 1942. — Bericht über die Versammlung in Cordoba vom 4. bis 5. Juli 1942.

152. Astronomy in Russia. Obs **65** 130—131, 1943. — Besprechung des Bull. Acad. Sci. Georgian S. S. R. **3** Nr. 6 und 7, 1942.

153. Astronomy in Moscow to-day. Obs **65** 143—144, 1944.

154. News from Moscow. Obs **65** 202—203, 1944.

155. Russian Astronomy Resurgent. Obs **65** 282—283, 1944. — Wiedergabe eines Berichtes von S. P. Rudnikh.

156. Astronomy and war. Pop Astr **52** 1, 1944.

157. The Herschel Astronomical club of Fall River. Pop Astr **52** 204, 1944.

158. Library of congress exhibit portrays work of the Academy of Sciences of the U.S.S.R. Pop Astr **52** 205, 1944.

159. Die astronomische Beratung vom 14.—18. September 1943. RAJ **21** 57—66, 1944 (russisch).

160. Amerikaansche Wetenschap. Heelal **1** 60—62, 1945.

161. Astrophysical research in India. Obs **66** 13—22, 1945. — Es wird zunachst uber einen Vortrag von S. K. Mitra über die fur die Ausbildung der Ionosphare verantwortlichen Prozesse berichtet. Danach entsteht die E-Schicht durch Ionisation von O_2, die F_1-Schicht durch Ionisation von N_2 und die F_2-Schicht durch Ionisation von O. Im zweiten Vortrag von M. N. Saha wird versucht, das Auftreten hochionisierter Zustande im Koronaspektrum und der starken Heliumlinien im Chromosphärenspektrum auf Kernprozesse in der Nähe der Sonnenoberflache zuruckzuführen. An beide Vortrage schließen sich Diskussionen an. Micz.

162. Astronomy in Belgium during the war years. Obs **66** 122—123, 1945.

163. L'astronomie et les astronomes tchécoslovaques pendant la période 1939—45. Ann d'Astrophys **9** 99, 1946.

164. Astronomische Arbeitstagung in der Mark Brandenburg. Neue Phys. Blatter 1946 S. 150.

165. Astronomy in Finnland during the war. Obs **66** 231, 1946.

166. Astronomy in Hungary. Obs **66** 327, 1946. —Vgl. auch Himmelswelt **55** 209.

167. Astronomien i Tyskland och de tyska astronomerna under kriget. PAT **27** 151—153, 1946.

168. Synpunkter på den engelska astronomiens framtida utveckling, framförda av professor H. H. Plaskett. PAT **27** 153—154, 1946.

169. Die astrometrische Beratung vom 15.—17. Oktober 1945 in Moskau. RAJ **23** 53—57, 1946 (russisch).

§ 2

Jahrbücher, Ephemeriden, Kalender

201. The Handbook of the British Astronomical Association, 1947. Twenty-sixth year of publication. 1946 November, 56 S. Preis 4 s.

202. Extracto del Almanaque Náutico para uso de navegantes para 1946. Obs. San Fernando.
Desgl. fur 1947.

203. Annuaire de l'Observatoire Royal de Belgique. Jaarboek van de Koninklijke Sterrenwacht van Belgie. 1944. Brüssel, M. Hayez, 1943. **111** année, 189 S.
Desgl. 1945. **112** année. 187 S.

204. Almanaque astronómico y manual del aficionado para el año 1940. Rev Astr **12** 3—82 mit einer graphischen Tafel, 1940. — Ephemeriden und Handbuch des Liebhabers, bearbeitet von A. Völsch.
Desgl. 1941—1945. Rev Astr **13—17** 3—80, 1941—1945.
Desgl. 1946. Rev Astr **18** 3—82, 1946.

205. Annuaire Astronomique et Météorologique Camille Flammarion pour 1947. Publié par l'Observatoire de Juvisy. 8₀e année. 381 S. mit 75 Fig. — Besprechung in Ciel et Terre **63** 130 (F. Dutry).

206. Annuaire pour l'an 1946, publié par Le Bureau des Longitudes. Paris, Gauthier-Villars, 1946. 7 + 638 + A 202 + B 62 S.
Desgl. fur 1947. 428 + A 24 + B 54 S. Preis kart. 475 fr.

207. Osservatorio Astronomico di Trieste, Annuario astronomico per l'anno 1946. 48 S. — Kalender mit Auf- und Untergang von Sonne, Mond und Planeten. Finsternisse, verschiedene Tafeln, Tatigkeitsbericht der Sternwarte für 1944—45.
Desgl. fur 1947. 63 S. mit zwei Karten. — Kalender mit Auf- und Untergangszeiten von Sonne, Mond und Planeten, Finsternisse, verschiedene Tafeln und Erlauterungen.

208. **J. Bouška,** Hvězdná obloha 1945. Prag, J. Samec, 1945. 40 S. mit 7 Abb. — Populares Sternbüchlein fur das Jahr 1945.

209. **V. Guth, F. Link,** Hvězdářská ročenka na rok 1946. Prag, Máj, 1946. **22.** Jahrgang, 88 S. mit 16 Abb. — Tschechisches astronomisches Jahrbuch.
Desgl. fur 1947. **23.** Jahrgang, 96 S. mit 21 Abb.

210. **R. A. Naef,** Der Sternenhimmel 1947. Kleines Astronomisches Jahrbuch für Sternfreunde. Aarau, H. R. Sauerlander und Co., 1946. Preis 4.80 Fr. s. — Besprechung in Ciel et Terre **63** 64.

211. **J.-J. Raimond,** Sterrengids 1947. Groningen, J.-B. Wolters, 1946. Preis 2.25 Fl. — Besprechung in Ciel et Terre **63** 64 (J. Hunaerts).

212. Den norske Almanakk gjennom 300 Aar, 1644—1944. Oslo. Norske Universitets Almanakforlag, 1944. NAT **1945** 68—69.

§ 3

Personalien, Biographie, Briefwechsel

301. Nekrologe und Todesanzeigen

1940

A. Fowler, 1868—1940 Juni 24. Heelal **1** 81.

1941

A. J. Cannon, 1863 Dez. 11—1941 April 13. Heelal **1** 81.

T. Levi-Civita, 1873 Marz 29—1941 Dez. 29. Anais Fac. Ci. Pôrto **28** 5—7 mit Bild (R. L. Gomes), Ann. Mat. Pura Appl. (4) **25** III—VIII. Atti Accad. Naz. Lincei Rend. Cl. Sci. Fis. Mat. Nat. (8) **1** 1130—1155 (U. Amaldi).

J. S. Plaskett, 1865 Nov. 17—1941 Okt. 17. Heelal **1** 81.

1942

H. D. Curtis, 1872 Juni 27—1942 Jan. 9. Heelal **1** 81, Pop Astr **50** 175—181 mit Bild (D. B. McLaughlin).

J. H. Darling, 1847—1942 Sept. 11. Pop Astr **50** 533—535 mit Bild.

E. Falbisaner, † 1942 Nov. 16. BSAF **60** 184 mit Bild (C. Fehrenbach).

J. Larmor, 1857 Juli 11—1942 Mai 19. Obs **64** 276.

T. E. R. Phillips, 1868 Marz 28—1942 Mai 13. Obs **64** 276, **66** 399—400.

C. E. Rogers, † 1942 Juni 30. Pop Astr **50** 456.

F. de Roy, † 1942 Mai 15. Heelal **1** 81, Obs **65** 12.

A. B. Wyse, 1909 Juni 25—1942 Juni 8. Obs **64** 308.

1943

F. Aquilar, † 1943 Sept. 28. Pop Astr **51** 524, Rev Astr **16** 276—279 (V. Manganiello).

E. Belville, † 1943 Dez. 10. Obs **65** 148.

D. E. Hadden, † 1943 Sept. 20. Pop Astr **51** 574.

J. R. Jewett, † 1943 Màrz 31. Pop Astr **51** 286 (D. Hoffleit).

M. Kowalczewski, 1898—1943. Institut d'Astronomie Pratique de l'Ecole Polytechnique de Varsovie Publ. Nr. **23** S. 3—6 (F. Kępiński).

F. Kubesch, 1874 Juli 13—1943 Okt. 27. Urania Barcelona **30** Nr. 212 S. 138—139 mit Bild.

F. Schlesinger, 1871 Mai 11—1943 Juli 10. Heelal **1** 81, Hemel en Dampkring **43** 27 (J. H. Oort), Nat **152** 321—322 (H. S. Jones), Obs **65** 87, 96—102 (H. S. Jones), Pop Astr **51** 409 (I. Barney).

E. S. Smith, 1875 Jan. 19—1943 Sept. 29. Pop Astr **52** 7 (E. I. Yowell).

P. Zeeman, 1865 Mai 25—1943 Okt. 9. Publ ASP **55** 274—275 (A. S. King).

1944

E.-M. Antoniadi, 1870—1944 Febr. 10. BSAF **58** 58—60 mit Bild (F. Baldet).

H. Buisson, 1873—1944 Jan. 6. BSAF **59** 88 mit Bild, Obs **65** 179.

P. Calot, † 1944 Nov. 8. Anzeige von Abbadia (J. Foursac).

A. E. Conrady, 1866 Jan. 27—1944 Juni 16. Obs **65** 247 (L. C. Martin).

A. S. Eddington, 1882 Dez. 28—1944 Nov. 22. BSAF **58** 171, **60** 83—85 mit Bild (D. Chalonge), Mem SA It (NS) **17** 203—206 (G. Abetti), Obs **65** 284, **66** 2—12 mit Bild (G. Temple, H. S. Jones, E. N. da C. Andrade, E. A. Milne, H. Dingle, H. N. Russell), Pop Astr **53** 43, 253—258 mit Bild (H. Dingle), Rev Astr **17** 83—88 mit Bild (E. Gaviola), Urania Barcelona **30** Nr. 210 S. 68—70 (A. Paluzíe Borrell).

P. Fox, 1878 März 7—1944 Juli 21. Pop Astr **52** 365—370 mit Bild (O. J. Lee).

R. H. Fowler, 1889 Jan. 17—1944 Juli 28. Nat **154** 232—233 (E. A. Milne), NAT **1945** 70, Obs **65** 245—246 (E. A. Milne).

J. K. Halm, 1866 Nov. 30—1944 Juli 17. Obs **65** 252.

A. Lambert, 1880—1944 Aug. 15. Bull hor (2) Janvier—Avril 1946, S. 1.

Mariano Anglada, 1872—1944 Mai 13. Urania Barcelona **29** Nr. 208 S. 11 mit Bild.

H. F. Newall, 1857 Juni 21—1944 Febr. 22. Obs **65** 195—199 (H. A. Brück), Publ ASP **56** 146—148.

J. Pawling, † 1944 April 11. Pop Astr **52** 254.

A. de Sitter, 1905—1944 Sept. 15. BAN 382 **10** 271, Heelal **2** 35, Hemel en Dampkring **44** 33 (J. H. Oort), Obs **66** 192, 265—266 (J. H. Oort), Pop Astr **54** 52, PAT **27** 75—76.

B. Slanin, 1920—1944 Mai 12. Pop Astr **53** 289—290 (F. C. Leonard).

F. Slocum, 1873 Febr. 6—1944 Dez. 4. Pop Astr **53** 277—279 mit Bild (O. J. Lee).

E. Touchet, 1874 Juni 24—1944 Juni 4. BSAF **60** 88—91 mit Bild (F. Baldet).

J. Uitterdijk, † 1944 Sept. 18. Heelal **2** 35, Obs **66** 192, 266 (J. H. Oort), Pop Astr **54** 52, PAT **27** 76.

1945

S. Bunch, † 1945 Juli 13. Pop Astr **53** 418, 474—475.

H. J. Colliau, † 1945 Sept. 9. Pop Astr **53** 418.

P. Ditisheim, 1858—1945. Ann. Françaises de Chronométrie **16** 65 (E. Jaquet).

J. W. Fecker, 1891 März 4—1945 Nov. 11. Obs **66** 268, Pop Astr **53** 522, **54** 17—19 mit Bild (C. Fisher).

J. J. Frič, † 1945 Sept. 10. RH **26** 73.

H. Fried, † 1945 Dez. 23. Pop Astr **54** 102.

A. R. Hinks, 1873 Mai 26—1945 April 14. Obs **66** 89—91 (W. M. Smart).

J. M. Hombre, † 1945 Dez. 4. Urania Barcelona **31** Nr. 213 S. 169 (A. Alonso Trujillo).

E. Loreta, † 1945 Sept. 5. Pop Astr **54** 204. Sky and Telescope **5** Nr. 8 S. 4, Urania Barcelona **31** Nr. 215 S. 210 (A. Esplugas).

W. C. Martin, † 1945 Juni 29. Heelal **2** 35, Obs **66** 192, 266 (J. H. Oort), Pop Astr **54** 52, PAT **27** 76.

R. Prager, 1883 Nov. 30—1945 Juli 20. NAT **1945** 111, Obs **66** 186—187, Pop Astr **53** 364.

G. W. Ritchey, 1864 Dez. 31—1945 Nov. 4. Obs **66** 268, Pop Astr **54** 51.

M. L. Zimmer, 1880 Mai 3—1945 Febr. 5. Publ ASP **57** 103 (R. F. Sanford).

1946

J. H. Jeans, 1877 Sept. 11—1946 Sept. 16(17). Gaz astr **28** 61, MN **106** 341, NAT **1946** 117, Obs **66** 392—394, 355—356, PAT **27** 156, Sky and Telescope **6** Nr. 1 S. 10 (C. Payne-Gaposchkin). Ferner: Die astronomischen Arbeiten von James Jeans †. Naturwiss **33** 193—195 (P. ten Bruggencate).

A. van Maanen, 1884 Marz 31—1946 Jan. 26. NAT **1946** 76, Obs **66** 268, Pop Astr **54** 107—110 mit Bild (A. H. Joy), Publ ASP **58** 89—103 (F. H. Seares).

J. A. Miller, † 1946 Juni 15. Pop Astr **54** 378.

G. Perrier, 1872—1946 Febr. 16. Ann. Françaises de Chronométrie **16** 139—143 mit Bild (P. Tardi), Bull hor (2) Janvier—Avril 1946 S. 2.

D. B. Pickering, 1873 Jan. 18—1946 Juni 13. Pop Astr **54** 374—375 = Harv Repr **291**, Pop Astr **54** 443—446 mit Bild (L. Campbell).

H. C. Plummer, 1875 Okt. 24—1946 Sept 30. MN **106** 342, NAT **1946** 117, Obs **66** 394—397 (E. Whittaker), PAT **27** 156.

W. C. Rufus, † 1946 Sept. 21. Pop Astr **54** 491, Sky and Telescope **6** Nr. 1 S. 10—11.

J. Woltjer jr., 1891 Aug. 3—1946 Jan. 28. Ann d'Astrophys **9** 99, BAN 370 **10** 136, PAT **27** 76.

G. D. Birkhoff. Bull. Amer. Math. Soc. **52** 357—391 (M. Morse), London Math. Soc. **20** 121—128 (E. T. Whittaker), Trans. Amer. Math. Soc. **60** 1—2 (R. E. Langer).

M. I. Frolowa, †. BIA **4** Nr. 1 (54) S. 40 (I. Shongolowitsch).

M. D. Roshnow, †. BIA **4** Nr. 1 (54) S. 41—42 (A. Gishizkij).

E. Smith, †. Obs **65** 156.

W. J. Yapp, †. Obs **66** 268.

302. Personalien

H. L. Alden, Direktor des Leander McCormick Observatory, Charlottesville als Nachfolger von S. A. Mitchell. Pop Astr **53** 419—420, 1945.

A. Bečvář erhielt die Donohoe-Kometen-Medaille 1943. RH **26** 174, 1945.

I. S. Bowen erhielt die Henry Draper Medaille für 1942. Obs **65** 87, 1943.

I. S. Bowen, Direktor des Mount Wilson Observatory als Nachfolger von W. S. Adams. Obs **66** 268, Pop Astr **54** 51, PAT **27** 76, 1946.

G. M. Clemence, Direktor des Nautical Almanac Office, U. S. Naval Observatory. Pop Astr **53** 196, 1945.

B. H. Dawson erhielt die David B. Pickering Nova Medaille. Rev Astr **15** 241, 1943, Obs **65** 156, 1944.

A. E. Douglas, Direktor des Steward Observatory in Abwesenheit von E. F. Carpenter. Pop Astr **51** 55, 1943.

W. Dziewulski, Direktor der Sternwarte Toruń (Thorn). Ann d'Astrophys **9** 233, 1946.

W. J. Eckert, Direktor des Department of Pure Science. Pop Astr **53** 93—94, 1945.

B. Edlén erhielt die Goldmedaille der Royal Astronomical Society. NAT **1945** 71, Obs **66** 68, 1945.

J. Gadomski, Direktor der Sternwarte Warszawa als Nachfolger von M. Kamienski. Ann d'Astrophys **9** 232, 1946.

W. W. Heinrich, 60. Geburtstag. RH **25** 136—139, 1944.

E. Hertzsprung, 70. Geburtstag. Obs **65** 204, 1944.

F. S. Hogg, Direktor des David Dunlap Observatory als Nachfolger von R. K. Young. Obs **66** 268, Pop Astr **54** 157, 1946.

F. Hope-Jones erhielt die Goldmedaille des British Horological Institute. Obs **66** 400, 1946.

H. S. Jones erhielt die Goldmedaille der Royal Astronomical Society. Obs **65** 20, 132, Pop Astr **51** 285, 347, 1943.

H. S. Jones erhielt den Prix Janssen der Société Astronomique de France für 1945. Obs **66** 231, 1946.

V. Manganiello, Direktor der Sternwarte La Plata als Nachfolger von F. Aguilar. Urania Barcelona **30** Nr. 209 S. 36, 1945.

P. W. Merrill erhielt die Catherine Wolfe Bruce Goldmedaille für 1946. Pop Astr **54** 320, 1946.

E. A. Milne erhielt die Bruce-Medaille der Astronomical Society of the Pacific für das Jahr 1945. Obs **66** 68, Pop Astr **53** 418, Publ ASP **57** 65—68, 1945.

J. H. Moore, Direktor des Lick Observatory als Nachfolger von W. H. Wright. Obs **64** 339, Pop Astr **50** 456, 1942.

J. H. Oort erhielt die goldene Bruce-Medaille der Astronomical Society of the Pacific. Obs **64** 276, 1942, Publ ASP **58** 229—232, 1946 (A. S. King).

J. H. Oort erhielt die Goldmedaille der Royal Astronomical Society, London. MN **106** 242, Pop Astr **54** 157, 1946.

J. H. Oort, Direktor der Sternwarte Leiden als Nachfolger von E. Hertzsprung. Ann d'Astrophys **9** 99, Heelal **2** 35, NAT **1946** 76, 1946, Obs **66** 191, 1945, PAT **27** 76, 1946.

J. Rösch erhielt die Janssen-Medaille. BSAF **60** 142, 1946.

E. Rybka, Direktor der Sternwarte Wrocław (Breslau). Ann d'Astrophys **9** 233, 1946.

C. D. Shane, Direktor des Lick Observatory als Nachfolger von J. H. Moore. NAT **1945** 143, 1945, Obs **66** 268, Pop Astr **54** 52, PAT **27** 76, 1946.

H. Shapley erhielt die Pius XI-Medaille für Astronomie. Obs **64** 244, 1942.

H. Shapley erhielt den mexikanischen Orden Aztekenadler. Obs **65** 284, Pop Astr **52** 415, 1944.

H. Shapley erhielt die Franklin-Medaille fur 1945. Obs **66** 96, Pop Astr **53** 247—248 mit Bild, 1945.

O. Struve erhielt die Goldmedaille der Royal Astronomical Society. Obs **65** 156, Pop Astr **52** 389—392, 1944.

M. A. Tuve, Direktor des Department of Terrestrial Magnetism of the Carnegie Institution of Washington als Nachfolger von J. A. Fleming. Obs **66** 328, 1946.

R. L. Waterfield erhielt die Jackson-Gwilt-Medaille. Pop Astr **50** 230, 1942.

J. Witkowski, Direktor der Sternwarte Poznań. Ann d'Astrophys **9** 233, 1946.

H. Zanstra, Direktor der Sternwarte Amsterdam als Nachfolger von A. Pannekoek. Ann d'Astrophys **9** 99, Obs **66** 400, Pop Astr **54** 436, 1946.

303. **W. S. Adams,** The Newton Tercentenary celebration in London, July 1946. Publ ASP **58** 277—281, 1946.

304. **A. Berroth,** Das Lebenswerk des uberragenden Meisters der Erdmessung Friedrich Robert Helmert. Z. f. Geophys. **18** 87—99, 1944.

305. **J. Bobone,** B. A. Gould, 1824—1896. Rev Astr **18**, mit Bild, 1946.

306. **J. Bobone,** Benjamin Apthorp Gould. Obs. Cordoba, Tirada Aparte Nr. 21.

307. **P. Bockstaele,** Christian Huygens. Heelal **2** 21—24, 1946.

308. **Y. C. Chang,** Chang-Hen, a chinese contemporary of Ptolomy. Pop Astr **53** 122, 1945.

309. **A. Colacevich,** La riunione del Comitato nazionale francese di Astronomia e la celebrazione della scoperta di Nettuno. Ricerca Sc. e Ricostruzione **16** Nr. 11, 3 S., 1946. — 1946 Okt. 22—24.

310. **E. Connor,** Sir Isaac Newton, the pioneer of astrophysics. ASP Leaflet Nr. **158**, 8 S., 1942.

311. **E. Connor,** Abraham Sharp, 1653—1742. Publ ASP **54** 237—243, 1942.

312. **E. Connor,** Mme. Lepaute, an eighteenth-century computer. ASP Leaflet Nr. **189**, 8 S., 1944.

313. **M. Davidson,** Honour for Rev. T. E. R. Phillips. Obs **64** 228—231, 1942.

314. **L. Defossez,** Jost Burgi, horloger astronome et mathématicien. J. suisse d'Horlogerie **1943** Nr. 7—8.

315. **A. Dermul,** Un astronome anversois Gustave-Adolphe de Boë (1821—1897). Gaz astr **28** 17—27, mit 1 Abb., 1946.

316. **F. Dessauer,** Weltfahrt der Erkenntnis, Leben und Werk Isaac Newtons. Zürich, Rascher Verlag, 1945. 430 S. mit 8 Tafeln. Preis geb. 17.5 s. fr. — Ref. in Math Rev **9** 169—170.

317. **P. Ditisheim,** Isaac Newton. J. suisse d'Horlogerie **1943** S. 131—142.

318. **A. Due Rojo,** En el cuarto centenario del nacimiento de Tyco-Brahe. Euclides **6** 58—63, 1946.

319. **J. Febrer,** «Le Verrier astrónomo». Urania Barcelona **31** Nr. 214 S. 189—191, 1946.

320. **A. Flexner,** Henry S. Pritchett. New York, Columbia University Press, 1943. Preis $ 2.75. — Besprechung in Pop Astr **52** 107—108 (C. C. Mierow).

321. **J. E. Ford,** David Rittenhouse, Astronomer-Patriot, 1732—1796. Philadelphia, University of Pennsylvania Press; London, Geoffrey Cumberlege, Oxford University Press, 1946. 8+226 S. mit 1 Tafel. Preis $ 2.50 bzw. 15 s. 6 d. net. — Vgl. AJB **45** Ref. 327. — Besprechung in Obs **67** 65—66 unter dem Titel: A Pennsylvanian astronomer (A. Armitage), Pop Astr **54** 495—496, Publ ASP **58** 389—390 (E. Connor).

322. **L. Gabba,** Emilio Bianchi. Notizie sulla sua opera scientifica. Mem SA It (NS) **17** 177—189, 1946.

323. **A. Gillgrass,** John Harrison, a pioneer in navigation. Pop Astr **53** 425—429, 1945.

324. **N. Günther,** Ernst Abbe, der Schöpfer der Zeiss-Stiftung. Stuttgart, Wissenschaftliche Verlagsgesellschaft, 1946. Band 2 der Reihe Große Naturforscher. 211 S. Preis RM 4.80. — Besprechung in Zf Naturf **2 a** 476 (K. Sauerwein).

325. **L. W. Higgins,** The work of William Gaertner. Pop Astr **52** 442—445, 1944.

326. **H. E. Hurd,** A memorial to Miss Vera M. Gushee. Pop Astr **51** 169, 1943.

327. **H. S. Jones,** Edmond Halley og hans Tid. NAT **1946** 37—55, mit Bild.

328. **B. Lindblad,** Newtonjubileet i London 15—19 Juli 1946. PAT **27** 139—140, 1946.

329. **Y. Majowska,** The Copernican Quadricentennial in Milwaukee. Pop Astr **51** 322—323, 1943.

330. **Q. Majorana,** Galileo Galilei. Rend. Sess. Accad. Sci. Ist. Bologna (NS) **46** 92—117, 1942. — Vgl. AJB **44** Ref. 331.

331. **E. M. Mance,** Centenaries for 1944. JBAA **54** 11, 1944.

332. **R. K. Marshall,** Fels Planetarium celebration of the Copernican Quadricentennial. Pop Astr **51** 316—321, mit 2 Fig., 1943.

333. **A. Masotti,** Bibliografie di Tullio Levi-Civita e Vito Volterra. Rend. Sem. Mat. Fis. Milano **17** 16—61, 1946.

334. **M. B. Mayfield, P. M. Batchelder,** William Johnson McDonald. Contr. McDonald Obs. Nr. **1** 1—10, mit 1 Abb.

335. **P. W. Merrill,** Great names in astronomy. ASP Leaflet Nr. **200,** 8 S., 1945.

336. **S. P. Mizwa,** Nicolas Copernicus, 1543—1943. Vgl. AJB **45** Ref. 369. — Weitere Besprechung in Obs **65** 129—130 (M. A. Evershed), Pop Astr **53** 525—526.

337. **J. J. Niessen,** Galileo Galilei, 1564—1642. Rev Astr **14** 83—92, mit Bild, 1942.

338. **N. V. E. Nordenmark,** Varför lämnade Tycho Brahe Ven? PAT **27** 77—89, mit 1 farbigen Bild, 1946.

339. **Y. Öhman,** Från avtackningen på Ven av Tycho Brahe-monumentet. PAT **27** 141—143, mit Bild des Denkmals, 1946.

340. **J. H. Oort,** Jongere Nederlandsche Sterrekundigen op belangrijke posten in het buitenland. Hemel en Dampkring **39** 355, 1941.

341. **R. Ortvay,** Isaak Newton und die Wissenschaft der Gegenwart. Anläßlich der 300. Jahreswende seiner Geburt. Mat. Fiz. Lapok **50** 262—289, mit 1 Tafel, 1943 (ungarisch mit deutscher Zusammenfassung).

342. **J. R. Pastor,** N. Kopernicus. Rev Astr **14** 197—214, mit Bild, 1942. — Betrachtungen uber das Kopernikanische Weltsystem und sein Einfluß auf die Kulturgeschichte. Sconzo

343. **J. Pelseneer,** Morale de savants d'Hippocrate à Einstein. Pages choisies. Bruxelles, Office de Publicité, 1946. Collection Lebègue (7) Nr. 77. 128 S. — Besprechung in Ciel et Terre **63** 130 (P. Bourgeois).

344. **H. Reichenbach,** From Copernicus to Einstein. Vgl. AJB **45** Ref. 382. — Weitere Besprechung in Publ ASP **54** 212 (G. Strömberg).

345. **R. S. Richardson,** Captain Thomas Hubbard Sumner, 1807—1876. Publ ASP **55** 136—144, 1943.

346. **V. Rinaldini,** C. Flammarion. Zur 100. Wiederkehr seines Geburtstages am 26. 11. 1842. Rev Astr **14** 151—158, mit Bild, 1942.

347. **A. Romañá,** La orba astronómica de Galileo Galilei. Revista Matemática Hispano-Americana (4) **2**, 56 S. mit 2 Fig., 1942. — 1. Descubimientos astronomicos. 2. Galileo y el sistema de Copernico. 3. Los procesos de Galileo.

348. **G. Rosengarten,** Galileo. Pop Astr **50** 524—533, mit 2 Abb., 1942. — Die Bedeutung Galileis als Mathematiker, Physiker und Astronom wird anlaßlich des 300. Jahrestages seines Todes gewürdigt. Eingehender werden Galileis Untersuchungen über den freien Fall neben der Erwähnung anderer Arbeiten erörtert. In der Astronomie war vor allen Dingen die Entdeckung der vier hellen Jupitermonde mit dem nach Galilei benannten Fernrohr von Bedeutung. Die Erkenntnis, daß Jupiter mit seinen Monden ein Sonnensystem im Kleinen darstellt, stutzte die neue Lehre des großen Zeitgenossen Kepler, mit dem Galilei in Briefwechsel stand. U. Baehr

349. **M. Selga,** Ante la tumba de Tycho-Brahe. Urania Barcelona **29** Nr. 208 S. 6—10, 1944.

350. **H. Shapley,** Notes on Thomas Jefferson as a natural philosopher. Proc. Amer. Phil. Soc. **87** 234—237, 1943.

* * **H. Straßl,** Die erste Bestimmung einer Fixsternentfernung. (Zum hundertsten Todestag von F. W. Bessel). Vgl. Ref. 530.

351. **E. Strömgren,** Til Tycho Brahes 400 Aars Jubilæum. NAT **1946** 79—82.

352. Tycho Brahe-Festligheden paa Hven den 25. August 1946. NAT **1946** 106—108, mit Bild.

353. **E. Strömgren.** Tycho Brahe, 14. December 1546—1946. NAT **1946** 119—136, mit Bild.

354. **A. Taiana,** La astronomia y la mujer. Rev Astr **15** 285—291, 1943. — Bemerkungen über Leben und Tatigkeit von Ipatia de Alexandrien, H. Lepante, G. E. Breteuil, G. Agnesi, C. Herschel, S. Kowalewsky, A. Clerke, Cannon, Leavitt und andere.

355. En souvenir de Camille Flammarion. BSAF **55** 232—233, 1941. BSAF **57** 121—122, 1943. BSAF **58** 114, 1944. BSAF **59** 144, 178—179, mit 2 Fig., 1945.

356. Centenaries of famous astronomers in 1942. Obs **64** 242—243, 1942. — Galileo Galilei 1564—1642, Isaac Newton 1642—1727, Edmond Halley 1656—1742, Abraham Sharp 1651—1742, Hermann Karl Vogel 1842—1907, Camille Flammarion 1842—1925.

357. Nikolaus Kopernikus. Bildnis eines großen Deutschen. Neue Arbeiten der Kopernikus-Forschung mit Auszügen aus kopernikanischen Schriften in deutscher Sprache. Herausgegeben von F. Kubach. München und Berlin, Verlag R. Oldenbourg, 1943. 10+378 S. mit 26 Abb. Preis geb. 10.50 RM.— Besprechung in Z. f. die gesamte Naturwissenschaft **10** 33—36 (E. May).

358. Death of discoverer of the Willamette, Oregon, siderite. Pop Astr **51** 167, 1943.

359. Nicolas Copernicus. Commemoration. Pop Astr **51** 172, 1943.

360. The Copernican Quadricentennial in Carnegie Hall, New York. Pop Astr **51** 323—329, 1943.

361. Copernican quadricentennial observed by the Joliet Astronomical Society. Pop Astr **51** 466, 1943.

362. Samuel Pierpont Langley (1834—1906). Men of Science in America. New York, Simon and Schuster, 1944. S. 331—355.

363. Albert Abraham Michelson (1852—1931). America participates in the revolution of modern physics. Men of Science in America. New York, Simon and Schuster, 1944 S. 356—382, mit 4 Fig.

364. Edwin Powell Hubble (1889—). Giant instruments and huge foundations for american science. Men of Science in America. New York, Simon and Schuster, 1944 S. 467—504, mit 1 Fig. und 3 Abb.

365. Sir David Gill. Obs **65** 131—132, 1943.

366. Copernicus celebrations in New Zealand. Obs **65** 204, 1944.

367. A portrait of Nicholas Copernicus. Pop Astr **52** 105—106, 1944.

368. Sir Harold Spencer Jones. Pop Astr **53** 503—506, 1945.

369. Zum Gedenken Isaak Newtons, 1643—1943. Moskau, Verlag der Lomonossow-Staatsuniversität Moskau, 1946. 108 S. mit Abb. und einem Bild. Preis 9 R. (russisch). — Enthàlt mehrere Beitrage sowjetischer Astronomen zum Gedenken Newtons.

370. Exposition Le Verrier et son temps, organisée par l'Observatoire de Paris avec le concours de la Société Astronomique de France. Catalogue. Paris, Gauthier-Villars, 1946. 7+75 S. mit einem Bild und 5 Tafeln.

371. Commémoration du centenaire de la découverte de Neptune par Le Verrier. BSAF **60** 127, 1946.

372. Médaille du centenaire de la découverte de Neptune. BSAF **60** 183, mit 1 Fig., 1946. — Anzeige über die Schaffung der Medaille durch die Direction des Arts et Lettres du Ministère de l'Education Nationale.

373. Le centenaire de la découverte de la planète Neptune. BSAF **60** 241—245, mit 2 Fig., 1946.

374. Allocution de M. Marcel Naegelen, Ministre de l'éducation nationale. BSAF **60** 279—282, 1946. — Gedenkrede auf Le Verrier.

375. Commémoration du centenaire de la découverte de Neptune à Londres et à Cambridge. BSAF **60** 283, 1946.

376. Commémoration de la découverte de Neptune à Saint-Lô. BSAF **60** 284—285, mit 2 Fig., 1946.

377. Commémoration du centenaire de Neptune en Belgique, en Roumanie, en Tchécoslovaquie, en Pologne. BSAF **60** 285—286, 1946.

378. Exposition Le Verrier et son temps. BSAF **60** 287—290, mit 5 Fig., 1946.

379. John Flamsteed. Heelal **2** 79—80, 1946.

380. Nel centenario della nascita di Antonio Abetti (1846—1928): Ricorrenze nella storia di Arcetri. L'Universo **26** Nr. 1, 2 S., 1946.

381. El P. Boscowich. Matemáticas Elementales **6** 3—6, 1946.

382. Leverrier. Matemáticas Elementales **6** 159—162, 1946.

383. Newton-Feier Juli 1946. Naturwiss **33** 32, 1946.

384. Tycho de Brahe. Neue Phys. Blatter **1946** S. 212.

385. The Flamsteed tercentenary. Obs **66** 348—349, 1946.

386. The Neptune centenary. Obs **66** 378—379, mit 2 Abb., 1946. Abdruck in JCan RAS **41** 190—192.

387. Tycho, the star gazer (1541—1601). Commemorating the 400th anniversary of the birth of Tycho Brahe. Sky and Telescope **6** Nr. 1 S. 9, 15, Nr. 2 S. 7—8, 1946.

§ 4

Sternwarten, Geschichte und Beschreibung

401. **Abastumani**

V. Krasilnikov, Abastumani Mountain Observatory. Pop Astr **53** 452—453, 1945.

S. M. Tschchaidse, Zur aktinometrischen Charakterisierung des Kurortes Abastumani. Abastumani Bull. Nr. **8** S. 127, 1945 (grusinisch mit russ. Zusammenfassung).

402. **Arcetri**

L'Universo **26** Nr. 1, 2 S., 1946. Nel centenario della nascita di Antonio Abetti (1846—1928): Ricorrenze nella storia di Arcetri.

403. **Besançon**

R. Baillaud, Le service chronométrique de l'Observatoire de Besançon et son évolution. Ann. Françaises de Chronométrie **15** 153—161, 1945.

404. **Bosque Alegre**

Rev Astr **14** 3—14, mit 8 Fig., 1942. Inauguración de la estación astrofísica de Bosque Alegre. — Bericht über die Geschichte der Gründung des astrophysikalischen Observatoriums von Bosque Alegre (Sierras Chicas, Argentinien, 50 km von Cordoba entfernt) und seine Einweihung am 5. Juli 1942. Die neue Sternwarte besitzt einen Reflektor von 154 cm. Sconzo

E. Gaviola, La historia del gran reflector de la estación astrofísica. Rev Astr **14** 221, 1942.

R. Platzeck, La óptica del gran reflector de la estación astrofísica. Rev Astr **14** 228, 1942.

405. **Buenos Aires**

B. H. Dawson, Determinación de las coodenadas geográficas del observatorio de la Asocación. Rev Astr **16** 261—269, mit 2 Fig., 1944. — Koordinaten der Sternwarte (Refraktor) der argentinischen Gesellschaft der Freunde der Astronomie in Buenos Aires: $\lambda = 3^h\,53^m\,44{,}^s27$, $\varphi = -34°\,36'\,19{,}''26$, h = 26,46 m. Sconzo

406. **Cambridge,** Mass.

Harvard College Observatory, the first century: a review of the past and a preview of the future. Cambridge Mass., Harvard College Observatory, 1946. 94 S. mit Abb. Preis $ 1.00. — Besprechung in Sky and Telescope **6** Nr. 4 S. 17.

407. **Cordoba**

E. Gaviola, El 75° Aniversario del Observatorio de Córdoba. Rev Astr **18** 190—194, mit 2 Abb., 1946. — Geschichte der Grundung (24. 10. 1871) und der Tätigkeit der Sternwarte von Córdoba. Sconzo

R. F. Sanford, The seventy-fifth anniversary of the Córdoba Observatory. Publ ASP **58** 341—348, 1946.

408. **Evanston,** Ill.

O. J. Lee, R. B. Baldwin, R. Torp-Smith, Latitude and longitude of the Dearborn Observatory. Ann Dearborn Obs. **4** part 12, 1 S., 1939.

409. **Fort Davis**

O. Struve, The organization of the Observatory. Contr. McDonald Obs Nr. **1** 11—15.

G. van Biesbroeck, The geographical co-ordinates of the McDonald Observatory. Contr. McDonald Obs. Nr. **1** 16—17.

C. T. Elvey, The climate at the McDonald Observatory. Contr. McDonald Obs. Nr. **1** 18—23, mit 5 Fig.

J. S. Plaskett, The 82-inch mirror of the McDonald Observatory. Ref. 1221.

J. S. Plaskett, The 82-inch telescope: Introduction. Ref. 1222.

E. N. Jennison, The 82-inch telescope: The mounting. Ref. 1215.

G. W. Moffitt, G. van Biesbroeck, The prime-focus camera for the 82-inch telescope of the McDonald Observatory. Ref. 1219.

G. W. Moffitt, The Cassegrain camera for the 82-inch telescope of the McDonald Observatory. Ref. 1220.

G. W. Moffitt, The Cassegrain spectrograph for the 82-inch telescope of the McDonald Observatory. Ref. 1516.

E. L. McCarthy, The slitless spectrograph of the McDonald Observatory. Ref. 1511.

G. van Biesbroeck, The Coudé spectrograph. Ref. 1503.

W. W. Dornberger, The physical plant of the McDonald Observatory. Contr. McDonald Obs. Nr. **1** 106—113, mit 4 Fig.

410. **Georgetown,** Wash.

M. S. Quigley, Observatory Hill. A history. Georgetown College Journal, Dec. 1938, 7 S. mit 1 Abb., 1938 = Georgetown Obs. Repr. Nr. **9**.

411. **Greenwich**

H. S. Jones, The Royal Observatory, Greenwich. Vgl. AJB **45** Ref. 409. — Weitere Besprechung in Obs **65** 175, 1944.

H. S. Jones, El Real Observatorio de Greenwich. Ibérica **4** 475—478, 1946

H. S. Jones, The Royal Greenwich Observatory. Nat **158** 80—81, 1946.

Gaz astr **28** 45, 1946. L'Observatoire de Greenwich.

NAT **1946** 113—114, mit 1 Abb. Greenwich-Observatoriet.

Pop Astr **52** 204, 1944. The Royal Observatory.

412. **Haute-Provence**

J. Dufay, L'Observatoire de Haute-Provence. BSAF **60** 49—61, mit 10 Fig., 1946 = Publ. Obs. Haute-Provence (C) Nr. 1.— Nach einem kurzen Abriß über die franzosische Astronomie im 20. Jahrhundert wird das neue Observatorium in der Nahe von St.-Michel (Haute Provence) beschrieben. Hauptinstrumente sind ein 80 cm- (fruher in Forcalquier) und ein 120 cm-Reflektor. Über die bis zum Berichtsdatum (17. 12. 1944) durchgefuhrten Arbeiten und den vorgesehenen Ausbau des Instituts wird kurz referiert. Micz.

413. **Herstmonceux Castle**

D. H. Sadler, The Isaac Newton Observatory. Obs **66** 380—383, 1946.
Obs **66** 296—297, mit 2 Abb., 1946. Herstmonceux Castle.

* * **Kasan**

D. J. Martynow, Das 15-zollige aberrationsfreie Schmidt-Teleskop des Engelhardt Observatoriums. Vgl. Ref. **1217**.

414. **Kiew**

Obs **66** 67, 1945. Centenary of the Kiev Observatory.

S. K. Wsechswjatskij, Hundert Jahre Astronomisches Observatorium Kiew. Kiew Publ. Nr. **1** S. 19—28, 1946 (russisch mit engl. Zusammenfassung). — Periode 1844—1944.

Kiew Publ. Nr. 1 S. 178—180, 1946 (russisch). Das hundertjährige Jubiläum des Astronomischen Observatoriums Kiew.

415. **La Plata**

Publ. Obs. Astr. La Plata, Ser. Especial Nr. 1, 63 S. mit 9 Abb., 1945. La Escuela superior de ciencias astronómicas. — Organisation und Arbeitsplan.

416. **Lembang**

Gaz astr **28** 45, 1946. L'Observatoire Bosscha à Lembang (Java).
Obs **66** 267—268, 1946. The Bosscha Observatory.

* * **Lyon**

J. Bigay, Description d'un télescope de Schmidt de 380 mm de diamètre, ouvert à f/1,6, installé à l'Observatoire de Lyon. Vgl. Ref. **1206**.

417. **Mount Hamilton**

J. M. Vinter Hansen, Liv og Arbejde paa Lick-Observatoriet. NAT **1946** 56—67, mit 4 Fig.

NAT **1946** 113. Lick-Observatoriets nye Reflektor.

418. **Mount Palomar**

J. A. Anderson, R. W. Porter, The Observatory on Palomar Mountain. Griffith Observer **5** 14—19, 1941.

E. Connor, The new observatory on Palomar Mountain. Western Jour. Education **48** 10—11, 1942.

BSAF **58** 93—94, mit 1 Fig., 1944. Le télescope géant du Mont Palomar.
BSAF **59** 91—92, 1945. Le télescope géant du Mont Palomar.
Heelal **2** 33, 1946. Nieuws over den 200-Duim.

419. **Mount Stromlo**
L. Barsdell, Sweeping the skies from Stromlo. Pop Astr **54** 526—531, mit 2 Abb., 1946.

420. **Mt. Wilson**
J. O. Hickox, The solar telescopes on Mount Wilson. ASP Leaflet Nr. **197**, 8 S., 1945.

421. **Ottawa**
Obs **65** 201—202, 1944. The Dominion Observatory, Ottawa, Canada. — Bericht eines Besuchers.

422. **Paris**
N. Stoyko, L'horloge parlante de l'Observatoire de Paris et sa précision. BSAF **58** 94—98, 1944.
L'Observatoire de Paris. Paris, Gauthier-Villars, 1946. 41 S. mit zahlreichen Abb.

423. **Pic du Midi**
J. Baillaud, Le développement de la station astronomique de l'Observatoire du Pic du Midi. BSAF **60** 145—161, mit 8 Fig., 1946.

424. **Pulkowo**
Obs **65** 86—87, 1943. The Poulkovo Observatory.
A. Pobedonostev, Pulkovo Observatory to be rebuilt. Pop Astr **52** 359, 1944.
L. Bach, The restoration of Pulkovo Observatory. Pop Astr **53** 292—294, 1945.
Obs **66** 67—68, 1945. Restoration of Pulkovo Observatory. — Auszug aus den Moscow News.

* * **Roma**
M. Cimino, Nuova determinazione della latitudine dell'Osservatorio Astronomico di Roma su Monte Mario, eseguita in primo verticale, Nota I, II e III. Vgl. Ref. **9703**.

425. **Santiago**
Urania Barcelona **30** Nr. 209 S. 35—36, mit 1 Abb., 1945. El nuevo Observatorio Astronómico de Santiago.
R. M. Aller, Nuevo reloj para el Observatorio de Santiago. Rev. Geofísica **20** 468—473, 1946.

426. **Simeis**
Pop Astr **50** 400, 1942. The astronomers needed of the Simeis (Crimea) Observatory.
Obs **65** 250—251, 1944. Simeiz Observatory.

427. **Swarthmore**
P. van de Kamp, The Sproul Observatory. Garnet Letter **9** 1, 3, 1944 = Sproul Obs. Reprints Nr. **44**.

428. **Taschkent**
V. Shcheglov, Tashkent Observatory in war-time. Obs **66** 226—228, 1946.

429. **Tonanzintla,** Mexico
Obs **64** 305—306, 1942. Inauguration of Astrophysical Observatory in Mexico.

430. **Uccle**
L. de Clerck, A. Velghe, De Internationale Astronomische Unie en onze Koninklijke Sterrenwacht. Heelal **1** 11—18, mit 2 Abb., 1945.
F. Palmér, Astronomiska studieresa under första krigsåret. Vgl. Ref. 132.

431. **Warschau**
Circ. Astr. Obs. Warsaw Univ. Nr. **21,** 4 S. mit 1 Abb., 1945. The history of the Astronomical Observatory of the Warsaw University during the German-Polish war and the German occupation (1939—1944).
Gaz astr **28** 44—45, 1946. L'Observatoire de Varsovie.

432. **P. Ditisheim,** L'observatoire de Tycho Brahe. J. suisse d'Horlogerie **1942** S. 25—29.

433. **J. J. Niessen,** Los origenes de la astronomia norteamericana. Rev Astr **14** 159—170, mit 3 Fig., 1942. — Notizen über D. Rittenhouse, N. Bowditch, B. Pierce, S. Newcomb, J. Hill und die Gründung der ersten Sternwarte in den Vereinigten Staaten von Nordamerika. Sconzo

434. **E. Strömgren,** Astronomi i Skolen. NAT **1945** 23—26, mit 3 Fig., 1945.

435. **H. Werner,** 25 Jahre künstlicher Sternenhimmel. Kosmos **1943** Heft 10/11, mit 2 Abb.

436. Zur Lage der deutschen Sternwarten. Neue Phys. Blatter **1946** S. 186—187.

437. **Mitteilungen über Privat- und Volkssternwarten**
BSAF **57** 108, mit 1 Fig., 1943. Relation sur un Observatoire provisoire à Ivry-sur-Seine. G. Thuaire.
BSAF **58** 77, 1944. — Erstellung einer Amateur-Sternwarte in Bordeaux.
BSAF **60** 191, 1946. Un deuxième observatoire au Congo belge. G. du Soleil. — Betrifft die von R. Gérard errichtete Sternwarte in Irumu ($\varphi = +1° 27' 29''$, $\lambda = 29° 52' 29''$ Ost).
NAT **1945** 23—24, mit 2 Abb. Viborg Katedralskoles astronomiske Kikkert.
NAT **1945** 24—26, mit 3 Abb. Observatoriet paa Munkebjergskolen i Odense. E. Strömgren.
NAT **1945** 93—101, mit 4 Abb. Nordiske Privatobservatörer. J. Å. Odelberg.
Pop Astr **50** 245—249, mit 2 Abb., 1942. Tredyffrin Observatory, Berwyn, Pennsylvania.
Urania Barcelona **30** Nr. 210 S. 77—78, 1945. El Observatorio Comás Solá de la Sociedad Astronomica de España y America.

§ 5

Geschichte und Fortschritte der Astronomie

501. **G. Abetti,** Newton and Italian science in the seventeenth century. Obs **66** 383—387, 1946.

502. **L. de Broglie,** La découverte de Neptune et la science moderne. BSAF **60** 246—254, mit 1 Fig., 1946.

503. **W. Büdeler,** Die Entdeckung des Planeten Neptun. Neue Phys. Blätter **1946** S. 108—109.

504. **J. O. Cardus,** En el centenario de Copérnico. Razón y Fe Nr. **553,** 19 S., 1944.

505. **A. Danjon,** La découverte de Neptune. BSAF **60** 255—278, mit 11 Fig., 1946.

506. **L. Dezsö,** Histoire de l'Astronomie en Hongrie. Univ. Obs. Kolozsvár Repr. Nr. **1,** 43 S., 1944 (ungarisch mit franz. Zusammenfassung).

507. **H. Dingle,** Copernicus. Obs **65** 38—57, 1943.

508. **I. A. Djukov,** Twenty-five years of Soviet Astronomy. Pop Astr **52** 383—388, 1944.

509. **O. Eklöf,** Neptunus upptäckt — ett hundraårsminne. PAT **27** 90—102, mit 9 Fig., 1946.

510. **D. S. Evans,** The future of Astronomy. Obs **65** 237—241, 1944.

511. **D. S. Evans,** Frontiers of Astronomy. London, Sigma Books Ltd., 1946. Sigma Introductions to Science Nr. **1.** 175 S. mit 47 Fig. und 8 Tafeln. Preis 6 s. net. — Besprechung in Ciel et Terre **64** 186, Obs **67** 33 unter dem Titel: Astrophysics for everyman, Proc. Phys. Soc. **60** 404.

512. **C. H. Gingrich,** Copernicus, the founder of modern Astronomy. Pop Astr **51** 297—307, 1943.

513. **A. R. Hinks,** Einführung in die Astronomie. Bern, Verlag A. Francke, 1946. 267 S. Preis 6,80 schw. Fr. Deutsche Übersetzung von H. Bächler. — Besprechung in Gaz astr **31** 59—60 (G. Schindler), Himmelswelt **55** 206 (H. Haffner).

514. **P. Humbert,** Quelques erreurs dans les Annales célestes de Pingré. JO **26** 51—52, 1943.

515. **P. Humbert,** Pascal et l'Astronomie. Ciel et Terre **60** 122—125, 1944.

516. **J. Jelitai,** Zur Geschichte der heimischen Astronomie. Csillagászati Lapok **7** 118—119, 1944 (ungarisch).

517. **J. Kury,** Zur Geschichte des Dopplereffektes. Naturwiss **32** 74—75, 1944. — Bereits 1795 hat Friedrich von Hahn vom Standpunkt der Emissionstheorie des Lichtes darauf hingewiesen, daß der Lichtwechsel veränderlicher Sterne durch die mit Radialbewegungen von Doppelsternkomponenten verbundenen Frequenzänderungen der Lichtimpulse zustande kommen kann. Die Instrumente seiner Privatsternwarte hat später Bessel in Königsberg benutzt. v. Hahn glaubte bereits an die Existenz von Dunkelnebeln und interstellarer Materie. Micz.

518. **S. Mauderli,** Der Anteil der Schweiz an der Entwicklung der Himmelsforschung. Die Schweiz und die Forschung 1 258—283, mit Abb., 1942 = Veröff. Astr. Inst. Univ. Bern Nr. 1. — Umfaßt den Zeitraum 1552—1931.

519. **A. Pannekoek,** De Babylonische Sterrekunde. Voordracht gehouden in de Maatschappij diligentia te 'S-Gravenhage, 9 S. mit 1 Tafel.

520. **R. O. Redman,** Fifty years of progress in Astronomy. Obs **65** 213—219, 1944.

521. **A. Romañá,** La difusión del sistema de Copérnico. Euclides **4** Nr. 35 und 36, 23 S., 1944. 1. De Copérnico a Kepler y Galileo. 2. De Kepler y Galileo a Newton.

522. **J. Rudnicki,** Nicholas Copernicus, 1473—1543. Vgl. AJB **45** Ref. 388. — Weitere Besprechung in Obs **65** 80—82.

523. **H. B. Rumrill,** Early American Astronomy. Pop Astr **50** 408—419, 1942. — Es wird über die Anfänge astronomischer Tätigkeit in Nordamerika (Beobachtungen, Literatur) im 17. und 18. Jahrhundert berichtet.

524. **H. Sandblad,** Det copernikanska världssystemet i Sverige. Lychnos, Lardomshistoriska samfundets årsbok 1943 S. 149—188, 1944—45 S. 79—131. — Besprechung in PAT **27** 73—74.

525. **R. F. Sanford,** Early astronomy in South America. ASP Leaflet Nr. **159**, 8 S., 1942.

526. **H. Siedentopf,** Wege und Ziele astrophysikalischer Forschung. Universitas **1** 477—488, 1946.

527. **J. Stebbins,** Copernicus and modern revolutions. Pop Astr **51** 291—296, 1943.

528. **H. T. Stetson,** Copernicus and science; from yesterday until tomorrow. Pop Astr **51** 425, 1943.

529. **B. Sticker,** Die geschichtliche Bedeutung der kopernikanischen Wende. Bonn, Bonner Universitätsbuchdruckerei, 1943. 20 S. = Kriegsvorträge der Universitat Bonn H. 79. Preis 0.40 RM.

530. **H. Straßl,** Die erste Bestimmung einer Fixsternentfernung. (Zum hundertsten Todestag von F. W. Bessel.) Naturwiss **33** 65—71, 1946.

531. **O. Struve,** Fifty years of progress in Astronomy. Pop Astr **51** 469—481, 1943.

532. **O. Struve,** Fifty years of progress in Astronomy. Obs **65** 32—34, 1945.

533. **B. L. van der Waerden,** Die Astronomie des Heraklides von Pontos. Ber. über die Verhandlungen Sachs. Akad. Wiss. Leipzig, Math.-Nat. Kl. **96** 47—56, 1944. — Ref. in Math. Reviews **8** 189.

534. **E. W. Woolard,** Great astronomical treatises of the past. — Besprechung ın Publ ASP **54** 210—211 (R. S. Richardson).

535. **A. Zammarchi, A. Ferretti-Torricelli,** Corso elementare di Fisica sperimentale. Vol. I: Meccanıca e Cosmografia. Brescia, Verlag La Scuola, 1946. 8 + 462 S. mit 431 Fig. Preis 320 Lire. — Der zweite Teil dieses reich illustrierten, fur Mittelschulen bestimmten Bandes ist der sphärischen Astronomie und der Beschreibung der Planetenbewegungen gewidmet. F. Z.

536. Science in Progress, Third Series. Herausgegeben von G. A. Baitsell. New Haven, Yale University Press; London, Humphrey Mılford, Oxford University Press. 322 S. Preis 20 s. net. — Besprechung in Obs **65** 275—276.

537. Science in Progress. Second Series. Herausgegeben von G. A. Baitsell. New Haven, Yale University Press, 1946. 317 S.

538. The Development of the Sciences. Second Series. New Haven, Yale University Press, 1946. 3. Auflage. Edıted by L. L. Woodruff. 336 S. — Chapter II: Astronomy, S. 53—89 (F. Schlesinger).

§ 6

Geschichtliche Untersuchungen über Spezialgebiete

601. **E. M. Antoniadi,** La rotation de la Terre chez les Anciens. BSAF **55** 260, 1941.

602. **H. Chatley,** Ancient Egyptian star tables and the Dekans. Obs **65** 121—125, 1943. — Da jeder Dekade des agyptischen Jahres ein Dekan zugeordnet war, gab es 36 Dekane. Dem Beginn der Nacht entsprach der Aufgang eines Dekans und zwar im jahreszeitlichen Fortschreiten. Ebenso wurden

den 12 Nachtstunden, deren Lange von der Dauer der Nacht abhing, 12 Dekane zugeordnet. Da jeder Nachtstunde der Aufgang eines Dekans entsprach, war das Intervall der Dekane ungleich, um dem Wechsel der Nachtlange Rechnung zu tragen. Es werden eine Reihe von Funden angefuhrt, die Dekanlisten enthalten, mehr oder weniger in Verbindung mit Namen von Sternen und Sternbildern. Die Dekanverzeichnisse als Sarginschriften gehen zuruck bis zur 10. Dynastie. Mit Sicherheit laßt sich in weit zuruckliegenden Zeiten lediglich feststellen, daß der heliakische Aufgang des Sirius die Basis der Dekanzahlung bildete, wahrend alles weitere uneinheitlich und zuweilen verworren erscheint. In der Romerzeit treten die ungleichen Dekanintervalle in ihrer berechenbaren Große klar in Erscheinung. U. Baehr

603. **H. Chatley,** Ancient Egyptian star tables and the Dekans. Obs **65** 144—145, 1944. — Chatley erganzt seine Ausfuhrungen von Nr. 817 bezuglich des heliakischen Aufgangs von Gestirnen in Theben und Heliopolis in Abhangigkeit von der Gestirndeklination und fixiert die Lage des Dekankreises. U. Baehr

604. **A. Cotarelo,** La nebulosa de Andrómeda y el Rey Sabio. Bol. Real Soc. Geográfica **82** 241—258, 1946.

605. **M. Daisomont,** De astronomische opvattingen in de XIIIe eeuw bij St Thomas van Aquino. Heelal **1** 46—50, 1945.

606. **G. A. Davis jr.,** The so-called royal stars of Persia. Pop Astr **53** 149—159, 1945. — In den Übersetzungen des persischen Zend-Avesta werden vier dort vorkommende Namen fur Sterne oder Sternbilder als „konigliche Sterne" bezeichnet. Diese bei den ersten Bearbeitungen des Textes entstandene und bis in die jüngste Zeit gebrauchliche Bezeichnung ist irreführend, denn es hat kein persischer König jemals Anspruch auf die Verbindung seiner Person mit einem Stern erhoben. Ebenso abwegig ist es, durch Identifizierung der Gestirnangaben des Zend-Avesta das Alter der persischen Astronomie auf 3000 v. Chr. festzulegen. U. Baehr

607. **A. Dittrich,** Alte babylonische Nachrichten von Venusbeobachtungen. RH **26** 129—132, 165—169, 1945 (tschechisch).

608. **J. O. Fleckenstein,** Eine vergessene Disputation zwischen den Mathematikern Brook Taylor (1685—1731) und Remond de Montmort (1678—1719) uber Newtons Gravitationslehre. Verhandlungen der Schweiz. Naturf. Ges. Sils **1944** S. 189—191.

* * **J. O. Fleckenstein,** Johann I Bernoulli als Kritiker der „Principia" Newtons. Ref. 3225.

609. **S. Garcia Franco,** Planetarios. Rev. General Marina **129** 529—538, 1945.

610. **S. H. Gould,** Gulliver and the moons of Mars. Obs **66** 289—296, 1946. — Swift berichtet in Gullivers Reisen von den Astronomen des Landes Laputa, diese hatten mittels ihrer uberragenden optischen Hilfsmittel bereits 2 Satelliten des Mars entdeckt. Dabei stimmen die Umlaufszeiten von 10 und 21 ½ Stunden wie die Radienvektoren von 3 und 5 Marsdurchmessern in Swifts Erzahlung so nahe mit den Bahnelementen der viel spater, 1877 entdeckten Monde überein, daß dieser Umstand bisher keine genügende Erklarung finden konnte. Unter Ablehnung einer dem Dichter von anderer Seite zugesprochenen prophetischen Vorausschau wird eine vernunftgemaße Erklarung gesucht. Die Zweizahl der Monde entspricht der Meinung der zeitgenossischen Astronomen, daß die Satellitenzahl der Planeten eine progressive Reihe bilde. Außerdem kannte Swift Newton's Principia, wenn auch in laienhafter Weise und ebenso die popularisierte Darstellung des 3. Buches der Principia „Das System der Welt", in dem durch Analogieschluß die Dichte des Mars mit dem dreifachen Betrage der bereits bekannten Dichte Jupiters angesetzt wird. Die Swiftschen Mondelemente befriedigen das 3. Keplersche Gesetz. Sie genügen aber

trotz ihrer erstaunlichen Annaherung an die Wirklichkeit nicht der Dichteforderung im „System der Welt", sondern ergeben eine 22 fache Dichte für Mars. Es folgt daraus, daß die runden Zahlwerte nur als bequeme Rechengrößen verwandt worden sind, die zufallig beinahe der Wirklichkeit entsprechen, aber im tieferen Sinne eben doch falsch sind. U. Baehr

611. **J. C. Gregory,** Ancient astrology. Nat **153** 512—515, 1944.

612. **K. Hildebrandt,** Kopernikus und Kepler in der deutschen Geistesgeschichte. Halle, Niemeyer, 1944. 14 S.

613. **P. Humbert,** Sur l'éclipse lunaire du 8 novembre 1631. Ciel et Terre **60** 42—43, 1944.

614. **E. Jaquet,** Dissertation sur le temps moyen. J. suisse d'Horlogerie **1943** S. 315—353.

615. **E. Jaquet,** Genève et les montres à mouvements de Lune au XVIIe siècle. Ann. Françaises de Chronométrie **16** 68, 1946.

616. **H. S. Jones,** Greenwich sets the world's time. Pop Astr **52** 399—402, 1944.

617. **A. H. Joy,** A century's progress in determining stellar distances. ASP Leaflet Nr. **173**, 8 S., 1943.

618. **P. van de Kamp,** Copernicus and the present world picture. Am.-Germ. Rev. **10** 2, 10, 1943 = Sproul Obs. Reprints Nr. **39**.

619. **M. Landmann, J. O. Fleckenstein,** Tagesbeobachtungen von Sternen im Altertum. Eine philologisch-astronomiegeschichtliche Rekonstruktion der Thalesanekdote Plat. Theaet. 174 A. VJS der Naturf. Ges. in Zürich **88** 98—112, 1943.

620. **G. Loria,** Guida allo Studio della Storia delle Matematiche. Mailand, Ulrico Hoepli, 1946. 19+385 S. Preis 550 Lire. — Besprechung in Obs **67** 191—192.

621. **D. Macnaughton,** The Dekans. Obs **65** 145—146, 1944. — Die vorliegende Kritik bezieht sich auf Shapleys Angaben über die Intervallbreite der Dekane, ferner auf die Identifizierung des als Nut bezeichneten Sternbildes mit dem Herkules-Bootes-Draco-Komplex und auf die Übersetzung des Wortes Sothis. U. Baehr

622. **M. W. Makemson,** The Morning Star Rises. Vgl. AJB **45** Ref. **622**. — Weitere Besprechung in Obs **67** 68—69 unter dem Titel: Primitive astronomy in Polynesia (H. Chatley), Pop Astr **50** 461—462.

623. **M. W. Makemson,** The astronomical tables of the Maya. Vgl. AJB **45** Ref. **623**. — Weitere Besprechung in Pop Astr **52** 155.

624. **G. McColley,** The eighth sphere of Copernicus. Pop Astr **50** 133—137, 1942. — Es wird die allerorts zu findende Behauptung widerlegt, Copernicus habe die Ansicht vertreten, die Fixsterne seien an der Oberfläche einer äußersten Kristallsphäre angebracht. Es liegt weder eine Aussage dieses Inhalts von Copernicus vor, noch wäre eine Unterstellung dieser Art entwicklungsgeschichtlich zu rechtfertigen. Zum Beweise werden Aussprüche und Lehrmeinungen von Zeitgenossen und von Vertretern früherer Entwicklungsstufen des astronomischen Weltbildes angeführt. U. Baehr

625. **H. Michel,** Le Rectangulus de Wallingford précédé d'une note sur le Torquetum. Ciel et Terre **60** 196—204, mit 5 Fig., 1944.

626. **H. R. Morgan,** Astronomy of position. Pop Astr **51** 527—542, 1943. — Dieser zusammenfassende Bericht behandelt die wichtigsten Fragen der Positionsastronomie. Nach der historischen Einleitung werden zunächst tech-

nische Fragen (Instrumente, Uhren, Beobachtungsmethoden) behandelt. Sodann wird eine Einführung in die wichtigsten Kataloge gegeben. Nach einigen Bemerkungen über gegenwärtige Arbeiten, die GFH, Schorrs Index der Sternörter, wird auf die Fundamentalkataloge, vor allen den FK3, ferner auf systematische Katalogkorrektionen und die Eigenbewegungen eingegangen. Das letzte Kapitel befaßt sich mit dem Koordinatensystem und den wichtigsten Konstanten (Aberration, Nutation, Präzession). Einige Schlußbemerkungen heben die Bedeutung der Positionsastronomie fur die Erforschung des Milchstraßensystems hervor. Micz.

627. **O. Neugebauer,** Egyptian planetary texts. Trans. American Phil. Soc. (NS) **32** part 2, 1942. — Besprechung in Obs **65** 78—79 unter dem Titel «Egyptian and Greek astronomy» (M. A. Evershed), Publ ASP **55** 167—168 (R. S. Richardson).

628. **O. Neugebauer,** On some Astronomical papyri and related problems of ancient geography. Trans. American Phil. Soc. (NS) **32** part 2, 1942.— Besprechung in Obs **65** 80 unter dem Titel «Egytian and Greek astronomy» (M. A. Evershed).

629. **L. Nielsen,** Tycho Brahes Bogtrykkeri. Kopenhagen, Vald. Pedersens Bogtrykkeri, E. Munksgaard, 1946. — Besprechung in NAT **1946** 115.

630. **J. Rey Pastor,** La cultura matématica de los cosmógrafos españoles del siglo XVI. Alonso de Santa Cruz. 19. Congreso Anales Asociación Española Progreso Ciencias, sección I S. 45—62.

631. **E. Rosen,** Kepler's defence of Tycho against Ursus. Pop Astr **54** 405—412, 1946.

632. **W. C. Rufus,** The motion of the heavenly bodies; its international significance. Pop Astr **50** 128—132. 1942. — Kurzer geschichtlicher Überblick über die Entwicklung unseres Wissens um die Planetenbewegung.

633. **C. Rufus, Hsing-Chih Tien,** The Soochow Astronomical Chart. Ann Arbor, University of Michigan Press; London, Oxford University Press, 1945. 6+24 S. mit 6 Fig. und 2 Tafeln. Preis $ 2.50 bzw. 14 s. net. — Besprechung in JCan RAS **41** 197—199 (C. S. Yu), Obs **67** 33—35 (H. Chatley), Pop Astr **54** 555—556, Science **106** 227—228 (A. Pogo), Sky and Telescope **6** Nr 5 S. 16—17 (G. A. Davis jr.).

634. **K. Shankar Shukla,** The evection and the deficit of the equation of the centre of the moon in Hindu astronomy. Proc. Benares Math. Soc. (NS) **7** Nr. 2 S. 9—28, 1945. — Ref. in Math. Reviews **9** 169.

635. **T. Viola,** Il contributo di Keplero alla teoria delle coniche. Period. Mat. (4) **24** 68—83, 1946.

636. **B. L. van der Waerden,** Die Astronomie des Heraklides von Pontos. Ber. über die Verhandlungen Sachs. Akad. Wiss. Leipzig (Math.-Naturwiss. Klasse) **96** 47—56, mit 6 Fig. — Es wird eine Stelle im lateinischen Timauskommentar des Chalcidius behandelt. Der darin beschriebenen raumlichen Anordnung und Bewegung von Sonne, Erde und Venus ist zur Erlauterung des Textes eine Figur beigefugt. In den verschiedenen Chalcidiushandschriften sind die Figuren nicht einheitlich, sondern zeigen weitgehende Abweichungen voneinander. Der Verf. unternimmt es, die Figuren zu analysieren und dadurch eine Gruppe von Figuren ausfindig zu machen, die auf die Figur der griechischen Urvorlage zuruckfuhrt. Durch Erklärung des Zustandekommens der in dieser Figurengruppe vorhandenen Fehler kann dann die ursprungliche Figur rekonstruiert werden. U. Baehr

637. **R. Wavre,** Galilée et le problème du temps. Soc. helvétique des sci. nat., 122e session annuelle, Sion, **1942** S. 166—167.

638. The beginnings of the study of meteoritics. MNASSA **5** 89—91, 1946.

639. Maleriet af Ole Römer paa Köbenhavns Observatorium. NAT **1946** 73.

§ 7

Bibliographie, Neuausgaben, Gesamtausgaben

701. Zentralblatt für Mathematik und ihre Grenzgebiete. Berlin, Springer-Verlag, 1944. Geleitet von H. Geppert. Band 28 Heft 7—8.

702. B. L. B. De Fontenelle, Conversazioni sulla pluralità dei mondi e dialoghi dei morti. Italienische Übersetzung von M. Meschini, mit einer biographischen Skizze und Einleitung. Milano, Verlag Bompiani, 1945. 266 S. Preis Lire 120. — Übersetzung des im Jahre 1686 erschienenen Werkes von de. Fontenelle uber die Struktur des Universums. F. Z.

703. **C. H. Gingrich,** Popular Astronomy — The first fifty years. Pop Astr **51** 1—18, mit 1 Abb. und 2 Tafeln, 63, 1943.

704. **C. A. Nallino,** Raccolta di Scritti Editi e Inediti. Vol. **5.** Astrologia, Astronomia, Geografia. Rome, Ist. per L'Oriente, 1944. 3+558 S. Preis 600 Lire. — Besprechung in Math. Reviews **8** 305.

705. **T. R. Treadwell,** Denison Olmsted an early American Astronomer. Pop Astr **54** 237—241, 1946.

706. Nikolaus Kopernikus Gesamtausgabe. Im Auftrage der Deutschen Forschungsgemeinschaft herausgegeben von F. Kubach, Band 1. Opus de Revolutionibus Caelestibus Manu Propria. Faksimile-Wiedergabe. Munchen und Berlin, Verlag R. Oldenbourg, 1944. 14 S. Einleitung + Lichtdruck der Handschrift + 24 S. Nachschrift. Preis 30.— RM. — Der erste Band der neuen Gesamtausgabe ist eine ausgezeichnet gelungene Faksimile-Wiedergabe der Handschrift von „De revolutionibus". Der Nachbericht von Karl Zeller legt die Entstehung und Geschichte der Handschrift dar. A. Kopff

707. Johannes Kepler. Gesammelte Werke. Herausgegeben im Auftrag der Deutschen Forschungsgemeinschaft und der Bayerischen Akademie der Wissenschaften unter der Leitung von W. von Dyck † und M. Caspar. Band **13.** Briefe 1590—1599. Herausgegeben von M. Caspar. München, C. H. Beck'sche Verlagsbuchhandlung, 1945. 17+432 S. Preis 40 DM.

708. Isaac Newton. Principia. Berkeley, University of California Press, 1946. A revision of Motte's translation by F. Cajori. 2. Auflage. 680 S. Preis $ 6.50. — Besprechung in Sky and Telescope **6** Nr. 4 S. 16—17 (P. Herget).

709. Tycho Brahe's description of his instruments and scientific work as given in Astronomiae Instauratae Mechanica (Wandesburgi 1598). Übersetzt und herausgegeben von H. Raeder, E. Strömgren und B. Stromgren. Kopenhagen, Kgl. Danske Videnskabernes Selskab, 1946. 144 S.

710. Le opere dei discepoli di Galileo Galilei. Edizione nazionale. Volume I: L'Accademia del Cimento. Parte prima. Firenze, S. A. G. Barbèra editore, 1942. 15+500 S. — Besprechung in Ciel et Terre **60** 140 (J. Pelseneer).

711. Johannes Bayer, Uranometria. Neu herausgegeben von J. Klepesta. Prag, 1938. 8 S. mit 3 Fig. Preis 1.50 $. — Besprechung in Sky and Telescope **6** Nr. 3 S. 16—17 (Z. Kopal).

§ 8

Lehrbücher, Monographien, Schriften allgemeinen Inhalts, Populäres

801. **C. G. Abbot,** The Earth and the Stars. New York, D. van Nostrand Co., 1946. 12+288 S. mit 29 Tafeln. Preis 3.75 $. — Besprechung in ApJ **105** 216, Nat **159** 862, Pop Astr **55** 56 (B. Boutelle), Scientific Monthly **64** 353—354 (J. Stebbins), Science **106** 228 (L. B. Allen), Sky and Telescope **6** Nr. 7 S. 15, Nr. 9 S. 14—15 (A. H. Farnsworth).

802. **R. M. Aller,** Introducción a la Astronomía. — Besprechung in Urania Barcelona **30** Nr. 209 S. 32 (A. Barangé).

803. **R. H. Baker,** Introducing the Constellations. New York, The Viking Press, 1947. 6+205 S. — Inhalt: 1. Introducing the constellations. 2. The Dippers in the north. 3. Leo announces spring. 4. Through the great diamond. 5. Eastward from Arcturus. 6. Antares of the summer. 7. Along the milky way. 8. The story of Delta Cephei. 9. The square of Pegasus in autumn. 10. Watery constellations. 11. The Seven Sisters. 12. Orion in winter skies. 13. Under the Southern Cross. 14. Wandering stars.

804. **W. H. Barton, J. M. Joseph,** Starcraft. Second revised edition, Whittlesey House, 1946. — Vgl. AJB **46** Ref. 806. — Besprechung in Sky and Telescope **6** Nr. 4 S. 16 (R. Fleischer).

805. **E. A. Beet,** A Text Book of Elementary Astronomy. Vgl. AJB **45** Ref. 811. — Weitere Besprechung in JBAA **57** 184—185, Obs **66** 224.

806. **H. J. Bernhard, D. A. Bennett, H. S. Rice,** New Handbook of the Heavens. New York, Whittlesey House, McGraw-Hill Company, Inc. 300 S. Preis 2.50 $. — Besprechung in Pop Astr **50** 288.

807. **S. N. Blashko,** Lehrbuch der praktischen Astronomie. Moskau-Leningrad, Technischer Staatsverlag, 1940. 2. verbesserte und erweiterte Auflage. 320 S. (russisch).

808. **Borrás,** Por el inmenso cielo. — Besprechung in Urania Barcelona **30** Nr. 209 S. 32 (A. Barangé).

809. **B. H. Bürgel,** Los Mundos Lejanos. — Besprechung in Urania Barcelona **30** Nr. 209 S. 32, 76—77 (A. Barangé).

810. **F. E. Butler,** Signpost to the Stars. London, George Philip & Son, Ltd., 32 Fleet Street. Preis 1 s. — Besprechung in Pop Astr **50** 463—464.

811. **C. A. Chant,** Nuestro Maravilloso Universo. Madrid, J. Morata, 1946. 404 S. Spanische Übersetzung des englischen Werkes «Our Wonderful Universe» (AJB **30** Ref. 828, AJB **42** Ref. 811) von R. Carrasco mit einer Einleitung von E. Gastardi. — Besprechung in JCan RAS **41** 239.

812. **G. Cifuentes,** Astronomía. — Besprechung in Urania Barcelona **30** Nr. 209 S. 32 (A. Barangé).

813. **J. Comás Solá,** El Cielo. 2.ª edición. — Besprechung in Urania Barcelona **30** Nr. 209 S. 31 (A. Barangé).

814. **K. Cuypers,** Sterren leven in gemeenschap. Brussel, A. Manteau, 1944(?). 141 S. mit 35 Abb. Preis geb. 80 fr. — Besprechung in Ciel et Terre **60** 53—54 (A. van Hoof).

815. **M. Davidson,** An Easy Outline of Astronomy. Thinker's Library, Nr. 95 — Science Section. 4+108 S., mit 2 Tafeln. Preis 2 s. 6 d. net. — Vgl. AJB **45** Ref. 814. Weitere Besprechung in Obs **65** 129.

816. **M. Davidson,** An Easy Outline of Astronomy. Vgl. AJB **45** Ref. 814. — Weitere Besprechung in Pop Astr **53** 422.

817. **M. Davidson,** From Atoms to Stars. Vgl. AJB **45** Ref. 815. — Weitere Besprechung in Obs **66** 88. Besprechung der 2. Auflage in JBAA **57** 63.

818. **M. Davidson,** The Stars and the Mind. London, Watts & Co., 1946. Mit 15 Fig. und 8 Tafeln. Preis 10/6. — Besprechung in JBAA **57** 104—106.

819. **J. C. Duncan,** Essentials of Astronomy. Vgl. AJB **45** Ref. 817. — Weitere Besprechung in Pop Astr **50** 401.

820. **O. L. Dustheimer,** Manual for Observational and Practical Laboratory Work in Elementary Astronomy. Vgl. AJB **45** Ref. 819. — Besprechung in Pop Astr **50** 461.

821. **R. Eisler,** The Royal Art of Astrology. London, Herbert Joseph, 1946. 296 S. mit 48 Fig., 17 Tafeln und 5 Diagrammen. Preis 18 s. net. — Besprechung in Obs **67** 187—189 (H. Chatley), Naturwiss. Rundschau **1948** S. 237—238 (H. Werner).

822. **G. Gamow,** Atomic Energy in Cosmic and Human Life. New York, The Macmillan Company, 1946. 161 S. Preis 3 $. — Anzeige in Sky and Telescope **6** Nr. 1 S. 15, Nr. 6 S. 16 (F. D. Miller).

823. **A. Gasser,** Ein neues kosmisches Weltbild. Der Kreislauf: Wasserstoffnebel — Planetensystem — Uranbombe — Wasserstoffnebel. Bern, Verlag Paul Haupt, 1946. 54 S. — Besprechung in Orion Genève Nr. **16** S. 355—356.

824. **L. Goldberg, L. H. Aller,** Atoms, Stars, and Nebulae. Vgl. AJB **45** Ref. 823. — Weitere Besprechung in Obs **66** 60—62, PAT **28** 73—74, Pop Astr **51** 289—290, Priroda **37** Nr. 12 S. 89—90 (B. N. Himmelfarb).

825. **G. W. Gray,** La nueva imagen del universo. Buenos Aires, Libreria Hachette, 1943. — Übersetzung des Buches „New World Picture" ins Spanische von N. Viola und R. N. Viola nebst einem Anhang von A. Jatho. — Besprechung in Urania Barcelona **30** Nr. 209 S. 32 (A. Barangé).

826. **A. P. Herbert,** A Better Sky, or, Name This Star. London, Methuen & Co. Ltd., 1944. 6+33 S., mit einer Falttafel. Preis 3 s. 6 d. net. — Besprechung in Obs **65** 150—151 (G. K. McArthur) unter dem Titel «The stars renamed». Siehe auch Obs **65** 107—108, Pop Astr **52** 361.

827. **B. Jaffe,** Men of Science in America. The Role of Science in the Growth of Our Country. New York, Simon and Schuster, 1944. 600 S. — Enthält unter anderem zwei Aufsatze über S. P. Langley, A. A. Michelson und E. P. Hubble (vgl. § **3**).

828. **J. Jeans,** The Universe Around Us. Vgl. AJB **45** Ref. 828. — Weitere Besprechung in Obs **65** 225 (W. M. Smart), Pop Astr **54** 442.

829. **J. Jeans,** The Astronomical Horizon. Oxford, University Press, 1945. 23 S. Preis 2 s. 6 d. — Besprechung in Obs **66** 224—225.

830. **J. Jeans,** Zásračný svět hvězd. Prag, Děln. nakl., 1946. 150 S. mit 46 Abb. Übersetzung des Buches «The Stars in their Courses» ins Tschechische von K. Kraus.

831. **M. Johnson,** Time, Knowledge and the Nebulae. Vgl. AJB **45** Ref. 829. — Weitere Besprechung in Obs **66** 187—190 (H. Dingle).

832. **M. L. Kobus, J. J. Raimond jr.,** Cosmografie. Sterrenkunde voor Middelbaar en Gymnasiaal onderwijs. Groningen, Wolters, 1946. 182 S. Preis geb. 2.70 G. — Besprechung in Heelal **2** 61—62.

833. **A. Krause,** Astronomía para todos. Barcelona, Casa editorial «Iberia», J. Gili. Preis 70 Pesetas. — Besprechung in Urania Barcelona **31** Nr. 213 S. 170.

834. **W. Ley,** Rockets — The Future of Travel beyond the Stratosphere. Vgl. AJB **45** Ref. 837. — Weitere Besprechung in Pop Astr **52** 360—361, Publ ASP **56** 134—135 (R. S. Richardson).

835. **A. Löw,** Es werde Licht! Eiszeit, Erdbahn — Mondbahn, Neue Theorien. Basel, 1927—1946. 30 S. — «Die Erde dreht sich um ihre Querachse. Sie macht eine jahrliche Querdrehung von 500 m = 1000 m in zwei Jahren. — Das ist die Erklärung fur das jahrliche Vorrucken des Frühlingspunktes» . . .

836. **E. M. Meder,** Youth Considers the Heavens. New York City, King's Crown Press, Columbia University, 1942. 60 S. Preis 1.00 $. — Vgl. AJB **45** Ref. 841. Weitere Besprechung in Pop Astr **50** 462—463.

837. **C. E. K. Mees,** The Path of Science. New York, John Wiley and Sons, 1946. 250 S. Preis $ 3.00. — Besprechung in Sky and Telescope **6** Nr. 6 S. 16—17 (P. W. Merrill).

838. **H. M. Neely,** A Primer for Star-Gazers. — Vgl. AJB **45** Ref. 846. — Besprechung in Sky and Telescope **6** Nr. 7 S. 14—15 (A. L. Draper).

839. **Paredes,** Elementos de Astronomía. — Besprechung in Urania Barcelona **30** Nr. 209 S. 32 (A. Barangé).

840. **P. P. Parenago,** Lehrbuch der Stellarastronomie. Moskau-Leningrad, Technischer Staatsverlag, 1946. 2. verbesserte Auflage. 439 S., mit 92 Abb. und 8 Tafeln. Preis 12 R. (russisch).

841. **D. W. Pjaskowskij,** Ist ein Leben auf anderen Planeten möglich? Kiew, Verlag Akad. Wiss. ukrain. Sowjetrepublik, 1946. 31 S. Preis 1 R. (ukrainisch).

842. **I. Puig,** Existen otros mundos habitados? Barcelona, 1946. Manuales Revista Ibérica Nr. **12,** 192 S.

843. **P. Puig,** Manual de Astronomía. — Besprechung in Urania Barcelona **30** Nr. 209 S. 32 (A. Barangé).

844. **F. Reber,** Praktische Himmelskunde. Aarau, Verlag H. R. Sauerländer & Co., 1946. 112 S. Preis sfr. 6.30. — Besprechung in Orion Genève Nr. **13** S. 263.

845. **Ribera,** Astronomía. — Besprechung in Urania Barcelona **30** Nr. 209 S. 32 (A. Barangé).

846. **L. Rodés,** El Firmamento. 2.ª edición. Vgl. AJB **44** Ref. 827. — Weitere Besprechung in Urania Barcelona **30** Nr. 209 S. 31 (A. Barangé).

847. **A. Romañá,** Los atrayentes problemas de la moderna Astronomía. Madrid, Editorial „Redencion", 1940. 170 S. — Besprechung in Urania Barcelona **30** Nr. 209 S. 31 (A. Barangé).

848. **H. N. Russell, R. S. Dugan, J. Q. Stewart,** Astronomy. Vol. I, The Solar System (revised edition). — Vgl. AJB **45** Ref. 5103. — Weitere Besprechung in Obs **67** 149—150, Pop Astr **54** 105—106 (C. H. Smiley).

849. **O. E. Scott,** The Stars in Myth and Fact. Vgl. AJB **45** Ref. 855. — Weitere Besprechung in Pop Astr **50** 462.

850. **J. B. Sidgwick,** Astronomy for Night Watchers. London, Faber and Faber, Limited, 24 Russell Square. — Vgl. AJB **45** Ref. 857. Weitere Besprechung in Pop Astr **50** 521.

851. **J. B. Sidgwick,** Introductory Astronomy. A Guide for Night Watchers. Vgl. AJB **45** Ref. 858. — Weitere Besprechung in Pop Astr **52** 469.

852. **J. B. Sidgwick,** Direction Finding by the Stars. Vgl. AJB **45** Ref. 859. — Weitere Besprechung in Pop Astr **53** 146.

853. **W. T. Skilling, R. S. Richardson,** Sun, Moon, and Stars. Vgl. AJB **45** Ref. 861. — Weitere Besprechung in Obs **67** 189—191, Pop Astr **55** 514—515

854. **E. Strömgren, B. Strömgren,** Laerebog i Astronomi. Oslo, Gyldendal Norsk Forlag, 1945. 2. Auflage. 5+494 S. mit 187 Fig. Preis 48:60 Kr. — Besprechung in NAT **1945** 142, **1946** 34—36 (J. M. Vinter-Hansen).

855. **J. Wasiutyński,** Verden og Geniet fra Solsystemets Dannelse til i Dag, Bind I. Oslo, Nasjonalforlaget, 1943. 263 S. — Besprechung in NAT **1945** 69—70.

856. **R. L. Waterfield,** The Revolving Heavens — Astronomy for Observers with the Naked Eye. Vgl. AJB **45** Ref. 870. — Weitere Besprechung in Obs **65** 57—58, Pop Astr **51** 115.

857. **H. Werner,** Vom Polarstern bis zum Kreuz des Südens. Eine allgemeinverständliche Einführung in die Astronomie der Himmelskugel und Anleitung zur Orientierung im Gelände nach Gestirnen auf der ganzen Erde. Jena, Verlag von Gustav Fischer, 1946. Zweite, verbesserte Auflage. 8+210 S. mit 53 Abb. und 14 Tafeln. Preis kart. 8.50 RM. — Besprechung in AN **275** 270, Himmelswelt **55** 145 (W. Strohmeier).

858. **P. Wetterfors,** Stjarnor. Stockholm, Sveriges Scoutförbunds Forlagsaktiebolag, 1945. 359 S. Preis kr. 6,50. — Besprechung in PAT **27** 74—75.

859. **E. T. Whittaker,** The Beginning and End of the World. Oxford, University Press. 64 S. Preis 2 s. 6 d. net. — Besprechung in Obs **65** 10—12 (A. S. Eddington).

860. **E. Whittaker,** Space and Spirit. Edinburgh, Nelson, 1946. 8+149 S. Preis 6 s. net. — Besprechung in Obs **67** 70—73 unter dem Titel: Scientific progress and the existence of God.

861. **B. Woronzow-Weljaminow,** Gibt es Leben auf den Planeten? Leningrad, Verlag «Junge Garde», 1946. 24 S. mit Abb. Preis 50 Kop. (russisch).

862. **C. C. Wylie,** Astronomy, Maps, and Weather. Vgl. AJB **45** Ref. 877. — Weitere Besprechung in Pop Astr **51** 56—58 (S. Herrick).

863. Science from Shipboard. Washington, Science Service, 1943. Mit Vorwort von H. Shapley. 268 S. Preis 25 c. — Besprechung in Pop Astr **51** 575—576 (W. A. Calder).

864. Een Verden eller ingen. Aus dem Amerikanischen übersetzt von G. Frederiksen und E. Rasmussen. Haase, 1946. Preis 9:75 Kr. — Besprechung in NAT **1946** 114—115. — Abdruck von Kapitel II 1: H. Shapley, I Stjernerne er det en gammel Historie. NAT **1946** 82—89.

865. **A. Alonso Trujillo,** Crítica histórico-científica. La gran visión profética de Job. Urania Barcelona **31** Nr. 213 S. 160—163, 1946.

866. **J. Z. Arboles,** Física estelar. Ibérica **3** 495—497, 1946.

867. **S. G. Barton,** The pronunciation of the names of the navigation stars. Flower Obs. Repr. Nr. **55,** 1943.

868. **A. Beach,** If you want to be an astronomer. Nature Mag. **35** 79—80, 1942.

869. **J. A. Bussolini,** La ciencia fisico-matemática como punto de partida para una filosofia cosmológica. Rev Astr **17** 187—191, 1945.

870. **E. Connor,** Astrology is not extinct. Publ ASP **55** 226—232, 1943.

871. **J. Costas,** Qué es «pro divulgacion astronomica»? Urania Barcelona **30** Nr. 209 S. 28—30, 1945.

872. **R. Coutrez,** Atomisme et astrophysique. La Renaissance d'Occident **2** 3—20, 1945.

873. **G. A. Davis jr.,** The pronunciations, derivations, and meanings of a selected list of star names. Pop Astr **52** 8—30, 1944.

874. **G. A. Davis jr.,** The origin of Ursa Major. Pop Astr **54** 111—115, 1946.

875. **B. Decaux,** Applications astronomiques de la radioélectricité. BSAF **57** 17—19, mit 3 Fig., 1943.

876. **S. Gaposchkin,** The absolute dimensions of the stars. Pop Astr **52** 485—496, 1944. — Der Aufsatz enthalt ein Verzeichnis charakteristischer Daten von etwa 50 Klassen kosmischer Objekte. (Einzelsterne, Sternhaufen, Nebel, Sternsysteme). Eine beigefügte Liste nennt Arbeiten, die sich mit der Bestimmung solcher Großen befassen. Micz.

877. **P. C. Garronera,** La expansión, estructura y dimensiones del universo. Rev Astr **17** 178—191, 1945. Ein Kapitel des Buches „El cielo abierto", Ed. Séneca, México, dessen Inhalt in allgemeinverstandlicher Form und popularer Weise behandelt ist. Sconzo

878. **E. Gastardi,** La estructura del universo. Bol. Real Soc. Geográfica **82** 463—488, 1946.

879. **L. Gialanella,** La vita nell' universo. Scientia (5) A **40,** 5 S., 1946. — Die Entdeckung zweier Planeten außerhalb unseres Sonnensystems führt den Verf. zu Betrachtungen über Lebensmoglichkeiten außerhalb der Erde. F. Z.

880. **V. Goedicke,** Teaching and textbooks in Astronomy. Pop Astr **52** 127, 1944.

881. **W. H. Haas,** The training of the eye for astronomical observing. Pop Astr **54** 449—451, 1946.

882. **P. Humbert,** Le Saint Patron des Astronomes. Ciel et Terre **60** 215 —216, 1944.

883. **H. S. Jones,** Telescopes, stars, and atoms. Pop Astr **54** 446—448, 1946.

884. **J. G. Kellar,** Hints to star-gazers. Pop Astr **53** 126, 1945.

885. **L. J. Lafleur,** Marvelous voyages — II. The scientific romances of Edgar Rice Burroughs. Pop Astr **50** 69—73, 1942. Errors in «Marvelous voyages — II.» Pop Astr **50** 249—253, 1942.

886. **L. J. Lafleur,** Marvelous voyages — III. Jules Verne's from the earth to the moon. Pop Astr **50** 196—198, 1942. Errors in «Marvelous voyages — III». Pop Astr **50** 315—317, 1942.

887. **L. J. Lafleur,** Marvelous voyages — IV. Jules Verne, Around the moon. Pop Astr **50** 377, 1942. Errors in «Marvelous voyages — IV». Pop Astr **50** 431—433, 1942.

888. **L. J. Lafleur,** Marvelous voyages — V—VIII. H. G. Wells' The first Men in the Moon. Pop Astr **51** 76, 139, 359, 434, 1943. Errors in V—VIII. Pop Astr **51** 80, 145, 384, 438, 1943.

889. **L. J. Lafleur,** Surface gravity and behavior. Pop Astr **51** 197—202, 1943.

890. **L. J. Lafleur,** Marvelous voyages — IX. J. B. S. Haldane «The Last Judgment». Pop Astr **53** 447—452, 1945.

891. **F. C. Leonard,** The determination of the course at any point on a great-circle voyage. Pop Astr **51** 143, 1943.

892. **F. C. Leonard,** Coordinate numbers for stars et cetera. Pop Astr **52** 183, 1944.

893. **M. Lleget,** Estrellas proyectilles. Ibérica **2** 325—328, 1945.

894. **M. W. Makemson,** Changing ideas of the universe. Pop Astr **51** 307—316, mit 3 Fig., 1943. — Der Entwicklungsweg der Astronomie von den Anschauungen der Pythagoraer über Ptolomäos bis zu Copernicus wird in seinen wesentlichen Zügen geschildert. U. Baehr

895. **R. K. Marshall,** Astronomy in the service of culture. Pop Astr **51** 19—27, 67, 1943.

896. **M. Martin Lorón,** El universo sideral. Anuario Obs. Madrid 1946 S. 297 —342.

897. **L. McCormick-Goodhart,** Shakespeare and the stars. Pop Astr **53** 489—503, 1945.

898. **P. W. Merrill,** Stars in action. Griffith Observer **5** 38—41, 1941 = ASP Leaflet Nr. **150**.

899. **P. W. Merrill,** Stars as citizens of the universe. Publ ASP **56** 5—14, 1944.

8100. **P. W. Merrill,** A voyage in space: the biography of a star beam. Publ ASP **58** 177—185, 1946.

8101. **J. H. Oort,** Moderne opvattingen over de structuur van het heelal. Antieke en Moderne Kosmologie, Arnhem, 1941, S. 167—181.

8102. **J. Pratdesaba,** Mirando al cielo. Urania Barcelona **29** Nr. 208 S. 28—31, mit 2 Fig., 1944.

8103. **J. Pratdesaba,** El Astrónomo aficionado. Urania Barcelona **30** Nr. 212 S. 128—133, mit 8 Fig., 1945.

8104. **W. A. Rense,** Astronomy and Ornithology. Pop Astr **54** 55—73, mit 19 Fig., 1946.

8105. **R. S. Richardson,** Illusion and reality in the universe. ASP Leaflet Nr. **142**, 1940.

8106. **R. S. Richardson,** The unofficial side of astronomy. ASP Leaflet Nr. **151**, 8 S., 1941.

8107. **R. S. Richardson,** The not-so-distant celestial bodies. ASP Leaflet Nr. **157**, 8 S., 1942.

8108. **R. S. Richardson,** Celestial target practise. ASP Leaflet Nr. **168**, 8 S., 1943.

8109. **R. S. Richardson,** Astronomy — the distaff side. ASP Leaflet Nr. **181**, 8 S., 1944.

8110. **R.S. Richardson,** Rockets and orbits. ASP Leaflet Nr. **201**, 8 S., 1945.

8111. **H. P. Robertson,** The expanding universe. Science in Progress, Second Series. New Haven, Yale University Press, 1946. S. 147—167, mit 2 Fig. — Gemeinverstandliche Darstellung der historischen Entwicklung des astronomischen Weltbildes im Großen bis zur modernen Vorstellung des expandierenden Universums. Neben der theoretischen Behandlung kosmologischer Fragen wird eine kurze Darstellung der wichtigsten empirischen Ergebnisse über die extragalaktischen Nebel gegeben. Micz.

8112. **H. B. Rumrill,** Planets and stars from dark to daylight. Pop Astr **54** 116—122, 1946.

8113. **P. M. Ryves,** Cod liver oil for star gazers. JBAA **54** 20, 1944.

8114. **R. F. Sanford,** Stellar extremes. ASP Leaflet Nr. **205**, 8 S., 1946.

8115. **R. Schlegel jr.,** A view of time. Pop Astr **51** 83, 1943.

8116. **F. Schlesinger,** Astronomy. Chapter II in „The Development of the Sciences", S. 53—89, 1941. Vgl. Ref. **538**.

8117. **H. Siedentopf,** Astrophysik. Neue Phys. Blätter **1946** Heft 6 S. 129—136. — Behandelt die drei Problemkreise der Astrophysik: die Erforschung der Einzelsterne, der interstellaren Materie und der raumzeitlichen Struktur des Weltalls.

8118. **L. Taffara,** Dal sistema planetario all'universo stellato. R. Oss. Astrofisico di Catania, Annuario 1946 S. 43—65, mit 13 Fig., 1946.

8119. **L. Taffara,** Il problema dell'esistenza di altri mondi abitati. Coelum **14** 57—61, 1946. — Betrachtungen über die Bewohnbarkeit anderer Himmelskörper. F. Z.

8120. **P. Tardi,** La lecture des cartes célestes. Annuaire pour l'an 1947, publié par Le Bureau des Longitudes S. A 1—A 24, mit 9 Fig. und 2 Tafeln, 1946.

8121. **O. R. Walkey,** Our first-magnitude stars from afar. Pop Astr **51** 78, 1943.

8122. **O. R. Walkey,** Cosmos. Pop Astr **51** 106, 1943.

8123. **H. Wouters,** Sterrenkunde, Weerkunde en Zeevaart bij de Polynesiers. Heelal **2** 74—79, mit 3 Fig., 1946.

8124. **C. C. Wylie,** A simple method of determining the date of the equinox. Pop Astr **51** 131, 1943.

8125. **P. E. Wylie,** Are nebulae gaseous? Pop Astr **53** 417—418, 1945.

8126. Apocalyptic interpretation. Obs **64** 304—305, 1942. — Bellamy's Abhandlung, in der die Apokalypse als ein Niederschlag ehemaliger Katastrophen gemäß der Welteislehre gedeutet wird, wird abgelehnt. U. Baehr

8127. Astronomi i Skolen. NAT **1945** 58—63, mit 2 Abb.

8128. A new Copernican era. Pop Astr **53** 1, 1945.

§ 9

Tafeln, Rechenmaschinen, Nomographie

901. **B. F. Bawtree,** Astronomical tables for 0 to 2100 A. D. Mem BAA **34** part 4 S. 1—20, 1942.

902. **E. Chappell,** Five-Figure Logarithm Tables. Vgl. AJB **45** Ref. 903. — Weitere Besprechung in Pop Astr **53** 146, Publ ASP **57** 107—108 (S. B. Nicholson).

903. **A. Fletcher, J. C. P. Miller, L. Rosenhead,** An Index of Mathematical Tables. Vgl. AJB **45** Ref. 904. — Besprechung in Math Rev **8** 286, NAT **1946** 115—116.

904. **D. W. Hamlin, M. B. Wishard,** Table for absolute magnitude. Ann. Dearborn Obs. **4** part 13, 1 S., 1940. — Zur Berechnung absoluter Helligkeiten aus Parallaxen wird eine bis $p = 0\rlap{.}''500$ reichende Hilfstafel von $5 + 5 \log p$ gegeben. Micz.

905. **C. D. Hodgman,** Mathematical Tables. Cleveland, Ohio, Chemical Rubber Publishing Co., 1946. Eighth Edition. — Besprechung in Pop Astr **55** 515—516 (K. May).

906. **J. Peters,** Sechsstellige Tafel der trigonometrischen Funktionen, enthaltend die Werte der sechs trigonometrischen Funktionen von zehn zu zehn Bogensekunden des in 90° geteilten Quadranten und die Werte der Kotangente und Kosekante für jede Bogensekunde von 0° 0′ bis 1° 20′. Bonn, F. Dümmlers Verlag, 1946. 3. Auflage. 293 S. Preis brosch. 32.40 RM. — Besprechung in Optik **3** 168 (W. Kinder), Phys. Blatter **4** 81, Z f Naturf **3a** 371 (G. R. Miczaika).

907. **B. Strömgren,** Optical Sine Tables, giving seven-figure values of x — sin x with arguments x and sin x. Kopenhagen, 1945. Geodaetisk Instituts Skrifter (3) **5**, 63 S.

908. **M. F. Subbotin,** Hilfstafeln zur Berechnung von Tabellen und Ephemeriden. Moskau-Leningrad, Technischer Staatsverlag, 1941. 143 S.

909. Auxiliary Tables I & II. Cambridge, University Press, 1946. Preis 6 d. — Besprechung in Obs **66** 346—347.

910. British Association Mathematical Tables. Cambridge, University Press, 1946. Vol. **1**. 2. Auflage. Preis 10 s. — Besprechung in JBAA **57** 63, Obs **66** 303.

911. Mathematical Tables. Part A. — Legendre Polynomials. Cambridge, University Press, 1946. 42 S. Preis 8 s. 6 d. — Besprechung in Obs **66** 346—347.

912. Mathematical Tables. Part B. — The Airy Integral. Cambridge, University Press, 1946. 56 S. Preis 10/—. — Besprechung in Obs **66** 346—347.

913. Table of Arc Sin x. Vgl. AJB **45** Ref. **911**. — Weitere Besprechung in Obs **67** 110.

914. Tables of Fractional Powers. Prepared by the Mathematical Tables Project, conducted under the sponsorship of the National Bureau of Standards. New York, Columbia University Press, 1946. 30 + 489 S. Preis $ 7.50. — Besprechung in Math Rev **8** 52, Obs **67** 110—111.

915. **I. J. Akuschskij,** A brief description of punched-card machines. Bull. Acad. Sci. URSS Cl. Sci. Tech. **1946** 1081—1120, 1946 (russisch).

916. **S. Borbély,** Über Integriergerate der praktischen Mathematik. Csillagászati Lapok **7** 19—57, mit 22 Abb., 1944 (ungarisch mit deutscher Zusammenfassung).

917. **L. J. Comrie,** The application of commercial calculating machines to scientific computing. Math. Tables and Other Aids to Computation **2** 149—159, 1946.

918. **I. N. Janshul,** Rechenmaschinen und ihre Anwendung auf astronomische Berechnungen. Fortschritte Math. Wiss. **1** Nr. 5—6 S. 27—40, 1946.

919. **J. Laderman, M. Abramowitz,** Application of machines to differencing of tables. J. Amer. Statist. Assoc. **41** 233—237, 1946. — Ref. in Math Rev **8** 52.

920. A Manual of Operation for the Automatic Sequence Controlled Calculator, by the Staff of the Computation Laboratory. The Annals of the Computation Laboratory of Harvard University. Vol. **1**, 13 + 561 S mit 17 Tafeln, 1946. Preis $ 10.—. — Ref. in Math Rev **8** 51—52.

921. **E. Henzen,** Enige begrippen van Nomografie. Lier, J. van In & Co., 1946. 2e druk. 31 S. mit 31 Fig. — Besprechung in Ciel et Terre **63** 64—65 (F. Temmerman).

922. **S. Nydall,** Über die Anwendung von Nomogrammen bei Nebenmeridianhohen. Seewart 1944, S. 134—136.

* * **S. Slaucitajs,** Vergleichende Untersuchung über die Genauigkeit der S-Diagramme. Vgl. Ref. **10020**.

923. **H. W. Wood,** Nomograms for some astronomical computations. J. and Proc. Roy. Soc. New South Wales **79** 153—159, mit 4 Fig. = Sydney Obs. Paper Nr. 1. — Es werden Nomogramme besprochen zur Lösung der Keplerschen Gleichung, zur Berechnung von Refraktion, Prazession und sphärisch-trigonometrischen Formeln. Bo.

§ 10

Interpolation, Ausgleichungsrechnung, Fehlertheorie

1001. **G. Backman,** Rekursionsformeln zur Losung der Normalgleichungen auf Grund der Krakovianenmethodik. Ark Mat Astr Fys **33** (A) Nr. 1, 14 S., 1946. — Ref. in Math Rev **8** 287.

1002. **B. Hallert,** Über einige Verfahren zur Losung von Normalgleichungen. Z. Vermessungswesen **72** 238—244, 1943. — Ref. in Math Rev **8** 171.

1003. **J. Jackson,** The calculation of probable errors from residuals: a paradox. Obs **65** 9—10, 1943. — Fur den wahrscheinlichen Fehler einer Beobachtung werden zwei verschiedene Formeln hergeleitet, je nachdem, ob zur Bildung der Normalgleichungen die Bedingungsgleichungen einzeln oder nach gruppenweiser Mittelung benutzt werden. Der Unterschied erklart sich durch eine unerlaubte Vernachlässigung bei Ableitung der zweiten Formel. Bo.

1004. **A. Marcantoni,** Saggio di un'applicazione del calcolo delle matrici alla teoria degli errori. Pont. Acad. Sci. Acta **10** 301—320, 1946. Univ. Roma, Ist. Naz. Alta Mat. Rend. Mat. e Appl. (5) **5** 252—270, 1946. — Ref. in Math Rev **9** 49.

Zweiter Teil

Instrumente. Technik des Beobachtens

§ 11

Lehrbücher, Allgemeines

1101. **L. Andrenko,** Ultratélescope. Sa théorie et ses résultats pratiques. Bull. de la Station de Sigmaringen 2me année Nr. 2 S. 2—4, 1946.

1102. **L. Andrenko,** Nouvelle théorie du miroir plan. Bull. de la Station de Sigmaringen 2me année Nr. 2 S. 5, 1946.

1103. **L. Andrenko,** Principe général de l'ultratélescope. Bull. de la Station de Sigmaringen 2me année Nr. 3 S. 2—4, 1946.

1104. **R. d'E. Atkinson,** Artificial illumination of telescope fields. Obs **65** 194—195, 1944.

1105. **H. D. Babcock,** The use of glass lenses in the infrared. Publ ASP **57** 215—216, 1945.

1106. **P. Baize,** Couples tests pour l'essai des objectifs astronomiques. BSAF **60** 230—232, 1946.

1107. **J. Barabás,** Über spiegelnde Oberflachen. Csillagászati Lapok **6** 120—126, mit 3 Fig., 1943 (ungarisch mit deutscher Zusammenfassung).

1108. **A. Bouwers,** Achievements in Optics. New York, Amsterdam, Elsevier Publishing Company Inc., 1946. Monographs on the Progress on Research in Holland. 8 + 135 S. mit 64 Fig. Preis fl. 6 bzw. 2.50 $. — Besprechung in ApJ **107** 422—423 (J. L. Greenstein), Heelal **4** 80 (M. Daisomont), Nat **161** 704 (S. Weintroub), Z f Naturf **4a** 644 (H. Boersch).

1109. **E. B. Brown,** Optical Instruments. Vgl. AJB **45** Ref. 1101. — Weitere Besprechung in Obs **66** 326, Pop Astr **54** 324.

1110. **F. J. Bugoslawskaja,** Die Bestimmung der Verzeichnung des Koronographenobjektivs des Observatoriums Taschkent. Taschkent Bull. 2 Nr. 5 (15) S. 257—260, 1941.

1111. **A. Colacevich,** Teoria di due nuovi telescopi astronomici «Tipo Schmidt». Atti della Fondazione «Georgio Ronchi» 1 Nr. 5—6, 22 S. mit 3 Fig., 1946. — Es werden zwei neue astronomische Teleskope des Schmidtschen Typus beschrieben. Das erste ist aus einem Spiegel und einer Linse mit parallelen Flächen zusammengesetzt und besitzt spharische Symmetrie; das zweite entsteht aus dem ersten durch Hinzufugung einer zweiten Linse mit sphärischen Flachen zur Korrektion einer restlichen Aberration des ersten und besitzt nur axiale Symmetrie. Die Bildflache ist spharisch. Vor- und Nachteile gegenuber dem normalen Schmidtschen Spiegelteleskop. F. Z.

1112. **A. Colacevich,** Un nuovo tipo di telescopio astronomico. Rend. Accad. Lincei, Cl. Sc. fis., mat. e nat. (8) **1** 610—615, mit 1 Fig., 1946. — Verf. entwickelt die Theorie eines lichtstarken Reflektors mit großem brauchbarem Gesichtsfeld, bei dem unter Verwendung eines spharischen Spiegels und einer Korrektionslinse spharische und chromatische Aberration weitgehend beseitigt sind. Micz.

1113. **H. J. Cooper,** Scientific Instruments. New York, Chemical Publishing Co., 1946. 304 S. Preis $ 6.00. — Besprechung in ApJ **105** 216 (W. A. Hiltner), Sky and Telescope **6** Nr. 5 S. 16 (H. F. Weaver).

1114. **L. Dahlmark,** Fotografering av solen och månen med små instrument. PAT **27** 62—66, mit 4 Fig., 1946.

1115. **M. Daisomont,** La pratique de la lunette astronomique d'amateur. Vgl. AJB **45** Ref. 1104. — Weitere Besprechung in Gaz astr **28** 46, Heelal **2** 16.

1116. **M. Daisomont,** La taille des petites lentilles à la portée de l'amateur. Vgl. AJB **45** Ref. 1105. — Weitere Besprechung in Gaz astr **28** 46.

1117. **M. Daisomont,** Construction facile et économique d'un focomètre. Bruges, Editions «De Tempel», 1946. 3. Auflage. 11 S. — Besprechung in Ciel et Terre **63** 129 (P. Bourgeois).

1118. **M. Daisomont,** Le contrôle méthodique, simple et direct, de la parabolisation d'un miroir-objectif de télescope. Gaz astr **28** 32—38, mit 7 Fig., 1946.

1119. **M. Daisomont,** Het wetenschappelijk vervaardigen van astronomische oculairs door den liefhebber. Heelal **2** 1—4, mit 2 Fig., 1946.

1120. **B. Decaux,** Radar et science. BSAF **60** 193—204, mit 13 Fig., 1946. — Popularer Aufsatz über die Grundlagen der Funkmeßverfahren und ihrer Anwendungen wahrend des Krieges und zu wissenschaftlichen Zwecken (Meteorologie, Astronomie). Micz.

1121. **G. Z. Dimitroff, J. G. Baker,** Telescopes and Accessories. Vgl. AJB **45** Ref. 1106. — Weitere Besprechung in Obs **66** 161—162 (E. H. Linfoot), PAT **27** 156, Pop Astr **53** 300—302 (H. E. Paul), Publ ASP **57** 106—107 (E. Pettit).

1122. **C. Fabry,** Les nouvelles méthodes pour augmenter la clarté des instruments d'optique. BSAF **58** 65—74, mit 6 Fig., 1944. — Es wird zunachst erlautert, wie und in welchem Umfang Lichtverluste in einer optischen Anordnung zustandekommen. Sodann wird die Entwicklung und Wirkungsweise von Reflexschutzschichten besprochen. Einige Bemerkungen uber Verluste in einem Spiegelteleskop werden angefuhrt. Micz.

1123. **Faure-Geors,** La photographie astronomique et les petits instruments d'amateurs. BSAF **60** 135—136, mit 2 Fig., 1946.

1124. **G. C. Flammarion, F. Quénisset,** Le centenaire de la photographie astronomique en France. BSAF **59** 70—80, mit 5 Fig., 1945.

1125. **A. S. King,** The laboratory's part in astronomy. ASP Leaflet Nr. **162**, 8 S., 1942.

1126. **A. Kranjc,** Sulle immagini di una sorgente puntiforme generate da uno specchio rotondo concavo. Pubbl. Oss. Bologna **5** Nr. 2, 12 S. — Bestimmung der Bilder in einem Hohlspiegel einer außeraxialen Lichtquelle bei endlicher Entfernung. F.Z.

1127. **P. Kulikowskij,** Über die Anwendung des lichtelektrischen Effektes in der Astronomie. Abh. Lomonossow-Staatsuniv. Moskau Nr. **67** S. 5—72, 1941 = Moskau Sternberg Inst. Publ. **17** Nr. 2 (russisch).

1128. **A. van Lint,** Suis-je daltonien? Ciel et Terre **60** 23—27, mit 1 Farbtafel, 1944.

1129. **B. Lyot,** Procédés permettant d'étudier les irrégularités d'une surface optique bien polie. CR **222** 765—768, 1946. — Fur die Beobachtung lichtschwacher Objekte in der Nahe sehr lichtstarker (Sonnenkorona) werden an die Vollkommenheit der Flachen in den optischen Teilen der Beobachtungsinstrumente sehr hohe Anforderungen gestellt. Zur Prufung der optischen Flachen benutzt in solchen Fallen der Verf. eine Methode, die sich im Prinzip mit dem Zernikeschen Phasenkontrastverfahren deckt. Theoretische und praktische Untersuchungen haben ergeben, daß die neue Methode empfindlicher als die bisher angewandte ist. Ko.

1130. **D. J. Martynow,** Einige Erwägungen aus Anlaß des Programmes «schwacher Sterne». Abh. Lenin-Staatsuniv. Kasan **100** Nr. 4 S. 65—78, 1940.

1131. **A. Paluzíe Borrell,** El telescopio. Urania Barcelona **30** Nr. 212 S. 113—127, 1945; **31** Nr. 213 S. 145—154, Nr. 215 S. 195—203, mit 34 Fig., 1946.

1132. **I. Puig,** Manera de fabricarse por sí mismo un telescopio. Ibérica **2** 65—68, 1945.

1133. **A. Romañá,** Recientes progresos de la técnica astronómica. Revista Nacional de Educación 2 Nr. 23, 21 S. mit 7 Fig., 1942.

1134. **J. Rösch,** Les mesures stéréoscopiques et leurs applications astronomiques. BSAF **60** 97—109, mit 13 Fig., 1946. — Der Aufsatz enthalt eine Übersicht uber das stereoskopische Prinzip und seine Anwendung in astronomischen Meßinstrumenten. Behandelt werden u. a. der Stereokomparator und ein stereoskopisches Mikrometer mit zwei Faden, wobei auch auf die Bedeutung stereoskopischer Gerate fur spektrographische Untersuchungen und Bestimmung effektiver Wellenlängen eingegangen wird. Micz.

1135. **H. B. Rumrill,** Telescopic magnification and eyepieces. Pop Astr **51** 189—197, mit 7 Fig., 1943.

1136. **J. Saget,** La photographie astronomique. BSAF **57** 124—126, 134—137, 171—172, 182—183, mit 7 Fig., 1943. BSAF **58** 10—11, 23—25, 44—46, 154—157, mit 8 Fig., 1944. BSAF **60** 21—25, 1946.

1137. **R. A. Sawyer,** Experimental Spectroscopy. New York, Prentice-Hall, Inc., 1944. 8 + 323 S. mit 107 Fig. Preis 5.00 $. — Besprechung in Obs **66** 125—127.

1138. **P. Selme,** L'optique électronique et les télescopes. BSAF **58** 85—92, 141—153, mit 17 Fig., 1944. BSAF **59** 26—33, mit 6 Fig., 1945. Mit Berichtigungen in BSAF **59** 143—144, 1945.

1139. **A. Sonnefeld,** Über ganz allgemein gultige optische Beziehungen an Hohlspiegeln und einfachen Linsen zwischen Öffnungsfehler und Zweischalenfehler und Koma bei bildseitig telezentrischem Strahlengang. Zeiss-Nachrichten **5** 33—37, 1944. — Ref. in Phys Ber **26** 254—255.

1140. **B. Strömgren,** An aplanatic anastigmatic lens system suitable for astrograph objectives. Kgl. Danske Vid. Selskab, Mat.-fys. Medd. **23** Nr. 9, 27 S. mit 2 Fig., 1945 = Publ. Kobenhavns Obs. Nr. **142.**

1141. **B. Strömgren,** De astronomiske Kikkerters. Udviklingshistorie. II, III. NAT **1945** 1—18, 33—45, 73—87, mit 25 Fig.

1142. **E. Strömgren,** Tycho Brahes Instrumenter. NAT **1946** 96—101, 136—146, mit 4 Fig.

1143. **H. D. Taylor,** The Testing and Adjustment of Telescope Objectives. Newcastle upon Tyne, Sir Howard Grubb, Parsons and Co., 1946. 4. Auflage. 8 + 95 S. mit 30 Fig. und 3 Tafeln. Preis 17 s. 6 d. net. — Besprechung in J Opt Soc Amer **37** 58 (R. Kingslake), JBAA **58** 30, Nat **161** 419, Obs **67** 152—153.

1144. **R. de Terwangne,** Le choix du grossissement optimum des lunettes. Gaz astr **28** 27—32, 49—55, mit 4 Fig., 1946.

1145. **J. Texereau,** Suggestions concernant la construction économique de petits télescopes d'amateurs. BSAF **59** 169—173, mit 5 Fig., 1945.

1146. **G. Wojciekhowska-Meisser, L. Andrenko,** Sur les disques de diffraction stellaires. Bull. de la Station de Sigmaringen 1ère année Nr. 1 S. 4, 1945.

1147. Radar som astronomisk Forskningsinstrument. NAT **1946** 30—31.

1148 Scientific Instruments. London, Scientific and Technical Publications. 294 S. Preis 25 s. — Besprechung in JBAA **57** 61—62.

§ 12

Hauptinstrumente

1201. **L. Agafonova,** Determination of the division-errors for the Repsold meridian circle of the Engelhardt Observatory. Engelhardt Obs. Bull. Nr. **23** 41—48, mit 1 Fig., 1943 (russisch).

1202. **L. D. Agafonova,** Investigation of limb-errors of the Repsold Meridian Circle. Engelhardt Obs. Bull. Nr. **24** 9—12, 1946 (russisch).

1203. **P. I. Bakulin, M. S. Swerew,** Untersuchung der Teilfehler des Meridiankreises des Moskauer Observatoriums. Abh. Lenin-Staatsuniv. Kasan **100** Nr. 4 S. 151—157, 1940.

1204. **G. van Biesbroeck,** On the balancing of equatorial telescopes. Pop Astr **50** 253—256, mit 3 Fig., 1942.

1205. **C. de Bièvre,** La construction d'un nouveau télescope. Ciel et Terre **60** 210—215, mit 5 Fig., 1944.

1206. **J. Bigay,** Description d'un télescope de Schmidt de 380^{mm} de diamètre, ouvert à f/1,6, installé à l'Observatoire de Lyon. BSAF **59** 137—140, mit 3 Fig., 1945.

1207. **R. L. Black,** The Cincinnati Telescope. Pop Astr **52** 70—79, 1944.

1208. **S. N. Blashko,** Über den Einfluß der Zapfenungleichheit auf die Bestimmung der Kulmination der Gestirne. RAJ **22** 23—33, 1945.

1209. **E. B. Brown,** Further remarks on the Cassegrainian. Sky and Telescope **6** Nr. 1 S. 18—19, 1946.

1210. **H. W. Cox,** New astronomical reflectors. JBAA **55** 137, 1945.

1211. **E. Devilers,** Un télescope d'essai pour deux cents francs. Ciel et Terre **60** 92—93, mit 1 Fig., 1944.

1212. **I. A. Djukow,** Über den Einfluß der Biegung des Meridiankreises und des Zenitteleskopes auf die Beobachtungsergebnisse nach der Methode von Sanders-Raimond. RAJ **19** 107—112, 1942.

1213. **J. S. Dubois,** Le «richest field telescope» et le problème des oculaires pour réflecteurs. Ciel et Terre **60** 90—91, 1944.

1214. **W. A. Jelistratow,** Vorlaufige Untersuchung der Teilkreise des Meridiankreises des Astronomischen Hauptobservatoriums. Pulk Circ Nr. **31** S. 16—28, 1941. Siehe auch Abh. Lenin-Staatsuniv. Kasan **100** Nr. 4 S. 145—150, 1940.

1215. **E. N. Jennison,** The 82- inch telescope: The mounting. Contr. Mc.-Donald Obs. Nr. **1** 45—62.

1216. **D. Lindhed,** Ett bekvamt spegelteleskop. II. PAT **27** 54—57, mit 5 Fig., 1946.

1217. **D. J. Martynow,** Das 15-zollige aberrationsfreie Schmidt-Teleskop des Engelhardt Observatoriums. Kiew Publ. Nr. **1** S. 221—223, 1946 (russisch). — Bei einer Belichtungszeit von 45 Minuten ergab sich auf Ilford Ordinary HDD Platten die Grenzgröße $18^{m}_{\cdot}0$.

1218. **R. Minkowski,** Schmidt systems as spectrograph cameras. J Opt Soc Amer **34** 89—92, 1944.

1219. **G. W. Moffitt, G. van Biesbroeck,** The prime-focus camera for the 82-inch telescope of the McDonald Observatory. Contr. McDonald Obs. Nr. **1** 63—64.

1220. **G. W. Moffitt,** The Cassegrain camera for the 82-inch telescope of the McDonald Observatory. Contr. McDonald Obs. Nr. **1** 65—73, mit 1 Fig.

1221. **J. S. Plaskett,** The 82-inch mirror of the McDonald Observatory. Contr. McDonald Obs. Nr. **1** 24—38, mit 4 Fig.

1222. **J. S. Plaskett,** The 82-inch telescope: Introduction. Contr. McDonald Obs. Nr. **1** 39—44, mit 2 Fig.

1223. **N. A. Popow,** Das Zenitteleskop von Zeiss. Publ. Breitenkonferenz Poltawa **1939** S. 28—31, 1941.

1224. **N. A. Popow, N. D. Skripka,** Über die Bestimmung der Aufstellungskonstanten des Zenitteleskops. Publ. Breitenkonferenz Poltawa **1939** S. 32—42, 1941.

1225. **D. W. Rosebrugh,** A tiny telescope. Pop Astr **51** 110, 1943.

1226. **W. P. Schtscheglow,** Untersuchung der Teilkreisfehler des Meridiankreises des Astronomischen Observatoriums Taschkent. Taschkent Bull. **2** Nr. 6 (16) S. 285—294, 1941.

* * **R. W. Wood,** Large diffraction gratings for Schmidt telescopes. Vgl. Ref. 149.

1227. An irish-american telescope. Sky and Telescope **6** Nr. 1 S. 11, 1946.

§ 13

Hilfsapparate (Mikrometer, Kreise, Photogr. Platte)

1301. **H. D. Babcock,** Bright diffraction gratings. J Opt Soc Amer **34** 1—5, 1944.

1302. **A. Danjon,** Oculaire nadiral à images brillantes sur fond obscur. BA (2) **12** 415—419, mit 1 Fig., 1946. — Das Okular besteht aus einem Mikroskop und ist derart angeordnet, daß die Strahlengange fur die Beleuchtung und fur die Beobachtung vollig voneinander getrennt sind. Da die Apertur des Beleuchtungsstrahlenganges die größere und in der Mitte ausgeblendet ist, erscheinen die Faden und ihre im Quecksilberhorizont reflektierten Bilder scharf definiert und hell auf dunklem Grunde. Die Nachteile des bisher zur Beleuchtung angewandten unbelegten Spiegels werden vermieden. Das 370 g wiegende Okular wurde am Repsoldschen Meridiankreis in Straßburg verwendet und hat sich dem fruher benutzten Okular überlegen gezeigt. Ko.

1303. **R. Jonckheere,** Micromètre à étoiles doubles de faible éclat. JO **26** 53—60, mit 1 Fig., 1943. — Die spezielle Eignung des beschriebenen Mikrometers für die Messung schwacher Doppelsterne wird durch folgende Anordnungen erreicht: 1. Es ist nur ein fester und ein beweglicher Faden vorhanden. — 2. Es ist nur Dunkelfeldbeleuchtung vorgesehen, bei welcher fur besonders gleichmaßige und leicht regulierbare Erleuchtung der Faden gesorgt wird. — 3. Die Beleuchtung erfolgt mit rotem Licht; dadurch entsteht eine die Sicherheit der Einstellungen erhöhende Kontrastwirkung. — 4. Besonderer Wert ist darauf gelegt, daß alle bei der Beobachtung notigen Handgriffe möglichst bequem und sicher im Dunkeln auszuführen sind. Ko.

1304. **M. du Martheray,** Appareil à projection du Soleil. Orion Genève Nr. **13** S. 255—258, mit 1 Zeichnung.

1305. **D. R. Barber,** Irregularities of transmission microphotometer records due to photographic granularity. Obs **64** 329—331, mit 1 Fig., 1942. — Zufallige Schwankungen in Mikrophotometerregistrierungen erreichen infolge der Plattenkörnigkeit bei einer bestimmten Dichte der Schwarzung ein Maximum. Micz.

1306. **A. Couder,** L'action du mercure sur les plaques photographiques. Ciel et Terre **60** 50—51, 1944.

1307. **W. G. Fessenkow,** Über die Eichung photographischer Platten. (Bemerkung zum Artikel von Scharonow und Sytinskaja). RAJ **18** 130—132, 1941.

1308. **M. G. Fracastoro,** Metodi e risultati conseguiti nello studio della grana di strati fotografici. Atti della Fondazione «Giorgio Ronchi» Anno 1 Nr. 1—2, 12 S. mit 2 Fig., 1946. — Untersuchungen uber den Gang des Koeffizienten K, über die mikrophotometrische Bestimmung der Korngroße und über eine subjektive Methode zur Messung des Plattenkorns. F. Z.

1309. **M. G. Fracastoro,** Sulla relazione fra l'esposizione e la densità fotografica ottenuta dopo lo sviluppo. Atti della Fondazione «Giorgio Ronchi» **1** Nr. 5—6, 11 S., 1946.

1310. **M. G. Fracastoro,** Sul meccanismo di formazione dell' immagine latente negli strati fotografici. Rend. Accad. Lincei, Cl. Sci. fis., mat. e nat. (8) **1** 633—643, mit 4 Fig., 1946.

1311. **H. Grouiller,** Sensitométrie spectrale et photométrie photographique astronomique. Application à la méthode photographique de Ch. Fabry. — Vgl. AJB **41** Ref. **1310**, **42** Ref. **1311** u. **43** Ref. **1305** = Publ. Obs. Lyon (1) **2** fasc. 12 S. 311—460.

1312. **A. Hnatek,** Über die Verwendung elektrischer Belichtungsmesser zu Schwarzungsmessungen an photographischen Platten. Photographische Korrespondenz **80** Nr. 7—8 S. 61—67, mit 3 Abb., 1944. — Es wird ausfuhrlich die Umeichung eines handelsublichen Belichtungsmessers auf eine Skala in Lux beschrieben, so daß mit dem Instrument photometrische Messungen ausgeführt werden können. Das Instrument wird fur Schwarzungsmessungen benutzt und seine Brauchbarkeit durch einen Vergleich der Wirksamkeit zweier Entwickler dargetan. Micz.

1313. **M. L. Humason,** Recent advances in astronomical photography. ASP Leaflet Nr. **154,** 6 S., 1941.

1314. **J. Klepešta,** Fotografie hvězdné oblohy. Prag, JČMF, 1946. — Ein tschechisches populares Buch über die astronomische Photographie. J. B.

1315. **V. Oberguggenberger,** Untersuchungen zum Problem der Übersensibilisierung photographischer Emulsionen mit Quecksilberdampf. Sitzungsber. Akad. Wiss. Wien, Math.-naturw. Klasse (2a) **155** 45—61, mit 2 Abb., 1946 = Mitt. Univ.-Sternwarte Innsbruck Nr. **16.** — Verf. weist nach, daß der Feuchtigkeitsgrad der Emulsion ausschlaggebend ist fur den Ablauf der Einwirkung des Quecksilberdampfes. Unter Anwendung der verbesserten Übersensibilisierungsmethode wird das Verfahren als das einfachste, verlaßlichste und das vorteilhafteste bezeichnet. Die Anwendbarkeit erstreckt sich nur auf wenige Emulsionen. Die Empfindlichkeitssteigerung liegt zwischen 250 und 400 % und erstreckt sich uber den ganzen spektralen Empfindlichkeitsbereich der Emulsion.

1316. **A. Roudier, E. Vassy,** La sensibilisation des émulsions photographiques par le mercure. BSAF **58** 43—44, mit 1 Fig., 1944.

§ 14

Kleinere astrometrische und geodätische Instrumente

1401. **J. Freymann,** Les petites lunettes et l'amateur débutant. Orion Genève Nr. **13** S. 250—252, 1946.

1402. **K. Novák,** Über die Bestimmung der persönlichen Gleichung und der Registrierfehler. RH **27** 84—87, 1946 (tschechisch). — Entwurf eines einfachen Instrumentes zur Messung der personlichen Gleichung. J. B.

§ 15

Astrophysikalische Instrumente

1501. **C. G. Abbot, W. H. Hoover, L. B. Clark,** A sensitive radiometer. Smithsonian Misc Coll **104** Nr. 14, 6 S. mit 2 Fig. = Publ. 3808.

1502. **W. Becker, P. ten Bruggencate,** Über ein neues Konstruktionsprinzip beim Spektrohelioskop und beim Spektroheliographen. Nachrichten Akad. Wiss. Gottingen, Math.-Phys. Klasse **1946** 49—51, mit 2 Fig. — Das neue Konstruktionsprinzip besteht in der Verwendung eines versilberten Polygonprismas im parallelen Strahlengang, das gleichzeitig beim Spektrohelioskop die Funktion der Bewegung des Spektrographen beider Anderson-Prismen und beim Spektroheliographen die Funktion der Bewegung des Spektrographen bzw. des Sonnenbildes und der Kasette ubernimmt.

1503. **G. van Biesbroeck,** The Coudé spectrograph. Contr. McDonald Obs. Nr. **1** 103—105, mit 1 Fig.

1504. **R. Brisse,** Instruments astronomiques, leurs caractéristiques. Institut Géographique National, Année 1942—43. Fascicule des photographies annexées au cours: «Catalogues d'étoiles, Ephémérides». 17 Abb.

1505. **A. C. Clarke,** Electronic aids to astronomy. JBAA **55** 143, 1945.

1506. **M. S. Eigenson,** Moderne Sonnenteleskope. Priroda **35** Nr. 12 S. 3—14, 1946 (russisch).

1507. **F. Gaviola,** Los espectrografos para el gran reflector. Rev Astr **14** 231, 1942.

1508. **A. Gómora,** Descripción y construcción de una montura ecuatorial para espejo parabólico de 200 mm. de diámetro y 1480 mm. de distancia focal. Rev Astr **14** 93—103, mit 2 Fig., 1942. — Beschreibung eines in der Werkstatt der Sternwarte Cordoba gebauten kleinen Spiegelteleskops für die Universitat Tucuman. Sconzo

* * **M. D. Lavrova-Berg,** Determination of stellar magnitudes with a Hartmann microphotometer. Vgl. Ref. **7417.**

1509. **M. Leontovski,** The nebular spectrograph of the Astronomical Institute. BIA Nr. **53** 493—508, mit 13 Fig., 1944 (russisch mit engl. Ref.).

1510. **F. Link,** Sur une méthode pour la détermination des positions dans le spectrohélioscope. Ann d'Astrophys **9** 132—134, mit 2 Fig., 1946. — Verf. beschreibt eine Vorrichtung, um in bequemer Weise den Ort spektrohelioskopisch beobachteter Einzelheiten der Sonnenoberfläche in einem Koordinatensystem festzulegen. Micz.

1511. **E. L. McCarthy,** The slitless spectrograph of the McDonald Observatory. Contr. McDonald Obs. Nr. **1** 97—102, mit 2 Fig.

1512. **R. McMath,** The Julius F. Stone spectroheliograph for the determination of solar atmospheric radial velocities. Publ. Obs. Univ. Michigan **8** Nr. 11 S. 141—147, mit 7 Tafeln, 1941. — Es wird ein Spektroheliograph spezieller Konstruktion beschrieben, mit welchem die Radialgeschwindigkeiten innerhalb einer Protuberanz im einzelnen zu verfolgen sind. — Das Instrument wurde in den 50-Fuß-Turm des Observatoriums unter teilweiser Benutzung der vorhandenen Einrichtungen eingebaut. Das zweilinsige Hauptobjektiv hat 10″ (254 mm) Öffnung und 25 Fuß (7,6 m) Brennweite. Der Spektrograph ist mit einem in Autokollimation benutzten Objektiv von 8 Fuß (2,35 m) Brennweite und einem Gitter von 6′ (152 mm) Große ausgerüstet. Normalerweise wird in Hα gearbeitet. — Die Aufnahmen erfolgen auf Kinofilm. Der Eintrittsspalt ist 0,1 mm breit, der Austrittsspalt hat eine Breite von 2 mm, was 13 Å oder ca. 240 km/sec entspricht. Bei der Aufnahme wird der Spalt ruckweise um je 2 mm verschoben, so daß auf jedem Filmbild ubereinander neunmal die Hα-Linie der Protuberanz in Emission und daneben die Hα-Linie des Hintergrunds in Absorption erscheint. Die neun Streifen entsprechen natürlich ebensovielen verschiedenen Höhen. Hierauf wird der Spalt wieder zurückgeführt, wobei ein normales (schwaches) Spektroheliogramm durch einen zweiten engeren Austrittsspalt auf dem Film erzeugt wird; hierdurch ist die Lage jeder Emissionslinie in der Protuberanz festgelegt. — Durch 20 derartige in ihrer Ausgangsstellung um 0,1 mm differierende Aufnahmen wird eine vollständige Überdeckung der Protuberanz in Schritten von 0,1 mm erzielt. Eine solche Serie kann in weniger als 3 Minuten erhalten werden. — Zum Schluß erwahnt der Verf., daß der Spektroheliograph, obwohl ursprünglich nicht dafür bestimmt, auch zu Untersuchungen auf der Sonnenscheibe verwandt werden kann. Kö.

1513. **A. V. Merkulov,** Stellar spectrograph with a plate of Lummer-Gehrke. RAJ **23** 149, 1946 (russisch mit englischer Zusammenfassung).

1514. **M. Migeotte,** Le nouveau spectrographe infrarouge de l'Institut d'Astrophysique de l'Université de Liége. Assoc. franç. p. Avanc. des Sci. 1939, S. 20 = Inst. d'Astrophys. Liége Mém. Nr. **266.**

1515. **M. Migeotte,** Le monochromateur interférentiel polarisant. Ciel et Terre **57** 458—465, mit 5 Fig., 1941 = Inst. d'Astrophys. Liége Mém. Nr. **269.** — Beschreibung der Wirkungsweise und Anwendungsmöglichkeiten von Interferenzfiltern. Micz.

1516. **G. W. Moffitt,** The Cassegrain spectrograph for the 82-inch telescope of the McDonald Observatory. Contr. McDonald Obs. Nr. 1 74—96, mit 9 Fig.

1517. **S. W. Orlow,** Leistung und Lichtstarke von Astrographen und Spektrographen. RAJ **22** 1—10, 1945 (russisch).

1518. **G. A. Tikhov,** Development of photographic photometry without objectives. Pop Astr **54** 85—88, 1946.

1519. **E. Vandekerkhove,** Un appareil permettant de mesurer des paramètres relatifs aux contours apparents de la lueur zodiacale. Ciel et Terre **60** 115—121, mit 2 Fig., 1944.

1520. Spectrograph optics. Obs **65** 179, 1944. — Besprechung der Arbeiten von H. D. Babcock und R. Minkowski in J Opt Soc Amer **34** 1, 89.

1521. The icaroscope. Sky and Telescope **6** Nr. 1 S. 11, 1946.

§ 16

Uhren, Zeitdienst

* * **R. M. Aller,** Nuevo reloj para el Observatorio de Santiago. Vgl. Ref. 425.

1601. **R. Baillaud,** Formules de classement des montres chronomètres. Ann. Françaises de Chronométrie **14** 47—69, mit 1 Fig., 1944. — Prüfungsbestimmungen für Chronometer; Güteeinteilung.

1602. **E. R. Belville,** A purveyor of true time. JBAA **54** 19, 1944.

1603. **L. de Clerck,** Hoe wordt de tijd gemeten? Heelal 1 35—38, 1945.

1604. **L. Defossez,** Les Savants du 17e Siècle et la Mesure du Temps. Lausanne, Ed. du Journal Suisse d'Horlogerie et de Bijouterie, 1946. 341 S. mit 44 Tafeln und 118 Fig. Preis 540 frs. belges. — Besprechung in Ciel et Terre **63** 60—61 (H. Michel).

1605. **P. Ditisheim,** Influence exercée par des émanations sur la marche d'une horloge astronomique. J. suisse d'Horlogerie **1939** S: 59—62. — Ref. in Ann. Françaises de Chronométrie **14** 106.

1606. **J. Dubois,** Synchronisation, dans un Observatoire, de pendulettes électriques par une pendule directrice. Ann. Françaises de Chronométrie **13** 147—159, mit 5 Fig., 1943.

1607. **V. Duer,** Et nyt astronomisk Præcisionsur med fritsvingende Maalependul. NAT **1945** 119—128, mit 7 Fig.

1608. **E. Esclangon,** Le rôle et l'activité du Bureau International de l'Heure à l'Observatoire de Paris. BSAF **59** 22—25, 1945.

1609. **J. Granier,** La mesure du temps. Presse universitaire, 1943. — Besprechung in Ann. Françaises de Chronométrie **14** 93 (R. Baillaud).

1610. **J. Granier,** La définition de l'heure. Ann. Françaises de Chronométrie **14** 79—85, mit 1 Fig., 1944. — Geschichtliche Entwicklung der Definition der Stunde; Zusammenhang mit der Uhrentechnik.

1611. **E. Guyot,** Une nouvelle méthode de détermination de l'heure avec la lunette zénithale photographique. Ann. Françaises de Chronométrie **16** 312—313, 1946. — Ref. Soc. Suisse de Chronométrie, 21. assemblée générale au Burgenstock 1946.

1612. **B. Humbert,** Le chronographe. J. Suisse d'Horlogerie et de Bijouterie **1946** S. 234—242.

1613. **E. F. Jeffries,** Timing devices used at Herne Bay. Pop Astr **54** 231—233, 1946.

1614. **H. S. Jones,** The six pips. Twenty-one years of Greenwich time signals. Pop Astr **53** 365—369, 1945.

1615. **M. Martin Lorón,** El día solar medio como unidad patrón en la medida del tiempo, y su alteración debida a las variaciones en la rotación diurna de la Tierra. Anales Asociación Española Progreso Ciencias **10** Nr. 4 S. 818—832.

1616. **R. N. Mayall,** The inventor of Standard Time. Pop Astr **50** 204—209, 1942.

1617. **A. A. Michajlow,** Über die Ausgleichung von Uhrkorrektionen. Taschkent Bull. **2** Nr. 6 (16) S. 271—284, 1941.

1618. **G. de Mottoni,** Su un tipo di orologio solare. Coelum **14** 2—4, 1946. — Vorschlag zur Behebung zweier Übelstande bei Sonnenuhren. F. Z.

1619. **G. de Mottoni,** Un orologio solare a lettura diretta del tempo medio. Coelum **14** 69—72, 1946. — Über die Konstruktion einer Sonnenuhr, die zu jeder Tageszeit die mittlere Zeit angibt. F. Z.

1620. **K. Novák,** Sartoriusscher Rollenantrieb nach Č. Chramosta und K. Novák. RH **26** 58—60, 1945 (tschechisch).

1621. **K. Novák,** Die Aufhangefeder der Prazisionspendeluhr und ihre Herstellung. RH **27** 40—43, 1946 (tschechisch).

1622. **K. Novák,** Neue Konstruktion eines magnetischen Pendeluhrkontaktes. RH **27** 228—229, 1946 (tschechisch).

1623. **N. N. Parijskij,** Veranderung der Tageslánge und Deformation der Erde. RAJ **22** 106—121, 1945 (russisch).

1624. **N. N. Pawlow,** Der Einfluß der Verzogerung im Radioempfanger auf die Registrierung von Zeitsignalen. RAJ **22** 293—302, 1945 (russisch).

1625. **E. Pettit,** Watches and chronometers. Griffith Observer **7** 90—95, 1943.

1626. **C. Piton,** Appareils destinés à la «mise à l'heure» automatique des horloges au moyen du signal horaire radioélectrique de l'Observatoire de Neuchatel. Ann. Françaises de Chronométrie **14** 102, 1944. — Ref. Soc. Suisse de Chronométrie, assemblée générale 1940.

1627. **N. C. Prejpitsch,** Über die Zeithaltung mit Hilfe von Chronometern. RAJ **21** 111—117, 1944 (russisch).

1628. **W. P. Schtscheglow,** Die Bestimmung der genauen Zeit. Priroda **32** Nr. 4 S. 3—11, 1943 (russisch).

1629. **I. D. Shongolowitsch,** Zeitsignale. Leningrad, Verlag der Hydrographischen Verwaltung, 1940. 60 S.

1630. **N. Stoyko,** Influence des tremblements de terre sur les pendules. Ann. Françaises de Chronométrie **13** 181—241, mit 4 Fig., 1943.

1631. **N. Stoyko,** L'heure définitive des signaux horaires en 1942. Bull hor (Série D) Janvier—Juin 1942, 40 S.
Desgl. fur 1943. Bull hor (Série D) Janvier—Juin 1943, 40 S.

1632. **N. Stoyko,** Précision des services horaires de 16 Observatoires en 1942 compte tenu du déplacement du pôle. Bull hor (Série D) Juillet—Décembre 1942, 82 S. mit 1 Fig.
Desgl. fur 1943. Bull hor (Série D) Juillet—Décembre 1943, 86 S. mit 1 Fig.

1633. **N. Stoyko,** L'horloge parlante de l'Observatoire de Paris et sa précision. BSAF **58** 94—98, 1944.

1634. **N. Stoyko,** Détermination des retards dans les enregistrements des signaux horaires. Bull hor Avril—Juin 1944 S. 1—2.

1635. **N. Stoyko,** Sur les retards dans les enregistrements des signaux horaires. Bull hor Août—Octobre 1944 S. 1—2.

1636. **N. Stoyko,** Sur l'irrégularité des contacts des pendules astronomiques. Ann. Françaises de Chronométrie **16** 217—227, mit 6 Fig., 1946.

1637. **N. Stoyko,** Emissions des signaux horaires commandées par l'Observatoire de Paris (Bureau International de l'Heure) à partir du 1er novembre 1946. BSAF **60** 238, 1946.

1638. **N. Stoyko,** L'heure définitive et son calcul. Bull hor (Série D) Janvier—Juin 1946, 32 S.

1639. **M. S. Swerew,** Über die Berechnung der zusammengestellten Momente der Zeitsignale. RAJ **20** Nr. 5—6 S. 40—53, 1943 (russisch).

1640. **G. Tiercy,** Le tremblement de terre du 25 janvier 1946 et le comportement de quelques horloges à pendule. La Fédération horlogère suisse, mai 1946, S. 13—22. — Ref. in Ann. Françaises de Chronométrie **16** 131.

1641. **P. O. Tschetschik,** Über einige Besonderheiten des Schemas von Cook-Prejpitsch. RAJ **21** 176—179, 1944 (russisch).

1642. Terminologie des Zeitdienstes, Teil I. Der genaue Zeitdienst. Bull. des Kommittees fur technische Terminologie Heft **41** S. 1—22, 1940. Vgl. dazu RAJ **21** 180—186, 1944 (russisch).

1643. The story of timekeeping through the ages. Pop Astr **50** 427—428, mit 1 Abb., 1942.

1644. Signaux horaires européens. BSAF **59** 46, 1945. — Stationenverzeichnis.

1645. Coming-of-age of the "six pips". Obs **66** 37, 1945. — Behandelt die Entwicklung des Zeitsignals der Sternwarte Greenwich.

1646. Émissions de signaux horaires commandées par l'Observatoire de Paris (Bureau International de l'Heure) à partir du 15 juillet 1946. BSAF **60** 189, 1946.

1647. Hoe werd vroeger de tijd bewaard? Heelal **2** 50—51, 1946.

1648. A sidereal time watch. Pop Astr **54** 207—208, mit 2 Abb., 1946.

1649. **Zeitsignale**

Regelmaßige Mitteilungen:

BAB, Bull hor, TAB, Taschkent Circ., Veroff. Geod. Inst. Potsdam (Zeitsignale 1943/44).

Sendezeiten:

Ann. Françaises de Chronométrie **16** 206, 1946. — Paris (Bureau International de l'Heure) — Pontoise ab 15. Juli 1946.

Ann. Françaises de Chronométrie **16** 311, 1946. — Paris (Bureau International de l'Heure) — Pontoise ab 1. Jan. 1947.

Bull hor Août—Octobre 1944 S. 2.

Bull hor (2) Mai—Août 1946 S. 1.

§ 17

Systematische Fehler

1701. **G. Becq, L. de Clerck,** Sur la discordance R—D. BAB **3** 300—301, 1945. — Beobachtungen von Zenitdistanzen am Repsoldschen Meridiankreis, Uccle, lassen bei den Beobachtungen im reflektierten Licht eine ausgesprochene Biegung mit Gliedern sin 2 z und sin 4 z erkennen, wahrend die direkten Beobachtungen kein Biegungsglied ergeben. Kollimatorbeobachtungen geben für z = 90° keine Biegung. Es ware also falsch, aus dem letzteren Ergebnis auf das Fehlen einer Biegung uberhaupt zu schließen. Fur absolute Messungen sind Reflexbeobachtungen unerlaßlich. Bo.

1702. **W. R. Berg,** Die Verbesserung $\Delta\delta\alpha$ der Fundamentalsysteme GC und FK3 auf Grund von Breitenreihen in Pulkowo, Greenwich und des Internationalen Breitendienstes. Pulk Circ Nr. **31** S. 29—54, 1941. Siehe auch Publ. Breitenkonferenz Poltawa 1939 S. 13—17, 1941 (russisch).

1703. **R. Coutrez,** Sur l'amélioration des courbes de fréquence observées et sur l'inversion de certaines transformations fonctionnelles. BAB **3** 329—332, 1945. — Es wird die Aufgabe durchgefuhrt, aus einer durch die Beobachtungsfehler verfalschten Haufigkeitsverteilung einer veränderlichen Große statistischen Charakters die wahre Häufigkeitskurve herzuleiten, und zwar ohne die einschränkende Voraussetzung einer Fehlerverteilung nach dem Gaußschen Fehlergesetz. E. R.

1704. **I. A. Djukow,** Über die systematischen Fehler von Sterndeklinationen. Abh. Lenin-Staatsuniv. Kasan **100** Nr. 4 S. 132—137, 1940 (russisch).

1705. **R. L. Duncombe,** Personal equation in Astronomy. Pop Astr **53** 2—13, 63—76, 110*, 1945. — Ausfuhrlicher Überblick und historische Darstellung der Methoden zur Erforschung und Elimination der verschiedensten Arten personlicher Fehler. Bo.

1706. **S. Gaposchkin,** The color equation of a visual observer. Pop Astr **51** 128, mit 2 Fig., 1943 = Harv Repr **251**.

* * **K. Novák,** Über die Bestimmung der persönlichen Gleichung und der Registrierfehler. Vgl. Ref. **1402**.

1707. **M. Zverev,** The „wind-effect" on astronomical observations. RAJ **23** 165, 1946 (russisch mit engl. Zusammenfassung).

§ 18

Spezielle Beobachtungs- und Reduktionsmethoden

1801. **R. M. Aller,** Ensayos de observaciones de pasos por dos verticales. Publ. Obs. Santiago Nr. **4**, 1946.

* * **G. H. Archenhold,** A method of finding with increased accuracy the position of shadows cast by the Sun. Vgl. Ref. **4101**.

* * **A. Bečvář,** Für die Beobachter der Sonne. Vgl. Ref. **4103**.

1802. **W. Benitez,** Reducción de las observaciones con astrolabio de prisma. Anales Asociación Portuguesa Progreso Ciencias. Congreso de Oporto 1942, Vol. **3** S. 5—21.

1803. **E. S. Brodskaja,** Die absolute Oberflächenphotometrie der Nebel. RAJ **20** Nr. 5—6 S. 58—63, 1943 (russisch).

1804. **A. W. J. Cousins, R. H. Stoy,** On the use of rotating sectors in astronomical photometry. MN **106** 286—291, 1946. — Die photometrisch bestimmten Konstanten eines rotierenden Sektors, der 100 und mehr Unterbrechungen pro Sekunde macht, sind bei Verwendung von Ilford-Special-Rapid-Platten nicht merklich von den geometrisch errechneten verschieden gefunden worden. Micz.

* * **A. G. C. Crust,** The New Zealand method of observing star colours. Vgl. Ref. **7407.**

1805. **C. Fehrenbach, A. Daudin,** Une méthode pour la recherche d'étoiles rouges. Ann d'Astrophys **8** 29—34, mit 2 Fig. und 2 Tafeln, 1945 = Publ. Obs. Haute-Provence (A) Nr. **6.** — Das Positiv einer panempfindlichen Platte wird mit dem Negativ einer gewohnlichen (blauempfindlichen) Astroplatte zur Deckung gebracht. Infolge ihres kleinen Durchmessers auf der Astroplatte geben rote Sterne in der Durchsicht ein ringformiges Bild, das einen Schluß auf den Farbenindex gestattet. Das Verfahren wird auf den offenen Sternhaufen im Cepheus angewandt. Loh.

1806. **M. G. Fracastoro,** Sopra un metodo di fotometria fotografica stellare e le sue applicazioni. Mem SA It (NS) **18** 41—47, mit 3 Fig., 1946 = Oss. e Mem. Osservatorio Astrofisico di Arcetri Nr. **63** 109—117. — Nach einer kurzen theoretischen Einleitung wird eine neue innerfokale Methode fur die photographische Photometrie speziell fur Newtonsche Reflektoren vorgeschlagen und auf VW Cep angewandt. F. Z.

* * **Z. Horák,** Einfache graphische Methode zur Radiantenbestimmung. Vgl. Ref. **6727.**

1807. **P. G. Kulikowskij,** Ergebnisse experimenteller, am Moskauer Sternberg-Institut durchgefuhrter Arbeiten uber die Photographie außergalaktischer Nebel und die Ausmessung der erhaltenen Platten. Abh. Lenin-Staatsuniv. Kasan **100** Nr. 4 S. 81—85, 1940 (russisch).

1808. **L. L. Matkewitsch,** Über die Methode der absoluten Bestimmung von Rektaszensionen schwacher Sterne. RAJ **22** 158—164, 1945 (russisch).

* * **C. P. Olivier,** Methods for computing the heights and pathes of fireballs and meteors. Vgl. Ref. **6753.**

* * **J. J. de Orus Navarro,** Construcción gráfica de cartas meteóricas. Vgl. Ref. **6754.**

1809. **N. Pawlow,** Die Anwendung von lichtelektrischen Zellen zur Bestimmung von Sternortern und Uhrkorrektionen. RAJ **18** 80—82, 1941 (russisch).

* * **G. Reaves,** Simple method of reading coördinate numbers directly from a map. Vgl. Ref. **6756.**

1810. **G. A. Schajn,** Über das Programm und die Methodik spektroskopischer Koronabeobachtungen. RAJ **18** 105—112, 1941 (russisch).

1811. **W. G. Schaposchnikow,** Über eine mógliche Art der absoluten Bestimmung von Deklinationen. RAJ **18** 51—55, 1941 (russisch).

* * **J. Šourek,** Bestimmung der geographischen Koordinaten mittels eines Photoapparates. Vgl. Ref. **2210.**

1812. **N. N. Sytinskaja,** Methoden zur Eichung von Aufnahmen der Sonnenkorona. RAJ **18** 125—129, 1941 (russisch).

1813. **G. A. Tichow,** Der Sonnenanschluß (Standardisation) photometrischer Koronaaufnahmen. RAJ **18** 113—120, 1941 (russisch).

1814. **M. A. Waschakidse, E. K. Charadse,** Über eine Bestimmungsart der Farbenindizes schwacher Sterne. Mitt. grusin. Filiale Akad. Wiss. UdSSR 1 673—676, 1940.

1815. **G. K. Zimmermann,** Eine vereinfachte Art zur Bearbeitung relativer Deklinationsbeobachtungen. Abh. Lenin-Staatsuniv. Kasan **100** Nr. 4 S. 141—145, 1940 (russisch).

1816. Kurze Anweisung fur die Beobachtungen des Fundamentalkatalogs schwacher Sterne im System des FK3. RAJ **18** 180—182, 1941 (russisch).

Dritter Teil

Sphärische Astronomie

§ 21

Lehrbücher, Allgemeines, Tafeln

2101. **R. M. Aller,** Latitud y declinación en función de intervalos. Rev. Geofísica **16** 627—634, 1945.

2102. **C. W. C. Barlow, G. H. Bryan,** Elementary Mathematical Astronomy. 5. Auflage, revidiert von H. S. Jones. London, University Tutorial Press, Ltd., 1944. 8+387 S. Preis 12 s. 6 d. net. — Besprechung in Obs **65** 274.

2103. **G. de la Barreda Menéndez,** Ideas fundamentales para la orientacion del Anteojo. Urania Barcelona **30** Nr. 211 S. 96—99, mit 1 Fig., 1945.

2104. **G. de la Barreda,** Efectos de la rotacion terrestre orto y ocaso de los astros. Urania Barcelona **30** Nr. 212 S. 134—137, mit 2 Fig., 1945.

2105. **B. F. Bawtree,** Astronomical tables for 0 to 2100 A. D. Mem BAA **34** part 4 S. 1—20, 1942. — Tafeln zur Berechnung der Zeiten fur Neu- und Vollmond, von Mond- und Sonnenfinsternissen und verschiedener dazu benötigter Hilfsgroßen. Je ein Zahlenbeispiel fur Neumond, Vollmond und für eine Mondfinsternis.

2106. **N. I. Idelson,** Reduktionsgrößen in der Astronomie. Astr. Jahrbuch UdSSR 1941 S. 379—432 (russisch).

2107. **N. Idelson,** Die Fundamentalkonstanten der Astronomie und Geodasie. Astr. Jahrbuch UdSSR 1942 S. 409—476 (russisch).

2108. **P. van de Kamp,** Astrometry and astromechanics. Pop Astr **52** 53—70, mit 1 Fig., 1944 = Sproul Obs. Repr. Nr. **41**.

2109. **F. C. Leonard,** The amplement and coamplement of an angle. Pop Astr **53** 121, 1945.

2110. **W. M. Smart,** Foundations of Astronomy. Vgl. AJB **44** Ref. 2109. — Weitere Besprechung in Obs **64** 303—304.

2111. **M. Waldmeier,** Leitfaden der Astronomischen Orts- und Zeitbestimmung. Vgl. AJB **45** Ref. 2110. — Besprechung in VJS der Naturf. Ges. Zurich **92** 78 (W. Brunner).

2112. Azimutdiagramme für alle Breiten, Deklinationen und Stundenwinkel. Deutsche Seewarte. Hamburg, 1943.

§ 22

Astronomische Koordinatenbestimmung

2201. **S. N. Blashko,** Zingers and Pevtsovs methods from a geometrical point of view. RAJ **23** 161, **1946** (russisch mit engl. Zusammenfassung).

2202. **H. Coldewey,** Ort aus zwei Höhen nach einer direkten Methode. Seewart **1944** S. 117—124.

2203. **F. Kępiński,** Sur la méthode de la détermination simultanée de l'azimut, de la latitude géographique et de l'heure à base des mesures de la différence des azimuts de deux étoiles et de la hauteur d'une d'elles. Institut d'Astronomie Pratique de l'Ecole Polytechnique de Varsovie Publ. Nr. **23** S. 11—17, mit 1 Fig., 1946. — Als Sternpaar wird zweckmaßigerweise ein Polstern und ein zenitnaher Stern in Nahe der Kulmination gewahlt. Auf den Zenitstern wird nur eine Einstellung mit Ablesung des Azimutkreises und der Uhrzeit gemacht, auf den Polstern vorher und nachher je eine Einstellung mit Ablesung beider Kreise und der Uhrzeit. Diese Ablesungen werden auf die Uhrzeit des Zenitsterns interpoliert und aus Azimutdifferenz und Zenitdistanz des Polsterns wird Azimut und Polhöhe berechnet. Bo.

2204. **F. Kępiński,** Méthode de la détermination simultanée de l'azimut et de la latitude géographique, basée sur la mesure des différences des azimuts de trois étoiles observées à la même hauteur. Institut d'Astronomie Pratique de l'Ecole Polytechnique de Varsovie Publ. Nr. **23** S. 17—23, 1946. — Bei Beobachtung nach dieser Methode ist es vorteilhaft, jeden der drei Sterne mit einem beweglichen Horizontalfaden im Moment des Durchgangs durch den Vertikalfaden zu pointieren. Die dadurch entstandenen Abweichungen von der Voraussetzung gleicher Höhe werden differentiell berucksichtigt. Die drei Sterne sollen in Azimut gleichmäßig verteilt sein. Bo.

2205. **W. Krüger,** Graphische Bestimmung von Hohe und Azimut. Seewart **1943** S. 97—106.

2206. **K. A. Kulikow,** Die Bestimmung von Breite und Zeit mit dem Reflexionszenitteleskop. RAJ **18** 350—365, 1941 (russisch).

2207. **T. Niethammer,** Die Bestimmung der in der Laplaceschen Gleichung auftretenden Großen astronomischer Natur. Soc. Helvétique des Sc. Naturelles. Annexe au Procès-Verbal de la 87me Séance de la Commission Géodésique Suisse. Basel, 1942. 19 S. mit 1 Fig. — Die in der Laplaceschen Gleichung der Geodasie auftretenden astronomischen Großen kommen nur in der Verbindung (a—u · cos φ) vor (a = Azimut, u = Uhrstand). Verf. untersucht, welches Beobachtungsverfahren anzuwenden und wie die Auswahl der Sterne zu treffen ist, um diesen Ausdruck moglichst genau zu bestimmen. Die Genauigkeit bei getrennter Bestimmung von a und u durch Beobachtungen außerhalb des Meridians (a im Vertikal des irdischen Objekts) dürfte die gleiche sein wie bei Beobachtung des Meridiandurchgangs geeigneter Sterne (direktes bzw. indirektes Verfahren). Bo.

2208. **T. Niethammer, J. O. Fleckenstein,** Steigerung der Genauigkeit bei astronomischen Durchgangsbeobachtungen. Experientia **1** Nr. 8, 7 S. mit 2 Fig., 1945. — Um bei Zeitbestimmungen mit dem Passage-Instrument die Achsenneigung zu eliminieren, wird empfohlen, direkte und reflektierte Beobachtungen zu kombinieren. Das am Passage-Instrument der Sternwarte Basel benutzte Uhrwerk zum unpersönlichen Mikrometer wird beschrieben und die erzielte Genauigkeit diskutiert. Bo.

2209. **S. Piotrowski,** A graphic method of finding star pairs for the determination of latitude by the method of equal altitudes. AA(a) **4** 25—34, mit 3 Fig., 1939. — Die Methode erlaubt, geeignete Sternpaare fur Breitenbestimmung durch Beobachtung der gleichen Höhe von Sternen im Süden und Norden in Meridiannahe zu finden. Benötigt wird eine Sternkarte mit äquidistanten Parallelkreisen. Tabellen erleichtern das Verfahren. Bo.

2210. **J. Šourek,** Bestimmung der geographischen Koordinaten mittels eines Photoapparates. RH **25** 15—17, 1944 (tschechisch). — Entwurf einer Methode zur gleichzeitigen Bestimmung der geographischen Breite und Länge für Liebhaberastronomen. Die Genauigkeit der Methode entspricht ungefähr der Genauigkeit von Sextantenmessungen. J. B.

2211. **O. Steppes,** Sterndistanzen. Ann. d. Hydrographie **72** 155—156, 1944.

* * **M. S. Zverev,** The calculation of refraction anomalies on the basis of aerological observations. Vgl. Ref. **5337.**

§ 23

Finsternisse, Bedeckungen, Physische Beobachtungen

* * **B. F. Bawtree,** Astronomical tables for 0 to 2100 A. D. Vgl. Ref. **2105.**

2301. **F. J. Duarte,** Analytic theory of the eclipses of the sun and of the occultation of stars by the moon (exposition of Bessel's method). Estados Unidos de Venezuela, Bol. Acad. Ci. Fis. Mat. Nat. **8** 907—936, 1944.

2302. **V. G. Fessenkoff,** On the earth's shadow. RAJ **23** 171, 1946 (russisch mit engl. Zusammenfassung).

2303. **H. O. Grönstrand,** On some differential formulae in the calculation of solar eclipses. Acta Acad. Aboensis Math. et Phys. **14.7** = Medd. Åbo Nr. 2.

2304. **A. A. Michajlow,** Theorie der Finsternisse. Moskau-Leningrad, Technischer Staatsverlag, 1945. 199 S. (russisch).

2305. **J. Torroja Menéndez,** Contribución al studio general del problema de la repetición de los eclipses. Mem. Obs. Ebro **8,** 98 S. mit 1 Fig. und 15 Tafeln, 1941 (spanisch mit deutscher Zusammenfassung).

2306. **A. Velghe,** Bepaling van de contacttijdstippen bij een gedeeltelijke zonsverduistering. Heelal **1** 66—72, mit 3 Fig., 1945.

§ 24

Reduktion der Beobachtungen

2401. **S. Arend,** Rattachements astrographiques différentiels ou multiples aux mêmes étoiles. BAB **3** 296—299, 1945. — Es kommt häufig vor, daß auf einer Platte mehrere eng benachbarte Objekte an die gleichen Anhaltsterne angeschlossen werden sollen, etwa bei Doppelsternen oder aufeinanderfolgenden Aufnahmen eines bewegten Objekts auf der gleichen Platte. Nach der Methode der „Dependences“ werden Formeln zur differentiellen Berechnung der Koordinaten solcher Objekte abgeleitet. Sie lassen sich auch anwenden auf den Fall, daß die Koordinaten eines Anhaltsternes nachträglich geändert werden müssen. Bo.

2402. **S. N. Blashko,** Über die Reduktion der Koordinaten polnaher Sterne vom mittleren auf den scheinbaren Ort. RAJ **20** Nr. 4 S. 29—36, 1943 (russisch).

2403. **M. S. Swerew,** Über Verbesserungsglieder zur Mayerschen Reduktionsformel. RAJ **22** 102—105, 1945 (russisch).

§ 25

Konstanten und ihre praktische Bestimmung

2501. **S. N. Blashko,** Über die astronomische Refraktion. RAJ **21** 307—318, 1944 (russisch).

2502. **N. B. Conkwright,** Approximate determination of astronomical refraction. Pop Astr **51** 358, 1943.

2503. **M. Davidson,** Precession. JBAA **55** 135, 1945.

2504. **S. Herrick,** The air almanac refraction tables. U. S. Naval Inst. Proc. **70** 1141—1142, mit 2 Fig., 1944 = Astr. Pap. Univ. Calif. Nr. **5.** — Es werden 2 graphische Tafeln veröffentlicht, die die Abhangigkeit der Refraktionswerte von der beobachteten Gestirnshöhe und der vom Flugzeug im Augenblick der Messung erreichten Hohe (bis 40 000 Fuß) darstellen. Str.

2505. **D. Maravall,** La aberración y la velocidad de la luz. Matemáticos Elementales **6** 55—57, 1946.

2506. **V. Nobile,** Il termine solare dell'aberrazione e la struttura del sistema planetario. Atti Accad. Ital. Rend. Cl. Sci. Fis. Mat. Nat. (7) **2** 967—975, 1941. — Vgl. AJB **43** Ref. 2501. — Ref. in Math Rev **8** 494.

§ 26

Chronologie, Kalenderwesen

2601. **K. Hujer,** Christmas and the stars. Pop Astr **53** 486—489, 1945. — Das in Rom am 25. Dezember gefeierte Fest der Wintersonnenwende wurde späterhin von der christlichen Kirche als Geburtstag Christi gefeiert. Das Weihnachtsfest zeigt innere Beziehungen zu dem nordischen Julfest und hat demgemaß in seinem Brauchtum mit diesem gemeinsame Züge. U. Baehr

2602. **K. Hujer,** The astronomical significance of Easter. Pop Astr **54** 131—135, 1946. — Das christliche Osterfest hat in den heidnischen Mysterienkulten geistige Vorlaufer. Andererseits ist es als Auferstehungsfest mit der zu neuem Leben erwachenden Natur im Fruhling in Analogie zu setzen. Dementsprechend wird Ostern als Fruhlingsfest gefeiert und weist in seinen Brauchen eine den Naturvorgangen entlehnte Symbolik auf. Der Starke des Eindrucks nach, den die Sonne bei ihrer Umkehr zur Zeit der Wintersonnenwende einerseits und den das Erwachen der Natur im Fruhling andererseits auf den primitiven Menschen machen mußte, ist dem Frühlingsfest wahrscheinlich ein höheres Alter zuzuschreiben als dem Sonnenwendfest. U. Baehr

2603. **B. Laurel,** La regla de Gauss para determinar la fecha del dia de Pascua. Rev Astr **15** 145—152, 1943; **18** 227—229, 1946. — Einfache Erlauterung und Anwendung der Gaußschen Regel.

2604. **H. Lietzmann,** Zeitrechnung der römischen Kaiserzeit, des Mittelalters und der Neuzeit fur die Jahre 1—2000 nach Christus. Berlin, Walter de Gruyter, 1946. Sammlung Göschen Bd. 1085. Neudruck. 127 S. Preis 2.40 DM.

2605. **M. W. Makemson,** The Maya correlation problem. Publ. Vassar College Obs. Nr. **5,** 79+5 S. mit Abb., 1946. — Vgl. AJB **45** Ref. **2607.** — Besprechung in Obs **67** 112—113 (H. Chatley). — Nach einer Einfuhrung in die Maya-Zeitrechnung wird das Korrelationsproblem behandelt. Der Betrachtung desselben liegen vier Daten des Dresdener Codex zugrunde, von denen zwei als Sonnenfinsternisdaten und das dritte als dazwischen liegende Mondfinsternis gedeutet werden. Das vierte Datum wird in Verbindung mit einer Periodentafel für heliakische Venusaufgange als ein der Tafel entsprechendes Ausgangsdatum angesehen. Mit Hilfe der Finsternistafeln von Oppolzer und Schram werden alle moglichen Finsternistripel für die Zeit von 495 bis 1037 nach Christi aufgesucht, die einen der Mayadatierung entsprechenden Zeitabstand von einer Venuskonjunktion aufweisen. Zu den 52 so aufgefundenen Beziehungen treten durch Erweiterung des zulässigen Fehlerspielraums fur das Venusdatum 12 weitere. Die brauchbaren Korrelationen müssen außerdem drei Bedingungen erfüllen, die sich aus Überlieferungen fur das 16. Jahrhundert ergeben. Es verbleiben somit nur zwei brauchbare Beziehungen, von denen eine bereits als Goodman-Thompson-Korrelation bekannt ist und der Festsetzung 11.16.0.0.0 13 Ahau 8 Xul = 1539 November 4 entspricht, während die zweite mit der Gleichsetzung 12.9.0.0.0 13 Ahau 8 Kankin = 1535 August 10 hier erstmalig von der Verfasserin genannt wird. U. Baehr

2606. **J.-M. Oudin,** Étude sur la date de Pâques. BA (2) **12** 391—410, 1946. — Den Ausgangspunkt der Arbeit bildet eine Untersuchung der Gaußschen Osterformel. Diese hat nur bis zum Jahre 4199 allgemeine Gültigkeit. Für spatere Jahre können die Ergebnisse fehlerhaft sein, da Gauß in dem Ausdruck für M die Verzogerung der Mondgleichung nicht berücksichtigt hat. In der exakten Formel tritt an Stelle von $\frac{c}{3}$ das Glied $\frac{c-k}{3}$, wobei $k = \frac{c-17}{25}$ ist. Im darauf folgenden Abschnitt werden eine Reihe von Fehlern und irrtümlichen Äußerungen Delambres, gelegentlich der Bearbeitung desselben Gebietes, angeführt. Zur Rechtfertigung Delambres müsse auf die Berichtigung dieser seiner Versehen in der Connaissance des Temps von 1817 hingewiesen werden. Es folgt die Ermittelung der Zyklenlange für die Epakten und die gregorianischen Ostern. Sodann wird ein leicht zu handhabendes Verfahren zur Berechnung des Osterdatums abgeleitet. Hierbei werden die Daten J und R, der Wochentag des Ostervollmondes und die Datumdifferenz von Ostervollmond und 21. März, gewonnen. Am Schluß der Arbeit werden die in der Kalenderrechnung gebräuchlichen Jahresgroßen wie z. B. Sonntagsbuchstabe und Epakte als Funktionen von R und J dargestellt. U. Baehr

2607. **G. Palama,** Il calendario nel 1946. Coelum **14** 23—26, 1946. — Formeln zur Berechnung des Sonntagsbuchstabens und der Epakte. F. Z.

2608. **A. Pogo,** Uncommon Easter dates. Pop Astr **51** 254—256, 1943. — Mit Hilfe der Bestimmungsgrößen Epakten und Sonntagsbuchstaben für das Datum des Ostervollmonds werden die Bedingungen für das Eintreten extremer Osterdaten ermittelt. Eine Tafel, die 800 Jahre uberdeckt, zeigt die relative Haufigkeit sehr fruher und sehr spater Ostertermine. U. Baehr

2609. **J. L. Roberts,** Dates and the world calendar. Pop Astr **50** 429—431, 1942. — Zur Verwandlung eines Datums im gregorianischen Kalender in das entsprechende Datum des Weltkalenders und umgekehrt wird eine Umwandlungstafel entworfen. Außerdem werden für das Schema des Weltkalenders zwei kleine Abanderungen empfohlen. U. Baehr

2610. **H. P. Trefethen,** The calendar and the tropical year. Pop Astr **53** 293—294, 1945. — Der im Schaltsystem des gregorianischen Kalenders verbleibende Fehler bewirkt, daß das Wintersolstiz innerhalb eines Äquinoctial-Umlaufs von 26000 Jahren vom 25. Dezember bis zum 29. November zuruckgeht. U. Baehr

2611. **J. Vernet,** El Calendario Judaico. Urania Barcelona **31** Nr. 215 S. 204—209, 1946.

2612. **G. W. Walker,** Rave dates for Easter. Pop Astr **52** 139, 1944.

2613. **G. W. Walker,** Easter reckoning made easy. Pop Astr **52** 173, 1944.

2614. **G. W. Walker,** Easter intervals. Pop Astr **53** 162—179, 218—232, mit 2 Fig., 1945. — Zur Feststellung des Vorkommens und der Häufigkeit von Osterintervallen wird zunachst untersucht, in welchen Jahresintervallen Sonntag nach Frühlingsanfang auf ein- und dasselbe Datum fallt in Abhängigkeit vom Ausgangsjahr. Alsdann wird der Zyklus der Goldenen Zahlen mit den so gefundenen Intervallen verbunden, wodurch Aussagen uber die Haufigkeit eines bestimmten Ostertermins in seiner Zuordnung zum Epakten-Zyklus gemacht werden konnen. Diese im ersten Teil des Aufsatzes gefundenen Ergebnisse sind zunachst auf den festen Epakten-Zyklus beschrankt. In der Fortsetzung wird das Fortschreiten des Zyklus innerhalb der Jahrhunderte berucksichtigt und das Auftreten der Osterintervalle im Großzirkel von 5 700 000 Jahren behandelt. U. Baehr

2615. **E. W. Woolard,** The variation in the calendar time of the equinox. Pop Astr **53** 103, 1945.

2616. Tabeller for Kalendarierne for Aarene fra 1701 til 2000. NAT **1946** 13—24.

2617. The Calendar. Pop Astr **54** 1, 1946.

Vierter Teil

Theoretische Astronomie

§ 31

Raum, Zeit, Licht, Gravitation, Relativitätstheorie, Kosmologie

3101. **F. Apraiz,** Nueva ley más general que las de Newton y Coulomb. Ibérica **6** 317—320, 1946.

3102. **O. von Auwers,** Erinnerung an Gravitationsgesetz und Gravitations-Konstante. Neue Phys. Blatter 1946 S. 201—202.

3103. **W. Band,** A critical examination of Milne's kinematical relativity. Phil Mag (7) **37** 551—563, 1946. — Ref. in Math Rev **8** 608.

3104. **J. Barnóthy,** Zeitliche Änderung der physikalischen Mengen und ihre Folgen. Csillagászati Lapok **7** 65—84, 1944 (deutsch mit ungarischer Zusammenfassung).

3105. **D. Blokhinzev,** Note on the possible relativistic-invariant generalization of the concept of field. J. Phys. USSR **10** 167—169, 1946. — Ref. in Phys Ber **27** 333.

3106. **A. F. Bogorodskij,** Über die Perihelbewegung im relativistischen Zweikörperproblem. Pulk Circ Nr. **31** S. 55—72, 1941 (russisch).

3107. **A. F. Bogorodsky,** On the gravitation equations in relativity. Poulk Circ Nr. **32** 15—25, 1941 (russ. mit engl. Zusammenfassung). — Die relativistischen Voraussetzungen gestatten nicht, die Feldgleichungen in einheitlicher Weise aufzustellen. Das erklart sich dadurch, daß die Relativitatstheorie nur die Methode der Beschreibung der Gravitationserscheinungen bietet. Die Schaffung einer abgeschlossenen Gravitationstheorie verlangt aber die Ergänzung der relativistischen Methode durch eine speziellere Vorstellung über die physikalische Natur der Gravitation. Loh.

3108. **A. F. Bogorodskij,** Kovariante Integration im vierdimensionalen Riemannschen Raum. Kiew Publ. Nr. **1** S. 103—117, 1946 (russisch mit engl. Zusammenfassung).

3109. **A. F. Bogorodskij,** Die Integration linearer Gleichungen mit kovarianten Ableitungen ersten Grades. Kiew Publ. Nr. **1** S. 118—129, 1946 (russisch mit engl. Zusammenfassung).

3110. **A. F. Bogorodskij,** Das Prinzip der Geodätischen in der Newtonschen Mechanik. Kiew Publ. Nr. **1** S. 130—138, 1946 (russisch mit engl. Zusammenfassung).

3111. **A. F. Bogorodskij,** Das kosmologische Problem. Kiew Publ. Nr. **1** S. 201—208, 1946 (russisch). — Verf. stellt das Unbefriedigende aller bisherigen Losungsversuche heraus und fugt einige Hinweise fur die weitere Behandlung des Problems an. Loh.

3112. **E. Borel,** La Mécanique et la Gravitation Universelle. Paris, A. Michel, 1943. 8+364 S. mit 74 Fig. Preis 48 frs. (Bibliothèque d'Education par la Science). — Besprechung in Ciel et Terre **60** 130—135 (F. Bouny).

3113. **P. ten Bruggencate,** Die Altersbestimmung von Sternen, ein Beitrag zur Jordanschen Kosmologie. Nachrichten Akad. Wiss. Gottingen, Math.-Phys. Klasse **1945** 64—65.

3114. **P. Carnet,** Ondes imaginaires dans l'espace à canaux. L'atome et la nébuleuse spirale dans une métrique riemannienne à potentiels dépendant du temps. Ann. Fac. Sci. Univ. Toulouse (4) **7** 1—10, mit 1 Tafel, 1945. — Ref. in Math Rev **8** 98.

3115. **H. C. Corben,** A classical theory of electromagnetism and gravitation. Nat **156** 387—388, 1945. — Vgl. AJB **45** Ref. **3108**.

3116. **P. Couderc,** L'Architecture de l'Univers. Vgl. AJB **43** Ref. **3102**. — Weitere Besprechung in BSAF **55** 278 (D. Chalonge).

3117. **L. Courvoisier,** Über die theoretische Ungleichheit von Reflexionswinkel und Einfallswinkel am bewegten Spiegel. Verhandlungen der Naturforschenden Ges. in Basel **57** 25—29, mit 1 Fig., 1946. — Ref. in Math Rev **8** 422 (A. H. Taub). — Nach der klassischen Absoluttheorie (Lichtäthertheorie) bildet der in bezug auf das Weltganze ruhende Lichtather ein bevorzugtes System, relativ zu dem alle Bewegungen der Himmelskorper als «absolut» erscheinen. Fur einen auf der Erde befindlichen, also relativ zum Lichtather bewegten Planspiegel folgt aus dieser Theorie eine Ungleichheit von Reflexionswinkel und Einfallswinkel eines einfallenden Lichtstrahls, und zwar sowohl fur den Beobachter im ruhenden als auch im bewegten Bezugssystem (Erde). Da diese Ungleichheit eine bestimmte Funktion des Verhaltnisses von v : c («absolute» Erdgeschwindigkeit : Lichtgeschwindigkeit) und des Einfallswinkels ist, so kann daraus umgekehrt die Große und Richtung der «absoluten» Erdbewegung gefunden werden. Verf.

3118. **L. Courvoisier,** Neuartige Kontrollbeobachtungen fur die astronomischen Bestimmungen der «absoluten» Erdbewegung nach dem Prinzip des bewegten Spiegels. Verhandlungen der Naturforschenden Ges. in Basel **57** 30—54, mit 1 Fig., 1946. — Die Tatsache, daß bei der «absoluten» Bewegung eines Spiegels gegen den Lichtather Einfalls- und Reflexionswinkel nicht gleich sind, hat zur Folge, daß direkt bzw. mit Quecksilberhorizont gemessene Zenitdistanzen eines Sterns im Laufe eines Sterntags systematisch variierende Unterschiede zeigen sollten. Zu ihrem Nachweis werden mit einem Passageinstrument Horrebowmessungen von Sternpaaren in direktem und reflektiertem Licht angestellt, die auch den vom Verf. erwarteten Polhohenunterschied «direkt minus reflektiert» in Abhangigkeit von der Sternzeit erkennen lassen. Bo.

3119. **G. H. Draper,** What is Truth? Washington, Ransdell Incorporated. 122 S. — Besprechung in Pop Astr **50** 347.

3120. **A. S. Eddington,** Fundamental Theory. Cambridge, Engl., University Press, 1946. 8 + 292 S. Preis 25 s. net. — Besprechung in Ciel et Terre **64** 41—42 (G. Coutrez), Obs **67** 144—146 unter dem Titel: Space, Time and Quanta (G. Temple), Science **106** 226 (A. J. Coleman).

3121. **M. S. Eigenson,** Über die Unendlichkeit des Weltalls. Priroda **29** Nr. 3 S. 5—17, 1940 (russisch).

3122. **M. S. Eigenson,** Die Grundmomente der Geschichte der Frage uber die Unendlichkeit des Weltalls. Priroda **30** Nr. 1 S. 83—91, 1941 (russisch).

3123. **A. Einstein,** The Meaning of Relativity. London, Methuen & Co.; Princeton, New Jersey, Princeton University Press, 1946. Third edition, with new appendix. 5 + 130 S. Preis 6 s. net.

3124. **A. Einstein, E. G. Straus,** A generalization of the relativistic theory of gravitation. II. Ann. of Math. (2) **47** 731—741, 1946. — Ref. in Math Rev **8** 412.

3125. **B. Finzi,** Cosmologia relativistica. Coelum **14** 53—57, 1946.

3126. **G. Gamow,** Rotating universe? Nat **158** 549, 1946.

3127. **G. Gamow,** Expanding universe and the origin of the elements. Phys Rev (2) **71** 273. — Berichtigung zur Arbeit Phys Rev (2) **70** 572—573.

3128. **H. Garnir,** Sur la théorie de la lumière de M. L. de Broglie. Acad. Roy. Belgique Bull. Cl. Sci. (5) **31** 164—170, 1946.

3129. **A. Gião,** Le problème cosmologique généralisé et la mécanique ondulatoire relativiste. Portugaliae Phys. **2** 1—98, 1946. — Ref. in Math Rev **8** 121.

3130. **O. Heckmann,** Theorien der Kosmologie. Vgl. AJB **44** Ref. **3103**, AJB **45** Ref. **3119**. — Weitere Besprechung in Ciel et Terre **60** 140 (G. Lemaître), Obs **65** 148—149.

3131. **F. G. Houtermans, P. Jordan,** Die zeitliche Veränderlichkeit des β-Zerfalls und ihre experimentelle Prüfung. Nachrichten Akad. Wiss. Gottingen, Math.-Phys. Klasse **1945** 80—82. — Unter der Voraussetzung, daß die Zerfallskonstante von β-aktiven Elementen zeitabhangig sei, nämlich umgekehrt proportional der Wurzel aus der vom Zeitpunkt der Weltentstehung gerechneten Zeit, diskutieren die Verf. einige Moglichkeiten zur experimentellen Prüfung dieser Ansicht und die Auswirkungen fur die Altersbestimmung bestimmter Mineralien. Kdr.

3132. **E. Hubble,** The problem of the expanding universe. Science **95** 212—215, 1942 (abstract).

3133. **E. Hubble,** The problem of the expanding universe. Sci. Monthly **56** 15—30, 1943.

3134. **E. Hubble,** The problem of the expanding universe. Science in Progress, Third Series. New Haven, Yale University Press, 1945. S. 22—44, mit 6 Fig. — Das Problem eines expandierenden Universums wird vom Standpunkt des Beobachters dargestellt. Nach Abgrenzung des der Beobachtung zugänglichen Raums wird insbesondere die Rotverschiebung behandelt. Theoretische Ansätze werden mit der Erfahrung verglichen. Schließlich wird noch auf die räumliche Verteilung der Nebel eingegangen. Micz.

3135. **E. P. Hubble,** The exploration of space. Pop Astr **54** 183—186, 1946.

3136. **L. Infeld, A. E. Schild,** A new approach to kinematic cosmology. II. Phys Rev (2) **70** 410—425, 1946. — Ref. in Math Rev **8** 176.

3137. **G. Järnefelt,** Nykyaikaisista Kosmologioista (Über moderne Kosmologien). Eripainos Filosofisen yhdistyksen vuosikirjasta **10** 57—76, 1941 = Veroff. Helsinki.

3138. **P. Jordan,** Zur projektiven Relativitatstheorie. Nachrichten Akad. Wiss. Gottingen, Math.-Phys. Klasse **1945** 74—76.

3139. **P. Jordan,** Relativistische Gravitationstheorie mit variabler Gravitationskonstante. Naturwiss **33** 250—251, 1946. — Kurze Zusammenfassung einer Arbeit in Z. f. Naturforschung **2a** 1—2 (AJB **47** Ref. 3122).

3140. **A. H. Joy,** The velocity of light. ASP Leaflet Nr. **195**, 8 S., 1945.

3141. **W. Krat,** The problem of cosmology and the „Great Universe". Poulk Circ Nr. **32** 5—14, 1941 (russisch mit engl. Zusammenfassung). — Verf. umreißt neben geschichtlichen Hinweisen die Probleme der Kosmologie. Er weist darauf hin, daß jede unkritische Extrapolation der beobachtbaren Strukturbesonderheiten des sichtbaren Weltalls ins Unendliche unausbleiblich zu einer Begrenzung der Vorstellung über die Bewegung der Materie führen muß und letzten Endes zur Verneinung der Unendlichkeit des Universums. Die Kosmologen werden immer bestrebt sein, ein vollständiges Bild der physikalischen Welt zu entwerfen, neue Strukturglieder zu entdecken und werden nie ihre Mannigfaltigkeit erschöpfen. Loh.

3142. **S. Kunii,** The problem of two bodies in general relativity. Tensor **5** 1—14, 1942 (japanisch). — Ref. in Math Rev **9** 214.

3143. **E. Lifschiz,** Über die Gravitationsstabilitat des expandierenden Universums. J. experim. theor. Physik **16** 587—602, 1946. Siehe auch J. Physics UdSSR **10** 116—129, 1946. — Ref. in Math Rev **8** 175, Phys Ber **27** 514.

3144. **B. Lindblad,** Den kosmiska utvecklingens tidsskala. PAT **27** 13—22, mit 1 Fig., 1946.

3145. **E. L. Martin,** Su alcuni cronotopi nella teoria dell'universo in espansione. Rend. Seminario Mat. dell'Univ. di Padova **14**, 11 S., 1946 = Pubbl. Oss. Astr. Padova Nr. **82**. — Fortsetzung der Arbeiten über die fundamentalen Beziehungen aus der Theorie der Expansion des Universums. F. Z.

3146. **E. L. Martin,** Espressioni di alcune grandezze negli spazi a curvatura costante. Rend. Seminario Mat. dell'Univ. di Padova **14**, 13 S., 1946 = Pubbl. Oss. Astr. Padova Nr. **83**. — Ableitung und Zusammenstellung von Formeln aus der Theorie der Expansion des Universums. F. Z.

3147. **A. A. Michajlow,** Die Beobachtung des Einsteineffektes während der Sonnenfinsternis vom 19. Juni 1936. RAJ **19** Nr. 6 S. 1—17, 1942 (russisch). — Besprechung in Monthly Astr. News Letter Nr. **25**, Himmelswelt **55** 190.

3148. **E. A. Milne,** On the conservation of momentum. Proc. Roy. Soc. London (A) **186** 432—442, 1946.

3149. **V. V. Narlikar,** Gravitation. J. Univ. Bombay (NS) **8** part 3, 70 S., 1939. — Ref. in Math Rev **8** 536.

3150. **V. V. Narlikar,** The consistency of Einstein's new relativity with the geodesic postulate. Current Sci. **10** 164—165, 1941. — Ref. in Math Rev **8** 536.

3151. **V. V. Narlikar,** The two-body problem in Einstein's new relativity. Proc. Nat. Inst. Sci. India **7** 237—246, 1941. — Ref. in Math Rev **8** 536.

3152. **V. V. Narlikar, K. R. Karmarkar,** Condensations in a non-static universe. Nat **158** 550, 1946.

3153. **E. Perucca,** Grandezze fisiche, dimensioni, sistemi di misure. Atti di Torino **79** 38—73, 1943/44. — Ref. in Phys Ber **26** 139—140.

3154. **W. Petrow,** Einige Fragen der Kosmologie. Unter der Fahne des Marxismus Nr. **7** S. 113—128, 1940 (russisch).

3155. **F. Prunier,** Sur l'effet Sagnac en Astronomie, et sur les possibilités de vérification de la cinématique de relativité. BA (2) **12** 351—364, 1940. — Es wird untersucht, wie der an Lichtwellen auf einer rotierenden Scheibe festgestellte Sagnaceffekt, auf Materieteilchen ausgedehnt, durch astronomische Beobachtungen nachgewiesen und somit zur Prüfung einer relativistischen Kinematik verwendet werden kann. Das Schlußkapitel behandelt damit in Zusammenhang die Geometrie auf der rotierenden Scheibe und die Transformation der Polarkoordinaten. Boh.

3156. **I. Puig,** Reparos a la teoría de la expansión del universo. Ibérica **2** 12—16, 1945.

3157. **S. K. Roy,** Certain inconsistencies in the mathematical theory of a new relativity of Dr. Sir Shah Sulaiman. Proc. Nat. Acad. Sci. India (A) **10** 1—13, 1940. Erwiderung dazu von Shah Sulaiman in Proc. Nat. Sci. India (A) **10** 14—18, 1940. — Ref. in Math Rev **8** 176.

3158. **W. C. Rufus,** A simple account of relativity. Pop Astr **52** 79—85, 1944.

3159. **T. Sibata,** Improvement and supplement of the wave geometrical theory of the cosmos and nebulae. J. Sci. Hirosima Univ. (A) **12** 137—140, 1942 (japanisch). — Ref. in Math Rev **10** 158.

3160. **T. Sibata,** Cosmology in terms of wave geometry and the theory of nebulae and the solar system. Tensor **6** 62—67, 1943 (japanisch). — Ref. in Math Rev **9** 214.

3161. **H. Takeno,** Cosmology and conformally flat space. II. J. Sci. Hirosima Univ. (A) **11** 201—230, 1942. — Ref. in Math Rev **9** 539.

3162. **H. Takeno,** Equations characterizing various Riemannian spaces treated in cosmologies. J. Sci. Hirosima Univ. (A) **12** 125—136, 1942 (japanisch). — Ref. in Math Rev **10** 158.

3163. **H. Takeno,** On spaces in cosmology. Tensor **5** 15—30, 1942 (japanisch). — Ref. in Math Rev **9** 214.

3164. **H. Takeno,** Comparison between the cosmology in terms of wave-geometry and the kinematical cosmology from the standpoint of the momentum-density vectors. J. Sci. Hirosima Univ. (A) **13** 327—330, 1944 (japanisch). — Ref. in Math Rev **10** 158.

3165. **H. Takeno,** On M, N, u^i, ··, etc. in the cosmology in terms of wave geometry. J. Sci. Hirosima Univ. (A) **13** 331—337, 1944 (japanisch). — Ref. in Math Rev **10** 158.

3166. **G. A. Tschebotarjow,** Über die Unstimmigkeiten der Perihelbewegung von Merkur. Abh. Staatsuniv. Leningrad Nr. **82** S. 214—219, 1941 (russisch).

3167. **M. A. R. Vallejos,** Concerning the spherical space. Univ. Nac. Colombia **7** 381—396, 1946 (spanisch).

3168. **G. Vigo Ibañez,** El foco de gravitación de los cuerpos. Euclides **5** 552—556, 1945.

3169. **K. Vogtherr,** Das Dilemma der Relativitätstheorie. Z. f. die gesamte Naturwissenschaft **10** 41—67, 1944.

3170. **A. G. Walker,** Foundations of Kinematical Relativity. Obs **65** 242—243, 1944.

3171. **A. G. Walker,** Theoretical cosmology. Obs **66** 285—289, 1946. — Die nach den Hubbleschen Nebelzahlungen bestehende Alternative zwischen einer expandierenden endlichen Welt mit relativ kleinem Radius und einer unendlichen statischen Welt, in der die Rotverschiebungen in den Spiralnebelspektren einem noch unbekannten Effekt zuzuschreiben sind, wird auf Grund der verallgemeinerten kinematischen Relativitat Milnes interpretiert. Kdr.

3172. **A. G. Walker,** Time-scales in relativity. Proc. Roy. Soc. Edinburgh (A) **62** 221—228, 1946. — Ref. in Math Rev **8** 411.

3173. **W. Westphal,** Die Relativitatstheorie. Rudolstadt, Der Greifenverlag, 1946. 32 S. — Besprechung im Kosmos **1948** S. 177.

3174. **W. Wilson,** Kinematic relativity. Phil. Mag. (7) **35** 241—249, 1944. — Ref. in Phys Ber **27** 332.

3175. **W. Wilson,** Kinematic relativity. Phil Mag (7) **37** 421—426, 1946. — Ref. in Math Rev **8** 608.

3176. **J. Würschmidt,** Aberración, efecto Doppler y presión de luz. Rev. Union mat. argentina **11** 47—68.

3177. **F. E. Zeuner,** Dating the past. An Introduction to Geochronology. London, Methuen, 1946. 18 + 444 S. Preis 30 s. — Besprechung in Scientific Monthly **64** 527—528 (I. S. Allison).

3178. Over de algemeene Aantrekking. Heelal **2** 65—71, 1946.

3179. Astronomy and the laws of nature. Obs **66** 224—225, 1946.

§ 32

Himmelsmechanik, Störungstheorie

3201. **C. Agostinelli,** Sul moto asintotico degli n + 1 corpi. Mem. Accad. Sci. Torino Cl. Sci. Fis. Mat. Nat. (2) **70** 79—126, 1942. — Ref. in Math Rev **8** 606.

3202. **C. Agostinelli,** Interpretazione elettrodinamica della legge di attrazione universale e nuova spiegazione dello spostamento del perielio di Mercurio. Atti Seminario Mat. e Fis. di Modena **1946** S. 3—19. — Untersuchung der Bewegung eines Planeten, der von einer ausgedehnten rotierenden Sonne nach dem Weberschen elektrodynamischen Gesetz angezogen wird. F. Z.

3203. **M. M. Agrest,** Über die Stabilität der Librationslosungen des eingeschränkten kreisformigen Dreikorperproblems im widerstehenden Mittel. Moskau Sternberg Inst. Publ. **15** Nr. 1 S. 363—379, 1945 (russisch).

3204. **Antunez de Mayolo,** Loi des forces dans un système gravitationnel du type soleil-planète. Pont. Acad. Sci. Acta **4** 89—94, 1940. — Ref. in Math Rev **10** 406.

3205. **G. von Bacsák,** Zusammenhänge zwischen den sakularveranderlichen Elementen der Erdbahn. Csillagászati Lapok **6** 113—120, mit 2 Fig., 1943 (ungarisch mit deutscher Zusammenfassung).

3206. **G. M. Bashenow,** Der Flachensatz in der gestorten Bewegung eines Kleinen Planeten. RAJ **21** 170—175, 1944 (russisch).

3207. **G. M. Bashenow,** Einige Spezialfalle des n-Körperproblems. Charkow Bull. Nr. **6** S. 3—5, 1946 (russisch).

3208. **A. A. Batyrew,** Über die Formen der Bahnkurven im Zwei- und Dreikörperproblem bei einer Veränderung der Massen nach dem Gesetz von Meschtscherskij. RAJ **18** 343, 1941 (russisch).

3209. **D. Belorizky,** Les chocs triples imaginaires et la régularisation des intégrales dans le problème des trois corps. JO **25** 81—127, 1942. — Die Arbeit gibt, Untersuchungen von Sundman uber reelle Zusammenstoße, von Chazy und Uno uber ein- und zweifache imaginäre Zusammenstoße (solche, bei denen eine oder mehrere Distanzen verschwinden, ohne daß zugleich ihre Projektionen auf die Koordinatenachsen null werden) im allgemeinen Dreikörperproblem weiterführend, 1. einen Beweis für die Existenz dreifacher imaginärer Zusammenstoße im ebenen und allgemeinen Dreikörperproblem und die Entwicklung der Koordinaten und Distanzen in der Umgebung dieser wesentlich singulären Stellen nach der Zeit; 2. einen Beweis für die Existenz dreifacher imaginärer Zusammenstoße zweiter Art, wo für eine Distanz ein reeller Zusammenstoß vorliegt, für die beiden anderen je ein imaginärer, und die Entwicklung der Koordinaten und Distanzen in der Umgebung dieser wesentlich singulären Stellen nach der Zeit; 3. einen Beweis, daß damit alle Möglichkeiten für Zusammenstoße im allgemeinen Dreikörperproblem erschöpft sind; 4. einen Überblick über die verschiedenen Formen von Zusammenstößen im Zwei- und Dreikörperproblem mit Angabe des analytischen Charakters dieser Stellen und Reihenentwicklung in ihrer Umgebung; 5. einen Beweis für die Unmöglichkeit, das allgemeine Dreikörperproblem allgemein (in der komplexen Ebene einer Variablen) zu regularisieren. Boh.

3210. **D. Belorizky,** La solution du problème des deux corps par les intégrales de Laplace. JO **28** 61—64, 1945. — Bei Verwendung der von Laplace gefundenen Integrale des Zweikörperproblems gelingt es, die Koordinaten und die Zeit als Funktion der exzentrischen Anomalie darzustellen, ohne, wie sonst üblich, Polarkoordinaten einzuführen. Boh.

3211. **D. Belorizky,** Sur deux cas particuliers du problème des trois corps. CR **223** 193—196, 1946. — Ref. in Math Rev **8** 291.

3212. **D. Buchanan,** A transformation to the normal form. Rend. Circ. Mat. Palermo **62** 385—387, 1941. — Ref. in Math Rev **9** 211.

3213. **C. Carathéodory,** Über die Integration der Differentialgleichungen der Keplerschen Planetenbewegung. Sitzungsberichte der math.-naturwiss. Klasse der Bay. Akad. d. Wiss. zu München Jg. **1945/46** S. 57—76. — Die früher in der «Revue Mathématique de l'Union interbalkanique» **3** Fasc. 3/4 (1940) gegebene Darstellung, in welcher die bei einer orthogonalen Transformation der Raumkoordinaten invariant bleibenden Hilfsgroßen systematisch eingeführt wurden, wird hier teils vereinfacht, teils vervollständigt. E. R.

3214. **A. Casale,** Generalizzazione di un lemma di Halphen. Ist. Lombardo Sci. Lett. Cl. Sci. Mat. Nat. Rend. (3) **9** 9—14, 1945. — Ref. in Math Rev **8** 495.

3215. **C. Cattaneo,** Attrazione newtoniana ritardata. Pont. Acad. Sci. Acta **6** 241—248, 1942.

3216. **R. P. Cesco,** Perturbaciones seculares de Plutón. Obs. Astr. La Plata, Ser. Astr. **17,** 73 S. mit 3 Fig., 1941. — Besprechung in Obs **65** 278, 1944. — Nach Entwicklung einer zweckmäßigen, der recht beträchtlichen Neigung der Plutobahn Rechnung tragenden Methode zur Berechnung der Säkularstörungen erster Ordnung wird dieselbe auf die säkularen Störungen Plutos durch Neptun angewendet. Der Genauigkeitsgrad der Theorie ist der einer ersten Näherung. E. R.

3217. **J. Chazy,** Sur la méthode de la variation des constantes en mécanique céleste. BA (2) **11** 361—375, mit 2 Fig., 1938. — Vgl. auch AJB **42** Ref. 3203. — Die Lagrangeschen Gleichungen für die Störungen der oskulierenden Elemente werden so umgeformt, daß auf den rechten Seiten nicht mehr die Ableitungen von Vektoren nach den Elementen, sondern die Vektoren selbst und die Ableitungen der Elemente nach der Zeit erscheinen. Die Störungsgleichungen für die große Halbachse, die Exzentrizität, die Neigung und die Knotenlänge werden auf einfachere Weise als sonst hergeleitet. Boh.

3218. **C. Dramba,** Les chocs triples imaginaires dans le problème général des trois corps. Mathematica, Timisoara **22** 74—80, 1946. — Ref. in Math Rev **8** 291.

3219. **C. Dramba,** Les chocs triples imaginaires dans le problème rectiligne des trois corps. Acad. Roum. Bull. Sect. **29** 79—82, 1946. — Ref. in Math Rev **10** 156.

3220. **G. N. Duboschin,** Über die Stabilität des Sonnensystems. Fortschritte Astr. Wiss. **2** 123—135, 1941 (russisch).

3221. **G. Duboschin,** Über die Stabilität trivialer Lösungen gewisser Differentialgleichungen der Himmelsmechanik. 2. Über die Stabilitat im Spezialfall nicht beständig gewordener Bewegung. Moskau Sternberg Inst. Publ. **15** Nr. 1 S. 308—311, 1945 (russisch).

3222. **E. Egerváry,** On a new form of the differential equations of the problem of three bodies. Hungarica Acta Math. **1** 1—18, 1946. — Ref. in Math Rev **8** 98.

3223. **V. G. Fessenkoff,** On the possibility of capture at close passages of attracting bodies. RAJ **23** 45—48, 1946 (russisch mit engl. Zusammenfassung). — Ref. in Math Rev **8** 59.

3224. **J. O. Fleckenstein,** Über eine verallgemeinerte Hill'sche Determinante. Commentarii Math. Helvetici **15** 367—376, 1943.

3225. **J. O. Fleckenstein,** Johann I Bernoulli als Kritiker der «Principia» Newtons. Elemente der Mathematik **1** 100—108, mit 2 Fig., 1946.

3226. **J. Garavito Armero,** Definitive formulas for the calculation of the motion of the moon by the Hill-Brown method, and with the notation used by Poincaré in volume III of his Course in Celestial Mechanics. Revista Acad. Colombiana Ci. Exact. Fis. Nat. **6** 560—570, 1946 (spanisch). — Ref. in Math Rev **8** 176.

3227. **G. García,** On the restricted problem of three bodies in the general theory of relativity. Actas Acad. Ci. Lima **9** 153—162, 1946 (spanisch). — Ref. in Math Rev **8** 177.

3228. **G. García,** Reduction of the equations of motion of three bodies of finite masses to the case in which one of the bodies has infinitely small mass. Actas Acad. Ci. Lima **9** 163—168, 1946 (spanisch). — Ref. in Math Rev **8** 177.

3229. **G. García,** The generalization of the equality of Lagrange and the inequality of Sundman in the case of more than three bodies. Facultad de Ingenería Montevideo. Publ. Inst. Mat. Estadística **1** 129—136 = Bol. Fac. Ingen. Montevideo **3** 177—184, 1946 (spanisch).

3230. **G. García,** New forces which occur in our solar system in addition to universal gravitation. Univ. Nac. Tucumán, Revista (A) **5** 133—146, 1946 (spanisch).

3231. **J. V. Garwick,** A new method of calculating general perturbations of asteroids and comets. Astrophysica Norvegica **3** 281—299, 1943. — Skizzierung einer Störungstheorie, bei der dann die Koordinaten des gestörten Planeten (Radiusvektor und Lange in einer festen, mit der Bahnebene nahe zusammenfallenden Ebene und Abstand von ihr) im wesentlichen nach den Gleichungen der elliptischen Bewegung mit der gestörten exzentrischen Anomalie als unabhängige Veranderliche gewonnen werden; Aufstellung und Integration der Bewegungsgleichungen, Entwicklung der Störungsfunktion, Untersuchung der Form der Störungen. Böh.

3232. **Y. Hagihara,** On the osculating representation for a dynamical system with slow variation. First note. Proc. Imp. Acad. Tokyo **20** 617—621, 1944 = Tokyo Astr. Obs. Repr. Nr. **17**. — Genaherte Darstellung der Bewegung eines spezialisierten dynamischen Systems durch quasiperiodische Funktionen der Bohlschen Art mit Fehlerabschätzung. Böh.

3233. **Y. Hagihara,** On the osculating representation for a dynamical system with slow variation. Second note. Proc. Imp. Acad. Tokyo **20** 622—626, 1944 = Tokyo Astr. Obs. Repr. Nr. **18.** — Dasselbe wie in der ersten Arbeit unter weniger allgemeinen Voraussetzungen für die Hamiltonsche Funktion mit entsprechend schärferen Aussagen. Boh.

3234. **Y. Hagihara,** On the reducibility of the differential equations in the n-body problem. JJAG **20** 501—504, 1944 = Tokyo Astr. Obs. Repr. Nr. 25. — Im Rahmen von Lies Theorie der Transformationsgruppen und Involutionssysteme wird nach einer Methode, bei der die Zeit nicht mehr explizit auftritt, bewiesen, daß das System der Differentialgleichungen des n-Korperproblems von der Ordnung 6n auf die Ordnung 6n — 12 mit Hilfe der bekannten 10 Integrale reduziert werden kann. In gleicher Weise wird das ebene Problem behandelt. Boh.

3235. **Y. Hagihara,** A proof of Poisson's theorem on the invariability of the major-axes of planetary orbits. JJAG **21** Nr. 1—2, S. 9—27, 1944 = Tokyo Astr. Obs. Repr. Nr. **20.** — Neuer, direkter Beweis für den Poissonschen Satz uber die Unveranderlichkeit der großen Achsen und von Satzen Poincarés zu den Säkularstörungen der großen Achsen. Boh.

3236. **Y. Hagihara,** On the general theory of libration. JJAG **21** Nr. 1—2, S. 29—43, mit 4 Fig., 1944 = Tokyo Astr. Obs. Repr. 21. — Unter Verwendung der Delaunayschen Integrationsmethode wird eine allgemeine Theorie der Libration gegeben, die auf alle Falle nahezu kommensurabler mittlerer Bewegungen anwendbar ist. Boh.

3237. **W. W. Heinrich,** Sur une transformation des théories classiques des perturbations, permettant d'aborder l'étude du choc planétaire. Mém. Soc. roy. des lettres et sciences, classe des sciences **1946** (XII), 30 S. = Publ. Inst. Astr. Univ. Charles de Prague (2) Nr. **21.** — Verf. studiert das Problem von zwei Planetenbahnen, welche sich durchschneiden, so daß ein Zusammenstoß stattfinden kann, oder die sich einfach nach der Art zweier Kettenglieder durchdringen. Dies Problem ist noch nie vom rein funktionellen Standpunkt aus naher untersucht worden. Die bisherigen Lösungen der Klassiker (Gauß, Hansen) und Epigonen sind immer in einer rein numerischen oder halbnumerischen Analyse stecken geblieben. Verf. schlägt eine einfache Substitution vor, welche den Mechanismus einer planetoexzentrischen Anomalie nachahmt. Die Keplersche Ellipse — beobachtet vom störenden Planeten aus — kann immer mittels periodischer Reihen zweier Argumente dargestellt werden. Diese zwei Argumente verschmelzen, fallen zusammen im Falle eines Zusammenstoßes und definieren die erwähnte jovizentrische-exzentrische Anomalie. Dieser Winkel ist nichts anderes als das bekannte Thiele-Painlevé-Sundmansche regularisierende Argument. Verf.

3238. **W. W. Heinrich,** Sur la régularisation du choc planétaire. Calcul des séries. Mém. Soc. roy. des lettres et sciences, classe des sciences **1946** (XIII), 20 S. = Publ. Inst. Astr. Univ. Charles de Prague (2) Nr. **22.** — Die Arbeit ist eine genauere Durchrechnung der vorhergehenden Abhandlung. Verf. versucht zu zeigen, wie diese Fourier-Weierstrasschen trigonometrischen Reihen funktionell gewonnen werden können. Dies ist immer moglich durch Generalisierung der Funktion — Bessel-Appel-Jekhovski — auf viele und unendlich viele Argumente. Praktisch kommt man jedoch besser zum Ziel durch Zerlegung in einfache Lagrange-Besselsche Funktionen. Verf.

3239. **E. Hölder,** Die symmetrischen periodischen Bahnen des restringierten Dreikörperproblems in der Nachbarschaft eines kritischen Keplerkreises. Am. J. of Math. **60** 801—814, mit 1 Fig., 1938. — Die von Hill bei der Variationsbahn des Mondes entwickelte und von Wintner mathematisch begründete Methode der unendlich vielen Koeffizienten wird auf die Ermittlung der hier untersuchten periodischen Lösung angewendet. Dabei wird die Lichtensteinsche Theorie nichtlinearer Randwertprobleme benutzt. Eine unter Zuhilfenahme der Greenschen Funktion gebildete Integrodifferentialgleichung wird zur Herleitung der Storungen nach der Methode der sukzessiven Approximation gelost. E. R.

3240. **S. Krochmal,** Sur une anomalie générale pour une orbite hyperbolique. Annals Leningrad State Univ. **82** 208—213, 1941 (russisch mit franz. Ref.) = Publ. Obs. Astr. Univ. Leningrad **12.**

3241. **G. Lampariello,** Il problema degli n corpi nella relatività generale. Pont. Acad. Sci. Comment. **6** 813—863, 1942. — Ref. in Math Rev **10** 156.

3242. **G. Lemaître,** Les variables canoniques dans le mouvement képlérien. Acad. Roy. Belgique Bull. Cl. Sci. (5) **31** 365—371, 1946. — Ref. in Math Rev **9** 161.

3243. **J. Lévy,** Les approches dans le problème des trois corps. Thesis, University of Paris, 1943. 58 S. — Ref. in Math Rev **8** 98.

3244. **W. M. Lossewa,** Die Eigenschaften der Bewegung im ebenen, übermittelten, hyperbolischen, eingeschrankten Dreikörperproblem. 1. Aufstellung des Problems. Die Librationspunkte. Moskau Sternberg Inst. Publ. **15** Nr. 1 S. 312—318, 1945 (russisch).

3245. **L. Michelacci,** Sull' integrazione approssimata delle equazioni per il problema dei due corpi di massa variabile. Pont. Acad. Sci. Comment. **8** 1—12, 1944. — Ref. in Math Rev **10** 332.

3246. **N. Moissejew,** Über einige allgemeine Methoden der qualitativen Erforschung von Bewegungsformen in himmelsmechanischen Problemen. 6. Über Bewegungen in einer fingierten Zeit. Moskau Sternberg Inst. Publ. **15** Nr. 1 S. 7—26, 1945 (russisch).

3247. **N. Moissejew,** Über einige Eigenschaften der Bahnen im eingeschränkten Dreikörperproblem. 6. Über die Jakobische Stabilitat des Kopenhagener Problems in den Punkten orthogonaler Kreuzung mit den Koordinatenachsen. Moskau Sternberg Inst. Publ. **15** Nr. 1 S. 27—45, 1945 (russisch).

3248. **N. Moissejew,** Über einige Eigenschaften der Bahnen im eingeschrankten Dreikorperproblem. 7. Über die Gebiete der dichten anti-Coriolisischen Bahnstabilitat im Kopenhagener ebenen Problem. Moskau Sternberg Inst. Publ. **15** Nr. 1 S. 46—74, 1945 (russisch).

3249. **N. D. Moissejew,** Über einige grundlegende vereinfachte Darstellungen der Himmelsmechanik, die sich mit Hilfe der Übermittelung des eingeschrankten kreisförmigen Dreikorperproblems ergeben. Moskau Sternberg Inst. Publ. **15** Nr. 1 S. 75—117, 1945 (russisch).

3250. **W. Opalski,** Sur le mouvement du centre de gravité du système de deux corps rayonnants. Atti Accad. Naz. Lincei, Rend. Cl. Sci. Fis. Mat. Nat. (8) **1** 840—846, 1946. — Ref. in Math Rev **8** 291.

3251. **A. A. Orlow,** Über die periodischen Bahnen großer Neigung im eingeschrankten Dreikorperproblem. 1. Über fast kreisformige periodische Bahnen der Neigung 90° im halbübermittelten eingeschränkten Dreikorperproblem nach Fatou. Moskau Sternberg Inst. Publ. **15** Nr. 1 S. 319—341, 1945.

3252. **P. Pedersen,** Librationspunkte im restringierten Vierkörperproblem. Kgl. Danske Vid. Selskab, Mat.-fys. Medd. **21** Nr. 6, 80 S. mit 27 Abb., 1944 = Publ. Kobenhavns Obs. Nr. **137.** — Anstatt zu gegebenen Massenverhaltnissen der drei storenden Körper im restringierten Vierkorperproblem die Librationspunkte zu bestimmen, wie es M. Lindow in einem Spezialfall getan hat, wird umgekehrt zu einem fest gegebenen Librationspunkt die Lage des Schwerpunkts bestimmt, aus der sich die Massenverhaltnisse leicht ergeben.

Verf. erhalt so auf einfache Weise eine vollstandige Übersicht über die Verschiebungen des Schwerpunktes, die vorgegebenen Verschiebungen des Librationspunktes entsprechen. Böh.

3253. **W. A. Poroschin,** Über die Auswurf- und Einfallbahnen im eingeschrankten Dreikorperproblem. 1. Über diese Bahnen im halbubermittelten kreisformigen Dreikorperproblem nach Fatou. Moskau Sternberg Inst. Publ. **15** Nr. 1 S. 342—362, 1945 (russisch).

3254. **N. F. Rein,** Über die Eigenschaften der Bewegungen im vereinfachten, halbübermittelten, elliptischen, eingeschrankten Dreikörperproblem. 2. Über die Eigenschaften der Apsiden im Problem Sonne-Jupiter-Asteroid. Moskau Sternberg Inst. Publ. **15** Nr. 1 S. 118—145, 1945 (russisch).

3255. **A. Romero Juárez,** The lunar motion in Birkhoff's theory of gravitation. Bol. Soc. Mat. Mexicana **3** 13—19, 1946 (spanisch). — Ref. in Math Rev **8** 608.

3256. **M. Rossi,** Sul problema dei due corpi di massa variabile con la legge di Eddington-Jeans. Ann. Univ. Ferrara **4** 279—287, 1943. — Ref. in Math Rev **10** 156.

3257. **H. Roure,** Sur le calcul des perturbations générales des petites planètes. JO **25** 71—77, 1942. — Skizzierung der Methode und Ergebnisse der vorangegangenen Arbeiten aus JO **22**.

3258. **P. Sémirot,** Étude sur le problème des deux corps. BSAF **57** 140—142, mit 3 Fig., 1943. — Es wird untersucht, unter welchen Anfangsbedingungen eine Punktmasse einen Kegelschnitt beschreibt, von dem ein Brennpunkt und zwei Punkte seiner Peripherie gegeben sind. Boh.

3259. **M. F. Subbotin,** Lehrbuch der Himmelsmechanik. Moskau-Leningrad, Technischer Staatsverlag, 1941. 2. Auflage. 344 S. (russisch).

3260. **M. F. Subbotin,** Sur le calcul des inégalités séculaires. I. Solution nouvelle du problème de Gauss. RAJ **18** 35—50, 1941.

3261. **M. F. Subbotin,** Über eine Methode zur Verbesserung der Konvergenz trigonometrischer Reihen, die eine Bedeutung für die Himmelsmechanik haben. DAN **40** 343—347, 1943 (russisch).

3262. **M. F. Subbotin,** Die Verbesserung der Konvergenz von Entwicklungen der Theorie der gestorten Bewegung. BIA **4** Nr. 1 (54) S. 1—16, 1946 (russisch).

3263. **M. F. Subbotin,** Tables relatives aux développements de la fonction perturbatrice obtenus par la transformation linéaire et la transformation de Légendre. BIA **4** Nr. 1 (54) S. 17—30, 1946.

3264. **A. Wilkens,** La aceleración secular de los ejes mayores de las órbitas planetarias (Die Sakularbeschleunigung der großen Achsen der Planetenbahnen). Obs. Astr. La Plata, Ser. Astr. **18,** 187 S., 1942. — Besprechung in Obs **65** 278—279, 1944. — In ausfuhrlichen Entwicklungen wird gezeigt, daß die Sakularglieder der 3. Ordnung der Massen in der großen Achse mit den der Zeit t proportionalen Gliedern noch nicht erschopft sind, daß vielmehr auch noch rein sakulare Glieder in t^2 existieren. Diese sind sogar gegenüber denen in t^1 als die Hauptglieder zu betrachten, da gezeigt werden kann, daß die Glieder in t^1 wie die in t^2 von demselben, namlich 2. Grade der Exzentrizitäten sind. E. R.

3265. **A. Wilkens,** Aceleracion secular de los semi-ejes majores y de las longitudes medias de los planetas, en especial de la Tierra, y sus satelites. Publ. Obs. Astr. La Plata, Ser. Astr. **21** Nr. 3, S. 1—48, 1945. — Im Anschluß an die vorhergehende Arbeit des Verf. über die Sakularbeschleunigung der großen Achsen der Planetenbahnen werden hier hauptsachlich spezielle konkrete Falle im Planetensystem sowie numerische Anwendungen auf den Mond und die Satelliten von Jupiter und Saturn behandelt. Auch wird der Einfluß der diskutierten Sakularglieder dritter Ordnung der großen Achsen auf die mittlere Lange untersucht. E. R.

3266. **K. P. Williams,** A comparison of the solar theories of Newcomb and Le Verrier with conversion tables for the nineteenth century. Indiana Univ. Publ. (Science Series) Nr. **14,** 36 S., 1945 = Publ. Kirkwood Obs. of Indiana Univ. Nr. **8.** — Es wird eine genaue Untersuchung über die Abweichungen durchgefuhrt, welche sich zwischen den analytischen Darstellungen der Sonnenbewegung durch die Theorien und Tafeln Le Verriers einerseits und Newcombs andererseits ergeben. Die Differenzen der wahren Sonnenlänge werden in einer Tafel fur je zwölf Daten aller Jahre des neunzehnten Jahrhunderts angegeben. E. R.

3267. **T. Zeuli,** Moto di una massa liquida omogenea e viscosa attratta da più centri lontani colla legge di Newton che assume forma prossima all'ellissoide. Atti Accad. Sci. Torino, Cl. Sci. Fis. Mat. Nat. **78** 333—354, 1943. — Ref. in Math Rev **9** 161—162.

§ 33

Figur der Himmelskörper, Rotation, Gezeiten

3301. **C. Agostinelli,** Equilibrio relativo di uno strato liquido omogeneo su di una sfera rigida rotante uniformemente. Boll. Un. Mat. Ital. (2) **5** 227—233, 1943.

3302. **B. Caldonazzo,** Sopra alcune proprietà relative alle figure di equilibrio di liquidi rotanti. Rom, Edizioni Cremonense, 1942. Atti Secondo Congresso Un. Mat. Ital. Bologna **1940** S. 411—414.

3303. **J. E. Fjeldstad,** Tidal waves of finite amplitude. Astrophysica Norvegica **3** 223—245, mit 2 Fig., 1941.

3304. **E. A. Hylleraas,** Über die Schwingungen eines stabil geschichteten, durch Meridiane begrenzten Meeres. Teil I. Astrophysica Norvegica **3** 139—164, 1939. — Es werden die hydrodynamischen Gleichungen für eine gleichmaßig stabile Wasserschicht auf der rotierenden Erde unter dem Einfluß der Gezeitenkräfte der Himmelskorper aufgestellt.

3305. **E. A. Hylleraas, W. Romberg,** Über die Schwingungen eines stabil geschichteten, durch Meridiane begrenzten Meeres. Teil II. Astrophysica Norvegica **3** 247—271, mit 3 Fig., 1941.

3306. **S. Kumagai,** Zahlenmäßige Bestimmung von ringformigen Gleichgewichtsfiguren eines rotierenden Flussigkeitstropfens. Proc. Phys. Mat. Soc. Japan (3) **25** 578—581, 1943.

3307. **S. Letestu,** Sur les mouvements internes d'un astre fluide avec viscosité. Thesis, Univ. Geneva, 1942. 47 S. — Ref. in Math Rev **10** 156.

3308. **M. Mendes,** La rotation de l'ellipsoïde hétérogène étudiée au moyen des fonctions de Lamé. J. Math. Pures Appl. (9) **24** 51—72, 1945. — Ref. in Math Rev **8** 291—292.

3309. **C. Mineo,** Forma d'un pianeta dedotta dai valori della gravità in superficie. III. Atti Accad. Ital. Rend. Cl. Sci. Fis. Mat. Nat. (7) **4** 143—145, 1943.

3310. **M. Mineo,** Su una condizione necessaria per la stratificazione d'un astro fluido rotante in equilibrio relativo. Rend. Accad. Lincei

(8) 1 21—27, 1946 = Pubbl. Oss. Astr. Palermo (NS) 9 Nr. 12. — Betrachtungen uber Schichtungen in einem flussigen, rotierenden und sich im relativen Gleichgewicht befindenden Himmelskörper. F. Z.

3311. **A. Pignedoli,** Sulla stabilità delle configurazioni ellissoidali di una massa continua disgregata e stratificata soggetta alla propria gravitazione. Atti Soc. Nat. Mat. Modena (6) **75** 165—172, 1944. — Ref. in Math Rev **8** 495.

3312. **H. Roure,** Sur l'effet produit par la rotation d' une masse sphérique attractive sur un point de sa surface. JO **29** 89—91, 1946. — Ausgehend von den Differentialgleichungen, die J. Chazy (La théorie de la Relativité et la Mécanique Céleste, I II) fur die Bahnkurve eines masselosen Teilchens unter dem Einfluß einer rotierenden Masse gegeben hat, werden die Bewegungsgleichungen für ein Teilchen an der Oberflache der rotierenden Kugel aufgestellt und es wird die Art der dabei auftretenden Kräfte in Abhängigkeit von der Breite untersucht. Boh.

3313. **M. D. Rozo,** Justification of the hypothesis of Ruiz Wilches. Univ. Nac. Colombia **6** 359—362, 1946 (spanisch). — Ref. in Math Rev **8** 292.

3314. **B. Ruiz Wilches,** Study of a figure of equilibrium. Univ. Nac. Colombia **4** 275—283, 1945 (spanisch). — Ref. in Math Rev **8** 292.

3315. **D. Zagrebin,** Stokes formula for the case of an ellipsoidal level surface. BIA Nr. **52** 407—435, 1944 (russisch mit engl. Ref.).

§ 34

Bahnbestimmung

3401. **I. I. Iljinsky,** A simple method for the determination of orbits of planets and comets. RAJ **23** 367—376, mit 2 Fig., 1946 (russisch mit engl. Ref.). — Besprechung in Phys Ber **27** 128. — Es ist moglich, Probleme der Bahnbestimmung der Planeten und Kometen auf die Losungen linearer Gleichungen zurückzuführen. Gleichungen hoheren Grades brauchen nicht angewandt zu werden. Loh.

3402. **B. de Jekhowsky,** Modification des méthodes d'Olbers et de Gauss pour la détermination des orbites paraboliques. JO **26** 62—67, 1943. — Als Fortsetzung einer in den Annales de l'Obs. de Toulouse erscheinenden ausfuhrlichen Arbeit wird ohne Ableitung eine Formelzusammenstellung gegeben zur Bestimmung parabolischer Bahnen nach einer modifizierten Olbersschen Methode. Die Vereinfachung wird erzielt durch Einfuhren der RA des mittleren Sonnenortes, wodurch das Olberssche M und die Eulersche Gleichung eine andere Form erhalten. Die Beziehung dieser Methode zu denen von Olbers, Gauß und Merton werden aufgezeigt. Das Beispiel am Kometen 1896 IV (Sperra) ist logarithmisch gerechnet, die Formelsysteme sind jedoch fur die Rechenmaschine gebaut. Boh.

3403. **B. de Jekhowsky,** Méthode Lagrange-Andoyer pour la détermination des orbites cométaires. Modification des méthodes Lagrange-Andoyer et Gauss-Merton. Application au calcul de l'orbite de la comète (1941c) Paraskevopoulos. JO **28** 64—75, 1945. — Der hiermit vorliegende 1. Teil der Arbeit bringt eine Formelzusammenstellung zur Bestimmung einer parabolischen Bahn nach der Methode von Andoyer (Cours de Mécanique Céleste, Tome 1). Boh.

3404. **P. S. Messiss,** Über die Konvergenz sukzessiver Naherungen in der Gauss'schen Methode der Bahnbestimmung. BIA **4** Nr. 1 (54) S. 31—39, 1946 (russisch).

3405. **A. J. Orlow, B. A. Orlow,** Lehrbuch der theoretischen Astronomie (Bahnbestimmung von Planeten und Kometen mit Hilfe von Rechenmaschinen). Moskau-Leningrad, Technischer Staatsverlag, 1940. 198 S. (russisch).

3406. **I. F. Polak,** Diagramme zur Berechnung der Bahnelemente im Zweikorperproblem aus der Geschwindigkeit in einem vorgegebenen Punkt. RAJ **21** 99—110, 1944 (russisch).

3407. **I. F. Polak,** Diagramme zur Losung des Zweikorperproblems aus dem Geschwindigkeitsvektor im Falle einer abstoßenden Kraft. RAJ **22** 283—292, 1945 (russisch).

3408. **N. Samoilova-Yachontova,** The differential correction of elliptic orbits. BIA Nr. **53** 447—455, 1944 (russisch mit engl. Ref.).

3409. **A. Täht,** Über die Lösung der Keplerschen Gleichung. BIA Nr. **53** 478—480, 1944 (russisch mit deutschem Ref.).

3410. **W. Ussow,** Mehrfachlosungen bei der Bestimmung der parabolischen Bahn. Swerdlowsk, Staatsuniv., 1941. 20 S. (russisch).

Fünfter Teil

Theoretische Astrophysik

§ 35

Physikalische Grundlagen

3501. **R. B. Baldwin,** Tables of functions used in determinations of stellar ionization temperatures. Ann. Dearborn Obs. **4** part 14, 3 S., 1940. — Zur Temperaturbestimmung aus den Balmerlinien nach der Methode von Zanstra werden Hilfstafeln fur einen Bereich von 12 500° K bis 156 600° K gegeben. Micz.

3502. **D. R. Bates,** The continuous radiative absorption cross-section of O^-. MN **106** 128—129, mit 2 Fig., 1946. — Bemerkung über die Ausdehnung fruher fur terrestrische Anwendungen durchgefuhrter Berechnungen des Absorptionsquerschnitts von O^- auf den astrophysikalisch wichtigen Wellenlangenbereich. Kdr.

3503. **D. R. Bates,** An approximate formula for the continuous radiative absorption cross-section of the lighter neutral atoms and positive and negative ions. MN **106** 423—431, mit 1 Fig. — In dem allgemeinen wellenmechanischen Ausdruck fur den Absorptionsquerschnitt werden die radialen Teile der Wellenfunktionen durch einen Reihenansatz approximiert. Fur niedrige Hauptquantenzahlen läßt die Benützung einer Rekursionsformel wesentliche Vereinfachungen zu. Das Ergebnis wird zur Berechnung des Absorptionsquerschnitts von Be, C^+, N^+, O^+, F^+, Ne^+ und Na^+ angewandt. Kdr.

3504. **D. R. Bates,** Calculation of the cross-section of neutral atoms and positive and negative ions towards the absorption of radiation in the continuum. MN **106** 432—445, 1946. — Es wird ein Überblick gegeben über die Auswertung der grundlegenden quantenmechanischen Formel fur den Absorptionsquerschnitt gegen kontinuierliche Strahlung, die dabei auftretenden Schwierigkeiten und die erreichbare Genauigkeit. Sodann werden die bisher vorliegenden Rechnungen fur neutrale Atome, sowie für positive und negative Ionen zusammengestellt und kurz besprochen. Kdr.

3505. **H. A. Bauer,** Grundlagen der Atomphysik. Eine Einführung in das Studium der Wellenmechanik. Wien, Springer-Verlag, 1945. 3. Auflage, 323 S. mit 201 Fig. — Besprechung in Naturwiss **34** 91—92 (C. F. von Weizsacker).

3506. **H. A. Bethe,** Energy production in stars. Science in Progress, Third Series. New Haven, Yale University Press, 1945. S. 45—68. — Nach einem kurzen Überblick über altere Theorien der Energieerzeugung wird eine Einfuhrung in die Physik der Atomkerne und der Kernumwandlungen gegeben. Ausfuhrlich wird die CN-Kette als Energiequelle behandelt. Abschließend folgen einige Bemerkungen über die Entwicklung der Sterne. Micz.

3507. **J. K. Böggild,** Om Atomkerneenergiens Frigòrelse. NAT **1946** 1—12, mit 3 Fig.

3508. **L. de Broglie,** Matter and Light. The New Physics. New York, Dover Publications, 1946. 300 S. Preis 2.75 $. — Besprechung in Sky and Telescope **6** Nr. 12 S. 17.

3509. **D. Chalonge,** Un constituant important des atmosphères stellaires: l'ion négatif hydrogène. BSAF **57** 88—91, 1943. — Der Aufsatz referiert über die Eigenschaften des negativen Wasserstoffions und seine Bedeutung in den Atmospharen der Sonne und der Sterne. Micz.

3510. **K. Chamberlain,** Another chain reaction. Pop Astr **54** 135—138, 1946.

3511. **R. Coutrez,** Généralisation de la dérivée covariante spinorielle. Bull. Cl. Sci. Acad. Roy. de Belgique (5) **29** 457—464, 1943.

3512. **R. Coutrez,** Sur les dérivées covariantes spinorielles et les identités de la physique mathématique. Bull. Cl. Sci. Acad. Roy. de Belgique (5) **30** 151—165, 1944.

3513. **R. Coutrez,** Sur le courant quantique dans la mécanique des systèmes de corpuscules. Bull. Cl. Sci. Acad. Roy. de Belgique (5) **30** 250—258, 1944.

3514. **R. Coutrez,** Photométrie énergétique et systèmes de magnitudes. Ann. Obs. Royal Belgique (3) **3** fasc. 2, S. 119—137, mit 5 Fig., 1945. — Die Arbeit stellt den Versuch dar, homogene Größenklassensysteme strahlungstheoretisch zu begründen. Micz.

3515. **M. Davidson,** The Mid-Twentieth Century Atom. London, Hutchinson's Scientific and Technical Publications, 1946. 127 S. mit 15 Fig. Preis 8 s. 6 d. net. — Besprechung in JBAA **57** 62—63, Obs **67** 67—68 unter dem Titel: Atomic structure for the layman.

3516. **J. Dufay,** Analyse de la bande de Raffety et de la bande 3157 Å de la molécule CH. Cahiers de physique Nr. **1** 6—14, mit 1 Fig., 1941 = Publ. Obs. Lyon **3** fasc. 1. — Die Raffety-Bande und eine Bande bei λ 3157 wird mit den Übergangen 1→1 des Systems $^2\Sigma^- \rightarrow {}^2\Pi$ und $^2\Sigma^+ \rightarrow {}^2\Pi$ des CH identifiziert. Beide Banden haben das gleiche untere Niveau. Micz.

3517. **E. Gehlinsch,** The orbits of electrically charged particles moving with high speed. Riga Mitt. Nr. **5** S. 411—430, 1941.

3518. **A. Giret,** Les ondes. BSAF **58** 60—61, 1944. — Tabellarische Zusammenstellung der Entdeckungen zur Natur des Lichtes.

3519. **R. Herman, L. Herman,** Etude de la phosphorescence de l'oxygène et du peroxyde d'azote. Cahiers de physique Nr. **9** 16—22, mit 2 Fig., 1942 = Publ. Obs. Lyon **3** fasc. 9. — Das Phosphorescenz- und Fluorescenzleuchten von Sauerstoff und Stickstoffdioxyd wird behandelt. Micz.

3520. **R. Herman, L. Herman,** Remarques sur les bandes de Goldstein-Kaplan de l'azote. Cahiers de physique Nr. **9** 23—27, mit 1 Fig., 1942 = Publ. Obs. Lyon **3** fasc. 9. — Die Ursache fur die Verschiebung der Goldstein-Kaplan-Banden des Stickstoffs bei λ 3052,8 und λ 3178,4 nach kürzeren Wellenlangen mit steigender Temperatur werden diskutiert. Einige Emissionserscheinungen des Nachthimmelleuchtens hangen vielleicht mit diesem System zusammen. Der in Betracht kommende Anregungsmechanismus wird erortert. Micz.

3521. **R. Herman,** Mécanismes d'excitation du système de bandes de Vegard-Kaplan de la molécule neutre d'azote. Cahiers de physique Nr. **18** 44—47, mit 1 Fig., 1943 = Publ. Obs. Lyon **3** fasc. 15. — Das Intensitatsverhaltnis der Vegard-Kaplan-Banden (0,5) und (0,6) des neutralen Stickstoff kehrt sich bei einer Druckänderung um. Die Banden mit v' >0 verstarken sich bei steigendem Druck. Der zur Erklarung vorgeschlagene Anregungsmechanismus spielt vielleicht auch fur die Entstehung des Nordlichtspektrums eine Rolle. Micz.

3522. **H. C. van de Hulst,** Optics of spherical particles. Recherches Astr. Obs. Utrecht **11** Teil 1, 87 S. mit 27 Fig., 1946. = Diss. Amsterdam. Vgl. AJB **45** Ref **3519.**

3523. **H. Jeffreys, B. S. Jeffreys,** Methods of Mathematical Physics. Cambridge Engl., At the University Press, 1946. 10+679 S. Preis £ 3 3 s. net. bzw. $ 15.00. — Besprechung in Obs **67** 146—150, Science **106** 227 (H. P. Robertson).

3524. **A. S. King,** Note concerning lines of neutral dysprosium. Publ ASP **54** 201—202, 1942.

3525. **O. Klein, G. Beskow, L. Treffenberg,** On the origin of the abundance distribution of chemical elements. Ark Mat Astr Fys **33** B Nr. 1, 7 S. mit 1 Fig., 1946. — Das Problem der Entstehung der heute beobachteten Elementenverteilung wird auf Grund der Gibbsschen statistischen Mechanik behandelt. Danach ergeben sich für Entstehungstemperatur und -dichte Werte von der Ordnung 10^{10° und $4 \cdot 10^8$ g cm^{-3}. Die theoretische Verteilungskurve der Elemente stimmt mit der empirischen bis zu Massenzahlen von etwa 60—70 in großen Zugen überein, sinkt dann aber gegen diese ab. Weiterhin wird speziell das Neutronen-Protonen-Gleichgewicht diskutiert. Kdr.

3526. **P. Kunze,** Die spektrale Energieverteilung der Hefnerlampe. Z f Phys **122** 494—496, 1944.

3527. **H. G. Küssner,** Principia Physica. Gottingen, Verlag Vandenhock & Ruprecht. 260 S. Preis 13.50 DM (brosch.), 15.— DM (Halbleinen). — Besprechung in AN **276** 269, Himmelswelt **55** 144 (W. Dieckvoss).

3528. **L. Leprince-Ringuet,** Le noyau de l'atome. La libération de son énergie. BSAF **60** 172—181, 219—223, 1946.

3529. **J. Mattauch, S. Flügge,** Nuclear Physics Tables and an Introduction to Nuclear Physics. Aus dem Deutschen ins Englische ubersetzt von E. P. Gross und S. Bargmann. New York and London, Interscience Publishers, Inc., 1946. 8+173 S. mit 8 Tafeln. Preis $ 12 bezw. 72 s. — Besprechung in ApJ **109** 182, J Applied Phys **19** 966, Nat **161** 418 (J. D. Cockcroft).

3530. **M. Nicolet,** Une équation générale d'ionisation. Bull. Acad. Roy. Belg. (5) **28** 768—781, 1942. — Ref. in ZfMG **28** 384.

3531. **R. Parés,** Los efectos físicos de mayor importancia en Astrofísica. Urania Barcelona **30** Nr. 209 S. 23—26, 1945.

3532. **R. S. Richardson,** Atomic power in the laboratory and in the stars. Publ ASP **57** 233—243, 1945.

3533. **L. Rosino,** Sviluppi recenti delle ricerche sullo sfruttamento dell'energia atomica. Coelum **14** 19—21, 42—45, 73—76, 88—90, 1946. — Die Ausnutzung atomarer Energie in elementarer Darstellung. F. Z.

3534. **M. Rudkjöbing,** On the continuous absorption of the negative hydrogen ion in the ultraviolet. Kgl. Danske Vid. Selskab, Mat.-fys. Medd. **20** Nr. 16, 12 S., 1943 = Publ. Kobenhavns Obs. Nr. **136.** — Die ersten Berechnungen des kontinuierlichen Absorptionskoeffizienten des H^--Ions berucksichtigten nur solche Übergange, bei denen das nach Ablosung eines Elektrons verbleibende Atom sich im Grundzustand befindet. In der vorliegenden Arbeit werden die Rechnungen auf die Falle ausgedehnt, in denen das Atom angeregt oder sogar ionisiert ist. Kdr.

3535. **R. F. Schmid, L. Gerö,** Dissociation energy of the NO molecule. Csillagászati Lapok **6** 101—102, 1943.

3536. **R. F. Schmid, L. Gerö,** Dissociation energy of the N_2 molecule. Csillagászati Lapok **6** 102—103, 1943.

3537. **G. Strömberg,** Theories of light. ASP Leaflet Nr. **212,** 8 S., 1946.

3538. **G. de Vaucouleurs,** La conquête de l'énergie intra-atomique ou 50 ans de physique et de chimie nucléaires. BSAF **59** 115—136, 1945.

§ 36

Sternatmosphäre, Spektrum

3601. **W. S. Berditschewskaja,** Der Aufbau der Photospharen der A0-Sterne. RAJ **22** 359—373, 1945 (russisch).

3601a. **E. R. Mustel,** Der selektive Strahlungsdruck auf die einen zentralen Stern umgebende Hulle. RAJ **22** 347—352, 1945 (russisch).

3602. **S. B. Pikelner,** Über die Ejektion von Atomen aus Sternen und Sonne. Moskauer Universitatsbote Nr. **1** S. 131—137, 1946 (russisch).

3603. **M. Rudkjöbing,** On the temperature distribution in a stellar atmosphere with a convectively unstable zone. Ann d'Astrophys **9** 7—12, mit 1 Fig., 1946 = Publ. Kobenhavns Obs. Nr. **143.** — Fur eine Modellatmosphare, die aus einem außeren Teil im Strahlungsgleichgewicht und einem inneren Teil im konvektiven Gleichgewicht besteht, wird die Temperaturverteilung abgeleitet, indem die Beziehung zwischen optischer Tiefe τ und Temperatur T so bestimmt wird, daß der Strahlungsfluß in der Außenzone konstant ist. Das Ergebnis wird mit dem Temperaturverlauf in einer Atmosphare verglichen, in deren außerer Strahlungsgleichgewichtszone eine Beziehung zwischen T und τ gilt, als ob die gesamte Atmosphare sich im Strahlungsgleichgewicht befande. Gegenuber diesem Temperaturverlauf ergeben sich außen etwas geringere, innen etwas hohere Temperaturen, wahrend die obere Grenze der Konvektionszone weiter nach außen verschoben ist. Kdr.

3604. **G. A. Schajn,** Systematische Bewegungen in den Atmospharen der weißen Überriesen. DAN **44** Nr. 2 S. 56—62, 1944 (russisch).

3605. **V. V. Sobolev,** On excitation and ionisation in expanding stellar envelopes. RAJ **23** 193—202, 1946 (russisch mit engl. Ref.). — Unter der Voraussetzung, daß die Atome nur drei Energiezustande besitzen (den Grund-, den angeregten und den Ionisationszustand), leitet Verf. die fur das Strahlungsgleichgewicht geltende Bedingung ab. Die Transportgleichung hat eine gegen eine ruhende Hulle veranderte Form. Der Anregungs- und Ionisationsgrad, der von der Temperatur des Sternes, dem Verdunnungsfaktor und der Dichte abhangt, nimmt exponentiell mit der optischen Entfernung ab. Loh.

3606. **A. Sorokina,** On stability of gaseous spheres. CR Acad. Sci. USSR (NS) **54** 677—680, 1946. — Ref. in Math Rev **8** 607.

3607. **B. Strömgren** in Zusammenarbeit mit **K. Gyldenkaerne, M. Rudkjöbing, K. A. Thernöe,** Tables of model stellar atmospheres (Model stellar atmospheres. I). Kgl. Danske Vid. Selskab, Mat.-fys. Medd. **21** Nr. 3, 85 S., 1944 = Publ. Kobenhavns Obs. Nr. **138**. — Außer einigen Zwischenwerten werden Temperatur, Druck, Elektronendruck und Opazität in Abhängigkeit von der optischen Tiefe für 27 Modellatmosphären tabuliert, wobei die Parameter Θ_0 (Oberflächenwert der Größe $\Theta = 5040°/T$), g (Schwerebeschleunigung) und A (Verhältnis der Zahl der Wasserstoffatome und -ionen zur Gesamtzahl der Metallatome und -ionen pro Volumeneinheit) variiert werden. Θ_0 überdeckt den Bereich 1.0 bis 0.7, log g 3.0 bis 4.5 und log A 3.4 bis 4.2. Ferner werden noch die Ergebnisse für 12 weitere Atmosphärenmodelle mitgeteilt, in denen die Parameter speziell der Sonne, der Capella und einem cA5-Stern angepaßt sind. Kdr.

3608. **E. Vandekerkhove,** Etude au sujet de la longueur d'onde des extrémés d'une raie résultante. BAB **3** 301—305, mit 1 Fig., 1945. — Es werden Formeln zur Berechnung der Wellenlänge von Blends aus den Wellenlängen der Komponenten abgeleitet und zur Erleichterung der Rechnung graphische Darstellungen und Hilfstafeln gegeben. Micz.

3609. **E. Vandekerkhove,** Etude au sujet des raies résultantes à fond plat ou très larges. BAB **3** 306—311, mit 1 Fig., 1945. — Es wird gezeigt, daß die stark verbreiterten Linien in den Wolf-Rayet-Sternen, Novae und Sternen mit großer Rotationsgeschwindigkeit durch Überlagerung mehrerer Einzellinien entstehen können. Micz.

3610. **E. Vandekerkhove,** Calcul des paramètres d'une raie simple ayant même contour qu'une raie résultante. BAB **3** 311—312, 1945. — Zur Darstellung des Profils einer Einzellinie, das dem eines Blends äquivalent sein soll, werden zwei Methoden vorgeschlagen. Micz.

3611. **E. Vandekerkhove,** Etude de la discontinuité résultante dans les spectres stellaires. BAB **3** 313—319, mit 2 Fig., 1945. — Der Balmersprung wird analytisch dargestellt durch die Überlagerung zweier kontinuierlicher Spektren. Die Formeln werden auch auf die Überlagerung von mehr als zwei Spektren ausgedehnt. Micz.

3612. **R. Wildt,** Theory of continuous stellar spectra. Obs **64** 195, 1942.

* * **H. Zanstra,** Non-coherent scattering and the absence of polarization in Fraunhofer lines. Vgl. Ref. **4431**.

§ 37

Sterninneres

* * **H. A. Bethe,** Energy production in stars. Vgl. Ref. **3506**.

3701. **P. L. Bhatnagar,** The theory of anharmonic pulsations for Cepheids: Two-phase homogeneous model. Proc. Nat. Inst. Sci. India **11** 13—20, 1945. — Ref. in Math Rev **9** 385—386.

3702. **P. L. Bhatnagar,** Application of Rayleigh's principle to Cepheid pulsation. Proc. Nat. Inst. Sci. India **11** 25—29, 1945. — Ref. in Math Rev **9** 386.

3703. **P. L. Bhatnagar,** Radial oscillations of a rotating star. Bull. Calcutta Math. Soc. **38** 93—95, 1946. — Ref. in Math Rev **8** 411.

3704. **P. L. Bhatnagar,** Radial oscillations of a star. Bull. Calcutta Math. Soc. **38** 168—176, 1946. — Ref. in Math Rev **9** 162.

3705. **L. Biermann,** Neuere Fortschritte der Theorie des inneren Aufbaues und der Entwicklung der Sterne. Ergebnisse der exakten Naturwissenschaften **21** 1—49, mit 4 Abb., 1945. — Den Bericht von B. Strömgren in Ergebnisse der exakten Naturwissenschaften **16** (AJB **39** Ref. **3502**) fortfuhrend wird über die bis etwa 1943 erschienenen Arbeiten uber Konvektion im Sterninnern sowie uber Energiequellen und Entwicklung der Sterne referiert. Im ersten Teil behandelt Verf. das Kriterium fur das Auftreten von Konvektion, die physikalischen Grundlagen und die Nichtuberschreitbarkeit des adiabatischen Temperaturgradienten im Sterninnern und diskutiert dann an Hand der Grundgleichungen die Gultigkeit des Vogt-Russellschen Satzes bei Vorhandensein von Konvektion. Es folgen die Theorie konvektiver Sternmodelle und Ausfuhrungen uber die Stabilitat und Entwicklung konvektiv aufgebauter Sterne. Der zweite Teil gibt einen Überblick uber die fur die stellare Energieerzeugung verantwortlichen Kernprozesse und die daraus fur den Aufbau der Sterne resultierenden Folgerungen, streift kurz die Energieerzeugung der Riesen und skizziert den vermutlichen Entwicklungsgang der Sterne. Abschließend werden die derzeitigen Ansichten uber die Ursachen der Novae- und Supernovaeausbruche sowie uber die Entstehung der schweren Elemente betrachtet. Kdr.

3706. **T. G. Cowling,** The theory of stellar structure, 1932—1942. Obs **64** 224—228, 1942. — Der Aufsatz enthalt eine Übersicht uber die Entwicklung der Theorie des Sternaufbaues von 1932 bis 1942, wobei besonders auf die Opazitat der Sternmaterie, die Energieerzeugung und den inneren Zustand der Bedeckungsveranderlichen eingegangen wird. Micz.

3707. **A. S. Eddington,** Internal stellar density distribution. Obs **64** 231—233, 1942. — Besprechung von Arbeiten aus Annals of the New York Academy of Science **41** Art. 1, 1941.

3708. **A. Gasser,** Entstehung, Aufbau, Energiehaushalt und Alter der Sterne und ihrer Planeten. Mitt. Naturwiss. Ges. Winterthur Heft 24, 58 S. mit 2 Fig., 1946. — Verf. glaubt zeigen zu konnen, daß die bisherige Behandlung der Emdenschen polytropen Sternmodelle fehlerhaft sei, welche daher für die wirklichen Sterne keine Gültigkeit haben konnten. Daher sei „die Astrophysik in bezug auf die Dichte und Energie der Sterne auf einen fatalen Irrweg gelangt, aus dem sie sich auf Grund der nachfolgenden Überlegungen zuruckziehen sollte.“ Diese Überlegungen fuhren auf Modelle, die aus einem homogenen, isothermen Kern von 10^{13}—10^{14} g . cm^{-3} Dichte — „einer alchemistischen Kuche von astronomischen Ausmaßen“ — umgeben von einer lockeren, polytrop aufgebauten Hulle bestehen und die keine Grundlage zur Losung zahlreicher Probleme des Aufbaus und der Entwicklung der Sterne und Planeten liefern sollen. Kdr.

3709. **E. Gullón,** Las actuales hipótesis sobre el origen de la enérgía radiadá por los astros. Investigación y Progreso 1946 S. 193—201.

3710. **F. Hoyle,** The chemical composition of the stars. MN **106** 255—259, mit 2 Fig., 1946. — Ref. in Nat **160** 744. — Aus neueren Bestimmungen der chemischen Zusammensetzung der interstellaren Materie und der Sternatmospharen wird geschlossen, daß die Sterne bei ihrer Kondensation mindestens zu 99% aus Wasserstoff bestanden haben. Dies kann sich durch Elementumwandlungen wahrend der kurzen Zeitskala nicht wesentlich geandert haben, so daß auch gegenwärtig die Sterne praktisch vollkommen aus Wasserstoff mit einer geringen Beimischung schwerer Elemente bestehen sollten. Aus einem Vergleich der empirischen Masse-Leuchtkraft-Kurve mit theoretischen Beziehungen fur verschiedene Zusammensetzungen wird geschlossen, daß die obige Annahme zu einer mindestens ebenso guten Darstellung der Beobachtungen fuhrt wie die bisher meist gemachte Voraussetzung eines mäßigen Wasserstoffgehalts. Kdr.

3711. **F. Hoyle,** The synthesis of the elements from hydrogen. MN **106** 343—383, mit 1 Fig., 1946. — Es wird versucht, die Entstehung der schweren Elemente an Hand folgenden Gedankengangs zu erklaren: Fur Sterne, deren Wasserstoffgehalt erschopft ist, beginnt damit ein Stadium der Kontraktion, wobei Dichte und Temperatur im Mittelpunkt zunehmen und unter gewissen

Bedingungen Werte erreichen, bei denen nach der statistischen Mechanik die relativen Haufigkeiten aller Elemente von gleicher Großenordnung werden. Notwendig hierfur ist eine hinreichend große Masse (oberhalb der Chandrasekharschen Entartungsgrenze) und ein kleiner Drehimpuls der Sterne, damit nicht vor Erreichen der kritischen Mittelpunktswerte die Kontraktion durch Übergang in einen entarteten Gleichgewichtszustand oder durch Eintritt von Rotationsinstabilitat aufhort. Die letztere wird allerdings bei weiterer Kontraktion doch eintreten und eine Ausbreitung der Sternmaterie unter Erhaltung ihrer Zusammensetzung in den interstellaren Raum bewirken. Dieser Vorgang kann sich entweder katastrophenartig auf einmal oder langsamer in mehreren Stufen abspielen, worin Verf. eine naturliche Erklarung des Unterschieds zwischen Supernovae und gewohnlichen Novae erblickt. Kdr.

3712. **F. Hoyle, R. A. Lyttleton.** Note on stellar structure. MN **106** 525—530, 1946. — Es werden die Bedingungen untersucht, die an der Grenzflache zwischen konvektiven Kernen und Außenschichten im Strahlungsgleichgewicht erfullt sein mussen, wenn der Strahlungsdruck nicht zu vernachlassigen ist. Wahrend die meisten Großen an der Grenzflache sich stetig andern, gilt dies fur den effektiven Polytropenindex nicht mehr, wenn die chemische Zusammensetzung an der Grenzflache eine Diskontinuitat aufweist. Kdr.

3713. **R. A. Lyttleton,** On the general equations of stellar structure. MN **106** 228—239, 1946. — Nach Ableitung der Zustandsgleichung fur Gase in konvektivem Gleichgewicht bei nicht verschwindendem Strahlungsdruck werden die Gleichungen, welche den Aufbau der konvektiven inneren Schichten eines Sternes bestimmen, nach geeigneter Umformung durch einen Potenzreihenansatz gelost. Die numerische Auswertung, die Temperatur und Dichte in Abhangigkeit vom Quadrat des Mittelpunktsabstandes liefert, wird fur die ersten neun Glieder der Reihen durchgefuhrt. Die Anpassung von Außenschichten im Strahlungsgleichgewicht an die konvektiven Innenzonen wird kurz besprochen. Kdr.

3714. **A. G. Massewitsch,** Modell eines roten Riesen mit Energieerzeugung nach Bethe. VS Bull **6** 32—34, 1946 (russisch). — Fur α Ori und VV Cep werden unter Verwendung ihrer Werte fur R, M, L und T_{eff} Modelle durchgerechnet. Die Sterne bestehen aus einer im Strahlungsgleichgewicht befindlichen Hulle mit 84% der Gesamtmasse und einem isothermen Kern ohne Wasserstoff ($T \approx 45 \times 10^6$, Masse $\approx 15\%$ der Gesamtmasse, Radius $\approx 10^{-4}$ des Sternradius). Die Energie wird in einer Schale der Hulle bei einer Temperatur von 45 bis 30×10^6 Grad nach Bethe erzeugt. (Vgl. AJB **40** Ref. 3541). Die Opazitat der Hulle wird nach dem Kramersschen Gesetz berechnet, das Molekulargewicht als praktisch konstant und gleich 1 angenommen (d. h. $\approx 35\%$ H und 65% Russellmischung). Diese Modelle ergeben eine maximale Lebensdauer der Überriesen von etwa 10^7 Jahren. Loh.

3715. **E. A. Milne,** Cold dense matter. Nat **153** 658, 1944. — Ref. in Phys Ber **26** 118—119.

3716. **I. Puig,** Procesos termonucleares de los astros. Ibérica **2** 442—447, 1945.

3717. **E. Schatzman,** Théorie du débit d'énergie des naines blanches. Rev d'Opt Théor et Instr 1946, 69 S. mit 8 Fig. (Diss.). — Es wird gezeigt, daß die Theorie der Energieerzeugung von Bethe auf die weißen Zwerge anwendbar ist. Fur die Verteilung der Elemente wird folgende Schichtung angenommen: ein Kern mit Russellmischung, eine Zwischenschicht aus Russellmischung und Wasserstoff (Starke etwa 0,01 R) und daruber eine reine Wasserstoffschicht. Die Abhangigkeit des Sternradius vom Wasserstoffgehalt wird diskutiert und die innere Temperaturverteilung ermittelt. Die Temperatur hangt von der Leuchtkraft, der Masse, dem Radius und der Dicke der Wasserstoffschicht ab. Die Energieerzeugung ist klein bei einem weißen Zwerg, weil die Reaktionszone der Kernprozesse sehr klein ist. Die etwas geringere Temperatur wird dabei durch die hohere Dichte ausgeglichen. Die Frage, welche Kernprozesse in Betracht kommen, wird eingehend behandelt. Abschließend wird die Masse-Leuchtkraft-Beziehung der weißen Zwerge berechnet und eine Bemerkung über ihren Entwicklungsgang gemacht. Micz.

3718. **H. K. Sen,** Polytropic gas spheres with variable index. Proc. Nat. Acad. Sci. India (A) **12** 13—36, 1942. — Ref. in Math Rev **8** 60.

3719. **H. K. Sen,** Radial oscillations of a variable star. Proc. Nat. Acad. Sci. India (A) **12** 99—107, 1942. — Ref. in Math Rev **8** 60.

3720. **H. K. Sen,** Adiabatic pulsations of the Cepheid variable. Proc. Nat. Acad. Sci. India (A) **12** 177—189, 1942. — Ref. in Math Rev **8** 60.

3721. **H. K. Sen,** Uniform radial oscillations of a star. Proc. Nat. Acad. Sci. India (A) **12** 236—244, 1942. — Ref. in Math Rev **8** 60.

3722. **H. K. Sen,** Radial oscillations of a slowly rotating star. Proc. Nat. Acad. Sci. India (A) **12** 245—257, 1942. — Ref. in Math Rev **8** 60.

3723. **H. K. Sen,** Radial oscillations of the generalised Roche's model Proc. Nat. Acad. Sci. India (A) **13** 44—53, 1943. — Ref. in Math Rev **8** 60.

3724. **H. K. Sen,** Large radial oscillations of a star. Proc. Nat. Acad. Sci. India (A) **13** 184—194, 1943. — Ref. in Math Rev **8** 60.

3725. **A. B. Sewerny,** Das Problem der Stabilitat der Himmelskörper. RAJ **18** 236—251, 1941 (russisch).

3726. **A. B. Sewerny,** Das Stabilitatsproblem der Sterne und Nebel. Fortschritte Astr. Wiss. **2** 201—250, 1941 (russisch).

3727. **A. B. Sewerny,** Über die Stabilitat der gasformigen Sterne und der weißen Zwerge. DAN **31** 109—111, 1941 (russisch).

3728. **A. B. Sewerny,** Über die Stabilitat dichter, inhomogener Emdenscher Gaskugeln. DAN **30** 403—406, **31** 106—108, 1941 (russisch).

3729. **A. B. Sewerny,** Über die Stabilitat der Sterne. DAN **42** 303—305, 1944 (russisch).

3730. **A. B. Severny,** On the stability of gaseous stars. RAJ **23** 137—140, 1946 (russisch mit engl. Zusammenfassung). — Ref. in Math Rev **8** 178.

3731. **A. B. Severny, A. G. Masievicz,** On the structure of giant stars. RAJ **23** 221—224, mit 1 Fig., 1946 (russisch mit engl. Ref.). — Es wird gezeigt, daß Gamow's Ansichten uber die Energiequellen und den Aufbau der Riesen unhaltbar sind. Das Problem kann zur Zeit als noch ungelost betrachtet werden. Loh.

3732. **A. Sorokina,** Über die Stabilitat von Gaskugeln. DAN **54** 681—684, 1946 (russisch).

3733. **W. W. Tscherdynzew,** Zur Theorie des Sterninnern. RAJ **18** 1—9, 1941 (russisch).

3734. **N. N. Tunizkij,** Die Quellen der Sternenergie. Fortschritte Astr. Wiss. **2** 191—199, 1941 (russisch).

3735. **P. C. Vaidya,** The external field of a radiating star in general relativity. Current Sci. **12** 183, 1943. — Ref. in Math Rev **8** 536.

3736. **H. Vogt,** Aufbau und Entwicklung der Sterne. Vgl. AJB **45** Ref. **3701.** — Weitere Besprechung in Obs **67** 236—237.

3737. **Å. Wallenquist,** Den stellara energialstringens problem. Svenska Fysikersamfundets publikation Kosmos **20** 39—48, mit 1 Fig., 1942. — Allgemeine Darstellung des Problems der Energieerzeugung im Sterninnern. Nach der Helmholtzschen Kontraktionstheorie wird die Rolle radioaktiver Prozesse und die entscheidende Bedeutung von Kernumwandlungen nach v. Weizsacker und Bethe erörtert und kurz die Frage der Sternentwicklung in Anlehnung an Gamow angeschnitten. Loh.

3738. **J. Wasiutyński,** Studies in hydrodynamics and structure of stars and planets. Astrophysica Norvegica **4,** 497 S. mit 62 Fig., 1946. – Besprechung in Ann d'Astrophys **10** 91 (J. Tuominen). — In der umfangreichen Publikation nimmt ihr Verf., teils eigene Gedanken zur Diskussion stellend, teils die Arbeiten anderer Autoren kritisch referierend, Stellung zu zahlreichen hydrodynamischen Problemen der theoretischen Astrophysik. Der vielseitige Inhalt, betreffs dessen Einzelheiten auf das Buch selbst verwiesen werden muß, erstreckt sich von der Turbulenz und Konvektion in Sternen — vor allem in rotierenden — uber dıe Phanomene der außeren Sonnenschichten, die Veranderlichkeit der Sterne und die Oberflachenstruktur des Mondes, der Erde und der anderen Planeten bis zu Fragen der Planeten- und Sternatmospharen sowie der Stabilitat, des Aufbaus und der Entwicklung der Sterne. Kdr.

3739. **L. A. Watjan,** Über mögliche überdichte Sternkonfigurationen. Erewan Bull. Nr. **5** S. 3—34, 1942 (russisch).

3740. **R. v. d. R. Woolley,** Stellar opacity. MN **106** 108—112, 1946. — Berechnung des stellaren Absorptionskoeffizienten auf Grund der Annahme, daß die Sternmaterie aus einer Anzahl klassischer Oszillatoren besteht, deren Verteilung uber die Frequenzen bei Vernachlassigung der Ionisation durch $\Phi(\nu) \sim \nu^{-n}$ gegeben sei. Damıt ergibt sich die Rosselandsche mittlere Opazitat k_2 bei Berucksichtigung der Ionisation zu $k_2 \sim \varrho\, T^{-(3/2+n)}$ für Riesensterne und zu $k_2 \sim T^{-n}$ fur Zwergsterne. Das in Wirklichkeit realisierte Verteilungsgesetz der Oszillatoren dürfte durch $n = 0$ oder $\Phi = \text{const}$ in guter Naherung dargestellt werden. Kdr.

3741. **R. v. d. R. Woolley,** Stellar energy generation. MN **106** 260—266, mit 2 Fig., 1946. — Aus dem Vergleich einer theoretischen Beziehung zwischen Zentraltemperatur, Masse, Leuchtkraft und Radius eines Sterns, abgeleitet für nichtentartete, homologe Sterne kleiner Masse unter Voraussetzung eines bestimmten Energieerzeugungsgesetzes, mit den Beobachtungsdaten einer Reihe von Sternen schließt Verf., daß Unterschiede im Wasserstoffgehalt zwischen Zentrum und Oberfläche auftreten und daß bei einigen Sternen auch entartete Kerne merklicher Ausdehnung vorhanden sein können. Kdr.

3742. The theory of planets and white dwarfs. Obs **66** 94, 1945. — Besprechung des Vortrags von D. S. Kothari in Proceedings of the 31st Indian Science Congress, Delhi, S. 12—31, 1944.

3743. A new theory. Sky and Telescope **6** Nr. 1 S. 11, 1946. — Referat über Sternaufbau.

§ 38

Nebel, Interstellare Materie

3801. **Y. Hagihara,** Electron velocity distribution in a planetary nebula. Part 3. JJAG **18** 89—142, mit 7 Fig., 1940 = Tokyo Obs. Repr. Nr. **9.** — Die der Beobachtung zugänglichen physikalischen Eigenschaften eines planetarischen Nebels aus reinem Wasserstoff werden im Hinblick auf die theoretischen Ergebnisse uber die Elektronengeschwindigkeitsverteilung (Tokyo Obs. Repr. Nr. **5** und **7**) geprüft. Danach sollten hieruber in erster Linie Beobachtungen der Energieverteilung im Balmer- und Paschen-Kontinuum Aufschluß geben können. Weiter wird gezeigt, daß die Abweichungen von einer Maxwellschen Geschwindigkeitsverteilung der Elektronen durch Beimischung von Sauerstoff und Stickstoff zum Wasserstoff verkleinert, von Kohlenstoff vergroßert werden. Insgesamt läßt die beobachtete Haufigkeitsverteilung der Elemente in einem planetarischen Nebel im Strahlungsgleichgewicht merkliche Unterschiede gegen eine Maxwell-Verteilung erwarten. Nach der in Teil II angegebenen Lösungsmethode für das

Problem des Strahlungstransports im Nebel werden für drei Nebelmodelle zweite Näherungen, in einem Fall sogar eine dritte Näherung berechnet und diskutiert. Abschließend wird die Frequenzfunktion der langsamen Elektronen gesondert betrachtet, wofür sich ebenfalls große Abweichungen von Maxwellscher Verteilung ergeben. Kdr.

3802. **Y. Hagihara,** Electron velocity distribution in a planetary nebula or in the interstellar space for radiative equilibrium. TAB Nr. 525—533, 542—551, 571—577, 1941. — In Fortführung seiner Arbeiten über die Geschwindigkeitsverteilung der Elektronen in einer Gasmasse sehr geringer Dichte unter dem Einfluß verdünnter kurzwelliger Strahlung bringt Verf. die Boltzmann-Gleichung für die Frequenzfunktion der Elektronengeschwindigkeiten auf eine dem Problem angepaßte Form und löst sie durch eine Reihenentwicklung nach Hermiteschen Polynomen. Die Eigenschaften dieser Lösung werden im einzelnen diskutiert. Es ergibt sich, daß der Einfluß der Strahlung Abweichungen der Elektronengeschwindigkeitsverteilung von einer Maxwellschen Verteilung bedingt. Der zweite Teil befaßt sich mit der Relaxationszeit und verwandten Fragen, während im dritten ein Vergleich mit einigen Beobachtungsdaten durchgeführt wird, für die die Geschwindigkeitsverteilung der Elektronen von Bedeutung ist, nämlich die Elektronentemperatur, der Balmersprung, die Intensität an der Grenze des Balmerkontinuums und die Intensitätsverteilung in ihm. Kdr.

3803. **Y. Hagihara,** Electron velocity distribution in a planetary nebula. Part 5 and part 6. JJAG **19** 9—96, mit 5 Fig., 1941 = Tokyo Astr. Obs. Repr. Nr. **10**. — Teil V stimmt inhaltlich im wesentlichen mit der Arbeit in TAB Nr. 525 ff. (vorstehendes Ref.) überein. In Teil VI wird ergänzend der Einfluß inelastischer und überelastischer Zusammenstöße von Elektronen mit O III-Atomen auf die Geschwindigkeitsverteilung der Elektronen behandelt und das Beobachtungsmaterial daraufhin diskutiert. Es zeigt sich erneut, daß auf der Basis einer Maxwellschen Verteilung keine befriedigende Deutung der Beobachtungen möglich ist, daß dagegen im Fall einer nicht Maxwellschen Verteilung durch Berücksichtigung des obigen Effekts eine bessere Übereinstimmung erzielt wird. Kdr.

3804. **Y. Hagihara, T. Hatanaka,** Radiative transfer in a planetary nebula. JJAG **19** 135—216, mit 15 Fig., 1942 = Tokyo Astr. Obs. Repr. Nr. **11**. — In JJAG **15** 1—136 (AJB **40** Ref. **3552**) hatte der eine der beiden Verf. für das Problem des Strahlungstransports in einem ruhenden, aus Wasserstoff bestehenden planetarischen Nebel eine erste Näherungslösung gegeben. Die vorliegende Arbeit führt die Untersuchungen in zweiter Näherung weiter und bringt die Resultate für acht Modelle planetarischer Nebel, und zwar für je zwei Werte der Elektronentemperatur und der optischen Dicke des Nebels, sowie der effektiven Temperatur des Zentralsterns. Kdr.

3805. **Y. Hagihara,** Electron velocity distribution in a planetary nebula. Part 7. JJAG **20** 1—18, 1943 = Tokyo Astr. Obs. Repr. Nr. **13**. — Zur weiteren Prüfung der theoretischen Ergebnisse über die Geschwindigkeitsverteilung der Elektronen in planetarischen Nebeln wird aus Messungen des Intensitätsverhältnisses der Nebellinien $N_1 + N_2$ zu H β das Häufigkeitsverhältnis O III zu H II bestimmt. Der resultierende Wert ist etwas kleiner als die auf anderem Wege erhaltenen Werte, was auf die Vernachlässigung von Zusammenstößen der Elektronen mit Atomen oder Ionen noch anderer Elemente außer O III zurückgeführt wird. Kdr.

3806. **Y. Hagihara,** Electron velocity distribution in a planetary nebula. Part 8. JJAG **20** 37—57, 1943 = Tokyo Astr. Obs. Repr. Nr. **14**. — In den bisherigen Untersuchungen waren im Falle mehrerer eng beieinander liegender Zustände des O III-Ions diese zu einem Zustand zusammengefaßt worden. Die Arbeit untersucht die Auswirkungen dieser Vereinfachung auf die Elektronengeschwindigkeitsverteilung mit dem Ergebnis, daß der Effekt zu vernachlassigen ist. Ähnliche Betrachtungen werden angestellt über den Einfluß der Geschwindigkeitsverteilung auf die Zusammenstoße der Elektronen im Fall von Multiplettzustanden bei verbotenen Linien im Spektrum der Sonnenkorona. Hier lassen sich jedoch noch keine eindeutigen Schlusse ziehen. Kdr.

3807. **Y. Hagihara, N. Soma,** Electron velocity distribution in a planetary nebula. Part 9. JJAG **20** 59—66 = Tokyo Astr. Obs. Repr. Nr. **15**. — Für den bei der Berechnung der Ionisation auftretenden Gaunt-Faktor, der bisher gleich eins gesetzt wurde, werden nunmehr die exakten Werte zugrunde gelegt. Es wird gezeigt, daß die dadurch bedingte Verbesserung bezuglich der Geschwindigkeitsverteilung der Elektronen nur geringfugig ist. Kdr.

3808. **Y. Hagihara,** The electron velocity distribution in the celestial gaseous assemblies in radiative equilibrium. JJAG **20** 493—500, 1944 = Tokyo Astr. Obs. Repr. Nr. **24**. — Verf. gibt eine Zusammenfassung seiner Untersuchungen uber die Geschwindigkeitsverteilung der Elektronen in Gasnebeln. Zur Prüfung der erhaltenen Resultate an der Beobachtung skizziert er ferner ein Verfahren, das aber genauere spektralphotometrische Messungen und ausgedehntere Bestimmungen von Übergangswahrscheinlichkeiten voraussetzt. Doch spricht schon das jetzt vorliegende Material mit großer Wahrscheinlichkeit dafur, daß sich in kosmischen Gasmassen unter dem Einfluß hochfrequenter Strahlung im Gleichgewicht eine nicht Maxwellsche Geschwindigkeitsverteilung der Elektronen ausbildet. Kdr.

3809. **Y. Hagihara, T. Hatanaka,** On the radiative transfer in an expanding planetary nebula. JJAG **21** Nr. 1—2, S. 45—52, mit 5 Fig., 1944 = Tokyo Astr. Obs. Repr. Nr. **22**. — Im Anschluß an frühere Arbeiten uber den Strahlungstransport in einem ruhenden planetarischen Nebel (JJAG **15** 1, AJB **40** Ref. 3552; JJAG **19** 135, AJB **46** Ref. **3804**) werden die Modifikationen der dort gefundenen Losungen diskutiert, die durch eine Expansion oder Kontraktion des Nebels bedingt werden. Es ergeben sich nicht unbetrachtliche Änderungen im Verlauf von Strahlungsfluß und -intensitat und der Zahlen der Atome in verschiedenen Quantenzustanden. Kdr.

3810. **T. Hatanaka,** Intensity of forbidden lines and abundance of OII and OIII atoms in planetary nebulae. JJAG **20** 19—35, mit 5 Fig., 1943 = Tokyo Astr. Obs. Repr. Nr. **12**. — Die Theorie der verbotenen Linien im Spektrum planetarischer Nebel wird einer Neudiskussion unterzogen und die Abhangigkeit der Linienintensitaten von der Elektronendichte klargelegt. Die Ergebnisse erlauben die Deutung der beobachteten hohen Intensitaten, besonders der grünen Nebellinien des OIII und der Emissionslinie λ 3727 des OII und ferner die Bestimmung der relativen und, bei anderweitiger Kenntnis von Ne, auch der absoluten Haufigkeit von O II und O III fur eine Reihe von Nebeln. Kdr.

3811. **T. Hatanaka,** On the theory of the optical interaction among He II, O III and N III atoms in a planetary nebula. JJAG **20** 505—509, mit 1 Fig., 1944 = Tokyo Astr. Obs. Repr. Nr. **26**. — Die ungewohnlich große Intensitat einiger O- und N-Linien in den Spektren planetarischer Nebel und anderer Objekte wird auf die Anregung durch die Strahlung mehrerer benachbarter Linien der gleichen oder anderer Elemente zuruckgefuhrt. Die quantitative Behandlung eines Spezialfalls ergibt befriedigende Übereinstimmung mit der Beobachtung. Kdr.

3812. **B. W. Kukarkin,** Die optische Dicke der selektiven Absorption eines elementaren Dunkelnebels. DAN **42** 251—253, 1944 (russisch).

3813. **B. J. Lewin,** Die Theorie von Mie und ihre astronomische Anwendung. RAJ **20** Nr. 3 S. 14—31, 1943 (russisch).

* * **J. H. Oort,** Some phenomena connected with interstellar matter. Vgl. Ref. **9115**.

* * **A. B. Sewerny,** Das Stabilitätsproblem der Sterne und Nebel. Vgl. Ref. 3726.

3814. **W. W. Sobolew,** Die Bestimmung der Elektronentemperatur der planetarischen Nebel und Prazisierung der „Nebuliummethode" zur Bestimmung der Temperatur ihrer Kerne. Abh. Staatsuniv. Leningrad Nr. 82 S. 5—16, 1941 (russisch).

3815. **W. W. Sobolew,** Der Strahlungsdruck in expandierenden Nebeln. RAJ **21** 143—148, 1944 (russisch).

3816. **N. Soma,** Electron velocity distribution in a planetary nebula. Part 10. JJAG **20** 67—82, 1943 = Tokyo Astr. Obs. Repr. Nr. **16.** — Als weitere Verfeinerung der Untersuchungen Hagiharas diskutiert Verf. den Einfluß der Ionisationen, Rekombinationen und frei-freien Übergange von O I, OII und OIII auf die Elektronengeschwindigkeitsverteilung und findet, daß sie, verglichen mit den Zusammenstoßen der Elektronen, keine wesentliche Rolle spielen. Kdr.

3817. **P. Swings, M. Désirant,** Les raies ou bandes d'absorption interstellaires non encore identifiées et leurs rapports avec l'optique des corps solides aux très basses températures. Ciel et Terre **55** 161—175, 1939 = Inst. d'Astrophys. Liége Mém. Nr. **256.** — Vgl. AJB **41** Ref. 35100. — Die Verf. geben zur Einfuhrung eine Darstellung der Verhaltnisse im interstellaren Raum und diskutieren ausführlich die zwei Hypothesen, daß gewisse nichtidentifizierte stationäre Linien interstellaren Molekulen oder sehr kleinen festen Körpern tiefer Temperatur zuzuschreiben sind. In einem Anhang wird auf die Spektren der Flüssigkeiten, Losungen und festen Körper eingegangen. Micz.

3818. **P. Swings, Y. Öhman,** The origin of unidentified interstellar absorption lines. Obs **62** 150—152, 1939 = Inst. d'Astrophys. Liége Mém. Nr. **257.** — Es wird auf die Bedeutung kristalliner und amorpher Partikel zur Erklarung der von Merrill sowie Beals und Blanchet entdeckten interstellaren Linien bzw. breiten Banden hingewiesen. Micz.

3819. **B. A. Woronzow-Weljaminow,** Die Herkunft der diffusen Materie in der Galaxis. Abh. padagog. Staatsinstitut Moskau **7** (phys.-math.) Nr. 3 S. 57—64, 1940 (russisch).

§ 39

Sternentwicklung, Kosmogonie

3901. **H. Alfvén,** Non-solar planets and the origin of the solar system. Nat **152** 721, 1943. — Ref. in Phys Ber **27** 129.

* * **I. S. Astapowitsch,** Einige Fragen zur Herkunft der meteoritischen Materie. Die meteoritische Materie im Sonnensystem. Vgl. Ref. 6792.

* * **H. A. Bethe,** Energy production in stars. Vgl. Ref. 3506.

* * **L. Biermann,** Neuere Fortschritte der Theorie des inneren Aufbaues und der Entwicklung der Sterne. Vgl. Ref. 3705.

3902. **A. F. Bogorodskij,** Die Entstehung des Sonnensystems. Kiew, Staatsverlag fur technische Literatur der Ukraine, 1946. 40 S. mit 7 Abb. Preis 2 R. (ukrainisch). — Popular.

3903. **P. Doig,** Planetary systems and their origin. JBAA **54** 18, 1944.

3904. **K. E. Edgeworth,** Planetary evolution. JBAA **54** 17, 1944.

3905. **K. E. Edgeworth,** Some aspects of stellar evolution. I. Direct condensation. MN **106** 470—475, 1946. — Vgl. Ref. **3907**.

3906. **K. E. Edgeworth,** Some aspects of stellar evolution. II. Successive condensations. MN **106** 476—483, 1946. — Vgl. Ref. **3907**.

3907. **K. E. Edgeworth,** Some aspects of stellar evolution. III. The formation of filaments. MN **106** 484—490, 1946. – Verf. nimmt an, daß die Sterne sich durch Gravitationsinstabilitat in einer ursprünglich strukturlosen rotierenden Gas- und Staubmasse gebildet haben. Dabei sind drei Moglichkeiten denkbar: 1) die Sterne sind durch direkte Kondensation entstanden, 2) die Ausgangsmasse ist zuerst in rotierende scheibenformige Untersysteme zerfallen, aus denen sich dann durch Gravitationsinstabilitat die Sterne entwickelt haben, 3) die Ausgangsmasse ist in Filamente zerfallen, deren Bruchstucke die Sterne darstellen. Die erste Möglichkeit wird in I diskutiert und dagegen eingewendet, daß, um Sterne von Sonnenmasse zu erhalten, die ursprungliche Temperatur unwahrscheinlich niedrig (2°8 abs.) hätte sein mussen und daß ferner der Drehimpuls der Sterne erheblich großer sein müßte. In II wird gezeigt, daß die zweite Annahme diese Schwierigkeiten zu umgehen gestattet, doch sollte dann die Häufigkeit der Sternhaufen und Doppelsterne großer sein. Die schließlich in III naher behandelte Moglichkeit des Zerfalls der Urmasse in Filamente mit anschließender Entwicklung der Sterne aus diesen halt Verf. fur einen gangbaren Weg zur Deutung der heutigen Verhältnisse. Kdr.

3908. **W. G. Fessenkow,** Die kosmogonischen Merkmale des Sonnensystems. Fortschritte Astr. Wiss. **2** 67—100,.1941 (russisch).

3909. **W. G. Fessenkow,** Die kosmogonischen Merkmale des galaktischen Systems. Fortschritte Astr. Wiss. **2** 157—189, 1941 (russisch).

3910. **W. G. Fessenkow,** Die Kosmogonie des Sonnensystems. Moskau-Leningrad, Verlag Akad. Wiss. UdSSR, 1944. 122 S. (russisch).

3911. **W. G. Fessenkow,** Sur l'origine du système solaire. RAJ **22** 231—240, 1945.

* * **A. Gasser,** Entstehung, Aufbau, Energiehaushalt und Alter der Sterne und ihrer Planeten. Vgl. Ref. **3708**.

3912. **G. H. Herbig,** «A meteoric theory of the origin of the earth and the planets» by O. J. Schmidt (Review). Pop Astr **53** 358—359, 1945.

* * **F. Hoyle,** On the condensation of the planets. Vgl. Ref. **5113**.

3913. **J. H. Jeans,** Non-solar planetary systems. Nat **152** 721, 1943. — Ref. in Phys Ber **27** 129.

3914. **B. J. Lewin,** Die Kosmogonie von Jeans und die gegenwärtige Astronomie. Priroda **35** Nr. 9 S. 3—10, 1946 (russisch).

3915. **N. N. Parijskij,** Über die Entstehung des Sonnensystems. Die Lösung des Russell-Problems. RAJ **20** Nr. 2 S. 9—29, 1943 (russisch).

3916. **N. N. Parijskij,** Über die Entstehung des Sonnensystems. II. Ergänzung zur Klassifikation der Trajektorien im eingeschrankten hyperbolischen Dreikörperproblem (Russell-Problem). RAJ **21** 71—79, 1944 (russisch).

3917. **N. N. Parijskij,** Probleme der Kosmogonie des Sonnensystems. Kiew Publ. Nr. 1 S. 197—200, 1946 (russisch). — Kritische Bemerkungen zu den Kosmogonien von Jeans-Jeffreys, Lyttleton, Fessenkow, Alfvén und Schmidt. Abschließend wird die Bedeutung der interstellaren Materie für die Entwicklung nicht nur der Sonne, sondern auch der Sterne im allgemeinen und der Galaxis hervorgehoben und auf die Existenz dunkler Fixsternbegleiter hingewiesen. Loh.

3918. **N. F. Rein, N. Moissejew,** Über den gegenwärtigen Stand des methodischen Apparates der dynamischen Kosmogonie. Fortschritte Astr. Wiss. 2 5—66, 1941 (russisch).

3919. **N. F. Rein, N. N. Parijskij,** Die Katastrophenhypothesen der Entstehung des Sonnensystems. Fortschritte Astr. Wiss. 2 137—156, 1941 (russisch).

3920. **H. Roure,** Théorie nouvelle des planètes du système solaire. CR **223** 885—887, 1946. — Ref. in Math Rev **8** 409.

* * **O. J. Schmidt,** Über die Entstehung der visuellen Doppelsterne und über die Besonderheiten ihrer Bahnen. Vgl. Ref. 8206.

3921. **O. J. Schmidt,** Die Meteoritenhypothese der Entstehung von Erde und Planeten. DAN **45** 245—249, 1944 (russisch).

* * **O. J. Schmidt,** Über die Entstehung der visuellen Doppelsterne und über die Besonderheiten ihrer Bahnen. Vgl. Ref. 8206.

* * **O. J. Schmidt,** Das astronomische Alter der Erde. Vgl. Ref. 5310.

* * **O. J. Schmidt,** Über die Neigung der Bahnebenen der visuellen Doppelsterne zur Ebene der Galaxis. Vgl. Ref. 8207.

* * **O. J. Schmidt,** Über die Entstehung der Kometen. Vgl. Ref. 6522.

3922. **O. J. Schmidt,** Die kosmogonische Bedeutung der Lage der Ekliptikebene in der Galaxis. DAN **52** 581—584, 1946 (russisch).

* * **O. J. Schmidt,** Über das Gesetz der Planetenentfernungen. Vgl. Ref. 5123.

* * **O. J. Schmidt,** Über die Entstehung der Sonnenrotation. Vgl. Ref. 4117.

3923. **H. K. Sen,** Non-solar planetary systems. Nat **152** 600—601, 1943. — Ref. in Phys Ber **27** 128—129.

3924. **H. K. Sen,** Planetary systems near our solar system. Obs **65** 125—126, 1943.

3925. **J. Šourek,** The angular momenta and the new hypothesis of the origin of the solar system. RH **25** 89—92, 1944 (tschechisch).

3926. **H. O. Taylor,** The great stellar cycle. Pop Astr **50** 514—518, mit 1 Fig., 1942. — Hypothese zur Sternentwicklung.

3927. **Å. Wallenquist,** Die Kosmogonie des Sonnensystems. NAT **1943** Nr. 1 S. 10—19 (dänisch). — Ref. in ZfGMG **11** 120—121.

3928. **A. Wilkens,** La edad de las estrellas. Rev Astr **15** 141—144, 1943.

3929. **B. Woronzow-Weljaminow,** Die Entwicklung der diffusen Materie in den Galaxien und die sprunghafte Entwicklung der Sterne. Fortschritte Astr. Wiss. 2 287—320, 1941 (russisch).

3930. New theory of the origin of the planets. Obs **65** 277—278, 1944. — Besprechung der Untersuchungen von O. J. Schmidt.

Sechster Teil

Sonne

§ 41

Allgemeines, Theorie, Rotation, Magnetfeld

4101. **G. H. Archenhold,** A method of finding with increased accuracy the position of shadows cast by the Sun. Obs **66** 299—300, 1946.

4102. **E. Argence,** Calcul de la déviation d'un rayon lumineux par réfraction dans la couronne solaire. JO **27** 21—22, mit 1 Fig., 1944.

4103. **A. Bečvář,** Fur die Beobachter der Sonne. RH **27** 126—131, 1946 (tschechisch). — Mitteilung über die auf der Sternwarte Skalnaté Pleso benutzte Sonnenbeobachtungsmethode. J. B.

4104. **M. Cimino,** Determinazione spettroscopica del periodo di rotazione del Sole dalle righe del sodio. Mem. Accad. Lincei (7) **1** 45—61, 1946 = Oss. e Museo Astr. Roma, Contr. Sci. Nr. **131.** — Bestimmung der Rotationsperiode der Sonne aus Messungen von 7 Natriumlinien in 236 Spektrogrammen. F. Z.

4105. **M. Cimino,** Una conferma del ciclo solare ventiduennale dedotta dalle oscillazioni dei diametri solari. Rend. Accad. Lincei (8) **1** 624—627, 1946 = Oss. e Museo Astr. Roma, Contr. Sci. Nr. **128.** — Aus einer Periodenanalyse der Schwankungen des Sonnendurchmessers wird eine 22—23 jahrige Periode abgeleitet. F. Z.

4106. **W. G. Fessenkow,** Über die physikalische Natur der Sonne. Priroda **32** Nr. 5 S. 9—17, 1943 (russisch).

4107. **G. Gamow,** Nascita e morte del Sole. Italienische Übersetzung von A. Campana. Verona, Verlag Mondadori, 1946. 309 S. mit 60 Fig. Preis 450 Lire. — Vgl. AJB **44** Ref. **4104, 45** Ref. **4101, 47** Ref. **4109.**

4108. **G. Gamow,** Nacimiento y muerte del Sol. Übersetzung aus dem Englischen. Vgl. AJB **42** Ref. **4108.** — Besprechung in Urania Barcelona **30** Nr. 209 S. 31—32, 1945 (A. Barangé).

4109. **M. N. Gnewyschew,** Über die Verteilung der Sonnengebilde nach Lange und der Zusammenhang unter ihnen. RAJ **21** 27—42, 1944 (russisch).

4110. **R. Grinfeld,** Desintegración nuclear y origen solar. Rev Astr **17** 287—299, mit 2 Fig., 1945. — Popular.

4111. **W. Krat,** Über die Rotation der Sonnenchromosphare. Pulk Circ Nr. **31** S. 86—90, 1941 (russisch).

4112. **A. I. Lebedinskij,** Die Rotation der Sonne. RAJ **18** 10—25, 1941 (russisch).

4113. **K. Mital,** Magnetism in the sun. Science and Culture **11** 671—677, 1946.

4114. **L. Neven,** De Zon. Heelal **1** 39—42, 50—59, 73—78, mit 2 Fig., 1945.

4115. **S. B. Nicholson,** The sun in action. Publ ASP **55** 5—13, 1943.

4116. **I. Puig,** El mantenimiento del calor solar. Ibérica **2** 540—543, 1945.

4117. **O. J. Schmidt,** Über die Entstehung der Sonnenrotation. DAN **54** 15—18, 1946 (russisch).

4118. **P. T. Smoliakov,** On the rotation of the photosphere of the sun. RAJ **23** 133, 1946 (russisch mit engl. Zusammenfassung).

4119. **G. Thiessen,** Recherches de physique solaire. IV. La mesure du champ magnétique général du Soleil. Ann d'Astrophys **9** 101—119, mit 6 Fig., 1946. — Die Arbeit gibt eine Beschreibung eines vom Verf. entwickelten Verfahrens zur Messung kleinster Zeeman-Verschiebungen im Sonnenspektrum. Dabei passiert das Sonnenlicht zunachst eine feste $\lambda/4$-Platte, eine rotierende $\lambda/2$-Platte und ein Polarisationsfilter, wodurch erreicht wird, daß in die weiteren Teile der Apparatur, ein Perot-Fabry-Interferometer und ein Gitterspektrograph, abwechselnd das Licht der langwelligen und der kurzwelligen Zeeman-Komponenten eintritt. Eine erste Anordnung arbeitet mit dem sog. kanellierten Spektrum, in dem Spektrallinien als dunkle Knoten erscheinen, die sich infolge der Rotation der $\lambda/2$-Platte periodisch verschieben. Bei einer zweiten, empfindlicheren Anordnung wird das gesamte vom Interferometer erzeugte Ringsystem beobachtet, das aus demselben Grunde pulsiert. Die Beobachtungen erfolgen in beiden Fallen visuell. Die Verschiebungen der Knoten bzw. die Pulsationen der Interferenzringe werden durch Erzeugung synchroner Luftdruckschwankungen zwischen den Interferometerplatten zum Verschwinden gebracht. Aus der Große der hierfur notwendigen Druckanderungen laßt sich die Zeeman-Verschiebung und damit die magnetische Feldstarke ermitteln, die nach vorlaufigen Messungen an der Eisenlinie λ 6173. 348 Å an den Sonnenpolen 53 ± 12 Gauß betragt. Kdr.

4120. **J. Tuominen,** On differential rotation and turbulence in the Sun. Obs **66** 340—343, 1946. — Die aquatoriale Beschleunigung der Sonne wird als eine ihrer Rotation uberlagerte Strömung aufgefaßt, deren Reynoldssche Zahl auf turbulenten Charakter der Strömung schließen laßt. Für die dadurch bedingten Wirbel werden Lebensdauer, Mischungsweg und mittlere Geschwindigkeit abgeschatzt und mit den entsprechenden Daten der Sonnenflecken verglichen. Kdr.

* * **K. P. Williams,** A comparison of the solar theories of Newcomb and LeVerrier with conversion for the nineteenth century. Vgl. Ref. **3266.**

4121. **R. E. Wilson,** The journey of the sun. ASP Leaflet Nr. **161,** 8 S., 1942.

4122. **W. P. Wjasanizyn,** Die Bestimmung des Rotationsgesetzes der Sonne aus Protuberanzen. PulkCirc Nr. **31** S. 91—98, 1941 (russisch).

4123. **C. C. Wylie,** A rose colored image of the sun. Pop Astr **51** 436, 1943.

4124. Photography of stars in daylight. Obs **65** 18—19, 1943. — Besprechung der Arbeit von M. Waldmeier in ZfA 21 269. Vgl. AJB **44** Ref. **4120.**

4125. Solar physics at Hamburg. Obs **66** 229—230, 1946.

§ 42

Sonnenfinsternisse

4201. **J. L. Alpert, B. N. Goroshankin,** Sonnenfinsternisse und Radiountersuchungen der Ionosphare. Mitt. Akad. Wiss. UdSSR (phys.) **8** Nr. 2 S. 85—108, 1944 (russisch).

4201a. **M. Cimino,** Sopra un' estensione alle eclissi parziali di Sole del metodo di Julius per la determinazione dell' oscuramento del bordo solare. Oss. e Museo Astr. di Roma, Contr. sci. (NS) Nr. **132.**

4202. **W. G. Fessenkow,** Spektroskopische Probleme der Sonnenfinsternisse. RAJ **18** 135—144, 1941 (russisch).

4203. **M. Katalinić,** On the diffraction phenomena in and around the shadows cast during partial solar eclipse. Glasnik Zagreb (2) **1** 126—135, mit 2 Tafeln (kroatisch mit engl. Zusammenfassung).

4204. **J. Piegza,** The use of solar eclipses for investigations on the figure of the geoid. Obs **66** 223, 1946.

4204a. **K. D. P. Rosén,** Solförmorkelseobservationers betydelse för geodesien. PAT **26** 38—42, mit 2 Fig., 1945.

* * **R. L. Smith-Rose,** The influence of an eclipse of the sun on the ionosphere. Vgl. Ref. **5334.**

4205. **Sonnenfinsternis 1932 August 31**

P. A. McNally, Observing a total eclipse of the sun. Dimming solar light for a few seconds entails years of work for science and attracts throngs to «nature's most magnificent spectacle». The National Geographic Magazine S. 597—605, mit 6 Abb. = Georgetown Obs. Repr. Nr. 8.

4206. **Sonnenfinsternis 1936 Juni 19**

A. A. Michajlow, Die Beobachtung des Einsteineffektes während der Sonnenfinsternis vom 19. Juni 1936. Vgl. Ref. **3147.**

S. K. Wsechswjatskij, I. I. Iljinskij, Bestimmung der Verbesserung der Mondkoordinaten nach Aufnahmen partieller Phasen der Sonnenfinsternis vom 19. Juni 1936. Kiew Publ. Nr. 1 S. 139—145, 1946 (russisch mit engl. Zusammenfassung). — Auf 20 Aufnahmen der Finsternisphasen wurden die Sehnenlangen und mittleren Sichelbreiten gemessen und hieraus die Korrektion der Mondephemeride berechnet; diese Korrektionen werden mit denen von Ishii und Lengauer erhaltenen Zahlen verglichen und zu einem Mittelwert $\varDelta\alpha☾ = +4''39$, $\varDelta\delta☾ = -0''74$ vereinigt. Boh.

4207. **Sonnenfinsternis 1940 Oktober 1**

C. W. Allen, The spectrum of the corona at the eclipse of 1940 October 1. Vgl. Ref. **4701.**

P. A. McNally, Contact-times of total solar eclipse of October 1, 1940, determined from photographs of the partial phases. National Geographic Society, Technical Papers S. 66—77, mit 9 Fig. = Georgetown Obs. Repr. Nr. 11.

4208. **Sonnenfinsternis 1941 September 21**

Y. C. Chang, Solar eclipse observations in China. Obs **64** 239, mit 1 Tafel neben S. 117, 1942. — Kurzbericht über die Finsternis. Kontaktzeiten.

Y. C. Chang, Solar eclipse observed in China under the shadow of Japanese bombers. Pop Astr **50** 198—203, mit **4** Fig., 1942.

W. G. Fessenkow, Über Strukturbesonderheiten der Sonnenkorona am 21. September 1941. RAJ **19** Nr. 6 S. 43—49, 1942 (russisch).

W. G. Fessenkow. Die außere Sonnenkorona wahrend der Finsternis 1941. DAN **39** 231—233, 1943 (russisch).

W. G. Fessenkow, Über Strukturbesonderheiten der Sonnenkorona am 21. September 1941. DAN **39** 325—328, 1943 (russisch).

W. G. Fessenkow, Einige Ergebnisse über die Beobachtungen der Sonnenfinsternis vom 21. September 1941. RAJ **22** 45—52, 1945 (russisch).

Y. Fujita, Über die totale Sonnenfinsternis am 21. September, 1941. Spektralphotometrie der Korona mit einem spaltlosen Spektrographen. II. JJAG **21** 1—8, mit 9 Abb., 1944 = Tokyo Astr. Obs. Repr. Nr. **19.** — Die Mitteilung enthalt die anläßlich der Sonnenfinsternis 1941 September 21 gewonnenen Isophoten der grünen Koronalinie λ 5303 bis zu 7'5 Abstand vom Sonnenrand. Auf Grund einer Photometrie von $H\beta$ und Mg I λ 5172 im Protuberanzenspektrum werden Rechnungen über die Zahl der an der Linie beteiligten Atome, Elektronendruck u. a. angestellt. Ein weiterer Abschnitt behandelt die Bestimmung des Mondprofils und der Randverdunklung der Sonne aus dem kontinuierlichen Spektrum der Sonnensichel kurz vor oder nach der Totalitat. Micz.

W. F. Litwinow, Dichtemessung leichter Ionen während der totalen Sonnenfinsternis vom 21. September 1941. RAJ **19** Nr. 4 S. 19—23, 1942 (russisch).

A. W. Merkulow, Bestimmung des Randverdunklungskoeffizienten der Sonne nach Beobachtungen partieller Phasen der Sonnenfinsternis vom 21. September 1941. Taschkent Bull. **2** Nr. 7 (17) S. 323—336, 1943 (russisch).

V. B. Nikonov, Radiometric observation of the solar corona during the eclipse of 1941, September 21. Abastumani Bull. Nr. **7** S. 33—72, 1943 (russisch).

K. Osawa, The photoelectric photometry of light and colour of solar corona on September 21, 1941. TAB Nr. 692—695, mit 6 Fig., 1943.

W. W. Scharonow, Helligkeit und Farbe der Sonnenkorona wahrend der totalen Sonnenfinsternis vom 21. September 1941. RAJ **19** Nr. 1 S. 1—8, 1942 (russisch).

N. N. Sytinskaja, Integralphotometrie der Sonnenkorona in verschiedenen Spektralbereichen am 21. September 1941. DAN **38** 82—85, 1943 (russisch).

N. I. Tschudowitschew, K. W. Kostylew, Bestimmung der Helligkeit der Korona und ihrer einzelnen Zonen wahrend der totalen Sonnenfinsternis vom 21. September 1941. RAJ **19** Nr. 4 S. 8—14, 1942 (russisch).

M. A. Vashakidse, An investigation of the polarization of the solar corona at the total eclipse of September 21, 1941. Abastumani Bull. Nr. **7** S. 1—31, 1943. — Besprechung in Monthly Astr. News Letter Nr. **25**, Himmelswelt **55** 189—190.

M. A. Vashakidse, On the degree and direction of the plane of polarization in the streamers of the solar corona and in the regions free of them according to the observation of the total solar eclipse of September 21, 1941. Abastumani Bull. Nr. **8** S. 117, 1945.

Obs **65** 28—30, 1943. Total solar eclipse of 1941 September 21. — Besprechung der sowjetischen Beobachtungen, uber die W. G. Fessenkow in J. Phys. USSR **6** 1, 1942 berichtet hat.

4209. Sonnenfinsternis 1942 September 10

J. Pratdesaba, Eclipse parcial de Sol del 10 de septiembre de 1942. Urania Barcelona **30** Nr. 209 S. 26—28, mit 3 Fig., 1945.

G. O. de Vaucouleurs, Mesures des cordes pendant l'éclipse de Soleil du 10 Septembre 1942. JO **26** 37—42, mit 3 Fig., 1943. — Kontaktzeiten.

4210. Sonnenfinsternis 1944 Januar 25

P. G. Ledig, M. W. Jones, A. A. Gieseke, E. J. Chernosky, Effects on the ionosphere at Huancayo, Peru, of the solar eclipse, January 25, 1944. Vgl. Ref. **5328**.

H. Shapley, Total solar eclipse of January 25, 1944. Harv Card 680 = Pop Astr **52** 107, 1944.

R. Stuempfle, An eclipse report. Sky and Telescope **3** Nr. 5 S. 3, mit 3 Fig., 1944.

Harv Card 680, 1944. Total solar eclipse, January 25, 1944. L. E. Erro. — Vorläufiger Bericht.

Harv Card 682, 1944. A. Rosenblatt, J. N. Portocarrero. — Beobachtung in Chiclayo, Peru.

Obs **65** 226, 1944. — Notiz uber einen vorlaufigen Bericht in Publ ASP **56** 78, 1944.

4211. Sonnenfinsternis 1945 Juli 9

J. L. Alpert, B. N. Gorozhankin, On the results of radio-observations during the solar eclipse (corpuscular and ultraviolet) of July 9, 1945. Vgl. Ref. 4502.

S. Arend, P. Bourgeois, J. Hunaerts, F. Rigaux, J. Warzée, Eclipse partielle de Soleil du 9 juillet 1945. BAB **3** 286, 1945. — Kontakte.

N. P. Barabaschew, W. A. Michajlow, Beobachtungen der Kontakte während der Sonnenfinsternis vom 9. Juli 1945 am Astronomischen Observatorium Charkow. Charkow Bull. Nr. **6** S. 15, 1946 (russisch).

I. Bonsdorff, Solformörkelsen den 9. Juli 1945. Finlands geodætiska institutes expeditioner. NAT **1945** 106—108.

I. Bonsdorff, K. G. Malmquist, Y. Öhman, K. Lundmark, B. Strömgren, Den totale Solformorkelse den 9. Juli 1945. NAT **1945** 46—56, mit 4 Fig.

J. Bouška, Beobachtung der partiellen Sonnenfinsternis vom 9. Juli 1945. RH **26** 109—110, 1945 (tschechisch).

D. Chalonge, L'éclipse totale de Soleil du 9 juillet 1945. La mission française en Suède. BSAF **60** 1—5, mit 8 Fig., 1946.

A. Esplugas Bator, J. Pratdesaba, Observaciones del Eclipse parcial de Sol del día 9 de julio de 1945. Urania Barcelona **30** Nr. 211 S. 103—106, mit 4 Fig., 1945.

R. L. Feldman, Shadow bands at the eclipse of July 9, 1945. Pop Astr **53** 394—396, mit 1 Fig., 1945.

C. H. Gingrich, Eclipse reports. Pop Astr **53** 305—323, mit 2 Fig., 1945. — Enthält Berichte der Observatorien und Expeditionen. — The Brown University — Skyscrapers expedition, Roblin, Manitoba (C. H. Smiley). The Philadelphia Bulletin — Franklin Institute — University of Pennsylvania expedition, Wolseley, Saskatchewan (R. K. Marshall) mit 2 Fig., The University of Minnesota expedition above the clouds over Manitoba (W. J. Luyten). The Yerkes Observatory expedition, Pine River, Manitoba (W. A. Hiltner). The Northwestern University — Beloit College expedition, Roblin, Manitoba (R. C. Huffer). The Brackett-Mt. Wilson-Mono Observatories expedition, Opheim, Montana (W. T. Whitney). The Milwaukee Astronomical Society expedition, Pine River, Manitoba (E. A. Halbach). The eclipse observed near Malta, Montana (W. D. Morgan). Observations from the air near Malta, Montana (J. L. Artig).

L. Harang, Radio echo observations at Tromsø during the solar eclipse on July 9th, 1945. Geophys. Publ. Oslo **16** Nr. 11, 7 S., 1946.

A. N. Kasanzew, Über die Ergebnisse von Ionospharenuntersuchungen wahrend der Sonnenfinsternis vom 9. Juli 1945. Mitt. Akad. Wiss. UdSSR (techn. Wiss.) Nr. **9** S. 1297—1304, 1946 (russisch).

W. A. Krat, Die Beobachtung der totalen Sonnenfinsternis vom 9. Juli 1945 in Sortavala. Priroda **34** Nr. 6 S. 3—9, 1945 (russisch).

V. Maitre, Observation de l'éclipse de soleil du 9 juillet 1945. JO **28** 75, 1945.

F. Moreau, J. Verbaandert, Observation de l'éclipse partielle de Soleil du 9 juillet 1945. BAB **3** 287—289, mit 1 Fig., 1945.

L. Neven, Eclipse partielle de Soleil du 9 juillet 1945. BAB **3** 289—291, mit 1 Fig., 1945. — Bestimmung des ersten und letzten Kontaktes nach der Methode von Danjon und Minnaert.

S. B. Nicholson, Solar activity at the eclipse of July 9, 1945. Publ ASP **57** 193—195, 1945.

N. D. Papalexi, Radiobeobachtungen wahrend der Sonnenfinsternis vom 9. Juli 1945. Generalversammlung der Akad. der Wiss. der UdSSR vom 15. bis 19. Januar 1946. S. 12—30, 1946 (russisch).

R. S. Richardson, The total solar eclipse of July 9, 1945. Publ ASP **57** 87—92, 1945.

R. L. Smith-Rose, The solar eclipse of 1945 and radio wave propagation. Vgl. Ref. **4844**.

J. Q. Stewart, W. L. Hopkins jr., Observations of the total solar eclipse by the «Princeton Party» and volunteers. Pop Astr **53** 477—485, 1945; **54** 20—31, mit 1 Fig., 1946. — Enthalt einen Tätigkeitsbericht von 46 Liebhabergruppen, die zusammen 220 Personen umfassen. Loh.

B. Strömgren, Solformörkelsen den 9. Juli 1945. Köbenhavens Observatoriums Ekspedition. NAT **1946** 24—26.

A. Velghe, P. Sanders, J. Bizemans, Eclipse partielle de Soleil du 9 juillet 1945. BAB **3** 292—294, 1945. — Bestimmung des ersten und letzten Kontakts nach der Methode von Minnaert und Danjon.

Obs **65** 282, 1944. The 1945 eclipse in Russia.

NAT **1945** 133—140, mit 6 Fig. Solformörkelsen den 9. Juli 1945. Uppsala-observatoriets expeditioner (K. G. Malmquist). Lunds Observatoriums förmörkelseexpedition (K. Lundmark). Stockholmsekspeditionen til Brattås. Overassistent Aage Nielsens Ekspedition til Skelleftehamn.

Obs **66** 37—38, 1945. The eclipse of 1945 July 9. — Weitere Einzelheiten über die Beobachtungen in Rußland.

Obs **66** 127, 1945. The eclipse of 1945 July 9. — Nach Berichten aus Kanada, Schweden und der Sowjetunion.

BSAF **60** 5—9, mit 2 Fig., 1946. L'éclipse partielle de Soleil du 9 juillet 1945. — Beobachtungen in Frankreich.

4212. **Sonnenfinsternis 1947 Mai 20**

A. Völsch, Eclipse del 20 de mayo 1947 en el continente sudamericano. Rev Astr 18 238—241, mit 1 Karte, 1946. — Genaue Vorausberechnung und Zeichnung der Totalitatszone auf argentinischem Boden. Sconzo

§ 43

Flecke, Fackeln

* * **L. B. Aldrich,** The solar constant and sunspot numbers. Vgl. Ref. **4501**.

4301. **M. d'Azambuja,** Un nouveau cycle d'activité solaire. BSAF **57** 123, 1943.

4302. **M. d'Azambuja,** Remarques sur le minimum récent des taches solaires et le début du nouveau cycle. BSAF **58** 166—167, mit 1 Fig., 1944.

4303. **M. d'Azambuja, L. d'Azambuja,** Sur une connexion possible entre la formation des taches et celle des protubérances solaires. CR **220** 874—876, 1945. — Wahrend eine Halfte der Filamente mit Flecken zusammenzuhängen scheint, zeichnet sich die andere Halfte nur dadurch aus, daß sie in denselben Breiten wie die Flecke entstehen. Da andererseits Protuberanzen von chromosphärischen Anziehungszentren und Flecken angezogen werden, ist es erforderlich, zur endgültigen Klarung der Zusammenhange zwischen Flecken und Filamenten systematisch an verschiedenen Observatorien Filmaufnahmen zu machen, um die Entwicklung der Filamente vollstandig verfolgen zu konnen. Loh.

4304. **M. d'Azambuja, L. d'Azambuja,** Sur la différence entre le ralentissement polaire de la vitesse de rotation des taches solaires et celui des protubérances. CR **220** 901—902, 1945. — Der beobachtete Unterschied zwischen der polaren Verzogerung der Flecken und der Filamente erklärt sich einfach durch die alleinige Wirkung der Eigenbewegung dieser Erscheinungen nach den Polen. Loh.

4305. **W. G. Bowerman,** Monthly sunspot numbers. Pop Astr **50** 491—492, 1942.

4306. **W. G. Bowerman,** Residential mortgage loans and sunspot numbers. Pop Astr **52** 123, 1944.

4307. **W. G. Bowerman,** A sun-spot synopsis. Pop Astr **52** 471—485, mit 4 Fig., 1944.

4308. **T. G. Cowling,** The growth and decay of the sunspot magnetic field. MN **106** 218—224, mit 2 Fig., 1946. — Die Untersuchung der Änderung der Magnetfelder im Zentrum von Sonnenflecken ergibt, daß diese Felder praktisch gleichzeitig mit den Flecken entstehen und daß für ihren Aufbau Zeiten von der Ordnung ein Tag erforderlich sind, wenn sie als sekundare Effekte der Abkuhlung in den Flecken aufgefaßt werden. Theoretische Überlegungen dagegen führen für den Aufbau und das Abklingen der Magnetfelder auf Zeiten von der Ordnung 300 Jahre, soweit dafur rein elektromagnetische Ursachen in Frage kommen. Verf. nimmt daher an, daß die Magnetfelder bereits vor und noch nach der Zeit der Sichtbarkeit der Flecken in tieferen Schichten existieren und durch Konvektion zeitweilig an die Oberflache gelangen, wo sie dann zusammen mit den Flecken nachweisbar sind. Kdr.

4309. **T. G. Cowling,** Alfvén's theory of sunspots. MN **106** 446—456, mit 3 Fig. — Kritik der Alfvénschen Sonnenfleckentheorie (vgl. Ark Mat Astr Fys **29** B Nr. 2, **29** A Nr. 11, Nr. 12, **30** A Nr. 15, AJB **45** Ref. **4104, 4105, 4305, 4352**; MN **105** 3, 382, AJB **45** Ref. **4306/07**), die in mehreren Punkten als in sich nicht widerspruchsfrei oder mit der Beobachtung nicht ubereinstimmend nachgewiesen wird. Insbesondere zeigt Verf., daß Alfvéns Annahme, die Abkuhlung in einem Fleck sei durch sein Magnetfeld bedingt, größere Feldstärken der Fleckenfelder als beobachtet erfordern wurde und daß auch die Deutung des Evershed-Effekts quantitativ nicht haltbar ist. Die von Alfvén postulierte Übertragung der Fleckenfelder aus dem Sonneninnern zur Oberflache durch magneto-hydrodynamische Wellen wird ebenfalls in einer Reihe von Punkten kritisiert und auf Grund all dieser Einwände wird die Theorie Alfvéns als Ganzes abgelehnt. Kdr.

* * **J. Dubois,** Lumière cendrée et activité solaire. Ref. **5406**.

4310. **M. S. Eigenson,** Die Lebensdauer der Sonnenflecke und das Sporersche Gesetz. DAN **29** 189—190, 1940 (russisch).

4311. **M. S. Eigenson,** The main internal characteristics of solar activity impulses. Poulk Circ **32** 74—80, mit 4 Fig., 1941 (russisch mit engl. Zusammenfassung). — Es werden Verteilung und Korrelation von 136 Impulsen zwischen 1932,5 und 1939,0 untersucht. Verf. betrachtet die Flachen der aktiven Gebiete, die Lebensdauer der Impulse und in Einheiten der Rotationsdauer die Zeit des Anwachsens bis zur maximalen Größe und von da ab die Zeit des Verschwindens der Impulse. 83% der Flachen liegen unter 1200 Milliontel der Sonnenhalbkugel, Lebensdauer und Zeiten des Wachsens und Vergehens nehmen haufigkeitsmaßig mit der Zeit rasch ab, wobei die obere Schranke bei etwa fünf Rotationen liegt. Die Zeiten des Wachsens und Vergehens verhalten sich wie 0,68 : 1,00. Loh.

4312. **M. S. Eigenson,** Über den Charakter des laufenden Zyklus der Sonnenaktivitat. DAN **55** Nr. 6 S. 13—14, 1946. Siehe auch RAJ **24** 111—113, 1947 und Priroda **36** Nr. 2 S. 38—39, 1947 (russisch).

4313. **J. Evershed,** The magnetic effect in sunspot spectra. Obs **65** 190—193, 1944. — Der Verf. berichtet uber einige magnetische Effekte an Spektrallinien der Sonnenflecken, die bisher nicht bekannt waren. Micz.

4314. **W. Gleissberg,** Systematic fluctuations of the characteristics of sunspot cycles. Obs **65** 24—27, 1943. — Verf. berichtet kurz uber systematische Fluktuationen, die er für verschiedene charakteristische Großen der Sonnenfleckentätigkeit (Hohe der Maxima, mittlere Relativzahl wahrend eines Minimums, Steilheit des An- und Abstiegs der Maxima u. a.) gefunden hat. Micz.

4315. **W. Gleissberg,** Remarks on predictions of sunspot numbers. Obs **65** 94, 1943.

4316. **W. Gleissberg,** A secular change in the shape of the spot-frequency curve. Obs **65** 244, 1944.

4317. **W. Gleissberg,** Evidence for a long solar cycle. Obs **66** 123—125, 1945. — Es wird auf einen langen Zyklus der Sonnenfleckenrelativzahlen von 7 elfjährigen Zyklen aufmerksam gemacht.

4318. **W. Gleissberg,** An addition to the table of secular variations of the solar cycle. Terr Mag **51** 121, 1946. — Vgl. AJB **45** Ref. **4330.**

* * **F. J. Göschl,** Les planètes et l'activité solaire de 1945. Ref. **5109.**

4319. **L. E. Gurewitsch, A. I. Lebedinskij,** Das Magnetfeld der Sonnenflecke. DAN **49** 92—94, 1945 (russisch).

4320. **L. Gurevich, A. Lebedinsky,** Magnetic field of sunspots. J. Phys. Moscow **10** 327—332, 425—430, 1946.

4321. **S. M. Kosik,** On the life-time of sun-spots. RAJ **23** 213—214, 1946 (russisch mit engl. Ref.). — Aus der Sonnenfleckenstatistik wird gefunden, daß Sonnenfleckengruppen im Maximum der Sonnenaktivität langlebiger sind als sonst. Loh.

4322. **S. M. Kosik,** On the index of solar activity. RAJ **23** 215—220, mit 4 Fig., 1946 (russisch mit engl. Ref.). — Es wird festgestellt, daß aus folgenden Gründen die Verwendung der Wurzel der mittleren monatlichen (Wolfschen) Fleckenrelativzahlen vorteilhafter ist: 1. Die Amplituden unperiodischer Schwankungen der Sonnenaktivitat sind von der Phase der elfjahrigen Periode unabhangig. 2. Die Beziehung zur Anzahl der Nordlichter wird linear, ebenso diejenige zur geomagnetischen Aktivitat. Loh.

4323. **T. W. Krat,** Über photoelektrische Beobachtungen von Sonnenflecken. RAJ **21** 245—248, 1944 (russisch).

4324. **R. C. Linder,** Prediction of next sun-spot maximum. Pop Astr **53** 250, 1945.

4325. **R. C. Linder,** Sun-spot activity as affected by magnetic polarity. Pop Astr **54** 201—203, 1946.

4326. **W. A. Luby,** The cause of sun-spots. Pop Astr **53** 49—62, mit 10 Fig., 1945. — Es wird versucht, einen Einfluß der Planeten auf die Bildung von Sonnenflecken nachzuweisen. Kdr.

4327. **M. G. J. Minnaert,** On the inclination of the normal axes of sunspots. MN **106** 98—100, mit 1 Fig., 1946. — Es wird eine Methode angegeben, um die Neigung der Fleckenachsen aus der Asymmetrie der beobachteten Flachen abzuleiten. Die mittlere Neigung aller Fleckenachsen betragt 0°44. Für Flecken mit Lebensdauern zwischen 13^d und 14^d betragt sie 4°3, fur mehrmals wiederkehrende 7°6. Micz.

4328. **S. B. Nicholson,** Sunspot activity during 1943. Publ ASP **56** 27—29, 1944.

* * **S. B. Nicholson,** Solar activity at the eclipse of July 9, 1945. Vgl. Ref. 4211.

4329. **G. J. Odgers,** Structure of sunspots. MN **106** 101—107, mit 5 Fig., 1946. — Es wird die Auffassung vertreten, daß die Sonnenflecken sich von der umgebenden Photosphäre lediglich durch großere Werte des Produkts aus Absorptionskoeffizient und Dichte unterscheiden. Auf Grund dieser Annahme gelangt Verf. durch Aufstellung und Losung der Strahlungstransportgleichung mit dem Problem angepaßten Randbedingungen zu einer befriedigenden quantitativen Deutung des beobachteten Kontrasts zwischen Fleck und umgebender Sonnenscheibe, der Penumbra und des hellen Rings am Rande der Penumbra. Kdr.

4330. **R. S. Richardson,** A century of sunspots. ASP Leaflet Nr. **213,** 8 S., 1946.

4331. **A. Romañá,** Nuevas orientaciones en el estudio del periodo undecenal y en el pronóstico de la actividad solar. Urania Barcelona **30** Nr. 210 S. 39—54, mit 4 Fig., 1945.

4332. **H. B. Rumrill,** Sunspots in 1769 and in 1943. Pop Astr **52** 85—87, 1944.

4333. **H. B. Rumrill,** Record of sun-spots and faculae. Pop Astr **52** 428—441, 1944. — Der Verf. berichtet über eine 55jahrige Beobachtungsreihe der Sonnenflecken und -fackeln (1889—1944), die A. W. Quimby und er ausgeführt haben. Der Anteil von Quimby stellt vermutlich die langste von einem Beobachter je ausgefuhrte Beobachtungsreihe der Sonnenaktivitat dar. Die wichtigsten Ergebnisse werden in Tabellenform mitgeteilt. Micz.

4334. **S. Sarascola,** Las manchas del Sol. Ibérica **2** 393—396, 1945.

4335. **W. E. Stepanow,** Die Folgen der Wirbelhypothese der Flecken. Taschkent Bull. **2** Nr. 4 (14) S. 145—157, 1940 (russisch).

4336. **H. T. Stetson,** Note on a supposed annual period in sunspots. Pop Astr **50** 492—494, 1942.

4337. **F. J. M. Stratton,** On latitude drift in sunspots. Obs **66** 300, 1946.

4338. **L. Sussman,** Interesting changes, developments, and structures in sunspots. Pop Astr **50** 398, 1942. Fortsetzung in Pop Astr **52** 355—357, 1944 unter dem Titel: Observed sunspot patterns.

4339. **L. Sussman,** Sunspot activity during the 1937 cycle. Pop Astr **50** 518—520, 1942.

4340. **J. Tuominen,** On the zonal structure of the solar surface. Obs **66** 160—161, mit 1 Fig., 1945.

4341. **J. Tuominen,** On movements and origin of sunspots. Obs **66** 387—391, mit 4 Fig., 1946. — Auf Grund der Auffassung der Sonnenflecken als Wirbel in der Sonnenatmosphäre, deren Auftreten auf die differentielle Rotation der Sonne zurückzuführen ist (vgl. Ref. Obs **66** 340), werden die mutmaßliche Bildung und Bewegung der Flecken erörtert und Vergleiche mit der Beobachtung angestellt. Kdr.

4342. **M. Waldmeier,** A prediction of the next maximum of solar activity. Terr Mag **51** 270, 1946.

4343. **S. K. Wsechswjatskij,** Die Sonnenaktivität 1942. NIISM, Erdmagnetismus und Elektrizitat S. 210—227, 1946 (russisch).

4344. De nieuwe cyclus der Zonneactiviteit. Heelal **2** 60—61, 1946.

4345. **Beobachtungen von Sonnenflecken**

Coimbra. Anais do Observatório Astronómico da Universidade de Coimbra. Primeira Secção. Fenómenos solares. Tomo **8,** 1936 (nicht eingegangen).

Desgl. Tomo **9,** 1937. Coimbra 1945. 8 + 293 S. mit Tafeln. — Beob. 1937.

Anales Asociación Española Progreso Ciencias **10** 27—80. Las observaciones de manchas solares (numeros de Wolf) desde 1935 a 1944 en los Observatorios de Madrid, Valencia y Cartuja. E. Gullón.

ASP Leaflet Nr. **207**, 8 S., 1946. Large sunspots. S. B. Nicholson.

Bol. Astr. Obs. Madrid **3** Nr. 6 S. 43—67, mit 6 Fig., 1946. Actividad solar. Observaciones de manchas solares efectuadas en los Observatorios de Madrid, Valencia y Cartuja (Granada) en 1944. E. Gullón.

Bol. Mensual Obs. Cartuja, Granada, 1943—1946. Estadística de Actividad Solar. Estadística de Manchas Solares. Enero de 1941 — Diciembre de 1943. A. Due. — Rotationen 1168—1208.

Boletin Mensual del Observatorio del Ebro (A) **28** Nr. 1—12. Resumen de las Observaciones solares, meteorológicas y sismológicas effectuadas durante el año 1937.

Boletin Mensual del Observatorio del Ebro (A) **30** Nr. 1—12. Resumen de las Observaciones solares, meteorológicas y sismológicas effectuadas durante el año 1942.

Boletin Mensual del Observatorio del Ebro (A) **31** Nr. 1—12. Resumen de las Observaciones solares, meteorológicas y sismológicas effectuadas durante el año 1943.

Boletin Mensual del Observatorio del Ebro (A) **32** Nr. 1—12. Resumen de las Observaciones solares, meteorológicas y sismológicas effectuadas durante el año 1944.

Boletin Mensual del Observatorio del Ebro (A) **33** Nr. 1—12. Resumen de las Observaciones solares, meteorológicas y sismológicas effectuadas durante el año 1945.

BSAF **55** 230, 259, 273, mit 3 Fig., 1941. M. d'Azambuja. — Rotationen 1175—1177.

BSAF **55** 274, 1941. Nombres relatifs de Wolf pour le premier trimestre de l'année 1941. W. Brunner.

BSAF **57** 7, 26, 46, 60, 75, 92, 109, 123, 133, 157, 170, 184—185, mit 14 Fig., 1943. L'activité solaire. La chromosphère et les taches pendant les rotations Nr. 1191—1204. M. d'Azambuja.

BSAF **57** 86, 99, 117—118, 1943.

BSAF **58** 6, 40, 76, 80, 133—134, 1944.

BSAF **58** 12—13, 22, 36, 60, 111—112, 164—166, mit 14 Fig., 1944. L'activité solaire. La chromosphère et les taches pendant les rotations Nr. 1205—1218. M. d'Azambuja.

BSAF **58** 113, 1944. Nombres relatifs de Wolf pour l'année 1942. W. Brunner.

BSAF **58** 168, 1944. Nombres relatifs de Wolf pour l'année 1943. W. Brunner.

BSAF **59** 17—18, 63, 67, 104—105, 111, 1945.

BSAF **59** 41—44, 141—142, 184—185, mit 11 Fig., 1945. L'activité solaire. Cartes synoptiques de la chromosphère et des taches. M. d'Azambuja. — Rotationen Nr. 1219—1229.

BSAF **59** 45, 1945. Nombres relatifs de Wolf pour l'année 1944. W. Brunner.

BSAF **59** 174, mit 1 Fig., 1945. — Beob. 1933—1943.

BSAF **60** 43—44, mit 2 Fig., 1946. Un immense groupe de taches sur le Soleil.

BSAF **60** 67, 112—113, 117, 164—165, 1946.

BSAF **60** 218—219, mit 1 Fig., 1946.

Charkow Bull. Nr. **6** S. 12—14, 1946 (russisch). Beobachtungen von Sonnenflecken und -fackeln. L. I. Krysenko.

Ciel et Terre **60** 52, 127, 1944. Observations des taches solaires (Résumés). — Rotationen Nr. 1204—1207, 1208—1214. G. Coutrez.

Ciel et Terre **60** 128—129, mit 3 Fig., 1944. A propos du minimum solaire. G. Coutrez.

Gaz astr **28** 59, mit 6 Zeichnungen, 1946. De groote groep zonnevlekken van Juli 1946. J. Swaelen.

Glasnik Zagreb (2) **1** 80—89, mit 1 Fig. (kroatisch mit engl. Ref.). Solar spots in the years 1943—45. A. Gilić.

Kiew Circ. Nr. 1—7, 1946 (russisch). Die photospharische Sonnenaktivitat. S. K. Wsechswjatskij. — 1946 Januar—Juli.

Kiew Publ. Nr. **1** S. 150—160, 1946 (russisch mit engl. Zusammenfassung). Die photospharische Aktivitat der Sonne 1942—1944. E. N. Semanek.

Lwow Circ. Nr. **1**, 6 S., 1946. Sonnenflecke, Fackeln und Protuberanzen August—September 1946. G. N. Rodionow, T. L. Mandrykina.

Mem SA It (NS) **17** 235—248, mit 4 Fig., 1946 = Oss. Astrofisico Catania, Contr. astrofisici Nr. **60**. L'attività del Sole nell' anno 1945. L. Taffara.

Obs **64** 307, 379, 1942. Solar notes.

Obs **65** 17—18, 131, 249—250, 1943/44. Solar notes.

Obs **66** 267, 347—348, 397, 1946. Solar notes.

Orion Genève Nr. **13** S. 253—255, mit 4 Abb., 1946. La grande tache solaire de juillet 1946. M. du Martheray.

PAT **27** 149—150, mit 1 Fig., 1946. Gigantiska solflackar. L. Dahlmark.

Pop Astr **51** 112, 1943. Summary of sun-spot observations at Mount Holyoke College, 1942. A. H. Farnsworth.

Pop Astr **52** 104, 1944. Summary of sun-spot observations at Mount Holyoke College, 1943. A. H. Farnsworth.

Pop Astr **53** 95—96, 1945. Summary of sun-spot observations at Mount Holyoke College, 1944. A. H. Farnsworth.

Pop Astr **54** 104, 1946. Summary of sun-spot observations at Mount Holyoke College, 1945. A. H. Farnsworth.

Publ ASP **54** 207—208, 266—268, 1942; **55** 42—44, 112—113, 157—159, 1943. Summary of Mount Wilson magnetic observations of sunspots for June, 1942, to April, 1943.

Publ ASP **55** 21—23, 1943. Sunspot activity during 1942. E. Sternberg Mulders.

Publ ASP **55** 182—183, 1943. The high-latitude sunspot group of May 1943. E. R. Hoge.

Publ ASP **55** 200—201, 247—248, 287—289, 1943; **56** 43—45, 89—90, 126—128, 1944. Summary of Mount Wilson magnetic observations of sunspots, May, 1943, through April, 1944.

Publ ASP **56** 165—167, 204—205, 246—247, 1944; **57** 50—52, 101—102, 180—181, 1945. Summary of Mount Wilson magnetic observations of sunspots for May, 1944, to April, 1945.

Publ ASP **57** 42—45, 1945. Sunspot activity during 1944. E. S. Mulders.

Publ ASP **57** 218—220, 268—270, 315—318, 1945; **58** 56—59, 168—170, 220—224, 1946. Summary of Mount Wilson magnetic observations of sunspots, May, 1945, to April, 1946.

Publ ASP **58** 14—16, 1946. Sunspot activity during 1945. S. B. Nicholson.

Publ ASP **58** 86—88, mit 1 Tafel, 1946. The great sunspot group of February 1946. S. B. Nicholson, J. O. Hickox.

Publ ASP **58** 262—264, 315—318, 377—380, 1946. Summary of Mount Wilson magnetic observations of sunspots for May 1946—October 1946.

Rev. Geofísica Nr. **13** S. 99—102. Notas relativas a la actividad solar y geomagnética. A. Romañá. — Okt.—Dez. 1944.

Desgl. Nr. **14** S. 258—263. — Jan.—Marz 1945.
Desgl. Nr. **15** S. 500—503. — Apr.—Juni 1945.
Desgl. Nr. **17** S. 47—51. — Juli—Sept. 1945.
Desgl. Nr. **18** S. 200—204. — Okt.—Dez. 1945.
Desgl. Nr. **20** S. 456—468. — Jan.—Juni 1946.
Desgl. Nr. **21** S. 77—83. — Juli—Sept. 1946.

Rev. Geofísica Nr. **17** S. 51—88. La actividad solar y geomagnética en 1944. A. Romañá.

TAB Nr. 535, 541, 557, 578, 580, 582, 595, 607, 609, 1941. T. Hattori, M. Notuki, I. Semba, S. Takagi.

TAB Nr. 611, 616, 617, 623, 625, 627, 640, 645, 648, 664, 668, 669, 1942. K. Matumaru, M. Notuki, I. Semba, S. Takagi.

TAB Nr. 671, 674, 675, 678, 680, 696, 699, 701, 702, 704, 707, 709, 1943. K. Matumaru, M. Notuki, I. Semba, Z. Suemoto.

TAB Nr. 711, 713, 715, 717, 719, 722, 723, 726, 727, 729, 731, 733, 1944. M. Notuki, I. Semba, Z. Suemoto.

TAB Nr. 734, 736, 737, 738, 1945. M. Notuki, I. Semba, Z. Suemoto.

Taschkent Bull. **2** Nr. 4 (14) S. 166—198, 1940. Ergebnisse der Sonnenbeobachtungen von 1939. J. M. Slonim.

Taschkent Bull. **2** Nr. 6 (16) S. 295—322, 1941. Ergebnisse der Sonnenbeobachtungen von 1940. J. M. Slonim.

Taschkent Bull. **2** Nr. 7 (17) S. 337—373, 1943. Ergebnisse der Sonnenbeobachtungen von 1941. J. M. Slonim.

Taschkent Circ. Nr. 130—189. A. Merkulow, J. Slonim. — Sonnenaktivitat 1941 Dez.—1946 Nov.

Terr Mag **46** 135—137, 252—254, 1941. **47** 81—82, 174—176, 268—269, 334—335, 1942. **48** 17—18, 115—116, 186—187, 245—246, 1943. **49** 63—64, 144—145, 209—210, 277—278, 1944. **50** 73—74, 149—150, 243—244, 313—314, 1945. **51** 55—56, 284—286, 472—473, 561—562, 1946. Solar and magnetic data, Mount Wilson Observatory. S. B. Nicholson, E. S. Mulders.

Terr Mag **50** 319, 1945. Provisional sunspot-numbers for July to September, 1945. W. Brunner.

Terr Mag **51** 36, 274, 352, 500, 1946. Provisional sunspot-numbers for October 1945 to September 1946. M. Waldmeier.

Z. f. Meteorologie Zurich **1** 31, 1946. Endgultige Sonnenflecken-, Gruppen- und Relativzahlen fur 1945.

§ 44

Photosphäre, Spektrum

4401. **C. W. Allen,** Fraunhofer intensity table 3924—4300 A. Mem. Commonwealth Solar Obs. Mt. Stromlo, Canberra Nr. **6**, 37 S., 1938. — Die vom Verf. fruher (Canberra Mem. **1** No. 5, 1934; MN **96** 843, 1936; ApJ **88** 125, 1938) mitgeteilten Messungen von Linienintensitaten der Sonne werden nach dem Ultravioletten bis zu λ 3924 ausgedehnt. Neben den vom Autor gemessenen Linientiefen und Äquivalentbreiten enthalt die Tabelle auch von anderen Beobachtern bestimmte Werte. Mit der Erganzung uberdecken die in Canberra gemessenen Linienintensitaten den Bereich von λ 3924 bis λ 11830. Micz.

4402. **H. D. Babcock, M. F. Coffeen,** Gold in the sun. Publ ASP **55** 111, 1943.

4403. **D. Barbier,** La structure de la photosphère solaire. Ann d'Astrophys **9** 173—198, mit 4 Fig., 1946 = Contr. Inst. Astrophys. Paris (B) Nr. **2**. — Die zuletzt von Chalonge und Kourganoff (Ann d'Astrophys **9** 69, Ref. **4409**) angewandte Methode, aus Randverdunklung und Intensitat im Zentrum der Sonnenscheibe als Funktion der Wellenlange λ die Temperaturverteilung in der Sonnenatmosphare zu bestimmen, ergibt statt einer konstanten eine λ-abhangige Oberflächentemperatur. Verf. entwickelt nun zur Lösung der Gleichungen des Problems eine etwas modifizierte Methode, in der die Zentralintensitaten, deren Unsicherheit die Hauptursache des obigen Resultats ist, gegenuber der zuverlassiger bekannten Randverdunklung von geringem Einfluß sind. Die Anwendung der neuen Methode ergibt befriedigende Konstanz der Oberflächentemperaturen, für die Absorptionskoeffizienten aber noch eine gewisse Unsicherheit. Zwischen λ 4500 und λ 6000 ist H^- der einzige absorbierende Bestandteil, fur $\lambda > 6000$ muß außerdem ein zweiter wirksam sein. Bei λ 3230 ist auch Balmerabsorption und noch ein dritter Bestandteil beteiligt. Die Temperaturverteilung wird ermittelt und mit der bei Strahlungsgleichgewicht vorhandenen vereinbar gefunden. Schließlich läßt der Verlauf des Elektronen- und Gesamtdrucks erkennen, daß bis zur optischen Tiefe 1.5 stabiles Strahlungsgleichgewicht herrscht. Kdr.

4404/5. **W. A. Baum,** Solar ultraviolet spectrum to 88 kilometers. Phys Rev (2) **70** 781, 1946.

4406. **H.A. Brück, F. Rutllant,** Some observations of the H and K lines in the solar spectrum during a magnetic storm. MN **106** 130—134, 1946. — Die Gegend der H- und K-Linie des Sonnenspektrums wird auf einer Aufnahme, die kurz nach Beginn eines magnetischen Sturms 1946 Februar 7 gemacht wurde, mit anderen verglichen. Die violetten Flügel der beiden Linien zeigen eine geringe Depression. Dies kann als Wirkung einer von der Sonne ausgehenden Partikelwolke mit etwa 750 km/sec Geschwindigkeit gedeutet werden. Micz.

4407. **P. ten Bruggencate,** Zur Mitte-Rand-Variation der Fraunhoferlinien auf der Sonnenscheibe. Naturwiss **33** 91—92, 1946. — Verf. zeigt, daß die Mitte-Rand-Variation der Linienflügel direkt gegeben ist durch die Mitte-Rand-Variation des kontinuierlichen, der Linie benachbarten Spektrums.

4408. **R. Canavaggia, D. Chalonge,** Recherches sur le spectre continu du Soleil. II. Nouvelles données d'observation. Ann d'Astrophys **9** 143—156, mit 5 Fig., 1946 = Contr. Inst. Astrophys. Paris (B) Nr. **3**. — Zwischen 3150 und 6000 Å wurden spektralphotometrische Messungen der Randverdunklung durchgeführt und zwischen 3300 und 4800 Å das kontinuierliche Spektrum der Sonnenmitte photometrisch an das einer geeichten Wolframbandlampe angeschlossen. Oberhalb von 3700 Å ergibt sich daraus eine Farbtemperatur von 6700°, unterhalb 6100°. Der Balmersprung betragt 0.10. Die erhaltene spektrale Energieverteilung wird mit der von Mulders (Vgl. AJB **37** Ref. **4425**) verglichen. Loh.

4409. **D. Chalonge, V. Kourganoff,** Recherches sur le spectre continu du Soleil. I. L'ion négatif hydrogène dans la photosphère solaire. Ann d'Astrophys **9** 69—96, mit 9 Fig., 1946. — An Hand der Randverdunklungsbeobachtungen von Abbot und von Raudenbusch und der von Mulders abgeleiteten Energieverteilung im Spektrum des Mittelpunkts der Sonnenscheibe wird die Absorption der außeren Photospharenschichten im Wellenlängenbereich 4000—21000 Å untersucht und mit der Absorptionskurve des negativen Wasserstoffions nach Chandrasekhar (ApJ **102** 223, AJB **45** Ref. **3507/08**) verglichen. Zwischen 4000 und 12000 Å ergibt sich eine befriedigende Übereinstimmung der theoretischen und empirischen Kurve, wahrend die Deutung der letzteren über 12000 Å noch offen bleibt. Einige Moglichkeiten dafur werden besprochen. Kdr.

4410. **S. M. Chkhaidse,** Spectroheliosсopic observations on Mount Kanobili in 1940. Abastumani Bull. Nr. **6** 131—164, 1942 (russisch mit engl. Ref.).

4411. **M. Cimino,** Sopra un'estensione alle eclissi parziali di Sole del metodo di Julius per la determinazione dell' oscuramento del bordo solare. Acta Pontificia Acad. Sci. **10** Nr. 6 S. 75—92, 1946 = Oss. e Museo Astr. Roma, Contr. Sci. (NS) Nr. **132.** — Anwendung des Julius'schen Verfahrens zur Bestimmung der Verdunkelung des Sonnenrandes aus Strahlungsmessungen während der partiellen Sonnenfinsternis des 9. Juli 1945. F. Z.

4412. **V. Doplicher,** Lo spettro continuo del Sole e della corona attorno a 3850 Å. Atti Accad. Lincei Memorie Cl.-Sci. fis., mat. e nat. (8) **1** 65—78, mit 10 Fig., 1946. — Spektralphotometrische Messungen der Finsternis 1936 werden benutzt, um die Depression des Sonnen- und Koronaspektrums bei λ 3850 zu bestimmen. Die Depression hat in beiden Spektren die gleiche Breite. Micz.

4413. **J. Dufay,** Recherche de la bande de Raffety et de la bande 3157 Å de la molécule CH dans le spectre solaire. Cahiers de physique Nr. 2 30—34, 1941 = Publ. Obs. Lyon **3** fasc. 4. — 29 Linien der Raffety-Bande zwischen 4025 und 4107 Å koinzidieren (mittl. Fehler $\pm$ 0.018 Å) mit bisher unidentifizierten Linien des Sonnenspektrums. 12 Linien der Bande 3157 des CH koinzidieren ebenfalls mit noch nicht identifizierten Sonnenlinien zwischen 3123 und 3227 Å, wenn ein systematischer Unterschied von 0.028 Å berücksichtigt wird. Loh.

4414. **R. S. Gnewyschewa,** Wirbelbewegungen in der Sonnenphotosphare. RAJ **18** 26—30, 1941 (russisch).

4415. **Z. Hitotuyanagi,** Über die Randverdunklung der Sonne. I. Zweite Näherungslösung in der Milne — Lindbladschen Theorie vom Blanketing Effekt der umkehrenden Schicht. JJAG **19** 97—111, mit 3 Abb., 1941 = Sendai Astr. Rap. 2 Nr. 1. — In der Milne-Lindbladschen Theorie des Blanketing Effekts wird die Temperaturverteilung in zweiter Näherung erhalten und daraus werden die Randverdunkelung der Sonne für die Gesamtstrahlung, für einzelne Wellenlangen des kontinuierlichen Spektrums und auch die Energieverteilung der Sonnenmitte berechnet. Durch Vergleich mit gegenwartig vorliegenden Beobachtungen wird geschlossen, daß die Milne-Lindbladsche Theorie des Blanketing Effekts auf die Sonne nicht anwendbar ist. Verf.

4416. **Z. Hitotuyanagi,** Über die Randverdunklung der Sonne. II. Der Einfluß der Fraunhoferschen Linien auf das kontinuierliche Spektrum. JJAG **19** 113—134, mit 1 Abb., 1941 = Sendai Astr. Rap. 2 Nr. 2. — Als eine Fortsetzung von Chandrasekharschen und Ambarzumjanschen Untersuchungen über die Randverdunklung der Sonne wird der Fall behandelt, in dem sich das Verhältnis des mittleren Streukoeffizienten zum kontinuierlichen Absorptionskoeffizienten mit der optischen Tiefe stetig andert. Es zeigt sich in Hinblick auf ahnliche Untersuchungen, daß die vollstandige Erklarung der Randverdunklung der Sonne nur nach der Theorie des reinen Strahlungsgleichgewichts allein unerreichbar ist. Verf. (gekurzt).

4417. **Z. Hitotuyanagi,** Zur Theorie der Fraunhoferschen Linien in der Sonnenatmosphare. JJAG **21** 87—123, mit 5 Abb., 1944 = Sendai Astr. Rap. 2 Nr. 3. — Die Strömgrensche Methode zur Berechnung der Linienkonturen fur den Strahlungsstrom in den Sternatmospharen wird zur Berechnung der Linienkonturen in Abhangigkeit vom Mittelpunktsabstand auf der Sonnenscheibe weiterentwickelt. Verf. (gekurzt).

4418. **A. M. Lebedinskij, S. S. Shurawlew,** Photoelektrische Photometrie der Sonnenoberflache. RAJ **18** 312—330, 1941 (russisch).

* * **A. Lebedinsky,** Transfer of energy by convection currents in earth atmosphere and solar photosphere. Vgl. Ref. **5327.**

4419. **M. Migeotte,** The solar spectrum from 13440 Å to 15960 Å. Physica **12** 719—720, 1946 = Inst. d'Astrophys. Liége Mém. Nr. **298.** — Notiz über Registrierungen des Sonnenspektrums von 13 440 Å bis 15 960 Å sowie die geplante Beobachtung von Atom- und Molekülspektren im Ultraroten. Micz.

4420. **C. E. Moore, A. S. King,** Thorium in the sun. Proc. Amer. Philos. Soc. **86** 339—341, 1943.

4421. **C. E. Moore, A. S. King,** Thorium in the sun. Publ ASP **55** 36—37, 1943.

4422. **C. E. Moore, A. S. King,** The presence of gold in the sun. Publ ASP **55** 109—110, 1943.

4423. **R. O. Redman,** The roughness of the sun's surface. Obs **65** 147, 1944.

4424. **R. S. Richardson,** The nature of solar hydrogen vortices. Trans. Amer. Geophys. Union, Reports of 21st annual meeting pt. 2 S. 317—319, 1940.

4425. **G. Righini,** Smorzamento e profondità ottica delle righe del sodio nell' atmosfera solare. Mem SA It (NS) **17** 255—273, mit 2 Fig., 1946 = Oss. e Mem. Osservatorio Astrofisico di Arcetri Nr. **63** 59—79. — Bestimmung der Schwächungskonstanten für einige Linien des Natriums im Sonnenspektrum. Nach dem Strömgrenschen Modell mit log A = 3.8 wird die Abschwächung fur H-Atome und Elektronen und die mittlere Tiefe, in der sich die Natriumlinien bilden, berechnet. F. Z.

4426. **G. Righini, M. L. Catani,** Righe proibite del Sodio nello spettro solare. Rend. Accad. Lincei, Cl. Sci. fis., mat. e nat. (8) **1** 374—377, 1946. — Bericht über Beobachtung, Identifizierung und Messung von vier Natriumlinien im Sonnenspektrum. F. Z.

4427. **A. Rosa,** Wasserstoff im Sonnenspektrum. Nachrichten Akad. Wiss. Gottingen, Math.-Phys Klasse **1945** 72.

4428. **M. Rudkjöbing,** A determination of the abundances of sodium and magnesium in the solar atmosphere from lines near the series limits. Kgl. Danske Vid. Selskab, Mat.-fys. Medd. **21** Nr. 10, 15 S., 1945 = Publ. Kobenhavns Obs. Nr. **140.** — Eine von Unsold (ZfA **17** 1, AJB **41** Ref. **4426**) entwickelte Methode, aus Äquivalentbreiten von hoheren Gliedern einer Absorptionslinienserie den Intensitatssprung an deren Grenze zu bestimmen, wird auf zwei Serien des Natriums und Magnesiums im Sonnenspektrum angewandt, um die damit zusammenhangende relative Häufigkeit dieser Elemente abzuleiten. Es ergaben sich die Werte $\log\left(\frac{n_H}{n_{Na^+}}\right) = 6.0$ und $\log\left(\frac{n_H}{n_{Mg^+}}\right) = 4.77$, worin n_H, n_{Na^+} und n_{Mg^+} die Anzahlen der Wasserstoffatome und der einfach ionisierten Na- und Mg-Atome pro Volumeneinheit bedeuten. Kdr.

4429. **F. J. Sellers,** Surface granulation on the sun. Obs **65** 77—78, 1943.

* * **P. T. Smoliakov,** On the rotation of the photosphere of the sun. Vgl. Ref. 4118.

4430. **A. Unsöld,** Quantitative Spektralanalyse der Sonnenatmosphare. Nachrichten Akad. Wiss. Gottingen, Math.-Phys. Klasse **1945** 69—70.

4431. **H. Zanstra,** Non-coherent scattering and the absence of polarization in Fraunhofer lines. MN **106** 225—227, 1946 = Commun. Radcliffe Obs. Pretoria Nr. **4.** — Untersuchungen Redmans (MN **101** 266, AJB **43** Ref. **4429**; MN **103** 329, AJB **45** Ref. **4417**) an Spektrallinien in Nahe des Sonnenrandes ergaben keinerlei Anzeichen für das Vorhandensein von Polarisationseffekten. Es wird darauf hingewiesen, daß dieser Befund dafur spricht, daß die Streuung in Sternatmospharen nichtkoharent ist in Übereinstimmung mit theoretischen Überlegungen von Spitzer (ApJ **99** 1, AJB **45** Ref. **3618**). Kdr.

4432. Solar spectrum line intensities. Sky and Telescope **6** Nr. 1 S. 7, 1946. — Ref. AAS.

§ 45

Strahlung

4501. **L. B. Aldrich,** The solar constant and sunspot numbers. Smithsonian Misc Coll **104** Nr. 12, 5 S. mit 1 Fig., 1945 = Publ. 3806. — Zwischen 1923 und 1944 ist die Abhangigkeit der Solarkonstanten von der Anzahl der Sonnenflecken in den beiden Halbzyklen 1923/33 und 1933/44 verschieden. Über den gesamten Zeitraum hinweg polieren sich die Unterschiede fast weg, so daß nur noch eine Schwankung der Solarkonstanten von 0.15% ubrig bleibt. Eine Erklärung des Phanomens konnte noch nicht gegeben werden. Loh.

4502. **J. L. Alpert, B. N. Gorozhankin,** On the results of radio-observations during the solar eclipse (corpuscular and ultraviolet) of July 9, 1945. CR Moskau **49** 254—258, 1945.

4503. **E. V. Appleton,** Departure of long-wave solar radiation from black-body intensity. Nat **156** 534—535, 1945. — Ref. in Phys Ber **26** 120—121.

4504. **E. V. Appleton, J. S. Hey,** Circular polarization of solar radio noise. Nat **158** 339, 1946. — Ref. in Phys Ber **26** 408—409.

4505. **J. Bartels,** Geomagnetic data on variations of solar radiation: Part I — Wave radiation. Terr Mag **51** 181—242, mit 13 Fig., 1946.

4506. **S. M. Chkhaidse,** Actinometric observations on Mount Kanobili. Abastumani Bull. Nr. **6** 165—168, 1942 (grusinisch mit engl. Ref.).

4507. **A. Due,** Estadística di Actividad Solar. Radiación Solar. Enero de 1942 — Diciembre de 1943. Bol. Mensual Obs. Cartuja, Granada, 1943—1946.

4508. **M. N. Gnewyschew,** Die Strahlung der aktiven Gebiete auf der Sonne. RAJ **21** 80—93, 1944 (russisch).

4509. **M. N. Gnewyschew, A. I. Ohl,** Der Raumwinkel der Korpuskularstrahlung der Sonne. RAJ **22** 151—157, 1945 (russisch).

4510. **M. N. Gnevishev, A. I. Ohl,** The solid angle of the corpuscular solar radiation. Terr Mag **51** 163—170, mit 1 Fig., 1946.

* * **L. Harang,** Radio echo observations at Tromsö during the solar eclipse on July 9th, 1945. Vgl. Ref. 4211.

4511. **W. L. Hinsburg,** Über die Sonnenstrahlung im Gebiet der Radiofrequenzen. DAN **52** 491—494, 1946 (russisch).

4512. **H. Jarlan,** Le soleil et son rayonnement. Paris, Presses universitaires de France, 1946. 128 S.

4513. **A. C. B. Lovell, C. J. Banwell,** Abnormal solar radiation on 72 megacycles. Nat **158** 517—518, 1946. — Ref. in Phys Ber **26** 407.

4514. **D. F. Martyn,** Polarization of solar radio-frequency emission. Nat **158** 308, 1946.

4515. **R. S. Richardson,** An attempt to identify the solar M-regions. Trans. Amer. Geophys. Union, Reports of 22d annual meeting pt. 2 S. 454—456, 1941.

4516. **M. Ryle, D. D. Vonberg,** Solar radiation on 175 Mc/s. Nat **158** 339—340, 1946. — Ref. in Phys Ber **27** 770—771.

4517. **M. N. Saha,** Conditions of escape of radio-frequency energy from the sun and the stars. Nat **158** 549, 1946.

* * **I. S. Schklovsky,** On the radiation of radiowaves by the galaxy and by the upper layers of the solar atmosphere. Vgl. Ref. **9063.**

4518. **S. K. Wsechswjatskij,** Solare Korpuskularströme. RAJ **21** 149—153, 1944 (russisch).

4519. Corpuscular radiation from the sun. Obs **66** 95—96, 1945.

4520. Hertz-golven afkomstig van de Zon. Heelal **2** 59—60, 1946.

§ 46

Chromosphäre, Protuberanzen

4601. **G. Abetti,** Altezza della cromosfera nel 1943 ed andamento del ciclo solare. Rend. Accad. Lincei, Cl. Sci. fis., mat. e nat. (8) **1** 27—28, 1946. — Resultate der Beobachtungen der Chromosphärenhohe und anderer Sonnenerscheinungen im Jahre 1943. F. Z.

4602. **L. d'Azambuja, M. d'Azambuja-Roumens,** L'évolution et les mouvements d'ensemble des protubérances solaires. BSAF **55** 217—224, 247—252, 265—272, mit 12 Fig., 1941.

4603. **L. d'Azambuja, M. d'Azambuja,** Le mouvement général vers les pôles des protubérances solaires. Ciel et Terre **60** 65—72, mit 4 Fig., 1944. — Wahrend ein Teil der Protuberanzen im Lauf seiner Entwicklung zum Äquator wandert, erleidet der andere eine Poldrift, die, auf die Dauer einer Rotation bezogen, für Filamente in 5° bzw. 25°, 45°, 65° heliographischer Breite 3°5 bzw. 1°3, 0°6, 0°5 beträgt. Mit der Poldrift ist eine azimutale Drehung der Filamente verbunden, die aber durch die Abnahme der Sonnenrotation zum Pol nicht völlig erklart werden kann. Loh.

* * **M. d'Azambuja, L. d'Azambuja,** Sur une connexion possible entre la formation des taches et celle des protubérances solaires. Ref. **4303.**

* * **M. d'Azambuja, L. d'Azambuja,** Sur la différence entre le ralentissement polaire de la vitesse de rotation des taches solaires et celui des protubérances. Ref. **4304.**

4604. **H. D. Babcock,** A transient feature of the chromospheric line, λ 3934 of ionized calcium. Publ ASP **56** 39—40, 1944.

4604a. **C. E. R. Bruce,** Solar prominences. Obs **66** 263-264, 1946. - Es wird die Auffassung vertreten, daß es sich bei den Protuberanzen um elektrische Entladungen handelt. Zur Begründung werden einige Beobachtungstatsachen angeführt und erlautert. Kdr.

4605. **E. J. Bugoslavskaja,** Chromospheric spicules during 1943—1945. On the observations with a prominence spectroscope. RAJ **23** 225—234, mit 3 Fig., 1946 (russisch mit engl. Ref.). — Im genannten Zeitraum sind 134 chromosphärische Eruptionen beobachtet worden, von denen 27 skizziert wurden. Viele sind gegen die Normale zur Sonnenoberfläche geneigt. Dabei sind diejenigen der Aktivitatszone von ±20° bis ±41° polwärts, die polwartigen Eruptionen aber äquatorwärts geneigt. Man darf vermuten, daß die Eruptionen Anfange von Koronastrahlen sind. Loh.

* * **E. J. Bugoslawskaja, N. N. Parijskij, I. S. Schklowskij,** Einige Beobachtungsergebnisse des staatlichen Astronomischen Sternberg-Institutes über die Sonnenkorona und Chromosphare. Vgl. Ref. 4705.

4606. **L. Dezsö,** The motion of the prominences. Csillagászati Lapok **6** 126—154, mit 1 Fig., 1943 = Univ. Obs. Kolozsvár Repr. Nr. **2**, 30 S. mit 1 Fig., 1943 (ungarisch mit engl. Zusammenfassung).

4607. **M. A. Ellison,** Short-lived Hα prominences observed on the sun's disk. Obs **64** 300—302, mit 1 Fig., 1942.

4608. **M. A. Ellison,** Visual and spectrographic observations of a great solar flare, 1946 July 25. MN **106** 500—508, mit 3 Fig. und 1 Tafel, 1946. – Aus Messungen der Breite der hellen Hγ-Linie geht hervor, daß der Entstehung der großen eruptiven Flocculi ein «Strahlungsausbruch» von 2—3 Minuten Dauer vorausgeht. Von einem Flocculus konnten 1946 Juli 25 sieben Spektra erhalten werden, die die Phase maximaler Helligkeit überdecken. Besondere Aufmerksamkeit wird den Emissionserscheinungen bei Hα, einigen Helium-, Silizium-, Eisen- und Nickellinien gewidmet. Das Kontinuum erscheint wahrend des «Strahlungsausbruchs» dort verstarkt, wo im Licht von Hα die Filamente am hellsten sind. Micz.

4609. **D. S. Evans,** Electromagnetic forces in solar prominences. MN **106** 300—337, mit 22 Fig., 1946 = Commun. Radcliffe Obs. Pretoria Nr. **10.** — Die Arbeit versucht in ihrem ersten Teil eine Erklarung der Bewegung von Knoten in Sonnenprotuberanzen zu geben auf Grund der Vorstellung, daß es sich bei solchen Knoten um Verdichtungen in einer Ionenwolke handelt, die sich wegen der gegenseitigen Abstoßung der Ionen ausdehnt. Zu einer befriedigenden Deutung des benutzten Beobachtungsmaterials (von McMath und Mitarbeitern) ist eine Dichte der Ionenwolke von 10^{-11} bis 10^{-12} Elementarladungen pro cm^3 notwendig. Dichteänderungen in der Wolke, unstetige Geschwindigkeitsänderungen und andere Verfeinerungen werden diskutiert. Im zweiten Teil werden die verschiedenen Kräfte abgeschatzt, die auf Protuberanzen Einfluß haben können. Am wirksamsten erweisen sich die elektromagnetischen Kräfte und es werden daher die Bewegungen von Ionen im Felde magnetischer Dipole untersucht und die resultierenden Bahnkurven mit der Beobachtung verglichen. Die Ergebnisse stehen mit den Grundannahmen nicht in Widerspruch, verschiedene Unsicherheiten lassen jedoch keine weitergehenden Schlüsse zu. Kdr.

4610. **Y. Fujita,** Über die totale Sonnenfinsternis am 21. September, 1941. Spektralphotometrie der Korona mit einem spaltlosen Spektrographen. II. JJAG **21** Nr. 1—2, S. 1—8 mit 9 Fig., 1944 = Tokyo Astr. Obs. Repr. Nr. **19.** — Vgl. Ref. 4705a.

4611. **R. G. Giovanelli,** A theory of chromospheric flares. Nat **158** 81—82, 1946.

4612. **H. W. Newton,** Distribution on the sun's disk of flares preceding magnetic storms. Obs **65** 172—173, 1944.

4613. **E. Pettit,** The development of solar prominences. Sci. Monthly **56** 293—294, 1943.

4614. **E. Pettit,** The earliest observations of prominences. Publ ASP **55** 184—189, 1943.

4615. **E. Pettit,** Frequency of eruptive prominences. Publ ASP **56** 124—125, 1944.

4616. **E. Pettit,** Rotation of tornado prominences determined by Doppler effect. Publ ASP **58** 150—152, 1946.

4617. **R. S. Richardson, R. Minkowski,** The spetra of bright chromospheric eruptions from λ 3300 to λ 11500. Trans. Amer. Geophys. Union, Reports of 20th annual meeting pt. 3 S. 374—375, 1939.

4618. R. S. Richardson, Solar flares versus bright chromospheric eruptions: a question of terminology. Publ ASP **56** 156—158, 1944.

4619. R. S. Richardson, Occurence of solar flares where no sunspot group was observed. Publ ASP **56** 161—162, 1944.

4620. I. S. Schklovsky, On the kinetic temperature of the upper layers of the solar atmosphere. RAJ **23** 203—212, 1946 (russisch mit engl. Ref.). — Die beobachteten hohen kinetischen Temperaturen der Chromosphare und Korona versucht Verf. auf Grund der Hypothese zu erklaren, daß die photospharische Emission hinter der Lyman-Serie abnorm hoch ist. Loh.

4621. A. Unsöld, Quantitative Analyse des Spektrums einer aktiven Protuberanz. Nachrichten Akad. Wiss. Gottingen, Math.-Phys. Klasse **1945** 71—72, mit 1 Fig.

4622. S. K. Wsechswjatskij, N. W. Fatschichin, Chromospharenhöhen und Linienintensitaten aus in Ak-Bulak wahrend der Sonnenfinsternis vom 19. Juni 1936 erhaltenen Spektrogrammen. Kiew Publ. Nr. 1 S. 98—101, 1946 (russisch mit engl. Zusammenfassung). — Die Chromosphare befand sich am ostlichen Rand in einem anomalen Anregungszustand.

4623. Monochromatic observations of prominences. Obs **64** 275—276, 1942.

4624. Solar nomenclature. Obs **65** 14, 1943. — Bemerkung zu der Arbeit von W. Petrie und D. H. Menzel in ApJ **96** 395, 1942. Vgl. AJB **45** Ref. **4715.**

4625. Prominence motions. Obs **65** 33—34, 1943. — Besprechung der Arbeit von M. Waldmeier und B. Beck in ZfA **21** 286, 1942. Vgl. AJB **44** Ref. **4457.**

4626. Solar terminology. Obs **65** 280—281, 1944. — Betrifft «solar flare» und «chromospheric eruption».

4627. Beobachtungen von Protuberanzen

Coimbra. Anais do Observatório Astronómico da Universidade de Coimbra. Primeira Secção. Fenómenos solares. Tomo 8, 1936 (nicht eingegangen).

Desgl. Tomo **9**, 1937. Coimbra 1945. 8 + 293 S. mit Tafeln. — Beob. 1937.

Bol. Astr. Obs. Madrid **3** Nr. 6 S. 1—42, mit 1 Fig., 1946. Protuberancias solares. Resumen de las observaciones realizadas durante los años 1943 y 1944. E. Gullón.

BSAF **55** 230, 259, 273, mit 3 Fig., 1941. M. d'Azambuja. — Rotationen 1175—1177.

BSAF **57** 7, 26, 46, 60, 75, 92, 109, 123, 133, 157, 170, 184—185, mit 14 Fig., 1943. L'activité solaire. La chromosphère et les taches pendant les rotations Nr. 1191—1204. M. d'Azambuja.

BSAF **58** 12—13, 22, 36, 60, 111—112, 164—166, mit 14 Fig., 1944. L'activité solaire. La chromosphère et les taches pendant les rotations Nr. 1205—1218. M. d'Azambuja.

BSAF **58** 13—14, 1944. Sur un filament solaire associé à un groupe de taches de haute latitude. M. d'Azambuja.

BSAF **59** 41—44, 141—142, 184—185, mit 11 Fig., 1945. L'activité solaire. Cartes synoptiques de la chromosphère et des taches. M. d'Azambuja. — Rotationen Nr. 1219—1229.

BSAF **60** 38—41, 93—94, 128—129, 184—185, 213—214, mit 13 Fig., 1946. L'activité solaire. Cartes synoptiques de la chromosphère et des taches. M. d'Azambuja. — Rotationen Nr. 1230—1242.

BSAF **60** 137, 1946. Le soleil en fièvre. — Eruption 1946 Juli 25.

BSAF **60** 215, 1946. Sur le mouvement en latitude d'un centre d'activité. M. d'Azambuja.

BSAF **60** 215—217, mit 7 Fig., 1946. La grande éruption solaire du 25 juillet 1946. R. Servajean, G. Olivieri.

Kiew Circ. Nr. 6—7, S. 21, 1946 (russisch). Die helle Eruption am Sonnenrand vom 27. Oktober 1942. S. K. Wsechswjatskij.

Kiew Publ. Nr. 1 S. 161—167, 1946 (russisch mit engl. Zusammenfassung). Die chromospharische Aktivitat der Sonne 1942—1944. A. N. Sergejewa.

Kodaikanal Obs. Bull. Nr. 117, 12 S. mit 2 Fig., 1939. Summary of prominence observations for the second half of the year 1938. A. L. Narayan.

Lwow Circ. Nr. 1, 6 S. Sonnenflecke, Fackeln und Protuberanzen August bis September 1946. G. N. Rodionow, T. L. Mandrykina.

Mem SA It (NS) 17 197—202, mit 2 Fig., 1946 = Oss. e Mem. Osservatorio Astrofisico di Arcetri Nr. 63 43—50. Osservazioni di protuberanze e della cromosfera solare eseguite nel 1943—1944. G. Abetti.

Mem SA It (NS) 17 235—248, mit 4 Fig., 1946 = Oss. Astrofisico Catania, Contr. astrofisici Nr. 60. L'attività del Sole nell'anno 1945. L. Taffara.

Mem SA It (NS) 17 249—253, mit 2 Fig., 1946 = Oss. e Mem. Osservatorio Astrofisico di Arcetri Nr. 63 51—57. Osservazioni di protuberanze e della cromosfera solare eseguite nel 1945. G. Abetti.

Nat 157 297. Solar eruption on February-March, 1942. B. Edlén.

Obs 65 17—18, 249—250, 1943/44. Solar notes.

Obs 66 347—348, 1946. Solar notes.

Obs. de Paris Section d'Astrophys. à Meudon Vol. 1 fasc. 6, 1938. Cartes synoptiques de la chromosphère solaire et catalogue des filaments de la couche supérieure. L. d'Azambuja. — Jahr 1936.

Obs. de Paris, Section d'Astrophys. à Meudon Vol. 1 fasc. 7, année 1937, 29 S., 1942. Cartes synoptiques de la chromosphère solaire et catalogue des filaments de la couche supérieure. L. d'Azambuja, R. Servajean. — Rotation Nr. 1115—1127, 18. Jan. 1937—8. Jan. 1938.

Publ ASP 54 253—255, 1942. The eruptive prominence of October 3, 1942. E. Pettit.

Publ ASP 56 162—164, 1944. A tornado prominence, June 19, 1944. S. B. Nicholson.

Publ ASP 57 97—99, 1945. An interactive prominence. E. Pettit.

Publ ASP 58 310—314, 1946. An eruptive prominence of record height, June 4, 1946. E. Pettit.

Rend. Accad. Lincei, Cl. Sci. fis., mat. e nat. (8) 1 1198—1199, 1946. La protuberanza eruttiva del 24 agosto 1946. M. G. Fracastoro.

TAB Nr. 535, 541, 557, 578, 580, 582, 595, 607, 609, 1941. T. Hattori, M. Notuki, I. Semba, S. Takagi.

TAB Nr. 611, 616, 617, 623, 625, 627, 640, 645, 648, 664, 668, 669, 1942. K. Matumaru, M. Notuki, I. Semba, S. Takagi.

TAB Nr. 671, 674, 675, 678, 680, 696, 699, 701, 702, 704, 707, 709, 1943. K. Matumaru, M. Notuki, I. Semba, Z. Suemoto.

TAB Nr. 711, 713, 715, 717, 719, 722, 723, 726, 727, 729, 731, 733, 1944. M. Notuki, I. Semba, Z. Suemoto.

TAB Nr. 734, 736, 737, 738, 1945. M. Notuki, I. Semba, Z. Suemoto.

Taschkent Circ. Nr. 130—189. A. Merkulow, J. Slonim. — Sonnenaktivitat 1941 Dez.—1946 Nov.

Urania Barcelona 30 Nr. 209 S. 12—15, 1945. La observación solar. Breves notas sobre la actividad solar (protuberancias) durante el año 1940 y 41, según observaciones verificadas en el Observatorio «Pratdesaba», en Vich. J. Pratdesaba.

§ 47

Korona

4701. **C. W. Allen,** The spectrum of the corona at the eclipse of 1940 October 1. MN **106** 137—150, mit 11 Fig., 1946. — In Koronaspektren der Finsternis 1940 Oktober 1 wurden die Wellenlangen und Intensitaten von sieben Emissionslinien bestimmt. Das Kontinuum der Korona wird mit wachsendem Abstand vom Sonnenrand etwas röter. Das Verhaltnis der Intensitat der Fraunhofer-Komponenten der Absorptionslinien und ihrer Gesamtintensität I_F/I_S wachst mit wachsendem Abstand, obwohl I_F sinkt. Die Beobachtungen werden mit der Grotrianschen Theorie des Koronakontinuums verglichen. Für die Entstehung von I_F wird nicht Reflexion, sondern Beugung angenommen. Der Partikelradius beträgt danach 10^{-3} cm. Micz.

4702. **L. Biermann, P. ten Bruggencate,** Über die Ursache der hohen Temperatur der Sonnenkorona nebst einer Bemerkung über das Nachthimmellicht. Nachr. Akad. Wiss. Gottingen, Math.-Phys. Klasse **1946** 19—23. — Für die hohe Koronatemperatur wird eine Ursache außerhalb der Sonne verantwortlich gemacht, und zwar wird untersucht, ob die Aufheizung der Korona durch interstellare Teilchen erfolgen kann, die von der Sonne eingefangen und in der außeren Korona abgebremst werden. Eine Abschatzung der von der Sonne aufgesammelten Masse und der dadurch der Korona zugeführten Energie, sowie des in dieser zu erwartenden Temperaturgradienten laßt die vorgeschlagene Deutung aussichtsreich erscheinen. In ahnlicher Weise wird das Nachthimmellicht durch interstellare Materie erklart, die beim Eindringen in die oberen Schichten der Erdatmosphare diese zum Leuchten anregt. Kdr.

4703. **E. J. Bugoslawskaja,** Die Abhangigkeit koronaler Formen von Gebilden auf der Sonnenoberflache und in der Chromosphäre nach Beobachtungsunterlagen vom 21. September 1941. RAJ **19** Nr. 4 S. 15—18, 1942 (russisch).

4704. **E. J. Bugoslawskaja,** Die Struktur der Sonnenkorona am 21. September 1941 nach Beobachtungen mit Standardkoronographen. DAN **43** 7—9, 1944 (russisch).

4705. **E. J. Bugoslawskaja, N. N. Parijskij, I. S. Schklowskij,** Einige Beobachtungsergebnisse des staatlichen Astronomischen Sternberg-Institutes über die Sonnenkorona und Chromosphare. Mitt. Akad. Wiss. UdSSR (phys.) **10** 523—546, 1946 (russisch).

* * **V. Doplicher,** Lo spettro continuo del Sole e della corona attorno a 3850 Å. Vgl. Ref. **4412.**

* * **W. G. Fessenkow,** Die außere Sonnenkorona wahrend der Finsternis 1941. Vgl. Ref. **4208.**

* * **W. G. Fessenkow,** Über Strukturbesonderheiten der Sonnenkorona am 21. September 1941. Vgl. Ref. **4208.**

4705a. **Y. Fujita,** Über die totale Sonnenfinsternis am 21. September, 1941. Spektralphotometrie der Korona mit einem spaltlosen Spektrographen. II. JJAG **21** Nr. 1–2, S. 1–8 mit 9 Fig., **1944** = Tokyo Astr. Obs. Repr. Nr. **19.** — Es werden die Intensitatsverteilungen der grunen Koronalinie in verschiedenen Positionswinkeln bestimmt und Isophoten gezeichnet. Mit T = 7200° ergibt sich der Elektronendruck in einer Protuberanz $P_e = 2{,}17 \times 10^{-3}$ Bar. Loh.

4706. **J. Gauzit,** Une hypothèse sur l'origine des raies coronales. Cahiers de physique Nr. 1 45—50, mit 1 Fig., 1941 = Publ. Obs. Lyon **3** Nr. 2. — Nach Ansicht des Verf. existiert in der Korona ein außerordentlich kraftiges interatomares elektrisches Feld. Durch Starkeffekt werden die Wasserstofflinien so verbreitert und ihre Intensitäten so verwischt, daß sie, wenn überhaupt, nur in Form breiter, schwacher Banden wahrgenommen werden konnen. Das koronale elektrische Feld bewirkt durch Eindringen in Protuberanzen deren Abbau. Loh.

4707. **J. Gauzit,** L'origine des raies coronales. BSAF **57** 19—26, mit 1 Fig., 1943. — Es werden kritische Bemerkungen zu der Identifizierung der Koronalinien durch Edlén geaußert. Verf. halt einmal die Kenntnis der Wellenlängen für unzureichend, um die Edlénsche Identifizierung darauf zu gründen, und schließt ferner aus gewissen Protuberanzen, daß die Koronamaterie sich tatsachlich in einem Zustand befindet, der die Dissoziation des Wasserstoffs eben ermöglicht. Verf. schlagt eine neue Erklarung vor, wonach ein sehr großer Starkeffekt — der notwendige Mechanismus zur Erzeugung der erforderlichen hohen interstellaren Feldstarken soll in radialen und parallelen Bahnen von Ionen und Elektronen bestehen — Ursache für die Koronalinien sein soll; ein großer Teil der Linien ware danach auf Helium zuruckzuführen. Micz.

4708. **V. T. Hase,** On the effect of line absorption on the temperature determination of the inner corona. Abastumani Bull. Nr. **7** S. 73—82, 1943.

4709. **A. Hunter,** A physical theory of the solar corona. Nat **156** 649—650, 1945.

4710. **J. Kaplan,** On the spectrum of the solar corona. Pop Astr **53** 511—512, 1945. — Bemerkungen zur Identifizierung der Koronalinien durch Edlén.

4711. **K. O. Kiepenheuer,** Neuere Ergebnisse uber die Sonnenkorona. Neue Phys. Blatter 1946 S. 225—231. — Gekürzter Vortrag von der Astronomentagung in Hamburg-Bergedorf am 28. 9. 1946.

4712. **E. L. Krinow, N. N. Sytinskaja,** Die Helligkeitsverteilung in der Sonnenkorona im infraroten Licht. RAJ **19** Nr. 1 S. 9—13, 1942 (russisch).

4713. **B. Lyot,** L'origine des raies coronales. BSAF **57** 38, 1943. — Zu der Theorie von Gauzit (BSAF **57** 19) uber die Entstehung der Koronalinien werden kritische Bemerkungen gemacht, wonach die zugrunde gelegten Annahmen über die Unsicherheit der Wellenlangen der Koronalinien und der Form ihrer Profile unzutreffend sind. Micz.

4714. **Y. Öhman,** Preliminary results from measurements of polarization in the corona. Obs **66** 261—262, mit 1 Fig., 1946. — Es werden einige Bemerkungen über die vorlaufigen Ergebnisse der Polarisationsmessungen der Sonnenkorona wahrend der totalen Finsternis 1945 Juli 9 gemacht.

4715. **Y. Öhman,** Några bidrag till frågan om solkoronans natur. PAT **27** 133—136, mit 4 Fig., 1946.

4716. **K. Osawa,** The photoelectric photometry of light and colour of solar corona on September 21, 1941. TAB Nr. 692—695, mit 6 Fig., 1943. — Konstante Ausleuchtung der Photozelle unabhangig vom Objekt (Korona, Sonne, Mond) wird dadurch erzielt, daß das erste Objektiv durch ein zweites auf eine Opalscheibe abgebildet wird, hinter der dann die Farbfilter und die Zelle folgen. Die Ablesungen Korona + Himmel — Himmel in 5° Abstand vom Sonnenrand für blau, grun und rot ergeben die Koronameßwerte. Vor und nach der Finsternis werden Messungen der reduzierten Sonne, auch bei partieller Verfinsterung, durchgeführt und der Wert ohne Verfinsterung fur die Totalitat durch Interpolation gefunden und so das Verhaltnis Korona/reduzierter Sonne bei gleicher Extinktion bestimmt. Eine Woche spater wird ebenso das Verhaltnis reduzierte Sonne/Vollmond gemessen. Beides kombiniert liefert Korona/Vollmondhelligkeit für blau = 0,27, grun = 0,205 und rot = 0,21 (Mondphase –82°). Thi.

4717. **W. O. Roberts, A. H. Shapley, F. Hodder,** Observations of the green (λ 5303) coronal line made at The Fremont Pass Station of the Harvard College Observatory at Climax, Colorado, August 1942—July 1945. Department of Terrestrial Magnetism Carnegie Institution of Washington, Report Nr. **7**, 19 S. mit 1 Fig., **1945** = Harvard Repr (2) Nr. **12**. — Für den Zeitraum 1942 August bis 1945 Juli werden die auf der Fremont Pass Station beobachteten Intensitäten der Koronalinie λ 5303 für jeden 5. Grad des Positionswinkels sowie die täglichen Maxima und kleinsten beobachtbaren Intensitätswerte mitgeteilt. Die willkürliche Intensitätsskala wird mit der Skala von Lyot verglichen. Micz.

4718. **I. S. Schklowskij,** Über die chemische Zusammensetzung der Sonnenkorona. RAJ **22** 81—89, 1945 (russisch).

4719. **I. S. Schklowskij,** Über die Möglichkeit sehr harter, von der Sonnenkorona ausgesandter Strahlung. RAJ **22** 249—258, 1945 (russisch).

* * **I. S. Schklowsky,** On the kinetic temperature of the upper layers of the solar atmosphere. Vgl. Ref. **4620**.

4720. **I. S. Schklowskij,** Der gegenwärtige Stand der Frage nach der Natur der Sonnenkorona. Fortschritte Phys. Wiss. **30** 63—102, 1946 (russisch).

4721. **V. Vand,** Theorie der Sonnenkorona. RH **27** 28—33, **1946** (tschechisch).

* * **M. A. Vashakidse,** An investigation of the polarization of the solar corona at the total eclipse of September 21, 1941. Vgl. Ref. **4208**.

4722. **R. v. d. R. Woolley, S. C. B. Gascoigne,** On the excitation of the coronal spectrum. MN **106** 113—120, 1946. — Die Arbeit prüft quantitativ eine Annahme Sahas (Proc Phys Soc **57** 271), nach der die in der Sonnenkorona beobachteten Fe XIV-Ionen als Spaltprodukte beim Zerfall von Uran auftreten, wenn dieses mit Neutronen bombardiert wird. Dieser Prozeß wäre zwar mit einer relativ niedrigen Koronatemperatur (6000°) vereinbar, führt jedoch auf eine um einen Faktor 10 zu hohe Gesamtstrahlung der Sonne. Die Verf. schließen sich daher der auch von anderen Autoren vertretenen Ansicht an, daß die Koronatemperatur von der Ordnung 10^6 Grad ist. Als Energiequelle hierfür vermuten sie, da sich auch die von Vand (Nat **151** 728) zur Erklärung herangezogene Gravitationsenergie von außen in die Sonne fallender Teilchen als ungeeignet erweist, radioaktive Elemente, die bei Kernprozessen im Sonneninnern erzeugt und in Störungsgebieten an die Oberfläche transportiert werden. Kdr.

4723. The solar corona. Obs **64** 239—240, 1942. — Besprechung der Arbeit von H. Alfvén «The solar corona». Vgl. AJB **43** Ref. **4446**.

4724. The coronal line spectrum. Obs **64** 378, 1942. — Vgl. AJB **44** Ref. **4415**.

4725. Coronal photometry. Obs **65** 109—110, 1943. — Besprechung der beiden Arbeiten von M. Waldmeier in ZfA **22** 1, 1942 und ZfA **22** 18, 1942. Vgl. AJB **44** Ref. **4440** und **4441**.

§ 48

Sonnentätigkeit in Beziehung zu terrestrischen Erscheinungen

4801. **C. G. Abbot,** Solar radiation as a power source. Smithsonian Report **1943** 99 = Smithsonian Publ. 3742. — Ref. in Meteorologische Rundschau **1** 190.

4802. **C. G. Abbot,** Weather predetermined by solar variation. Smithsonian Misc Coll **104** Nr. 5, 44 S. mit 24 Fig., 1944 = Publ. 3771.

4803. **C. G. Abbot,** On the 27.0074-day cycle in Washington precipitation. Smithsonian Misc Coll **104** Nr. 9, 2 S., 1945 = Publ. 3800.

4804. **C. G. Abbot,** Correlations of solar variation with Washington weather. Smithsonian Misc Coll **104** 13, 1945 = Publ. 3807. — Ref. in Meteorologische Rundschau **1** 190.

4805. **N. P. Benkowa,** Der Einfluß der Sonne auf das Magnetfeld der Erde. Kiew Publ. Nr. 1 193—196, 1946 (russisch). — Verf. zeigt, daß man auf Grund der Besonderheiten magnetischer Storungen unwiderlegbar auf die Existenz korpuskularer Ströme schließen muß, die von aktiven Gebieten der Sonnenoberfläche ausgehen. Loh.

4806. **P. Bernard,** Variation during the solar cycle of the time interval between chromospheric eruptions and the perturbations of the Earth's magnetic field. CR **200** 179—181, 1945.

4807. **W. G. Bowerman,** Sunspots and the weather. Pop Astr **52** 159*, 228—239, 1944.

4808. **W. G. Bowerman,** Cerebrospinal meningitis and sunspots. Pop Astr **54** 468—472, 1946.

* * **H. A. Brück, F. Rutllant,** Some observations of the H and K lines in the solar spectrum during a magnetic storm. Vgl. Ref. **4406**.

4809. **M. Burgaud,** Relations entre les perturbations magnétiques et les éruptions solaires. CR **222** 449—450, 1946.

4810. **M. Burgaud,** Sur les coïncidences des recrudescences de l'activité magnétique à courte période et la naissance des plages faculaires sur le soleil. CR **222** 563—564, 1946.

4811. **S. K. Chakrabarty,** Solar streams of corpuscules and their relation to geomagnetic storms. MN **106** 491—499, mit 1 Fig., 1946. — Es werden Bahnkurven von der Sonne emittierter Partikeln berechnet. Ein dunner Partikelstrahl kann auf der Erde magnetische Stürme auslösen, deren Dauer durch die Geschwindigkeitsverteilung der Partikeln bestimmt ist. Für einige beobachtete starke magnetische Stürme werden Geschwindigkeiten von der Größenordnung 10^8 cm/sec ermittelt. Die Emission erfolgte in manchen Fallen anscheinend nicht radial. Micz.

4812. **H. H. Clayton,** The 11-year and 27-day solar periods in meteorology. Smithsonian Misc Coll **99** Nr. 5, 20 S. mit 13 Fig., 1940 = Publ. 3589.

4813. **H. H. Clayton,** Solar relations to weather. Canton, Massachusetts, Clayton Weather Service. Vol. 1 105 S., Vol. 2 14 + 439 S. Preis 3.00 $. — Besprechung in Pop Astr **51** 526 (H. T. Stetson).

4814. **H. H. Clayton,** Sunspot changes and weather changes. Smithsonian Misc Coll **104** Nr. 19, 29 S. mit 22 Fig., 1946 = Publ. 3816. — Besprechung in Sterne **24** 118 mit einer Bemerkung über die Verhältnisse in Bamberg (H. U. Sandig).

4815. **J. Dufay, P. Flajolet,** Relations entre l'activité solaire et les perturbations de la déclinaison magnétique enregistrées à Saint-Genis-Laval. Ann. Géophys. 1 264—274, mit 5 Fig., 1944—1945 = Publ. Obs. Lyon **4** Nr. 14.

4816. **M. S. Eigenson, B. M. Rubashev,** The intensity of solar activity impulses and the number of arctic inbursts. Poulk Circ **32** 81—86, mit 1 Fig., 1941 (russisch mit engl. Zusammenfassung). — Es wird versucht, eine Beziehung zwischen der Intensitat eines solaren Impulses und der Zahl der dadurch bedingten arktischen Einbrüche abzuleiten. Die Untersuchung von 120 Impulsen zwischen 1933 bis 1937 und 1939 fuhren zu einer graphischen Darstellung, aus der man entnehmen kann, welche Flache ein Impuls zur Zeit seiner maximalen Entwicklung haben muß, um in den einzelnen Phasen seiner Entwicklung einen arktischen Einbruch zu verursachen. Der praktische Wert der Ergebnisse besteht vor allem darin, daß man die Zahl arktischer Einbrüche voraussagen kann, wenn die Wolfschen Relativzahlen ihrerseits vorausgesagt werden können und eine Verbindung dieser Zahlen mit der Kurve der Impulsanzahlen und ihrer Stärke sichergestellt ist. Loh.

4817. **J. S. Hey,** Solar radiations in the 4—6 metre radio wave-length band. Nat **157** 47, 1946. — Ref. in Phys Ber **26** 121.

4818. **S. Imamiti,** Characteristics of the earth's magnetic field in the last sunspot maximum (1937—1938). Mem. Kakioka Mag. Obs. **3** 23—28, 1942 (japanisch).

4819. **M. O. Johnson,** Correlation of cycles in weather, solar activity, geomagnetic values, and planetary configurations. San Francisco, Phillips and Van Orden Co., Inc., 1946. 149 S.

4820. **H. S. Jones,** Sunspots, weather, and your radio. Pop Astr **54** 412—414, 1946.

4821. **K. O. Kiepenheuer,** On the relations between ionosphere, sunspots and solar corona. MN **106** 515—524, mit 6 Fig., 1946. — Es wird gezeigt, daß die Strahlung der inneren Korona für $\lambda < 700$ Å etwa 10^5 mal stärker sein muß als die der Photosphäre, um die Ionisation der E-, F_1- und F_2-Schicht aufrechtzuerhalten. Ihre Gesamtintensität schwankt während eines Zyklus um den Faktor 10. Zusätzliche, unregelmäßige Intensitätsänderungen resultieren von helleren Koronapartien, deren Gesamtintensität mit einer Phasenverschiebung durch darunter liegende Fleckengruppen bestimmt wird. Mit Annäherung an das Ende des Lyman-Kontinuums nähert sich die Koronaintensität der der chromosphärischen Fackeln. Micz.

4822. **R. Loos,** Invloed van de Zon op de aardsche Verschijnselen. Heelal **1** 19—21, 1945.

4823. **E. L. Moseley,** Solar influence on variations in rainfall in the interior of the United States. Pop Astr **50** 419—422, 1942.

4824. **E. L. Moseley,** Recurrence of floods and droughts after intervals of about 90.4 years. Pop Astr **52** 284—287, 1944.

4825. **E. R. Mustel,** Der Zusammenhang zwischen Fackeln und erdmagnetischer Aktivität. DAN **42** 117—120, 1944 (russisch).

4826. **O. Myrbach-Rheinfeld,** Die Strenge der letzten Winter in Wien in Beziehung zum Sonnenfleckenverlauf. Meteorol. Z. **60** 320, 1943. — Ref. in Phys Ber **26** 421.

4827. **H. W. Newton,** A solar eruption and the magnetic storm of 1942 March 1—2. Obs **64** 260—264, 1942. — Diskussion einer chromosphärischen Eruption und ihrer geophysikalischen Begleiterscheinungen.

4828. **H. W. Newton,** »Sudden commencements« in the Greenwich magnetic records (1879—1944) and related sunspot data. MN Geophys Suppl **5** 159—185, mit 12 Fig. — Ref. in MN **106** 464.

4829. **H. W. Newton,** Geomagnetic »crochet« occurrence at Abinger 1936—1946 and allied solar and radio data. MN Geophys Suppl **5** Nr. 6, 1946. — Ref. in MN **106** 465.

4830. **M. Nicolet,** Introduction à l'étude des relations entre les phénomènes solaires et terrestres: Le Soleil. Institut Royal Météorologique de Belgique, Miscellanées Fasc. 11, 138 S. mit 104 Fig. und 34 Tafeln, 1943. — Besprechung in Obs **67** 66—67 unter dem Titel: Relation between solar and terrestrial phenomena.

4831. **A. I. Ohl,** Sonnentätigkeit und erdmagnetische Storungen. Mitt. Akad. Wiss. UdSSR (geogr.) Nr. **6** S. 359—374, 1943 (russisch).

4832. **J. L. Pawsey, R. Payne-Scott, L. L. McCready,** Radio-frequency energy from the sun. Nat **157** 158, 1946. — Ref. in Phys Ber **26** 121—122.

4833. **G. Peisino,** L'attività solare e gli elementi meteorologici di Collurania. Oss. Astr. Collurania-Teramo, Note e Comun. Nr. **32** 5—11, 1946.

4834. **S. Polli,** Analisi periodale della successione dei numeri relativi delle macchie solari. Geofis. pura e applic. **9** 95, 1946. — Ref. in Meteorol. Rundschau **1** 251.

4835. **R. S. Richardson,** Results of an investigation to detect an intersolar cloud of charged particles during magnetic storms. Amer. Geophys. Union Trans. of 1944 part 4 S. 558—560, 1945.

4836. **R. P. L. Rodés,** Influencia del sol en la frecuencia de los terremotos. Bol. Obs. Ebro **25** Apéndice, 10 S. mit 4 Fig.

4837. **A. Romañá,** La actividad solar y geomagnética en 1942. Publ. Inst. Nacional de Geofísica, Madrid 1943. 19 S. mit 4 Fig.

Desgl. für 1943. Revista de Geofísica **3** Nr. 11 S. 432—454, mit 4 Fig., 1944.

Desgl. für 1944. Revista de Geofísica **5** Nr. 17, 39 S. mit 5 Fig., 1946.

4838. **A. Romañá,** Recientes progresos en nuestro conocimiento del sol y su influjo en los fenómenos geofísicos. Asociación Española para el Progreso de las Ciencias. Tomo del XVIII Congreso. — Cordoba 1944. 29 S.

4839. **B. M. Rubaschew,** Die Impulse der Sonnenaktivitat und die Temperatur in der freien Atmosphare. DAN **27** 792—795, 1940 (russisch).

4840. **B. M. Rubaschew,** Die Sonne und die zwischenjahreszeitlichen Wendungen synoptischer Prozesse. DAN **30** 407—409, 1941 (russisch).

4841. **O. Rydbeck,** Chalmers solar eclipse ionospheric expedition 1945. Trans. Chalmers Univ. Techn. Gothenburg Nr. **53,** 1946.

4842. **R. Schulze,** Zur Wirkung des Sonnen-Ultravioletts auf die menschliche Haut. Naturwiss **33** 373—374, mit 2 Fig., 1946.

4843. **A. H. Shapley,** American observations of relative sunspot-numbers in 1945 for application to ionospheric predictions. Pop Astr **54** 351—358, mit 2 Fig., 1946.

4844. **R. L. Smith-Rose,** The solar eclipse of 1945 and radio wave propagation. Nat **157** 40—42, 1946.

4845. **H. T. Stetson,** Solar terrestrial relationships. Pop Astr **50** 182—191, mit 7 Fig., 1942. — In popularer Form wird über die Erforschung der Ionosphare und ihre Beziehungen zur Sonnenaktivität berichtet.

4846. **E. Sucksdorff,** Über den Einfluß der Sonne auf die magnetischen Erscheinungen der Erde im Lichte der Ergebnisse des Observatoriums zu Sodankyla. Sitzber. Finn. Akad. Wiss. Helsinki 1944 S. 101—115, 1945.

4847. **B. H. Wilson,** Some deductions made from a correlation of Lake Michigan water levels with the sun-spot cycles. Pop Astr **54** 73—84, mit 3 Fig., 1946.

4848. **S. K. Wsechswjatskij,** Die solare Prognose der erdmagnetischen Aktivitat. RAJ **20** Nr. 5—6, S. 34—39, 1943 (russisch).

4849. **S. K. Wsechswjatskij,** Über die Natur der erdmagnetischen Störungen (Solare Korpuskularströme). Kiew Publ. Nr. 1 S. 45—74, 1946 (russisch mit engl. Zusammenfassung). — Inhalt: Sonneneruptionen und nachfolgende magnetische Stürme, die Wiederkehr magnetischer Stürme, Vergleich der geomagnetischen Aktivität mit Erscheinungen auf der Sonnenoberfläche von 1928 bis 1935, einige Bemerkungen hinsichtlich des Charakters der Sonnenprozesse in Zusammenhang mit geomagnetischen Variationen, der Einfluß der örtlichen Bedingungen auf die Entwicklung geomagnetischer Störungen. Es zeigt sich, daß das geomagnetische Verhalten mit lokalen Anregungsgebieten der Sonnenchromosphäre in Verbindung steht. Loh.

4850. **S. K. Wsechswjatskij,** Über «lokale» und geomagnetische Stürme Kiew Publ. Nr. 1 S. 75—85, 1946 (russisch mit engl. Zusammenfassung). — Verf. diskutiert die von ihm kürzlich entdeckte Erscheinung, daß magnetische Stürme in westlicheren Stationen gegenüber östlicheren eine Verzögerung ihres Einsetzens zeigen. Loh.

4851. **S. K. Wsechswjatskij,** Die jährliche Variation in der Anzahl der magnetischen Stürme und ihre Natur. Kiew Publ. Nr. 1 S. 86—97, 1946 (russisch mit engl. Zusammenfassung). — Verf. behandelt: Die Anisotropie des Feldes der solaren Korpuskalarstrahlung und ihre Besonderheiten für die äquatornahen Gebiete, die Analyse der jährlichen Variationskurve vom Gesichtspunkt der Wiederholung magnetischer Störungen, das jährliche Glied in der Variation der Sonnenaktivität, die jährliche Kurve für verschiedene Sturmkategorien. Weiterhin werden neue Argumente zugunsten eines Einflusses der Erde auf die Entwicklung solarer Prozesse gegeben. Loh.

4852. **S. K. Wsechswjatskij,** Die Sonnenaktivität und der Einfluß der Sonne auf irdische Erscheinungen. Abh. Univ. Kiew **5** Nr. 2 S. 127—133, 1946 (ukrainisch).

4853. Activité solaire et aurore boréale. BSAF **55** 234, mit 1 Fig., 1941.

4854. Magnetic storms and solar activity 1941. Obs **64** 240—241, 1942.

4855. The solar corona and geomagnetism. Obs **65** 12—13, 1943. — Besprechung der Arbeit von M. Waldmeier in ZfA **21** 275. Vgl. AJB **44** Ref. **4439**.

4856. Magnetic storms and solar activity 1942. Obs **65** 31—32, 1943.

4857. Magnetic storms and solar activity, 1943. Obs **65** 177—178, 1944.

4858. Astronomical and geophysical periodicities. Obs **66** 46—51, 1945.

4859. Magnetic storms and solar activity, 1944. Obs **66** 64—65, 1945.

4860. Sunspots and radio communication. Nation. Bur. Stan. Techn. News Bull. Nr. 348 S. 25, 1946.

4861. Magnetic storms and solar activity, 1945. Obs **66** 225—226, 1946.

4862. Sunspots and radio. Obs **66** 326—327, 1946. — Nach einem Vortrag von H. S. Jones.

Siebenter Teil

Planeten und Monde

§ 51

Allgemeines

5101. **W. A. Ambarzumjan,** Streuung und Absorption des Lichtes in den Planetenatmospharen. I. Abh. Staatsuniv. Leningrad Nr. **82** S. 64—85, 1941 (russisch mit engl. Ref.) = Publ. Obs. Astr. Univ. Leningrad **12**. — Ref. in Math Rev **8** 59—60.

5102. **W. A. Ambarzumjan,** Über die Streuung des Lichtes durch die Atmosphären der Planeten. RAJ **19** Nr. 5 S. 30—41, 1942 (russisch).

5103/4. **S. G. Barton,** The names of the satellites. Pop Astr **54** 122—131, 1946 = Flower Obs. Repr. Nr. **51**.

5105. **J. Bouška,** Ephemeriden der Planeten. RH **27** 110—113, 1946 (tschechisch). — Zusammenstellung von Formeln zur Berechnung der physikalischen Ephemeriden der Planeten mit einem Nomogramm zur Helligkeitsbestimmung. Verf.

5106. **H. Camichel,** Photographies planétaires à l'Observatoire du Pic du Midi. BSAF **60** 161—162, mit 9 Fig., 1946.

5107. **R. R. Coles,** From one planet to another. Sky and Telescope **6** Nr. 1 S. 12—13, mit 1 Fig., 1946.

5108. **A. Dauvillier,** Sur la nature des planètes. BSAF **57** 91—92, 1943.

* * **G. N. Duboschin,** Über die Stabilität des Sonnensystems. Vgl. Ref. 3220.

5109. **F. J. Göschl,** Les planètes et l'activité solaire de 1945. Gaz astr **28** 65—72, 1946.

5110. **H. Groot,** De kinetische gastheorie en de atmospheren der planeten. Vgl. AJB **45** Ref. **5112**. — Weitere Besprechung in Ciel et Terre **63** 172—173 (A. Velghe), Gaz astr **29** 46—47.

5111. **D. ter Haar,** Angular momentum of the solar system. Nat **158** 874, 1946.

5112. **J. Houtgast,** De atmospheren der planeten. Visuele en fotografiche waarnemingen. Vgl. AJB **45** Ref. **5114**. — Weitere Besprechung in Ciel et Terre 63 172—173 (A. Velghe), Gaz astr **29** 46—47.

5113. **F. Hoyle,** On the condensation of the planets. MN **106** 406—422, 1946. — Im Anschluß an eine Arbeit von Parson (MN **105** 244) behandelt Verf. den Kondensationsprozeß fester Korper in diffusem gasförmigen Material. Nach seinen Ergebnissen vollzieht sich die Kondensation von planetarischen Massen bis zu 10^{23}g in Zeiten von der Ordnung 10^8 Jahre analog zur Bildung von Regentropfen in einer übersättigten Wasserdampfatmosphäre. Das weitere Anwachsen bis zu 10^{28}g erfolgt durch Auffangen diffuser Materie in wiederum etwa 10^8 Jahren, dann in immer schnellerem Tempo (10^5 Jahre von 10^{28} bis 10^{30}g). Der Einfluß der Zusammenstöße zwischen den Kondensationen sollte eher die Bildung weniger großer Massen als zahlreicher kleinerer Körper begunstigen. Die Abschatzung der anfänglichen Rotationsdauer der Planeten ergıbt Zeiten von der Ordnung einiger Stunden. Fur die erdahnlichen Planeten und Monde halt Verf. eine Modifizierung des Entwicklungsganges für notwendig, und zwar nimmt er ihre Entstehung aus einer großeren Kondensation infolge Rotationsinstabilitat an. Kdr.

5114. **R. Jarry-Desloges,** Observations des surfaces planétaires. Annales de l'Obs. Jarry-Desloges, fasc. 9, année 1924, fasc. 10, années 1926 à 1941. — Besprechung in Ciel et Terre **63** 59—60 (P. L. Dupont), Gaz astr **29** 27—29.

5115. **H. A. Kluyver,** De spectra der planeten. Vgl. AJB **45** Ref. **5117**. — Weitere Besprechung in Ciel et Terre **63** 172—173 (A. Velghe, Gaz astr **29** 46—47.

5116. **M. Lleget,** Las atmósferas de los satélites. Ibérıca **2** 546—548, 1945.

5117. **B. Lyot,** Observations planétaires au Pic du Midi, en 1941 par MM. Camıchel, Gentıli et Lyot. BSAF **57** 49—60, 67—72, mit 10 Fig. und 2 Tafeln, 1943. — Besprechung in Cıel et Terre **60** 135—137 (R. de Terwangne).

5118. **C. F. D. Marshall,** The origin of satellites. Pop Astr **53** 142, 1945.

* * **E. A. Milne,** Cold dense matter. Vgl. Ref. **3715**.

5119. **D. E. Richardson,** Distribution of planet mass in the solar system. Pop Astr **52** 497—505, mıt 4 Fıg., 1944. — Unter plausiblen Annahmen für den Massenzuwachs der Planeten des Sonnensystems kommt man zu einer Gleichung fur den jetzigen Betrag der Massen von der Form $\log_e M_n = \log_e (M_o)_n + A \cdot F(n)$, wo M_n die Endmasse des n-ten Planeten, $(M_o)_n$ die Anfangsmasse, A eine Konstante und F(n) eine Funktion bedeutet, die zum Ausdruck bringt, in welchem Grade ein Planet Masse anhaufen kann. Es zeıgt sich, daß eine Funktion F(n) von der Beschaffenheit exıstiert, daß dıe untere Integrationsgrenze $(M_o)_n$ für alle Planeten denselben Wert erhalt. Es laßt sich daher M_n aus der Beziehung $\log_e M_n = 6.80590 \cdot \varrho_n$ berechnen, mıt dem Ergebnıs, daß dıe so ermittelten Werte von M_n mıt den bekannten Massen gut ubereinstimmen. U. Baehr

5120. **D. E. Richardson,** Distances of planets from the Sun and of satellites from their primaries in the satellite systems of Jupıter, Saturn, and Uranus. Pop Astr **53** 14—26, mit 10 Fıg., 1945. — Dıe Entfernungen der Planeten im Sonnensystem lassen sich in erster Naherung darstellen durch die Beziehung $D_n = D_o \cdot \tau^n$, oder $\log D_n = \log D_o + n \cdot \log \tau$, wo n die Ordnungszahl des Planeten ist. Aus der Lage der Abbildungspunkte zu der durch die 2. Gleichung dargestellten Geraden ergibt sich die Zweckmaßigkeit, fur D_o eıne periodische Funktion $D(\varkappa \cdot n)$ mit $\varkappa = 4\pi/13$ einzusetzen, so daß $D_n = D[4\pi/13 \cdot n] \cdot (1.728)^n$ wird. Werden die Werte $D_n/1.728^n$ als Radienvektoren mit dem Polarwinkel $4\pi/13n$ aufgetragen, so resultiert eine Ellipse, auf deren Umfang die den einzelnen Planeten zugeordneten Punkte liegen. Für die Satellitensysteme von Jupiter, Saturn und Uranus ergibt sich ebenfalls eine in jedem einzelnen Falle charakteristische Verteilungsellipse, wobei gewisse Eıgenarten allen Ellipsen gemeinsam sind. U.Baehr

5121. **H. Roure,** Application de la méthode de Brown aux planètes du système solaire. Etude du cas où certaines données initiales seraient entachées d'erreur. JO **29** 3—7, 1946. — Untersuchung uber den Einfluß von Fehlern der Ausgangsdaten auf die in JO **22** abgeleiteten Störungsausdrücke. Boh.

5122. **G. Schindler,** La détermination des oppositions, conjonctions et autres positions des planètes. Gaz astr **28** 56—58, 1946.

5123. **O. J. Schmidt,** Über das Gesetz der Planetenentfernungen. DAN **52** 673—678, 1946 (russisch).

* * **V. M. Slipher,** The surfaces of the major planets. Vgl. Ref. **149**.

5124. **A. T. Tschekirda,** Über die Veranderung der Integralhelligkeit des Mondes und der Planeten in Abhangigkeit vom Phasenwinkel. Charkow Bull. Nr. **6** S. 5—8, 1946 (russisch).

* * **J. Wasiutyński,** Studies in hydrodynamics and structure of stars and planets. Vgl. Ref. **3738**.

5125. **F. G. Watson,** Between the Planets. Vgl. AJB **43** Ref. **864**, AJB **45** Ref. **5104**. — Weitere Besprechung in Obs **64** 234—235, PAT **27** 155.

5126. **R. B. Weitzel,** Clusters of five planets. Pop Astr **53** 159—161, 1945. — Die Untersuchung, wann in der Zeit von 3000 v. Chr. bis 2000 n. Chr. die 5 alten Planeten innerhalb eines Feldes von 10° zusammenstanden, fuhrt zu dem Ergebnis, daß dies für die Jahre 710 n. Chr. und 185, 1059 und 1953 v. Chr. zutrifft. U. Baehr

5127. **F. L. Whipple,** Earth, Moon and Planets. Vgl. AJB **43** Ref. **5120**, AJB **45** Ref. **5105**. — Weitere Besprechung in Obs **64** 233—234, PAT **27** 154—155.

5128. Non-solar planetary systems. Obs **65** 32—33, 1943. — Besprechung der Arbeiten von K. A. Strand bzw. Reuyl und Holmberg in Publ ASP **55** 29 bzw. ApJ **97** 41 (Vgl. AJB **45** Ref. **8219**).

5129. Observations des surfaces planétaires. Observatoire Jarry-Desloges, Sétif. Fasc. 9, 260 S. mit 16 Tafeln. — Besprechung in Ciel et Terre **60** 217—218.

5130. Over de oorzaken van de schijnbare onregelmatige beweging der planeten aan den hemel. Heelal **2** 41—45, mit 3 Fig., 1946.

§ 52

Merkur, Venus

5201. **Merkur. Astrometrische Beobachtungen**
Tokyo 1939 TAB Nr. 559—570 S. 1117—1120, 1941. S. Nakano. — α, δ.
Tokyo 1940 TAB Nr. 642—644 S. 1284, 1942. S. Nakano. — α, δ.

5202. **Merkur. Physische Beobachtungen**
BSAF **59** 18, 1945. R. Veillith. — Farbe.

5203. **A. Danjon,** Visibilité de Mercure. BSAF **57** 131—133, 1943.

5204. **H. Hirose,** The transit of Mercury, 1940 Nov. 11—12. TAB Nr. 553—556, 1941.

5205. **G. Tchebotarev,** Sur le mouvement du périhélie de Mercure comme une preuve expérimentale de la théorie de relativité. BIA Nr. **52** 435—446, 1944 (russisch mit franz. Ref.). — Aus einer Neureduktion der Beobachtungen aller Merkurdurchgänge von 1677 bis 1924 wird fur die sakulare Bewegung des Merkurperihels der Wert 42ʺ65 ± 0ʺ60 gefunden, der genau dem von der Theorie geforderten Wert entspricht. W. Gl.

5206. **K. P. Williams,** The transits of Mercury. Supplement to Publ. Kirkwood Obs. of Indiana Univ. Nr. 1, 5 S. — Durch eine Anzahl von Vorzeichen- und Zahlenfehlern in der ersten Veroffentlichung unter diesem Titel (vgl. AJB **42** Ref. **5209**) wurden Korrektionen der Normalgleichungen und Tafeln erforderlich, die hier zusammengestellt sind. E. R.

5207. The motion of Mercury. Obs **66** 62—64, 1945. — Besprechung der Arbeit von G. M. Clemence «The motion of Mercury». Vgl. AJB **45** Ref. **5205**.

5208. **Venus. Astrometrische Beobachtungen**
Tokyo 1939 TAB Nr. 559—570 S. 1120—1124, 1941. S. Nakano. — α, δ.
Tokyo 1940 TAB Nr. 642—644 S. 1285—1286, 1942. S. Nakano. — α, δ.

5209. **Venus. Physische Beobachtungen**
BSAF **57** 161—165, mit 1 Fig., 1943. Les taches et la rotation de Vénus. A. Danjon.
Bull. de la Station de Sigmaringen 1ère année Nr. 1 S. 2—3, 1945. Observations de Vénus en 1943. G. Wojciekhowska-Meisser, L. Andrenko.
Bull. de la Station de Sigmaringen 2me année Nr. 2 S. 6, 1946. Lumière de Vénus en 1945. L. Andrenko, G. Wojciekhowska-Meisser.

5210. **A. A. Nefedjew,** Vermessung der Durchmesser von Venus und Jupiter. RAJ **19** Nr. 4 S. 50—60, 1942 (russisch).

5211. **A. A. Nefedjev,** Observations of phases of Venus. Engelhardt Obs. Bull. Nr. **24** 3—8, 1946 (russisch).

5212. **V. Serra Orvay,** Un rato de charla sobre el Lucero. Determinación de su magnitud estelar. Urania Barcelona **31** Nr. 214 S. 156—159, Nr. 214 S. 177—186, mit 2 Fig., 1946.

5213. **W. W. Sobolew,** Über die optischen Eigenschaften der Venusatmosphare. RAJ **21** 241—244, 1944 (russisch).

5214. **R. B. Weitzel,** Approximate conjunctions of Venus, Mars, and Jupiter. Pop Astr **50** 150—151, 1942. — Konjunktionen der drei Planeten, wenn diese innerhalb 5° in geoz. Lange stehen, für die Jahre –3 bis 1995. Eine Tabelle gibt für die Breite von +20° zu den Konjunktionszeiten die geozentrischen Längen von Venus.

§ 53

Erde, Zodiakallicht

* * **C. G. Abbot,** The Earth and the Stars. Vgl. Ref. 801.

* * **B. Decaux,** Radar et science. Ref. 1120.

5301. **J. Dufay, Gauzit jr.,** Mesures spectrophotométriques de la brillance du ciel au crépuscule. Ann d'Astrophys **9** 135—142, mit 3 Fig., 1946 = Publ. Obs. Lyon **4** Nr. 18. — Spektralphotometrische Messungen der Dämmerungshelligkeit zwischen λ 4900 und λ 6500 ergeben im Zenit für log I eine ziemlich lineare Abhangigkeit vom Sonnenstand unter dem Horizont zwischen 5° und 8°30′. Die Neigung der Kurve ist von Tag zu Tag verschieden. Für einen Punkt nahe am Westhorizont ergibt sich Geradlinigkeit bei einer Sonnendepression von 9°45′ bis 13°. Micz.

5302. **E. Godfrey,** What makes the earth rotate? Pop Astr **50** 282—285, mit 1 Fig., 1942.

5303. **J. Hoppe,** Beitrag zur Frage nach der Möglichkeit kosmischer Ursachen der Eiszeiten. Meteorol. Z. **61** 174—176, 1944. — Ref. in Phys Ber **26** 270—271.

5304. **H. Israël,** Die Helligkeit der Dämmerung. Forschungs- und Erfahrungsber. d. Reichsamts f. Wetterdienst (A) **1941** Nr. 6, 31 S. mit 14 Abb. und 26 Tabellen. — Ref. in Phys Ber **26** 422—424.

5305. **A. C. Lane,** How the earth shows its age. Science in Progress, Second Series. New Haven, Yale University Press, 1946. S. 107—146, mit 23 Fig. — Einfuhrende Übersicht uber die astronomischen, geologischen und physikalischen Methoden der Altersbestimmung der Erde. Micz.

5306. **F. Link,** Mesures de la brillance du ciel crépusculaire dans l'infrarouge et densité de l'ionosphère. CR **222** 333—334, 1946.

5306a. **M. Milankovitch,** Kanon der Erdbestrahlung und seine Anwendung auf das Eiszeitenproblem. Belgrad, 1941. Acad. Royale Serbe, Editions spéciales Tome **133**, Section des Sci. Math. et Nat. Tome **33**, 20+633 S., mit 57 Fig. — Erster Abschnitt: Die Bewegung der Planeten um die Sonne und die gegenseitigen Storungen dieser Bewegung. Zweiter Abschnitt: Die Drehbewegungen der Erde. Dritter Abschnitt: Sakulare Wanderungen der Drehpole der Erde. Vierter Abschnitt: Die Bestrahlung der Erde durch die Sonne und die sakularen Änderungen dieser Bestrahlung. Funfter Abschnitt: Zusammenhang zwischen Einstrahlung und Temperatur der Erde und ihrer Atmosphare. Das mathematische Klima der Erde. Sechster Abschnitt: Das Eiszeitalter, sein Mechanismus, seine Gliederung und Chronologie.

5307. **N. S. Orlowa,** Versuch zur Bestimmung der Reflexionsfahigkeit des Planeten Erde. Abh. Staatsuniv. Leningrad Nr. **82** S. 86—98, 1941 (russisch).

5308. **G. Prüfer,** Das Kimmtiefenproblem. Ann d Hydrog **71** 171—174, 1943.

5309. **E. Regener,** Über das «photochemische» Klima der Erde. Naturwiss **33** 163—166, 1946. — Die Bedeutung des photochemischen Klimas der Erde als Teil des Bio- und Strahlungsklimas wird an Beispielen der photo-biochemischen Wirkungen der UV-Strahlung und des Assimilationsprozesses der Pflanzen vorgeführt. Photochemische Prozesse wurden erst fur die erkaltete Erdoberflache wichtig. Die verschiedenen Mechanismen der UV-Wirksamkeit und die Rolle der Erdatmosphare dabei werden besprochen. Die Anpassungsfahigkeit der belebten Natur an die photochemischen Verhaltnisse ist groß. Eine plotzliche Erhohung der UV- und Hohenstrahlung wurde eine Vergroßerung der Mutationsrate mit sich bringen. Micz.

5310. **O. J. Schmidt,** Das astronomische Alter der Erde. DAN **46** 392—395, 1945.

5311. **M. F. Subbotin,** Entstehung und Alter der Erde. Moskau, Leningrad, Staatsverlag techn.-theoret. Literatur, 1946. 40 S. mit 5 Fig. (russisch) Preis 75 Kop.

5312. **S. K. Wsechswjatskij,** Die Verteilung der großen magnetischen Störungen. Kiew Publ. Nr. **1** S. 29—44, mit 4 Fig., 1946 (russisch mit engl. Zusammenfassung). — Verf. diskutiert die Beobachtungen der Observatorien in Sluzk (Pawlowsk) und Greenwich von 1878—1941. Im einzelnen werden behandelt: Die jährliche Anzahl der magnetischen Sturme und ihr Zusammenhang mit den Phasen des Sonnenfleckenzyklus, die Kurven der großen und großten Sturme, Besonderheiten der magnetischen Aktivitatskurve, die Zahl der Sturme im Verlauf eines gegebenen Sonnenfleckenzyklus, die jahrliche Variation in der Zahl der Stürme, die Statistik der Augenblicke des Beginns der Störungen, Vergleich der Sluzker und Greenwicher Kataloge. Loh.

Atmosphäre

5313. **J. L. Alpert,** On certain physical phenomena in the ionosphere and their interpretation (the sporadic F_2-layer). CR Moskau **53** 107—110, 1946.

5314. **J. L. Alpert,** On the anisotropy effect on the ionosphere. CR Moskau **53** 699—702, 1946.

* * **I. S. Astapowitsch,** Meteormethoden zur Erforschung der Stratosphare. Vgl. Ref. **6705**.

5315. **J. Bannon, F. W. Wood,** Cause and effect in region F 2 of the ionosphere. Terr Mag **51** 89—102, mit 10 Fig., 1946.

5316. **T. W. Bennington,** Radio Waves and the Ionosphere. London, Iliffe and Sons, Ltd. 1944. 6+81 S. mit 27 Fig. Preis 6 s. net. — Besprechung in Obs **65** 276—277.

5317. **V. G. Fessenkoff,** Contribution to the problem of horizontal atmospheric visibility. RAJ **23** 111—122, 1946 (russisch mit engl. Ref.). — Zur Bestimmung des Absorptionskoeffizienten und der Streuung (Rayleigh) der niederen atmosphärischen Schichten wird eine einfache Methode vorgeschlagen und analytisch ausgebaut. Loh.

5318. **J. Gauzit,** Les recombinaisons moléculaires dans la haute atmosphère et l'origine de la couche ionosphérique E. Cahiers de physique Nr. **18** 33—43, mit 1 Fig., 1943 = Publ. Obs. Lyon **3** fasc. 14. — In der E-Schicht (Druck $\approx$ 0.001 mm Hg) dürfte die Rekombination zweier Sauerstoffatome zu einem ionisierten Sauerstoffmolekul und einem Elektrom in der Form $O(^1S) + O(^1S) \rightarrow O_2^+ (X^2\Pi) + e$ bedeutsam sein und auch wahrend der Nacht eine relativ hohe Ionisation aufrecht erhalten. Loh.

5319. **J. Gauzit,** La température de l'atmosphère supérieure et la dissociation photochimique des molécules d'oxygène. Ann. Géophys. **3** 233—243, mit 1 Fig., 1945 = Publ. Obs. Lyon **4** Nr. 15. — Der Verf. unterzieht die Methoden der Temperaturbestimmung der oberen Atmosphare aus ionospharischen und spektroskopischen Messungen (Zahl der Elektronenstöße bzw. Intensitatsverteilung in Banden und Linien) einer Kritik und zeigt, daß in allen Verfahren Voraussetzungen gemacht werden, deren Erfüllung nicht gegeben oder zweifelhaft ist. Am Tage verliert der Temperaturbegriff fur die hohe Atmosphäre uberhaupt seinen Sinn, da die durch Photodissoziation gebildeten Sauerstoffatome nicht einer Maxwellverteilung unterworfen sind, sondern ihre Geschwindigkeitsverteilung durch die Einsteinsche Gleichung des lichtelektrischen Effektes bestimmt wird. Zur Charakterisierung der mittleren Energie der Partikeln einer Atmospharenschicht wird der Begriff «Äquivalenttemperatur» eingefuhrt. Wahrend der Nacht wird eine Maxwellverteilung der Partikeln durch Stoße eingestellt. Experimentelle Prufungen mit Hilfe von interferometrischen Messungen der Profile der roten [O I]-Linie sind beabsichtigt. Micz.

5320. **J. Gauzit,** L'ionosphère. BSAF **59** 49—60, mit 6 Fig., 1945.

5321. **F. W. P. Götz,** Die Schwachung der Sonnenstrahlung in einer reinen Atmosphare. Meteorolog. Z. **1940** 415—416.

5322. **R. Grandmontagne,** Sur une évaluation approchée de la masse d'air traversée par un rayon lumineux. Application à la diffusion primaire par l'atmosphère avant et pendant le crépuscule. Cahiers de physique Nr. **2** 35—46, mit 6 Fig., 1941 = Publ. Obs. Lyon **3** Nr. 5.

5323. **C. Hoffmeister,** Die Stromungen der Atmosphäre in 120 km Hohe. Z. f. Meteorologie **1** 33, 1946. — Ref. in Meteorologische Rundschau **1** 185—186.

5324. **C. Jensen,** Neutrale Punkte der atmospharischen Polarisation in Windhuk. Ann d Hydrog **71** 33, 1943.

5325. **R. Jonckheere,** Observations de paranthélie et parhélie secondaire très remarquables. JO **27** 17, 1944. — Beobachtung 1943 Dez. 2.

5326. **R. Jouaust,** L'ionosphère. Paris, Editions de la Revue d'Optique, 1946. — Besprechung in Ann d'Astrophys **9** 100.

5327. **A. Lebedinsky,** Transfer of energy by convection currents in earth atmosphere and solar photosphere. Annals Leningrad State Univ. **82** 17—63, 1941 (russisch mit engl. Ref.) = Publ. Obs. Astr. Univ. Leningrad **12**.

5328. **P. G. Ledig, M. W. Jones, A. A. Gieseke, E. J. Chernosky,** Effects on the ionosphere at Huancayo, Peru, of the solar eclipse, January 25, 1944. Terr Mag **51** 411—418, 1946.

* * **F. Link,** Le rôle de l'ozone atmosphérique dans les éclipses de Lune. Vgl. Ref. **5419.**

* * **F. Link,** Meteorische Untersuchung der hohen Atmosphäre. Vgl. Ref. **6736.**

5329. **J. Lugeon,** Etude de l'ionosphère d'après la propagation des ondes courtes pendant l'année polaire internationale 1932/33. Participation suisse. Publ. Station centrale suisse de Météorologie, Zurich, 1940. — Besprechung in Ciel et Terre **63** 133—134 (M. Nicolet).

5330. **F. L. Mohler,** Recombination and electron attachment in the F layers of the ionosphere. Bur. of Stand. J. of Res. **25** 507—518, 1940. — Ref. in Phys Ber **27** 309—310.

5331. **M. Nicolet,** Contribution à l'étude de la structure de l'ionosphère. Mém. Inst. Royal Météorologique de Belgique **19,** 162 S. mit 15 Fig. — Besprechung in Obs **66** 345—346.

5332. **E. W. Pjaskowskaja-Fessenkova,** On the determination of the coefficient of atmospheric transparency in photoelectric way. RAJ **23** 49, 1946 (russisch mit engl. Zusammenfassung).

5333. **A. H. Shapley,** The application of solar and geomagnetic data to short-term forecasts of ionospheric conditions. Terr Mag **51** 247—266, mit 18 Fig., 1946.

5334. **R. L. Smith-Rose,** The influence of an eclipse of the sun on the ionosphere. J. Brit. Inst. Radio Eng. **6** 82—97, 1946.

5335. **A. Vassy, E. Vassy,** Sur le mécanisme de l'ionisation de la région D de l'ionosphère. Cahiers de Physique Nr. 9 S. 28—36, 1942.

5336. **H. W. Wells, A. H. Shapley,** Eclipse-effects in F_2-layer of the ionosphere. Terr Mag **51** 401—409, 1946.

* * **F. L. Whipple,** Meteors and the Earth's upper atmosphere. Vgl. Ref. **6763.**

5337. **M. S. Zverev,** The calculation of refraction anomalies on the basis of aerological observations. RAJ **23** 97—110, mit 4 Fig., 1946 (russisch mit engl. Ref.). — Es wird der Einfluß von Refraktionsanomalien auf Breiten-, Azimut- und Zeitbestimmungen untersucht, der durch Krummungen der Schichten gleicher Dichte in der Atmosphare entsteht. Es stellt sich heraus, daß atmospharische Prozesse in Schichten oberhalb von 500 m kaum Einfluß auf astronomische Beobachtungen haben. Loh.

Licht des Nachthimmels

5338. **D. Barbier,** Le spectre du ciel nocturne dans la région des longeurs d'onde inférieures à 5000 Å. Ann. Géophys. **3** 224—232, mit 2 Fig., 1945 = Publ. Obs. Haute-Provence (A) Nr. 2. — Im Bereich λ 3083 bis λ 5001 Å des Nachthimmelspektrums werden Wellenlangen von Linien mitgeteilt und mit anderweitigen Messungen verglichen. Die Frage, ob solare Absorptionslinien Bedeutung fur die Struktur des Nachthimmelspektrums haben, wird gepruft und verneint. Micz.

5339. **D. R. Bates,** The origin of the night sky light. MN **106** 509—514, 1946. — Nach einer kurzen Übersicht uber das Beobachtungsmaterial wird die Vermutung ausgesprochen, daß die Emission des Nachthimmelslichtes wenigstens teilweise durch von außen in die Atmosphare eindringende geladene Teilchen zustande kommt. Micz.

* * **L. Biermann, P. ten Bruggencate,** Über die Ursache der hohen Temperatur der Sonnenkorona nebst einer Bemerkung über das Nachthimmellicht. Vgl. Ref. 4702.

5340. **J. Cabannes, J. Dufay,** Le spectre du ciel nocturne dans les régions bleue et violette. Deuxième partie: Identification des bandes de Vegard-Kaplan dans le spectre de luminescence de la haute atmosphère. Ann. Géophys. 2 290—308, 1946.

5341. **J. Cabannes, J. Dufay,** Les bandes de Vegard-Kaplan de l'azote dans la région visible du spectre des aurores et du spectre du ciel nocturne. CR 223 113—115, 1946.

5342. **D. Chalonge,** Spectre du ciel nocturne dans le proche infrarouge. BSAF 59 46, 1945.

5343. **G. Déjardin,** Les bandes d'émission de l'ozone dans le spectre du ciel nocturne. CR 212 95—98, 1941. — Ref. in Phys Ber 26 262—263.

5344. **G. Déjardin, J. Dufay,** Le rayonnement ultraviolet du ciel nocturne. I. Description du spectre d'émission. Cahiers de physique Nr. 12 35—45, mit 1 Fig., 1942 = Publ. Obs. Lyon 3 fasc. 11. — Verf. stellen einen Katalog beobachteter Linien zwischen 2844 und 4052 Å auf. 36 Linien können als sicher, etwa 80 als wahrscheinlich und rund 40 als nur möglicherweise vorhanden betrachtet werden. Letztere sind unterhalb von 3000 Å besonders haufig, ihre Unsicherheit ist vor allem ihrer allgemeinen Schwache und dadurch erhöht ins Gewicht fallenden Unregelmaßigkeiten der photographischen Emulsionen zuzuschreiben. Loh.

5345. **J. Dufay,** Les bandes de Herzberg de la molécule O_2 dans le spectre du ciel nocturne. Publ. Obs. Haute-Provence (A) Nr. 3, 14 S. mit 5 Fig., 1946. — Im blauen und violetten Teil des Nachthimmelspektrums beobachtete Banden werden als Herzberg-Banden des O_2 identifiziert. Die Bandenfrequenzen werden neu berechnet. Die Zahlung der Schwingungsquantenzahlen wird ausfuhrlich diskutiert. Micz.

5346. **J. Dufay, Tcheng Mao-Lin,** Recherches spectrophotométriques sur la lumière du ciel nocturne dans la région visible. Première partie. Ann. de Géophys. 2 fasc. 3, S. 189—230, mit 18 Fig., 1946 = Publ. Obs. Haute-Provence (A) Nr. 8. — In den Jahren 1941—1943 wurden in 189 Nächten insgesamt 588 Spektren des Nachthimmellichtes aufgenommen. Die Sauerstoffemissionslinie 5577 Å nimmt im Mittel in der ersten Nachthalfte an Intensitat zu, dann aber wieder ab. Die Intensitat der Linie 6300 Å (Sauerstoff) nimmt nach der Abenddämmerung ab und steigt vor der Morgendammerung wieder an. Ähnlich, nur etwas weniger ausgepragt, verhalt sich die Linie 5892 Å (Sauerstoff). Loh.

5347. **J. Dufay,** Recherches sur la lumière du ciel nocturne à l'Observatoire de Haute-Provence. BSAF 60 121—126, mit 5 Fig., 1946 = Publ. Obs. Haute-Provence (C) Nr. 2. — Wiedergabe eines Nachthimmelspektrums im Violetten und Ultravioletten. Der tägliche und jahrliche Gang einiger Sauerstoff- und Natriumlinien zwischen λ 5000 und λ 6500 wird untersucht. Kurz eingegangen wird auf eventuelle Beziehungen zur magnetischen und solaren Aktivitat sowie auf Struktur und Höhe der leuchtenden Schichten. Erwähnt werden einige Nachte mit auffalligen Besonderheiten im Nachthimmelspektrum. Micz.

5348. **J. Dufay, G. Déjardin,** Le rayonnement ultraviolet du ciel nocturne. II. Origine probable du spectre d'émission. Ann. Géophys. 2 249—275, 1946 = Publ. Obs. Lyon 4 Nr. 16. — Es wird zunachst eine Liste von etwa 50 Linien aufgestellt, die im Nachthimmelspektrum zwischen λ 3000 Å und λ 4000 Å mit Sicherheit beobachtet worden sind. Durch eine statistische Diskussion der Koinzidenzen mit verschiedenen Atom- und Molekülspektren, die zur Identifizierung vorgeschlagen worden sind, ergibt sich, daß mit Sicherheit die Vegard-Kaplan-Banden des N_2 vorhanden sind; mit hoher Wahrscheinlichkeit ist ferner das Auftreten der Herzberg- und Schumann-Runge-Banden des O_2 sowie der Lyman-Banden des N_2 anzunehmen. Die Existenz von OH- und CH-Banden ist nicht ausgeschlossen. Das UV-Emissionsspektrum des Nachthimmels ist danach ein Spektrum geringer Anregungsstufe von etwa 4—6 V. Die Verf. bemerken jedoch abschließend, daß das Auftreten von Banden im Nachthimmelspektrum, die aus dem Laboratorium nicht bekannt sind, noch durchaus moglich erscheint. Micz.

5349. **W. G. Duffield,** The luminosity of the night sky observed with a Rayleigh photometer at the Commonwealth Solar Observatory during the years 1926 and 1927. Mem. Commonwealth Solar Obs. Mt. Stromlo, Canberra Nr. 1, 29 S. mit 14 Fig., 1928.

* * **C. T. Elvey,** Problems relating to the light of the night sky. Vgl. Ref. 149.

5350. **J. Gauzit,** Spectre du ciel nocturne et luminescence des gas interstellaires. Ann d'Astrophys 2 313—317, 1939 = Publ. Lyon (1) 2 fasc. 11. — Im Hinblick auf das Auftreten von 3727 [O II] wird die Frage eines Luminiscenzleuchtens des interstellaren Gases aufgeworfen. Auf die Moglichkeit, daß auch Emissionslinien des He I und [Fe II] auftreten konnen, wird hingewiesen. Micz.

5351. **S. N. Ghosh,** Measurements of the intensity of the night sky light at Calcutta. Indian J. Phys. **20** 205—213, 1946.

5352. **R. Grandmontagne,** Etudes photoélectriques sur la lumière du ciel nocturne. Ann. de phys. (11) **16** 253—305, 1941. — Ref. in Phys Ber **26** 263—264.

5353. **R. Grandmontagne,** Etude photoélectrique du ciel nocturne et du crépuscule. Cahiers de physique Nr. **3** 39—50, mit 7 Fig., 1941 = Publ. Obs. Lyon **3** fasc. 6. — Es wird ein lichtelektrisches Registrierphotometer zur Beobachtung der Nachthimmelshelligkeit und der Dammerung beschrieben. Mit ihm erhaltene Messungen der taglichen und jahrlichen Variation der Helligkeit und Farbe des Nachthimmelslichtes werden mitgeteilt. Ähnliche Beobachtungen wurden über die Dammerung gemacht. Micz.

5354. **M. Herman, L. Herman, J. Gauzit,** A propos d'une radiation infrarouge très intense dans la lumière du ciel nocturne. J. Phys. Rad. **6** 182—183, 1945.

5355. **C. Störmer,** Spectra of the bright night sky of January 26th, 1941. Astrophysica Norvegica **3** 273—279, mit 4 Fig. und 1 Tafel, 1941.

5356. **Polarlichtbeobachtungen**

BSAF **55** 228—230, 1941. R. Rigollet. — 1941 Marz 1.

BSAF **55** 231, mit 1 Fig., 1941. D. Roguet. — 1941 Marz 30.

BSAF **55** 234—235, 1941. F. Sudre, J. Bellet.

BSAF **55** 257—258, 1941. Observations d'aurores polaires au printemps de 1941. F. Baldet, C. Bertaud. — 1941 Marz 1 und 30.

BSAF **55** 276—277, 1941. L'aurore boréale du 18—19 septembre 1941.

BSAF **57** 5, 1943, V. Rivet, P. Bourge. — Beob. 1942 Juli 11 und Okt. 28.

BSAF **58** 40, 1944. Rameau. — 1943 Nov. 19.

BSAF **60** 44—45, 1946. H. Camichel. — Beob. vom 8. Febr. 1946.

BSAF **60** 72, 1946. Observation d'une aurore boréale dans la nuit du 23 au 24 avril 1946. C. Bertaud, R. Oberlin.

BSAF **60** 94, 1946. P. Bourge. — Beob. 1946 Marz 25.

BSAF **60** 94, 1946. — Beob. 1946 Apr. 28.

BSAF **60** 166, 1946. P. Bourge. — Beob. 1946 März 29 und April 23.

BSAF **60** 217—218, 1946. L'aurore boréale du 26 juillet 1946. E. Guimont.

BSAF **60** 236, 1946. Aurore boréale dans la nuit du 28 septembre 1946. R. Rigollet.

Gaz astr **28** 41, 1946. — Nordlicht 1946 April 23.

Heelal **2** 57—58, 1946. Het Poollicht van 23—24 April 1946.

Mem BAA **35** part 2, S. 1—11 und S. 17, mit 1 Fig. und 2 Tafeln, 1944. Fifth report. Aurorae. W. B. Housman.

Orion Genève Nr. **13** S. 261, 1946. Das Nordlicht vom 26./27. Juli 1946.

Pop Astr **51** 230—231, 1943. The aurora of February 25, 1943. L. J. Boss.

Pop Astr **51** 438, 1943. Aurora borealis of August 30—31, 1943. N. T. Bobrovnikoff.

RH **27** 116—117, 1946 (tschechisch). Polarlichtbeobachtung vom 28. März 1946. F. Kadavý.

RH **27** 153—155, 1946 (tschechisch). Polarlichtbeobachtung vom 26./27. Juli 1946. A. Bečvář.

RH **27** 155—157, 1946 (tschechisch). Polarlichtbeobachtung vom 26./27. Juli 1946. Z. Bochníček.

RH **27** 209, 1946 (slowakisch). Polarlichtbeobachtung vom 22./23. Sept. 1946. M. Dzubák.

RH **27** 209—210, 1946 (tschechisch). Polarlichtbeobachtung vom 22./23. Sept. 1946. O. Lhotský.

Urania Barcelona **29** Nr. 208 S. 24—28, mit 2 Fig., 1944. Aurora boreal observada en España el 18 de septiembre de 1941.

Z. f. Meteorologie **1** 95, 1946. Nordlichtbeobachtungen. K. Feußner. — 28. März 1946.

Z. f. Meteorologie Zurich **1** 32, 1946. Nordlichtbeobachtungen. — 23.—25. Marz, 23.—24. April, 26.—27. Juli 1946.

5357. **P. Abadie, E. Vassy,** Manifestations aurorales aux latitudes moyennes. CR **217** 610—612, 1943. — Ref. in Phys Ber **27** 521—522.

5358. **A. Beach,** The aurora. ASP Leaflet Nr. **180**, 8 S., 1944.

5359. **E. Cabal Dalby,** Auroras polares. Urania Barcelona **30** Nr. 209 S. 1—10, Nr. 210 S. 55—65, Nr. 211 S. 81—92, mit 20 Fig., 1945.

5360. **G. Déjardin,** Remarques sur le spectre de l'aurore du 1er mars 1941 observé à Saint-Genis-Laval (Observatoire de Lyon) par J. Dufay, J. Gauzit et Tcheng Mao-Lin. Cahiers de Physique Nr. **6** S. 43—46, 1941.

5361. **J. Dufay, J. Gauzit, Tcheng Mao-Lin,** Spectre de l'aurore du 1er mars 1941. Cahiers de physique Nr. **1** 59—64, mit 3 Fig., 1941 = Publ. Obs. Lyon **3** fasc. 3. — Im Spektrum eines Nordlichtes am Abend des 1. Marz 1941 werden neben Sauerstoffbanden und negativen Banden des Stickstoffs die Vegard-Kaplan-Banden bei λ 4425 und zwei Banden des ersten positiven Systems von N_2 nachgewiesen. Bei λ 4875 und λ 5206 wurden einige Emissionen unbekannter Herkunft beobachtet. Micz.

5362. **R. Herman, L. Herman,** Distribution d'intensité des bandes dans les spectres des aurores polaires et température de la haute atmosphère. Cahiers de physique Nr. **16** 15—19, mit 2 Fig., 1943 = Publ. Obs. Lyon **3** fasc. 13. — Bei der Temperaturbestimmung aus der Intensitatsverteilung in einem Bandensystem wird gewohnlich unterstellt, daß es sich um einfache Übergange zwischen zwei Niveaus handelt. Der Temperatureffekt wird geringer, wenn drei Niveaus an dem Emissionsprozeß beteiligt sind. Micz.

5363. **W. B. Housman,** Section for the observation of aurorae and zodiacal light. Fifth report of the Section. Mem BAA **35** part 2, 18 S. mit 6 Fig., 1944.

5364. **C. Störmer,** Some auroral spectra from Southern Norway 1940. Astrophysica Norvegica **3** 217—221, mit 2 Tafeln, 1941.

5365. Eenige algemeenheden over het Poollicht. Heelal **2** 52—56, mit 2 Fig., 1946.

5366. **Mitteilung über «Grüner Strahl»**
BSAF **55** 156, 1941. L. Tavernier. — Beobachtung 1940 Mai 17.

5367. **Halobeobachtungen**
BSAF **60** 114, 1946. A. Tamisier. — Beob. 1946 Febr. 1.
Ciel et Terre **60** 86, 1944. Un grand halo solaire. — Beob. 1944 Juni 12.
Gaz astr **28** 59—60, 1946. Observations de halos en 1940—1943. A. P. Moïsseiev.

5368. **G. H. Archenhold, G. S. Sansom, E. H. Dock,** A solar halo phenomenon. Nat **154** 433—434, 1944. — Ref. in Phys Ber **26** 272—273.

Zodiakallicht

5369. **I. S. Astapowitsch,** Der Gasschweif der Erde. (Über die Natur des Gegenscheins). Publ. aschchab. pädag. Inst. Nr. 1—2 S. 46—50, 1946 (russisch).

5370. **A. Beach,** The zodiacal light. ASP Leaflet Nr. **155**, 8 S., 1942.

5371. **W. G. Fessenkow,** Untersuchung des Zodiakallichtes nach Beobachtungen in den Tropen. RAJ **18** 31—34, 1941 (russisch).

* * **W. G. Fessenkow,** Kosmische Materie und Zodiakallicht. Vgl. Ref. **9107.**

5372. **W. G. Fessenkow,** Die dynamische Theorie des Zodiakallichtes. RAJ **19** 28—49, 1942 (russisch).

5373. **W. G. Fessenkow,** Über die Herkunft des Zodiakallichtes. DAN **39** 377—380, 1943 (russisch).

5374. **F. C. Leonard,** On the cause of the zodiacal light and the counterglow. Pop Astr **53** 138, 1945.

5375. **J. B. Penniston,** Detailed description of the zodiacal light. Pop Astr **50** 547—552, mit 1 Fig., 1942. — Beschreibung des Zodiakallichtes, wobei insbesondere Bezug genommen wird auf die Beobachtung von G. Jones, eines Teilnehmers der Japan-Expedition von Perry 1853—1856. Micz.

5376. **I. Puig,** La luz zodiacal. Rev Astr **12** 212—216, 1940. — Populäre Darstellung mit geschichtlichen Bemerkungen.

5377. **F. Quénisset,** Visibilité extraordinaire de la lumière zodiacale en janvier. BSAF **57** 30, 1943.

5378. **F. Quénisset,** La lumière zodiacale. BSAF **57** 97, mit 1 Fig., 1943.

5379. **N. B. Sagniborodow,** Über den Gegenschein nach Beobachtungen in Aschchabad. Nachr. turkmen. Abt. Akad. Wiss. UdSSR Nr. **3—4** S. 192, 1946 (russisch).

5380. **W. E. Stepanow,** Das Zodiakallicht. Taschkent Bull. **2** Nr. 4 (14) S. 158—165, 1940 (russisch).

5381. **Beobachtungen des Zodiakallichtes**
BSAF 58 40, 1944. P. Bourge. — Phot. Beob. 1944 Febr. 13.
Mem BAA 35 part 2 S. 12—18, mit 5 Fig., 1944. Fifth report. Zodiacal light. W. B. Housman.
NAT 1946 33—34. — Beob. 1945 Okt. 10, 16, Nov. 11.
PAT 27 151, 1946. — Beob. 1946 Okt. 4 in Saltsjobaden.

§ 54

Mond

5401. **Mond. Astrometrische Beobachtungen**
Uccle 1942. BAB 3 198, 1943. F. Moreau, J. Verbaandert. — α.
Uccle 1943. BAB 3 242, 1944. F. Moreau, S. D. Téhérany, J. Verbaandert. — α.
Uccle 1944. BAB 3 280, 1945. F. Moreau, S. D. Téhérany, J. Verbaandert. — α.

5402. **L. Andrenko, A. Andrenko,** Sur la forme de la lune. Bull. de la Station de Sigmaringen 2me année Nr. 3 S. 4, 1946.

5403. **N. P. Barabaschew, A. T. Tschekirda,** Über die Reflexion des Lichtes von der Oberflache des Mondes und des Mars. RAJ 22 11—22, 1945. Siehe auch Charkow Bull. Nr. 5 S. 3—12, 1944 (russisch).

5404. **R. A. Daly,** Origin of the moon and its topography. Proc. Amer. Phil. Soc. 90 104—119, 1946 = Harv Repr (2) Nr. 14. — Ein Zusammentreffen des jungen noch flussigen Erdkörpers mit einem tangential kollidierenden Asteroiden wird angenommen. Die bei der Kollision aus der Erde herausgedrangten Massenteile haben sich um eine Hauptmasse oder den eingefangenen Planetoiden selbst angelagert und den Mond gebildet. Im ubrigen sind die Unterschiede zu den anderen Meteoritenhypothesen uber die Bildung der Rundformen der Mondoberflache weniger hervortretend. Tschunko

5405. **J. H. Darling,** Meteors and the moon's surface. Pop Astr 50 169—170, 1942.

5406. **J. Dubois,** Lumière cendrée et activité solaire. BSAF 58 136—139, mit 2 Fig., 1944.

5407. **A. H. Farnsworth,** Photographing a penumbral eclipse. Pop Astr 52 184, 1944.

5408. **W. G. Fessenkow,** Die Bestimmung der Masse der Mondatmosphäre. RAJ 20 Nr. 2, 1943 (russisch). — Besprechung in ApJ 100 104—105 unter dem Titel: An upper limit for the mass of the lunar atmosphere (O. Struve).

5409. **W. G. Fessenkow,** Über die Masse der Mondatmosphare. DAN 39 275—278, 1943 (russisch).

5410. **W. G. Fessenkow, O. P. Kramer,** Über die Polarisation des von der Mondoberflache reflektierten Lichtes. DAN 40 152—154, 1943 (russisch).

5411. **C. Fisher,** The Story of the Moon. Vgl. AJB 45 Ref. 5446. — Weitere Besprechung in Pop Astr 51 347—348 (J. Stokley).

5412. **F. M. Garland,** Snow on the moon. Pop Astr 54 176—183, 1946.

5413. **W. H. Haas,** A search for physical changes on the moon during a lunar eclipse. Pop Astr 51 264—268, 1943.

5414. **W. H. A. Haas,** Concerning possible lunar meteoric phenomena. Pop Astr **51** 397, 1943.

5415. **G. Herzberg,** On a critical test for the presence of a lunar atmosphere. Pop Astr **54** 414—415, 1946. — Besprechung in Sky and Telescope **6** Nr. 4 S. 8.

5416. **A. A. Jakovkin,** The rotation and the figure of the Moon. Part II. Engelhardt Obs. Publ. **23** 3—43, 1945 (russisch mit engl. Ref.). — Mitteilung der Resultate der Mondbeobachtungen mit dem Repsoldschen Heliometer in den Jahren 1926—1932. Diese Beobachtungsreihe ist die Fortsetzung der in den Jahren 1916—1926 erhaltenen Reihe, deren Resultate in Engelhardt Publ. **21** mitgeteilt worden sind. W. Gl.

5417. **M. A. R. Khan,** A decisive test for the presence of even a highly rarefied lunar atmosphere. Pop Astr **54** 312—314, 1946. Mit einer Bemerkung von J. Kaplan.

5418. **A. H. Korn,** The moon and the cause of optical illusions. Pop Astr **52** 169, 1944.

5419. **F. Link,** Le rôle de l'ozone atmosphérique dans les éclipses de Lune. Ann d'Astrophys **9** 227—231, mit 3 Fig., 1946.

5420. **J. Mofenson,** Radar echoes from the moon. Electronics **19** 92—98, 1946.

5421. **H. H. Nininger,** Thoughts on exploring the Moon. Pop Astr **53** 513—514, 1945.

5422. **A. Pogo,** The four penumbral lunar eclipses of 1944. Pop Astr **51** 354, 1943.

5423. **L. N. Radlowa,** Visuelle Kolorimetrie des Mondes. Abh. Staatsuniv. Leningrad Nr. 82 S. 99—129, 1941 (russisch).

5424. **L. N. Radlowa,** Photographische Kolorimetrie des Mondes. RAJ **20** Nr. 5—6 S. 1—13, 1943 (russisch).

5425. **R. S. Richardson,** Who's who in the moon. ASP Leaflet Nr. **193**, 8 S., 1945.

* * **A. Romero Juárez,** The lunar motion in Birkhoff's theory of gravitation. Vgl. Ref. **3255**.

5426. **G. Ruggieri,** Osservazioni lunari con piccoli strumenti. Coelum **14** 21—22, 1946. — Ratschlage für Amateure.

5427. **V. Serra Orvay,** ¿ Ejerce la Luna alguna influencia sobre las nubes? Urania Barcelona **31** Nr. 213 S. 159—160, 1946.

5428. **J. E. Spurr,** Features of the moon. Part I. Geology applied to selenology; the Imbrian Plain region of the moon. Part II. The features of the moon. Lancaster Pa., Science Press, 1945. Part I 10 + 112 S., Part II 13 + 318 S. mit Abb. Preis $ 5.00. — Besprechung in PAT **28** 71—72, Sky and Telescope **6** Nr. 1 S. 14—15 (R. K. Marshall).

5429. **J. E. Spurr,** Geology applied to Selenology. Vgl. AJB **45** Ref. **5441**.— Weitere Besprechung in Pop Astr **54** 440—441 (F. K. Morris). Vgl. vorstehendes Ref.

5430. **A. Völsch,** Tabla para calcular las fases lunares entre los años 1945 y 2000. Rev Astr **17** 192—202, 1945. — Tafeln und Beispiele fur die Berechnung der Mondphasen bis zum Jahre 2000. Sconzo

5431. **H. P. Wilkins,** The glassy crust of the Moon. Pop Astr **54** 233—236, 1946.

* * **S. K. Wsechswjatskij, I. I. Iljinskij,** Bestimmung der Verbesserung der Mondkoordinaten nach Aufnahmen partieller Phasen der Sonnenfinsternis vom 19. Juni 1936. Vgl. Ref. **4206**.

5432. **C. C. Wylie,** Meteors and the lunar surface. Pop Astr **50** 268—269, 1942.

5433. A possible lunar meteor. Pop Astr **51** 96, 1943.

5434. Maaneparti, fotograferet af B. Lyot paa Observatoriet paa Pic du Midi. NAT **1945** neben S. 113.

5435. **Mondfinsternis 1942 August 25—26**
J. Ashbrook, Brightness of the eclipsed moon, August 25, 1942. Harv Bull Nr. **916** S. 18, 1942.
G. van Biesbroeck, The total eclipse of the moon 1942 August 25—26. Pop Astr **50** 407, mit 3 Abb., 1942.

5436. **Mondfinsternis 1943 Februar 20**
G. Rougier, J. Dubois, Photométrie et colorimétrie de l'éclipse de Lune du 20 février 1943. BSAF **57** 65—66, mit 1 Fig., 1943.
BSAF **57** 62, 1943. Eclipse partielle de Lune du 20 février 1943. F. Mandré, P. Landry, P. Bourge, F. Servais, M. Badel.

5437. **Mondfinsternis 1943 August 15**
J. Dubois, Photométrie de l'éclipse de Lune du 15 août 1943. BSAF **57** 129—130, mit 1 Fig., 1943.
H. d'Halluin, A propos de l'éclipse de Lune du 15 août 1943. Ciel et Terre **60** 40—41, 1944.
G. Rougier, J. E. Dubois, L'éclipse de Lune du 15 août 1943 et remarques sur l'éclairement de l'ombre de la Terre lors des dernières éclipses de Lune. Ciel et Terre **60** 33—39, mit 2 Fig., 1944.
BSAF **57** 177—180, mit 1 Fig., 1943. L'éclipse partielle de Lune du 15 août 1943.
BSAF **58** 7, 1944. P. Landry. — Notiz.
Ciel et Terre **60** 41—42, 1944. Observations de l'éclipse partielle de Lune du 15 août 1943.

5438. **Mondfinsternis 1944 Juli 5**
A. H. Farnsworth, Note on penumbral lunar eclipse. Pop Astr **52** 496—497, 1944.

5439. **Mondfinsternis 1945 Dezember 18—19**
BSAF **60** 81—82, 1946. — Zusammenstellung von Beobachtungen.

5440. **Mondfinsternis 1946 Juni 14**
BSAF **60** 210, 1946. Eclipse de Lune du 14 juin 1946. — Mitteilungen verschiedener Beobachter.

Sternbedeckungen

5441. **K. K. Dubrowskij,** Die Rolle der Beobachtungen von Sternbedeckungen beim Studium der Asymmetrie des Mondes. Abh. Lenin-Staatsuniv. Kasan **100** 158—160, 1940 (russisch).

5442. **Vorausberechnung von Sternbedeckungen**
NAT **1945** 128—129. Maaneokkultationer 1946, beregnet for København. 21. Liste.
NAT **1946** 147—150. Maaneokkultationer 1947 og 1948, beregnet for København. 22. und 23. Liste.

Pop Astr **50** 152—153, 210—211, 264, 326—327, 382*, 435—436, 496—497, 554—555, 1946. Occultation predictions.

Pop Astr **51** 40—41, 93*, 152*, 216—217, 270, 334—335, 391*, 449*, 505—506, 557—558, 1943. Occultation predictions.

Pop Astr **52** 39—40, 90—91, 144*, 191*, 241, 296—297, 343—344, 406—407, 448—449, 507—508, 1944. Occultation predictions.

Pop Astr **53** 35—36, 81, 135*, 180—181, 234—235, 282—283, 347—349, 397—398, 454—455, 507—508, 1945. Occultation predictions.

Pop Astr **54** 39—40, 89—90, 140—141, 189—190, 242—243, 300—302, 360—361, 418—419, 473—474, 532—533, 1946. Occultation predictions.

Rev Astr **14** 113—116, 297—300, **15** 237—240, **16** 280—283, **17** 310—314, **18** 203—207, 1942—1946. A. Vòlsch. — Die Vorausberechnungen gelten für Buenos Aires und zum Teil fur Cordoba für die Jahre 1942—1947. Die Koeffizienten $dT/d\lambda$, $dT/d\varphi$ sind angegeben. Sconzo

5443. **Sternbedeckungen.** Beobachtungen und Reduktionen

BSAF **55** 199, 1941. J. Pernet. — Beobachtung der Bedeckung von α Tauri, 1941 März 5.

BSAF **57** 5, 1943. J. François. — Beobachtung der Bedeckung von γ Tauri, 1942 Okt. 26.

BSAF **57** 77, 1943. L'occultation de l'étoile double γ Virginis.

BSAF **57** 86, 1943. H. d'Halluin. — Beobachtung der Bedeckung von α Tauri, 1942 Dez. 20.

BSAF **58** 7, 1944. — Beobachtung der Bedeckung von π Sagittarii, 1943 Juli 16.

BSAF **58** 41, 1944. Occultation de γ Virginis. — 1943 April 18.

BSAF **58** 76, 1944. Occultation de ζ Geminorum. P. Parcelier, Clastre, D. Balesdent. — Notiz zur Bedeckung 1944 Marz 31.

BSAF **59** 18, 1945. Occultation de Θ Librae. J. Caron. — 1944 Juli 2.

BSAF **59** 111—112, 1945. Occultation de δ Gémeaux du 15 mai 1945. J. Bernard, J. Chauvet.

Engelhardt Bull. Nr. **23** 36—40, 1943. Occultations of the stars by the moon observed in the USSR during the years 1939—1940.

JO **29** 14—16, 1946. Occultations d'étoiles par la lune. Besançon. V. Maitre. — 1944 März bis Dezember.

JO **29** 101—105, 1946. Occultations d'étoiles par la Lune. Besançon. V. Maitre. — 1945 Febr. 19—Okt. 14.

MN **106** 338—339, 1946. Hyderabad 1945. A. Ramanathan, M. V. V. Sastry.

NAT **1945** 27. Observationer af Maaneokkultationer indsendt til Astronomisk Selskab. Meddelelse Nr. 21. — Beob. 1944.

NAT **1946** 32. Observationer af Maaneokkultationer insendt til Astronomisk Selskab. Meddelelse Nr. 22.

Obs **64** 337—338, 1942. A grazing occultation at the Cape Observatory. — BD −9° 3975, 1942 Juni 24.

RH **25** 102—103, 1944 (tschechisch). Beobachtung der Sternbedeckungen im Jahre 1943. O. Petráček, M. Procházka.

RH **26** 26—27, 1945 (tschechisch). Beobachtung der Sternbedeckungen im Jahre 1944. O. Petráček.

RH **27** 115—116, 1946 (tschechisch). Beobachtung von Sternbedeckungen im Jahre 1945. O. Petráček.

Rev Astr **17** 169—171, 1945. Cordoba 1944. A. Völsch, M. Dartayet.
Rev Astr **17** 98—99, 1945. Cordoba 1945. A. Volsch.
Rev Astr **17** 310—314, 1945. Cordoba 1946. A. Volsch.
TAB Nr. 689—691, S. 1379—1382, 1943. H. Hirose. — Sternbedeckungen beobachtet in Japan.

5444. Bedeckung von Planeten durch den Mond

Venus

BSAF **57** 126—127, 1943. Occultation de Vénus par la Lune du 6 juillet 1943. H. d'Halluin.
BSAF **58** 7, 1944. Occultation de Vénus du 6 juillet 1943.
Pop Astr **53** 251, 1945. The occultation of Venus. J. W. Simpson.

Mars

BSAF **60** 67, 1946. Occultation de Mars du 24 novembre 1945. J. Grimaldi.

Jupiter

BSAF **57** 183—184, mit 2 Fig., 1943. L'occultation de Jupiter par la Lune du 23 octobre 1943.
BSAF **58** 40—41, 1944. Occultations de Jupiter. — 1943 Okt. 23 und 1943 Dez. 17.
BSAF **58** 102—107, mit 1 Fig., 1944. Jupiter: ses conjonction, appulse et occultation du 30 avril 1944.
BSAF **58** 108—109, mit 2 Fig., 1944. A propos de l'occultation de Jupiter du 30 avril 1944. G. Blum.
BSAF **60** 14—17, 1946. L'occultation de Jupiter et de ses satellites du 30 avril 1944 à l'Observatoire de Bordeaux. G. Rougier.
BSAF **60** 67, 1946. Occultation de Jupiter du 30 avril 1944. G. Bruch, J. Clastre, P. Parcelier.
Pop Astr **52** 255, 1944. Mit Berichtigung S. 312. Occultation of Jupiter by the Moon. W. H. Haas. — 1944 April 30.

Saturn

BSAF **59** 112, 1945. Occultation de Saturne du 11 juin 1945. J. Grimaldi.
BSAF **60** 67, 1946. Occultation de Saturne du 5 novembre 1944. G. du Soleil.

Uranus

BSAF **60** 187—188, 1946. L'occultation d'Uranus du 18 septembre 1946.

5445. Neulichtbeobachtungen
BSAF **58** 7, 80, 1944. P. Bourge, R. Affre. — Neulichtbeobachtungen.

Mondformationen

5446. **I. S. Astapowitsch,** Über das Alter und die Entstehung der Hauptformationen der Mondoberflache. Nachr. turkmen. Abt. Akad. Wiss. UdSSR Nr. 2 S. 88—91, 1945 (russisch).

5447. **R. B. Baldwin,** The meteoritic origin of lunar craters. Pop Astr **50** 365, 1942.

5448. **R. B. Baldwin,** The meteoritic origin of lunar structures. Pop Astr **51** 117, 1943.

5449. **R. D. Cooke,** More experimental Moon craters. Pop Astr **53** 76—78, mit 4 Fig., 1945.

5450. **M. Darney,** Vers une explication rationnelle des rayonnements lunaires. BSAF **57** 154—156, 1943.

5451. **M. Darney,** Les aires elliptiques ou circulaires de la Lune. BSAF **58** 25—28, 158—162, 1944.

5452. **R. S. Dietz,** Geological structures possibly related to lunar craters. Pop Astr **54** 465—467, 1946.

5453. **P. Doig,** The origin of lunar craters. JBAA **54** 18, 1944.

5454. **F. C. Leonard,** A note on the origin of the lunar craters. Pop Astr **52** 307—308, 1944.

5455. **W. Ley,** Experimental moon craters. Pop Astr **52** 278—283, mit 6 Fig., 1944.

5456. **R. K. Marshall,** The origin of the lunar craters. Pop Astr **51** 415, 1943.

5457. **K. Rapp,** Der Lichtstrahl im Mondkrater Phocylides und dessen Zeitbestimmung. Orion Genève Nr. **13** S. 241—245, mit 9 Fig., 1946. Genäherte Vorausberechnung des Eintritts des Strahlphänomens im Aug.—Dez. 1947 siehe Orion Nr. **16** S. 352.

5458. **T. Swihart,** Origin of lunar craters. Pop Astr **54** 435—436, 1946.

5459. Teoria balistica de los crateres lunares. Urania Barcelona **31** Nr. 213 S. 165—166, 1946.

5460. **Mitteilungen über Mond-Formationen**

BSAF **55** 275—276. Le cirque lunaire Deslandres. E. M. Antoniadi.

BSAF **57** 13, mit 1 Abb., 1943. La montagne lunaire de Pico. E. M. Antoniadi.

BSAF **57** 86, 1943. M. Honnorat.

BSAF **58** 40, 1944. P. Monniot.

BSAF **58** 115, 1944. A propos des variations lunaires. G. Delmotte.

BSAF **60** 18—20, mit 4 Fig., 1946. Le cirque lunaire Gassendi. M. Darney.

JBAA **55** 140, 1945. The lunar formation Gassendi. H. P. Wilkins.

Pop Astr **50** 192—195, mit 1 Abb., 1942. The bands of Aristarchus. R. Barker.

§ 55

Mars

5501. **Mars. Astrometrische Beobachtungen**

Tokyo 1939 TAB Nr. 559—570 S. 1124—1127, 1941. S. Nakano. — α, δ.

Tokyo 1940 TAB Nr. 642—644 S. 1286, 1942. S. Nakano. — α, δ.

Uccle 1944 BAB **3** 280, 1945. F. Moreau, S. D. Téhérany. — α.

5502. **Mars. Physische Beobachtungen**

BSAF **55** 227—228, 253—256, mit 2 Fig., 1941. Chronique martienne. G. Fournier.

BSAF **55** 241—246, mit 3 Fig., 1941. Le retour de la planète Mars. E. M. Antoniadi.

BSAF **57** 51, mit 4 Fig., 1943. Observations visuelles de Mars.

BSAF **57** 69—70, mit 1 Tafel, 1943. Photographies composites de Mars.

BSAF **57** 113—115, mit 2 Fig., 1943. La planète Mars à l'opposition de 1943. Commission de la planète Mars. G. Fournier.

BSAF **57** 165—167, mit 4 Fig., 1943. Commission de la planète Mars. Eléments aréographiques pour les observations physiques de la planète en 1944. Opposition de 1941. G. Fournier.

BSAF **59** 83—85, mit 1 Fig., 1945. La frange sombre polaire de la planète Mars en 1939 et les phénomènes de contraste. G. de Vaucouleurs.

BSAF **59** 85—87, 1945. La planète Mars en 1945—1946. G. Fournier.

Bull. de la Station de Sigmaringen 2me année Nr. 3 S. 5—7, 1946. Observations de Mars pendant l'opposition de 1939. L. Andrenko.

Ciel et Terre **60** 87—90, mit 1 Fig., 1944. La planète Mars en 1939. 2. Sur la concordance de la période de transformation massive des matériaux de la calotte polaire australe de la planète Mars et de celle d'existence de sa bordure sombre en 1939. G. de Vaucouleurs. — Fortsetzung von AJB **45** Ref. **5504**.

Pop Astr **50** 422—427, mit 9 Abb., 1942. Mars in 1941. R. Barker.

Pop Astr **52** 87—88, mit 2 Abb., 1944. Mars in 1943 and 1939. L. J. Wilson.

Urania Barcelona **29** Nr. 208 S. 12—14, mit 1 Fig., 1944. Observaciones de Marte en 1939. J. Pratdesaba.

Urania Barcelona **29** Nr. 208 S. 14—20, mit 12 Fig., 1944. Sobre la oposición de Marte de 1939. A. Esplugas Bator.

* * **N. P. Barabaschew, A. T. Tschekirda,** Über die Reflexion des Lichtes von der Oberflache des Mondes und des Mars. Vgl. Ref. **5403**.

5503. **N. P. Barabasheff,** On the surface and atmosphere of Mars. RAJ **23** 321—331, 1946 (russisch mit engl. Ref.). — Für Oberflachenpartien des Mars liegt 1933 bei $\lambda_1 = 640\,m\mu$ ($560\,m\mu$, $461\,m\mu$) die Albedo zwischen 0.22 und 0.16 (0.17 und 0.15; 0.10 und 0.06). 1939 ergeben sich ähnliche Werte. Die Farbe von Syrtis Major schwankt periodisch. Loh.

5504. **J. L. Barcelo,** Marte, planeta enigma. Alfa, Mai **1945** S. 41—44.

5505. **D. L. Cyr,** Life on Mars. Vgl. AJB **45** Ref. **5506**. — Weitere Besprechung in Pop Astr **52** 247—248.

5506. **A. Dollfus,** La frange sombre polaire de la planète Mars en 1943—44. BSAF **60** 132—134, mit 2 Fig., 1946.

5507. **W. G. Fessenkow,** Über die Beschaffenheit der Oberflache und Atmosphare des Mars. RAJ **21** 257—275, 1944 (russisch).

5508. **G. Fournier,** Commission de la planète Mars. Compte rendu sommaire des observations de 1941. BSAF **57** 23—29, 39—42, mit 2 Fig., 1943.

5509. **W. Groubé,** Visibilité de Mars en plein jour. BSAF **60** 139, 1946. — Beob. in Taza, Marokko.

5510. **E. Gullón, M. Martin Lorón,** Marte en 1941. Anales Asociación Española Progreso Ciencias, Congreso Oporto 1942 **3** 20—32.

5511. **G. Oriano de Vaucouleurs,** Sur la frange sombre cernant la calotte polaire australe de la planète Mars en 1939 et les phénomènes de contraste. CR **216** 602—604, mit 1 Fig., 1943 = Publ. Obs. Du Houga Nr. **7**. — Es wird gezeigt, daß der dunkle Saum um eine Polkappe ein reelles Phanomen ist, aber von einem Kontrasteffekt uberlagert wird. Loh.

5512. **G. Oriano de Vaucouleurs,** Sur la concordance de la période de transformation massive des matériaux de la calotte polaire australe de la planète Mars et de celle d'existence de sa bordure sombre. CR **216** 720—722, mit 1 Fig., 1943 (anstatt CR **217** in AJB **45** Ref. **5515**) = Publ. Obs. Du Houga Nr. **8**. — Es scheint, daß sich der dunkle, die Polkappe umgebende Saum nur wahrend der relativ kurzen Frühjahrsperiode entwickelt und aufrecht erhalt. Die Polkappe verwandelt sich zu dieser Zeit besonders schnell. Loh.

5513. **R. S. Richardson,** If you were on Mars. ASP Leaflet Nr. **178**, 8 S., 1943.

5514. **W. W. Scharonow,** The brightness contrasts observed on the surface of Mars. Poulk Circ **32** 62—73, mit 1 Fig., 1941 (russ. mit engl. Zusammenfassung). — Wahrend der Opposition 1939 wurden in Taschkent Aufnahmen mit Farbfiltern gemacht, deren Untersuchungen fruhere Anschauungen uber die braunroten und grauen Oberflächenteile (rotlicher Wüstensand bzw. grauer Boden) bestatigen. Die Beobachtungen lassen sich im obigen Sinne noch besser deuten, wenn man eine Atmosphare mit Rayleighstreuung annimmt, deren Dicke in homogener Schicht bei einem Druck von 760 mm etwa gleich 3 km sein wurde. Sie ergabe auf Mars einen Druck von 90 mm. Loh.

5515. **N. N. Sytinskaja,** Die Natur der Oberfläche und der Atmosphare des Planeten Mars nach absoluten photometrischen Messungen. DAN **43** 151—154, 1944 (russisch).

5516. **N. N. Sytinskaja,** Neue Untersuchungen über die Marsatmosphare. Leningrader Universitatsbote Nr. **4—5** S. 3—19, 1946 (russisch).

5517. **G. de Vaucouleurs,** Commission de la planète Mars: Opposition de 1939. Recherche de méthodes objectives pour l'attribution de nombres caractéristiques aux observateurs de Mars et détermination des poids relatifs de leurs contributions. BSAF **57** 137—140, 1943.

5518. **G. de Vaucouleurs,** L'état actuel de nos connaissances sur la planète Mars. Ciel et Terre **60** 1—11, mit 4 Fig., 1944.

5519. **G. de Vaucouleurs,** Instructions complémentaires pour l'observation de la planète Mars. BSAF **59** 175—177, 1945.

5520. **G. de Vaucouleurs,** Le Problème Martien. Paris, Edition Elzévir, 1946. 64 S. mit 5 Fig. und 4 Tafeln. Preis 35 Fr. — Besprechung in BSAF **62** 32, Ciel et Terre **63** 61 (P. L. Dupont), Gaz astr **29** 48—49, JBAA **58** 32—33.

5521. **G. de Vaucouleurs,** Commission de la planète Mars: Rapport sur l'activité de la Commission de 1939 à 1945. BSAF **60** 36—37, 1946.

* * **R. B. Weitzel,** Approximate conjunctions of Venus, Mars, and Jupiter. Vgl. Ref. 5214.

5522. **R. B. Weitzel,** Mars and Jupiter at solar opposition. Pop Astr **50** 552—553, 1942. — Ist die Zeitdifferenz zweier Solaroppositionen von Mars und Jupiter kleiner als $4^1/_2$ Tage, so kommen die beiden Planeten in der Regel innerhalb von funf Monaten dreimal in Konjunktion miteinander. Aus einer Oppositionstafel, die einen Zeitraum von 2000 Jahren überdeckt, laßt sich ein Zyklus von 1482 Jahren ableiten. U. Baehr

5523. **R. B. Weitzel,** Mars and Saturn at solar opposition. Pop Astr **52** 402—405, 1944. — Kommen Mars und Saturn innerhalb eines Zeitraumes von 5 Tagen in Opposition zur Sonne, so sind drei Konjunktionen der beiden Planeten miteinander zu erwarten, deren zeitliche Gruppierung von der Reihenfolge der Oppositionen abhangt. U. Baehr

5524. **R. B. Weitzel,** Mars at opposition near perihelion. Pop Astr **53** 279—281, 1945. — Aus der Zusammenstellung von Marsoppositionen nahe dem Perihel ergeben sich Perioden von 79, 205, 284 und 1531 Jahren. U. Baehr

§ 56

Kleine Planeten

5601. Kleine Planeten 1946. Opposition-Ephemerides, January—April, May—December. Prepared at the Astronomische Rechen-Institut under the direction of Prof. Dr. A. Kopff at Heidelberg. Reproduced and distributed by Nautical Almanac Office U. S. Naval Obs. Washington. 105 S.

5602. Institute of Theoretical Astronomy of the Academy of Sciences of the U. S. S. R. Opposition Ephemerides of Minor Planets for 1946 (down to the magnitude 12.5 in opposition). JO **28** 105—120, 1945, **29** 8—14, 25—32, 1946.

5603. **H. Hirose,** Oppositions-Ephemeriden der in Tokyo besorgten kleinen Planeten. (I)—(IV). TAB Nr. 613—614, 619, 621, 1942. Nr. 706, 1943.

5604. **S. Arend,** Les découvertes d'astéroides à l'Observatoire royal de Belgique et leur exploitation rationnelle. BAB **3** 206—215, mit 2 Fig., 1943. — Eine ausfuhrliche Übersicht und Statistik der Planetenentdeckungen in Uccle und der weiteren Verfolgung und Sicherung der entdeckten Objekte fur die Zeit von 1924 bis 1939. E. R.

5605. **L. Boyer,** Perturbations de la planète 173 Ino. JO **29** 47—48, 1946.

5606. **M. Cailliatte,** Ephémeride physique d'Eros pour 1944—45. JO **27** 48—49, 1944.

5607. **J. F. Cox, H. Jehle,** Eléments canoniques des petites planètes 1 à 1183. BAB **3** 248—265, mit 1 Fig., 1944 = Univ. Bruxelles, Inst. d'Astronomie (1) Nr. **8.** — Neben der absoluten Großenklasse g und dem Farbenindex (fur einzelne Planeten) werden kanonische Elemente und die Jacobische Konstante fur die Kleinen Planeten 1 bis 1183 gegeben. Beigefugt ist eine statistische Übersicht und ein Diagramm zur Veranschaulichung der Verteilung der Kleinen Planeten hinsichtlich der Größen 1/a und $\sqrt{a}$ cos φ cos i. T. L.

5608. **B. H. Dawson,** Los pequeños planetas. Rev Astr **13** 309—315, 1941. — Geschichtliches seit der Entdeckung der Ceres bis heute. Sconzo

5609. **W. G. Fessenkow,** Die Kleinen Planeten und der kosmische Staub. DAN **34** 163—166, 1942 (russisch).

5610. **L. Gialanella,** Sulla distribuzione dei poli delle orbite dei piccoli pianeti. Rend. Accad. Lincei (8) **1** 193—198, 1946 = Oss. e Museo Astr. Roma, Contr. Sci. Nr. **126.** — Wahrscheinlichkeitstheoretische Untersuchung über die Pole der Bahnen von 1549 Kleinen Planeten, aus welcher ein merklicher Einfluß Jupiters auf die Bahnlagen hervorgeht. F. Z.

5611. **V. Hase,** An attempt of exact representation of the motion of Juno (3) with the extrapolation method. RAJ **21** 11—17, 1944.

5612. **B. de Jekhowsky,** Répartition des nœuds ascendants des excentricités et des inclinaisons des orbites des petites planètes. JO **25** 34—39, mit 5 Fig., 1942. — Nachweis einer Korrelation in der Verteilung der Exzentrizitaten und Neigungen der kleinen Planeten zu der nach der Knotenlange (ahnlich wie in JO **24** 84 nach der Perihellange); unter Berucksichtigung der Knotenlangen von Jupiter und Saturn ist fur beide Verteilungen die gleiche kosmogonische Ursache anzunehmen. Boh.

5613. **B. de Jekhowsky,** Influence de la planète Jupiter sur la position et la forme des orbites des astéroïdes d'après l'étude de la répartition de leurs éléments rapportés au plan de l'orbite de Jupiter. JO **26** 21—24, mit 8 Fig., 1943. — In Fortsetzung und Vervollstandigung einer Arbeit von Fayet (BA **8** 5, AJB **35** Ref. **5610**) werden Korrelationen der auf die Jupiterbahn bezogenen Elemente der Kleinen Planeten nachgewiesen und der Einfluß Jupiters (vorwiegend) auf die Verteilungen aufgezeigt. Boh.

5614. **B. de Jekhowsky,** Dénombrement des découvertes d'astéroides pour chacun des mois de l'année. JO **26** 43—50, mit 8 Fig., 1943. — Es wird gezeigt, daß die Verteilung der Planetenentdeckungen auf die einzelnen Monate eine deutliche Beziehung zur Stellung Jupiters aufweist; klimatische Einflüsse treten demgegenüber zuruck. Boh.

5615. **E. K. Kharadse, N. B. Demidov,** Photographic observations of minor planets. Abastumani Bull. Nr. **6** 97—104, 1942 (russisch mit engl. Ref.).

5616. **O. J. Lee, N. L. Pierce, H. Thiele,** Observations of Eros. Ann. Dearborn Obs. **4** part 11, 37 S. mit 1 Fig., 1940. — α und δ von Eros aus photographischen Aufnahmen während der Opposition 1930/31.

5617. **N. Missana,** Perturbazioni e correzione dell'orbita del pianetino 381 Myrrha. Mem SA It (NS) **17** 145—151, 1946 = Contr. Oss. Astr. Torino (NS) Nr. **9.** — Jupiterstorungen und Verbesserung der Bahn. F. Z.

5618. **W. Moschkowa,** Verbesserung der rechtwinkligen Ausgangskoordinaten des Planeten (702) Alauda. BIA Nr. **53** 485—488, 1944 (russisch mit deutschem Ref.).

5619. **W. Moschkowa,** Die Bahn des Planeten (94) Aurora. BIA Nr. **53** 488—490, 1944 (russisch mit deutschem Ref.).

5620. **G. N. Neujmin,** Photographic observations of Minor Planets at Simeis in 1939. Pulk Circ Nr. **31** S. 107—112, 1941.

5621. **S. B. Nicholson,** The countless asteroids. ASP Leaflet Nr. **147,** 1941.

5622. **A. Patry,** Essai d'identification systématique des astéroides. JO **29** 33—41, mit 1 Fig., 1946. — Fur eine systematische Identifizierung Kleiner Planeten wird ein Verfahren angegeben (mit Beispiel) und der aufgestellte Arbeitsplan beschrieben. Es werden zwei in derselben Opposition gewonnene Beobachtungen benutzt und durch eine abgekurzte Kreisbahnrechnung (unter Verwendung eines Gedankens von J. F. Cox) genahert Knotenlange, Neigung, Oppositionsdatum und Radiusvektor bestimmt, die zusammen mit anderen abgeleiteten Großen die Identifizierung ermoglichen. Boh.

5623. **I. I. Putilin,** Physikalische Besonderheiten der Kleinen Planeten. Priroda **30** Nr. 2 S. 3—14, 1941 (russisch).

5624. **H. S. Rice,** Asteroid notes. Pop Astr **50** 381, 435, 495—496, 555, 1942.

5625. **H. S. Rice,** Asteroid notes. Pop Astr **51** 93, 215—216, 333—334, 389, 506—507, 556—557, 1943.

5626. **H. S. Rice,** Asteroid notes. Pop Astr **52** 38—39, 143, 295—296, 447—448, 506—507, 1944.

5627. **H. S. Rice,** Asteroid notes. Pop Astr **53** 80—81, 181—182, 233—234, 284, 1945.

5628. **H. S. Rice,** Asteroid notes. Pop Astr **54** 89, 139—140, 190—191, 243—244, 302—303, 362, 417—418, 474—475, 1946.

5629. **R. Rigollet,** L'occultation des étoiles par les petites planètes. BSAF **60** 28—33, 1946.

5630. **H. Roure,** Théorie de (33) Polymnie (suite). JO **25** 20—24, 48—52, 1942. JO **27** 53—56, 1944. — Fortsetzung von JO **24** 1—13, 132—136 (AJB **43** Ref. **5616**).

5631. **H. Roure,** Recherches sur le calcul des perturbations générales des petites planètes (suite). Détermination des constantes d'intégration. JO **29** 1—3, 1946. — Fortsetzung der Arbeiten aus JO **22**; Bestimmung der Integrationskonstanten.

5632. **H. Roure,** Étude des petites planètes par groupes en tenant compte de la latitude de la planète troublante dès la première approximation. JO **29** 42—47, 1946. — Fortsetzung und Vervollstandigung der Arbeiten in JO **22** und **25**, wobei die Breite des storenden Planeten bereits in der ersten Naherung berucksichtigt wird; Skizzierung einer Methode, Gruppenstörungen zu berechnen. Boh.

5633. **H. Roure,** De l'action des étoiles sur le mouvement des planètes. Action de la matière diffuse répandue dans l'espace interplanétaire. JO **29** 91—93, 1946. — An den Bewegungsgleichungen und bei Verwendung der von Eddington gegebenen Zahlen uber Massen, Dichten und Entfernungen im Universum wird gezeigt, daß sowohl die weit entfernten Sterne wie die im interplanetaren Raum verteilte Materie ohne Einfluß auf die Bewegung der Planeten bleiben. Boh.

5634. M. Schmakova, Improvement of the orbit of (264) Libussa. BIA Nr. **53** 480—483, 1944 (russisch mit engl. Ref.).

5635. P. Sconzo, Nuovi elementi, perturbati e migliorati, delle orbite di due pianetini. Rend. Accad. Lincei (8) **1** 949—951, 1946. — Bericht über Bahnverbesserung der Planeten 673 Edda und 720 Bohlinia. F. Z.

5636. S. Sharaf, Improvement of the orbit of the planet (643) Scheherezade. BIA Nr. **53** 483, 1944 (russisch mit engl. Ref.).

5637. S. Sharaf, Improvement of the orbit of the planet (65) Cybele. BIA Nr. **53** 483—485, 1944 (russisch mit engl. Ref.).

5638. S. Sharaf, An approximate improvement of the orbit of (229) Adelinda. BIA Nr. **53** 485, 1944 (russisch mit engl. Ref.).

5639. Z. Švestka, Helligkeitsschwankungen des Planetoiden Eros. RH **27** 217—221, 1946 (tschechisch).

5640. E. de la Villemarqué, Planètes du type Flora ($1000'' < n < 1100''$). Détermination des constantes d'intégration relatives aux perturbations. Représentation des observations (suite). JO **29** 20—24, 1946.

5641. S. Warsar, Les perturbations absolues et les éléments de 10 petites planètes du type de Minerve. BIA Nr. **53** 455–478, 1944 (russisch mit franz. Ref.). — Vgl. AJB **48** Ref. **7534**. — Jupiter- und Saturnstörungen und neue Elemente von 427 Galene, 349 Dembowska, 307 Nike, 858 El-Djezaïr, 862 Franzia, 295 Theresia, 264 Libussa, 860 Ursina, 312 Pierretta, 255 Oppavia.

5642. Fotometria de Eros. Obs. Astr. La Plata, Ser. Astr. **6** 137, 1942. B. H. Dawson.

5643. Interplanetary meteorites and minor planets. Pop Astr **54** 314—315, 1946.

5644. Nachweis der Beobachtungen und Berechnungen Kleiner Planeten

Der vollständige Nachweis der Beobachtungen und Berechnungen Kleiner Planeten **1939—1946** ist in den Veröff. des Astr. Rechen-Instituts zu Heidelberg Nr. 2 (1950) enthalten.

Die Fortsetzung dieses Nachweises wird laufend in jedem Jahresband des AJB gegeben. Fur 1947 siehe AJB **47** Ref. **5623**.

5645. Verzeichnis der Sternwarten und Beobachter (Forts. zu AJB **45** Ref. **5637**)

Besançon	V. Maitre
La Plata	B. H. Dawson, A. D. N. Schreiber
Nizza	M. Cailliatte
Tokyo	S. Nakano

5646. Verzeichnis der Berechner (Forts. zu AJB **45** Ref. **5638**)

W. Crowley	N. Missana	C. H. Smiley
F. W. Hoffmann	R. Rigollet	S. M. Warsar

§ 57

Jupiter

5701. Jupiter. Astrometrische Beobachtungen

Tokyo 1939. TAB Nr. 559—570 S. 1127—1129, 1941. S. Nakano. — α, δ.
Tokyo 1940. TAB Nr. 642—644 S. 1287, 1942. S. Nakano. — α, δ.
Uccle 1942. BAB **3** 198, 1943. F. Moreau. — α.
Uccle 1943. BAB **3** 242, 1944. F. Moreau, J. Verbaandert. — α.
Uccle 1944. BAB **3** 280, 1945. F. Moreau, S. D. Téhérany, J. Verbaandert. — α.

5702. **Jupiter. Physische Beobachtungen**
BSAF **57** 5, 86—87, 1943. J. Dragesco, P. Guérin, L. Deru.
BSAF **57** 70, mit 2 Fig., 1943. Photographies composites de Jupiter.
BSAF **58** 76, 1944. P. Guérin.
BSAF **59** 18—19, 1945. A. Maz.
Mem BAA **34** part 3, mit 21 Abb., 1941. Thirtieth report of the Jupiter Section. Apparitions of 1934, 1935 and 1936. B. M. Peek.
Mem BAA **35** part 1, 48 S. mit 9 Tafeln, 1942. Section for the observation of Jupiter. Thirty-first report of the Section. Apparitions of 1937, 1938 and 1939—40. B. M. Peek.
Mem BAA **35** part 3, 41 S. mit 4 Fig. und 6 Tafeln, 1944. Section for the observation of Jupiter. Thirty-second report of the Section. Apparitions of 1940—41 and 1941—42. B. M. Peek.
Mem BAA **35** part 4, 30 S. mit 2 Fig. und 6 Tafeln, 1946. Section for the observation of Jupiter. Thirty-third report of the section. Apparition of 1942—43. B. M. Peek.
Obs **66** 66, 1945. Long-lived markings on Jupiter. B. M. Peek.

* * **B. de Jekhowsky,** Influence de la planète Jupiter sur la position et la forme des orbites des astéroïdes d'après l'étude de la répartition de leurs éléments rapportés au plan de l'orbite de Jupiter. Ref. **5613**.

* * **A. A. Nefedjew,** Vermessung der Durchmesser von Venus und Jupiter. Vgl. Ref. 5210.

5703. **S. B. Nicholson,** The satellites of Jupiter. Griffith Observer **5** 50—53, 58, 1941.

5704. **W. W. Scharonow,** Physikalische Deutung der Farberscheinungen auf der Jupiterscheibe. DAN **39** 183—184, 1943 (russisch).

* * **R. B. Weitzel,** Approximate conjunctions of Venus, Mars, and Jupiter. Vgl. Ref. 5214.

* * **R. B. Weitzel,** Mars and Jupiter at solar opposition. Ref. **5522**.

5705. **R. B. Weitzel,** Jupiter and Saturn at solar opposition. Pop Astr **53** 27—29, 1945. — Dreifache Konjunktionen von Jupiter und Saturn ereignen sich durchschnittlich siebenmal in 1000 Jahren. Bedingung hierfur ist, daß beide Planeten innerhalb von $1^3/_4$ Tagen in Opposition zur Sonne kommen. Aus den fur den Zeitraum −3937 bis +1981 angefuhrten Fallen laßt sich nur ein annahernder Zyklus von 973 Jahren ableiten. U. Baehr

Jupitermonde

5706. **A. Danjon,** Les satellites de Jupiter. BSAF **58** 33—36, mit 1 Fig., 1944.

5707. **G. Rougier,** Observations des phénomènes des satellites de Jupiter. JO **27** 25—27, 1944. — Beob. 1938 Okt. 21—1943 Mai 28.

5708. **Große Jupitermonde**
BSAF **57** 53—59, mit 5 Fig., 1943. Observations visuelles des satellites de Jupiter. — Io, Europa, Ganymed, Callisto.
BSAF **57** 76—77, mit 1 Fig., 1943. Un aspect singulier de Callisto. G. Rougier.
BSAF **58** 46—47, 1944. Observation de Callisto.

5709. **Jupitermond VI**
Harv Card 767, 1946. J. Bobone, C. G. Torres, D. McLeish, M. H. Dartayet. — Positionen.

5710. **Jupitermond VIII**
Harv Card 610, 1941. — Positionen.
Harv Card 742, 1946. H. R. J. Grosch. — Ephemeride.

5711. **Jupitermond IX**
S. B. Nicholson, The ninth satellite of Jupiter Publ ASP **54** 258, 1942.
S. B. Nicholson, Ninth satellite of Jupiter. Publ ASP **57** 266, 1945.
M. L. Richmond, Ephemeries of Jupiter's ninth satellite. Publ ASP **54** 205, 1942; **55** 246, 1943.

5712. **Jupitermond X**
Harv Card 620, 1942. P. Herget. — Ephemeride.
Harv Card 740, 1946. A. Kettenacker. — Ephemeride.

5713. **Jupitermond XI**
Harv Card 620, 1942. P. Herget. — Ephemeride.
Harv Card 740, 1946. A. Kettenacker. — Ephemeride.
S. B. Nicholson, Jupiter's eleventh satellite. Publ ASP **58** 356, 1946.

§ 58

Saturn

5801. **Saturn. Astrometrische Beobachtungen**
Tokyo 1939. TAB Nr. 559—570 S. 1129—1130, 1941. S. Nakano. — α, δ.
Tokyo 1940. TAB Nr. 642—644 S. 1287, 1942. S. Nakano. — α, δ.
Uccle 1942. BAB **3** 198, 1943. F. Moreau. — α.
Uccle 1943. BAB **3** 242, 1944. J. Verbaandert. — α.
Uccle 1944. BAB **3** 280, 1945. S. D. Téhérany. — α.

5802. **Saturn. Physische Beobachtungen**
BSAF **57** 5, 1943. J. Dragesco.
BSAF **57** 71, mit 1 Fig., 1943. Photographie composite de Saturne.
Rev Astr **12** 197—202, mit 1 Fig., 1940. La mancha de Saturno en 1933. B. H. Dawson.

5803. **G. N. Duboschin,** Über die periodischen Bewegungen im System der Saturntrabanten. Moskau Sternberg Inst. Publ. **15** Nr. 1 S. 158—250, 1945 (russisch).

5804. **G. N. Duboschin,** Über Reihen, mit denen die Bewegungen der Saturntrabanten dargestellt werden konnen. Moskau Sternberg Inst. Publ. **15** Nr. 1 S. 251—273, 1945 (russisch).

5805. **G. N. Duboschin,** Die Zerlegung der Kraftfunktion in der Theorie der Saturntrabanten. Moskau Sternberg Inst. Publ. **15** Nr. 1 S. 274—307, 1945 (russisch).

5806. **C. C. L. Gregory,** Note on the disintegration of Saturn's ring. JBAA **55** 142, 1945.

* * **R. B. Weitzel,** Mars and Saturn at solar opposition. Vgl. Ref. **5523**.

* * **R. B. Weitzel,** Jupiter and Saturn at solar opposition. Vgl. Ref. **5705**.

5807. The atmosphere of Titan. Obs **65** 203, 1944. — Nach Harvard Announcement Card 677.

5808. L'atmosphère de Titan. BSAF **59** 2, 1945. — Übersetzung von Kuipers Arbeit. Vgl. AJB **45** Ref. **5804**.

§ 59

Uranus, Neptun

5901. **Uranus. Astrometrische Beobachtungen**
Tokyo 1939. TAB Nr. 559—570 S. 1131—1132, 1941. S. Nakano. — α, δ.
Tokyo 1940. TAB Nr. 642—644 S. 1288, 1942. S. Nakano. — α, δ.
Uccle 1942. BAB **3** 198, 1943. F. Moreau. — α.
Uccle 1944. BAB **3** 280, 1945. S. D. Téhérany. — α.

5902. **Uranus. Physische Beobachtungen**
BSAF **57** 5, 1943. J. Dragesco.

5903. **R. F. Sanford,** The planet Uranus. ASP Leaflet Nr. **183,** 8 S., 1944.

5904. **Neptun. Astrometrische Beobachtungen**
Tokyo 1939. TAB Nr. 559—570, S. 1132—1133, 1941. S. Nakano. — δ.
Tokyo 1940. TAB Nr. 642—644, S. 1288, 1942. S. Nakano. — α, δ.

5905. **J. O. Fleckenstein,** Experientia majorum. Zum 100. Jahrestag der Entdeckung des Planeten Neptun am 23. September 1846. Experientia **2** Nr. 9, 7 S., 1946.

5906. **J. Febrer,** Síntesis del problema resuelto por Le Verrier. Urania Barcelona **31** Nr. 214 S. 186—189, 1946.

5907. **B. H. Dawson,** Centenario del descubrimiento de Neptuno. Rev Astr **18** 230—232, 1946.

5908. De honderdste Verjaring van de Ontdekking van Neptunus. Heelal **2** 71—74, 1946.

5909. Opdagelsen af Planeten Neptun. NAT **1946** 75—76, mit 1 Fig.

5910. 100 Jahre seit der Entdeckung Neptuns. Orion Genève Nr. **13** S. 261, 1946.

5911. Descubrimiento de Neptuno y su satelite. Urania Barcelona **31** Nr. 213 S. 163—164, 1946.

§ 60

Pluto, Hypothetische Planeten

6001. **Pluto. Astrometrische Beobachtungen**
Mt. Wilson. Publ ASP **57** 217, 1945. Positions of Pluto. M. L. Richmond.
Tokyo 1941. TAB Nr. 584—585 S. 1167. H. Hirose. — Genäherter Ort.
Uccle 1936. BAB **3** 244, 1944. E. Delporte. — α, δ.
Uccle 1944. BAB **3** 244, 1944. E. Delporte. — α, δ.

6002. **Pluto-Ephemeride**
Harv Card 773, 1946. G. M. Clemence.
Publ ASP **56** 37, 164—165, 1944. M. L. Richmond.

* * **R. P. Cesco,** Perturbaciones seculares de Pluton. Vgl. Ref. **3216.**

6003. **V. Kourganoff,** Nouvelles données sur l'histoire de la découverte de Pluton. Ciel et Terre **60** 180—195, mit 5 Fig., 1944.

6004. **J. Mª. Meliá,** Un astro fantasma-Vulcano. Urania Barcelona **30** Nr. 211 S. 100—103, 1945.

6005. **D. Shechtman,** Pluto's advance of perihelion. Pop Astr **53** 42—43, 1945. — Zur Nachprüfung der allgemeinen Relativitatstheorie an der von der Theorie geforderten fortschreitenden Bewegung des Planetenperihels eignet sich

Pluto besser als Merkur, da seine Bahnexzentrizitat die der Merkurbahn übertrifft und außerdem die relativistisch verlangte Bewegung des Perihels bei Pluto wegen des Fortfalls großerer Storungskrafte reiner in Erscheinung tritt.

U. Baehr

6006. The mass of Pluto. Obs **64** 377—378, 1942.

6007. Une planète transplutonienne. BSAF **60** 188—189, 1946.

Achter Teil

Kometen. Meteore

§ 65

Kometen, Allgemeines

6501. C. Agostinelli, Sull'area delle orbite cometarie. Atti Soc. Nat. Mat. Modena (6) **76** 64—67, 1945. — Vgl. AJB **45** Ref. **6501**. Ref. in Math Rev **8** 495.

6502. F. Baldet, Les comètes périodiques. Paris, Université, 1944. 14 S.

6503. N. T. Bobrovnikoff, Investigations of the brightness of comets. Part II. Contr. Perkins Obs. Nr. **16**, 112 S. mit 4 Fig., 1942. — Fortfuhrung der Untersuchung in Contr. Perkins Obs. Nr. **15**, AJB **43** Ref. **6501**. Vgl. auch AJB **45** Ref. **6503**. — Es werden verschiedene Formeln zur Darstellung der Totalhelligkeit der Kometen diskutiert und auf 45 Kometen angewandt. Zur Darstellung eignet sich am besten der Ausdruck $J = \frac{J_0}{\Delta^2 r^n}$; für n findet Verf. aus einer statistischen Rechnung 3,29, als Mittelwert aus individuellen Kometen 3,32 ± 0,16. Es erweist sich als notwendig, periodische und halbregelmaßige Lichtschwankungen einzuführen, um die Darstellung zu verbessern. Zwischen den Amplituden und den Perioden besteht eine enge Beziehung wie auch wahrscheinlich zwischen den absoluten Helligkeiten der Kometen und den Perioden.

Micz.

6504. N. T. Bobrovnikoff, On the brightness of comets. Pop Astr **50** 473-491, mit 3 Fig., 1942.

6505. R. Coutrez, Etudes statistiques sur la théorie des comètes. Annexe. Note sur le calcul de la solution locale. Ann. Obs. Royal Belgique (3) **3** fasc. 1, S. 1—51, mit 14 Fig. und 2 Tafeln, 1944. — Verf. behandelt zunachst das Strahlungsfeld im statistischen Sinne, stellt seine Grundgleichungen auf und geht zum Strahlungsfeld eines Sternes uber. Dann werden die Wirkungen auf einen Kometen, der durch einen mit einer Atmosphare umgebenen festen Kern dargestellt wird, studiert und Formen und Bewegungen der Schweifmaterie abgeleitet.

Loh.

6506. A. D. Dubjago, Über einige Fragen der Bewegung, der Struktur und des Zerfalls der Kometen. Teil I. RAJ **19** Nr. 1 S. 14—46, 1942. Teil II. RAJ **19** Nr. 2—3 S. 49—62, 1942 (russisch).

6507. J. Dufay, Etude du spectre des noyaux cométaires. Cahiers de physique Nr. **4** 38—48, mit 1 Fig., 1941 = Publ. Obs. Lyon **3** fasc. 7. — Die charakteristischsten Linien der Gruppe 4300 Å gehoren zur Bande 4300 Å des CH.

Die Anwesenheit der Bande 3900 Å desselben Molekuls scheint trotz der storenden Nahe der Bande 3883 Å des CN ebenfalls charakteristisch zu sein. In der Gruppe 4050 Å gehoren vier Linien der Raffety-Bande an. Ausfuhrlich werden Linien des NaH-Molekuls identifiziert, dessen Existenz schon durch die beobachtete Anwesenheit von Na und H als Dissoziationsprodukte sichergestellt scheint. Loh.

6508. **J. Febrer,** Fisica cometaria. Urania Barcelona **29** Nr. 208 S. 1—6, 1944.

6509. **C. Fehrenbach,** Les spectres moléculaires des comètes. BSAF **58** 17—22, mit 6 Fig., 1944. — Nach einer Einleitung uber die fundamentalen Prozesse der Banden-Emission und -Absorption werden die in Kometenspektren aufgefundenen Banden zusammengestellt und besprochen. Im Schlußkapitel werden einige vordringliche Aufgaben für die Spektroskopie der Kometenbanden angegeben. Micz.

6510. **W. P. Henderson,** The computation of the perturbations of a periodic comet by Jupiter and Saturn. Mem BAA **34** part 4 S. 21—36, 1942. — Ganz ausfuhrliche Vorschrift mit Angabe der benotigten Hilfsmittel zur Berechnung spezieller Jupiter- und Saturnstorungen periodischer Kometen, die in allen Einzelheiten am Beispiel des Kometen Wolf I laufend erlautert wird. Boh.

6511. **J. Hunaerts,** Sur la présence de la molécule OH^+ dans les comètes. BAB **3** 320—326, 1945. — Nach der Berechnung der Wellenlangen und Intensitatsverhaltnisse der (0—0)- und (0—1)-Banden des OH^+ wird die Moglichkeit erortert, daß Emissionen in Kometenspektren bei λ 3560—λ 3600 und λ 3980—λ 4040 dem OH^+ angehoren. Micz.

* * **I. I. Iljinsky,** A simple method for the determination of orbits of planets and comets. Vgl. Ref. **3401**.

6512. **B. J. Lewin,** Die Aussonderung von Gasen aus dem Kometenkern und die Veranderung seiner absoluten Helligkeit. RAJ **20** Nr. 4 S. 37—48, 1943. Siehe auch DAN **38** 82—85, 1943 (russisch).

6513. **B. J. Lewin,** Die gas- und staubformige Beschaffenheit der Schweife verschiedener Typen. RAJ **20** Nr. 4 S. 49—51, 1943. Siehe auch DAN **38** 304—306, 1943 (russisch).

6514. **S. W. Orlow,** Die Herkunft der Kometen. Fortschritte Astr. Wiss. **2** 101—121, 1941 (russisch).

6515. **S. W. Orlow,** Die Natur der Kometen. Moskau-Leningrad, Technischer Staatsverlag, 1944, 164 S. (russisch).

6516. **S. W. Orlow,** Synchronismen in Kometenschweifen. RAJ **22** 202—214, 1945 (russisch).

6517. **S. W. Orlow,** Der Kometenkopf und die Klassifizierung der Kometenformen. Moskau, Verlag «Sowjetische Wissenschaft», 1945. 91 S. (russisch).

6518. **S. M. Poloskow,** Untersuchungen uber die Spektren von Kometen. RAJ **23** 241—251, mit 2 Fig., 1946 (russisch). — Verf. gibt eine zusammenfassende Darstellung der in den USA zwischen 1941 und 1943 auf Grund von Aufnahmen des McDonald- und Victoria-Observatoriums durchgefuhrten Kometenspektrographie. Loh.

6519. **R. Rigollet,** Formules pour calculer les dimensions réelles des comètes. BSAF **60** 232—234, mit 1 Fig., 1946.

6520. **V. Riives,** On the brightness of comets. Tartu Publ., 1945.

6521. **V. Riives,** Some remarks on the photometry of comets. Abh. Staatsuniv. Tartu (Math. Wiss.) **4** 1—28, 1946.

6522. **O. J. Schmidt,** Über die Entstehung der Kometen. DAN **49** 413—416, 1945 (russisch).

6523. **E. Strömgren,** De kortperiodiske Kometer og Hypotesen om deres Indfangning ved de store Planeter. NAT **1945** 113—119, mit 1 Fig.

6524. **P. Swings,** The physical chemistry of comets. Pop Astr **51** 412, 1943.

6525. **J. M. Vinter Hansen,** The orbits of comets. Pop Astr **52** 370—379, 1944.

6526. **B. A. Vorontsov-Velyaminov,** The structure of cometary nuclei. RAJ **22** 317—346, 1945.

6527. **B. A. Woronzow-Weljaminow,** Die Natur der Kometenkerne. Kiew Publ. Nr. **1** S. 209—210, 1946 (russisch). — Die Beobachtungen sprechen für die Auffassung, daß die Kometenkerne aus einer riesigen Zahl verhältnismäßig kleiner Teilchen bestehen und daß ihre Durchmesser sowohl im Verlauf einer einzelnen Erscheinung als auch von Wiederkehr zu Wiederkehr veränderlich sind. Loh.

6528. **S. K. Wsechswjatskij,** Über den Beobachtungsdienst schwacher Kometen. Kiew Publ. Nr. **1** S. 146—149, 1946 (russisch mit engl. Zusammenfassung). — Beobachtungsanweisung.

6529. Comètes et météores. Annuaire Astronomique et Météorologique Camille Flammarion pour 1941 (**77**), 12 S.

6530. Cometary spectra. Obs **64** 340, 1942.

6531. What is a comet? Pop Astr **54** 153, 1946.

6532. Structure and mass of cometary nuclei. Pop Astr **54** 548—549, 1946.

§ 66

Einzelne Kometen

6601. **G. van Biesbroeck,** Comet notes. Pop Astr **50** 166—168, 223—224, 276—278, 339—340, 396*, 455—456, 514, 565—567, mit 2 Abb., 1942.

6602. **G. van Biesbroeck,** Comet notes. Pop Astr **51** 53—55, 102, 153, 225—226, 285, 335—336, 404, 463, 523, 572—574, 1943.

6603. **G. van Biesbroeck,** Comet notes. Pop Astr **52** 51, 101—103, mit 2 Fig., 153, 203, 311—312, 354—355, 414—415, 467—468, 518, 1944.

6604. **G. van Biesbroeck,** Comet notes. Pop Astr **53** 42, 93, 140*, 192, 246, 291—292, 362—364, 413—414, 473, 519, 1945.

6605. **G. van Biesbroeck,** Comet notes. Pop Astr **54** 50—51, 100—102, 154—155, 199—201, mit 1 Fig., 259, 303—304, 362—364, 419—421, 490—491, 552—553, 1946.

6606. **A. Gennaro, S. Taffara,** Posizioni delle comete Oterma 1 (1942 b), Oterma 2 (1942 f) e Whipple-Fedtke (1942 g) dedotte da fotografie prese con il riflettore di cm 120 dell'Osservatorio di Asiago. Mem SA It (NS) **17** 209—233, mit 2 Fig., 1946 = Contr. Oss. Astrofisico di Asiago Nr. **3**. — Ausführliche Beschreibung der Aufnahme-, der Vermessungs- und Reduktionsverfahren sowie 47 Positionen der drei Kometen. F. Z.

6607. **C. D. Hellman,** The comet of 1577, its place in the history of Astronomy. New York, Columbia University Press, 1944. Preis 6$. — Besprechung in Pop Astr **53** 252.

6608. **S. Kanda,** The definitive orbits of Tempel's periodic comet in 1925 and 1930. TAB Nr. 615 S. 1230, 1942.

6609. **P. M. Ryves,** Comet Oterma a minor planet. JBAA **54** 19, 1944.

6609a. G. A. Tevsadse, Note on two new comets. Abastumani Bull. Nr. 7 S. 201—208, 1943.

6610. Comet notes. Obs **65** 19, 132, 1943/44. M. Davidson.

6611. Comet notes. Obs **66** 127—128, 349—354, 398—399, 1945/46.

6612. Kometerne. NAT **1945** 31, 66—67, 108—110.

6613. Kometerne. NAT **1946** 28—29, 69—70, 108—111.

6614. Kometer 1946. PAT **27** 61—62, 145—149, 1946.

6615. Desdoblamiento del cometa de Biela. Urania Barcelona **31** Nr. 213 S. 164—165, 1946.

6616. Komet 1764

M. Cailliatte, Rattachement à une comète de l'essaim d'étoiles filantes du 23 au 25 juillet. JO **25** 18, 1942.

B. de Jekhowsky, Sur le rattachement à la comète 1764 de l'essaim d'étoiles filantes au voisinage de l'étoile β Persei. JO **26** 24, 1943.

6617. Komet 1792 II

Pop Astr **54** 195, 1946. A new meteorite swarm and its suspected connection with comet 1792 II.

6618. Komet 1849 III

B. de Jekhowsky, Essaim d'étoiles filantes du 20 avril. Relation avec la comète 1849 III. JO **26** 25, 1943.

6619. Komet 1882 II

S. W. Orlow, Außergewöhnliche Kometen, III. Der große Septemberkomet 1882 II. RAJ **21** 201—204, 1944 (russisch).

6620. Komet 1892 III Holmes

N. T. Bobrovnikoff, The periodic comet Holmes (1892 III). Pop Astr **51** 542—551, mit 2 Fig., 1943.

6621. Komet 1906 IV Kopff

F. Kępiński, The motion of the periodic comet 1906 IV, part 4. Institut d'Astronomie Pratique de l'Ecole Polytechnique de Varsovie Publ. Nr. **23** S. 7—9, 1946.

F. Kępiński, Exact ephemeris of the periodic comet 1906 IV. Institut d'Astronomie Pratique de l'Ecole Polytechnique de Varsovie Publ. Nr. **23** S. 9—11, 1946.

6622. Komet 1908 III Morehouse

S. W. Orlow, Die Repulsivkraft im Schweif des Kometen 1908 III (Morehouse). RAJ **21** 205—210, 1944 (russisch).

Obs **65** 248—249, 1944. The orbit of comet Morehouse 1908 III.

6623. Komet 1919 V Metcalf-Borelly

Elemente: A. Przybylski AAa **4** 60

A. Przybylski, Definitive Bahn des Kometen 1919 V (Metcalf-Borelly). AAa **4** 34—60, 1939.

6624. Komet 1925 II Schwassmann-Wachmann 1

Anzeige: Obs **64** 339.

Beobachtung: Tokyo TAB Nr. 689—691 S. 1378—1379

Ephemeride:	J. G. Behrens	Obs **66** 353
	G. van Biesbroeck	Harv Card 630, Pop Astr **50** 456
	P. Herget	Harv Card 658, 683, 716. Obs **66** 399, Pop Astr **52** 312, 414, 519
		Pop Astr **54** 421, 491
Notiz:		PAT 27 145—146

6625. Komet 1927 I Neujmin 2

Ephemeride: G. Neujmin Harv Card 651, 656

G. N. Neujmin, Untersuchung der Bewegung des periodischen Kometen Neujmin II. 2. Teil. Verbindung der Erscheinungen des Kometen in den Jahren 1916 und 1927 (1916 II = 1927 I). Pulk Circ Nr. **32** 26—41, 1941 (russisch mit deutscher Zusammenfassung). — Die (neuen) definitiven Elemente stellen die Normalörter nicht ganz befriedigend dar. Die Restfehler sind vor allem in der zweiten Erscheinung recht groß und zeigen in beiden Erscheinungen einen ausgeprägten Gang. Diese Besonderheit der Darstellung kann weder durch eine Änderung der Gewichte noch durch die möglichen Variationen der Störungsbeträge beseitigt werden. Die Ursache dieser Erscheinung ist nicht klar: sie kann im Nichtzusammenfallen des Schwerpunkts des Kometen mit dem Zentrum seiner optischen Symmetrie oder in der Änderung seines Aussehens oder auch der täglichen Bewegung zwischen beiden Erscheinungen liegen. Die Möglichkeit eines etwaigen Fehlers in den Störungsrechnungen ist auch nicht ganz ausgeschlossen. Verf.

G. N. Neujmin, Der periodische Komet Neujmin II und seine bevorstehende Wiederkehr ins Perihel im Jahr 1943. RAJ **20** Nr. 1 S. 34—40, 1943 (russisch).

6626. Komet 1928 I Reinmuth

Ephemeride: M. Sumner Pop Astr **50** 455

6627. Komet 1930 I Peltier-Schwassmann-Wachmann

D. A. Kulikow, Bestimmung der definitiven Bahn des Kometen 1930 I (Peltier-Schwassmann-Wachmann). Abh. Staatsuniv. Leningrad Nr. **82** S. 220—231, 1941 (russisch).

6628. Komet 1930d Schwassmann-Wachmann 3

Ephemeride: Gaz astr **28** 43

6629. Komet 1936a Peltier

Phys. Beob.: J. Pagaczewski Circ. Astr. Obs. Warsaw Univ. Nr. **22** 7–8

B. Nowopaschenny, Komet 1936a Peltier. Odessa Bull. Nr. **1** S. 5, 1945 (russisch).

6630. Komet 1937f Finsler

Phys. Beob.: J. Pagaczewski Circ. Astr. Obs. Warsaw Univ. Nr. **22** 8

6631. Komet 1939d Jurlof-Achmarof-Hassel

Beobachtung: Besançon JO **26** 50

6632. Komet 1940b Whipple

Beobachtung: Williamsbay Harv Card 609[1])

Ephemeride: Harv Card 609[1])

6633. Komet 1940c Cunningham

Beobachtung: Kiew Kiew Publ. Nr. **1** S. 174—175

La Plata Obs. Astr. La Plata (Ser. Astr.) **6** 134 [2])

[1]) Mit periodic comet Whipple bezeichnet.

[2]) Mit Komet 1940 b Cunningham bezeichnet.

S. K. Wsechswjatskij, Beobachtungen des Kometen 1940c (Cunningham) am Astronomischen Observatorium Kiew. Kiew Publ. Nr. 1 S. 172—173, 1946 (russisch). — Helligkeiten und Beschreibung von Spektren.

6634. Komet 1940d Whipple-Paraskevopoulos = 1940 IV
Beobachtung: La Plata Obs. Astr. La Plata (Ser. Astr.) **6** 134—135

6635. Komet 1940e Okabayasi-Honda
Beobachtung: Tokyo TAB Nr. 689—691 S. 1377

6636. Komet 1941a Friend-Reese-Honda
Beobachtung: Kiew Kiew Publ. Nr. 1 S. 176—177
Tokyo TAB Nr. 553—556 S. 1111—1112, Nr. 584—585 S. 1168—1169

6637. Komet 1941b Encke
Beobachtung: Tokyo TAB Nr. 553—556 S. 1111
Ephemeride: L. Matkiewicz Astr Circ USSR Nr. **3**

6638. Komet 1941c Paraskevopoulos
Beobachtung: Tokyo TAB Nr. 553—556 S. 1111—1112, Nr. 584—585 S. 1169—1170

B. de Jekhowsky, Méthode Lagrange-Andoyer pour la détermination des orbites cométaires. Modification des méthodes Lagrange-Andoyer et Gauss-Merton. Application au calcul de l'orbite de la comète (1941c) Paraskevopoulos. Vgl. Ref. 3403.

6639. Komet 1941d van Gent-Howarth-Bernasconi = 1941 VIII
Beobachtung: Juvisy BSAF **55** 163, 225—226
La Plata Obs. Astr. La Plata (Ser. Astr.) **6** 135
Tokyo TAB Nr. 584—585 S. 1167, Nr. 689—691 S. 1379, Nr. 706 S. 1411
Toulouse JO **25** 19
Ephemeride: J. Bobone Harv Card 611
J. P. Moller BSAF **55** 188
Phys. Beob:. G. C. Flammarion, F. Quénisset BSAF **55** 188
F. Quénisset BSAF **55** 226
Aufnahme: F. Quénisset BSAF **55** 225. — 1941 Juli 20, Aug. 15, 17, 20

A. H. Farnsworth, Observations of brightness of comets 1941d and 1942a. Pop Astr **51** 252—253, 1943.

6640. Komet 1941e du Toit-Neujmin-Delporte
Anzeige: BSAF **55** 212[1]), 235.
Beobachtung: Tokyo TAB Nr. 689—691 S. 1377, 1378—1379

P. Naur, The orbit of comet Du Toit-Neujmin-Delporte (1941e). Kgl. Danske Vid. Selskab, Mat.-fys. Medd. **22** Nr. 1, 1945 = Publ. Kobenhavns Obs. Nr. **141**.

6641. Komet 1941f Schwassmann-Wachmann 2 = 1942 I
Anzeige: BSAF **55** 235.
Beobachtung: La Plata Obs. Astr. La Plata (Ser. Astr.) **6** 136
Tokyo TAB Nr. 689—691 S. 1379, Nr. 706 S. 1411
Elemente: S. Kanda TAB Nr. 615 S. 1229
Ephemeride: A. A. Hoag Harv Card 612

[1]) Irrtumlich mit 1941 d bezeichnet.

6642. Komet Wolf = 1942 VI

Anzeige:	Pop Astr **51** 53.	
Elemente:	M. Kamieński	Circ. Astr. Obs. Warsaw Univ. Nr. **22** 2
	S. Kanda	TAB Nr. 615 S. 1229
Ephemeride:	W. P. Henderson, W. Whichello	BAAH 1942 = Pop Astr **50** 340

W. Baade, Periodic comet Wolf I. Publ ASP **54** 259—260, 1942.

M. Kamieński, The motion of the Wolf's I comet in the period 1934—1942 and its apparition in november 1942. Circ. Astr. Obs. Warsaw Univ. Nr. **22** S. 1—3, 1946.

M. Kamieński, The present state of investigations into comet Wolf I. MN **106** 267—273. — Alle Beobachtungen des Kometen Wolf I von 1884 bis 1942 können durch ein Elementensystem unter Berucksichtigung der Störungen von Venus, Erde, Mars, Jupıter, Saturn und Uranus dargestellt werden. Die Rückrechnung bis 1800 ergab fur 1875 als Minimaldistanz von Jupiter 0.12 astr. Einh. (ebenso 1922). Ältere Vermutungen, wonach der Komet aus dem Jupitersystem stammen oder durch Teilung zusammen mit dem Kometen Barnard 1892 V aus einem anderen entstanden sein soll, sind unzutreffend. Micz.

S. W. Krochmal, Untersuchung der Unregelmaßigkeiten in der Bewegung des Kometen Wolf I in Verbindung mit der Abschatzung seiner Masse. Abh. Staatsuniv. Leningrad Nr. **82** S. 232—246, 1941 (russisch).

6643. Komet 1942a Whipple-Bernasconi-Kulin = 1942 IV

Anzeige:	Harv Card 613, 615, Pop Astr **50** 166.	
Beobachtung:	Cambridge, Mass.	Harv Card 613
	Poughkeepsie	Harv Card 617
	South Hadley, Mass.	Pop Astr **51** 252—253
	Tokyo	TAB Nr. 706 S. 1411, (2) Nr. 2
	Toulouse	JO **26** 25
	Washington	Harv Card 615
Elemente:	R. N. Thomas	Pop Astr **50** 167
Ephemeride:	R. N. Thomas	Harv Card 614, 617, Pop Astr **50** 167 Pop Astr **50** 224
Spektrum:	R. K. Marshall	Harv Card 615
Aufnahme:		Pop Astr **50** 223. — 1942 Marz 10

Definitive Bahnbestimmung des Kometen übernimmt G. M. Iannini. Harv Card 628.

A. H. Farnsworth, Observations of brightness of comets 1941d and 1942a. Pop Astr **51** 252—253, 1943.

G. M. Iannini, Orbita definitiva del cometa Whipple-Bernasconi-Kulin, 1942a. Publ. Obs. Astr. La Plata (Ser. Astr.) **21** Nr. 2 S. 1—21, 1945.

6644. Komet 1942b Oterma = 1942 VIII

Anzeige:	Harv Card 635, JBAA **53** 96.	
Beobachtung:	Asiago	Mem SA It (NS) **17** 209—233, mit 2 Fig. = Contr. Oss. Astrofisico Asiago Nr. 3
	Tokyo	TAB Nr. 706 S. 1411
	Turku	Harv Card 635
Elemente:	L. Oterma	Harv Card 635, Pop Astr **50** 566
Ephemeride:	F. L. Whipple	Harv Card 635

6645. Komet 1942c Väisälä = 1942 II

Anzeige:	Harv Card 619, Pop Astr **50** 231.	
Beobachtung:	Flagstaff	Pop Astr **50** 277
	Toulouse	JO **26** 25
	Turku	Harv Card 619

6646. Komet 1942d Grigg-Skjellerup = 1942 V

Anzeige:	Pop Astr **50** 277—278.	
Beobachtung:	Tokyo	TAB Nr. 689—691 S. 1378[1])
Ephemeride:	F. R. Cripps	Pop Astr **50** 168, 224, 277

6647. Komet 1942e Forbes

Ephemeride:	N. Makarow	Harv Card 627

6648. Komet 1942f Stephan-Oterma = 1942 IX

Anzeige:	Harv Card 637, Pop Astr **50** 565[2]).	
Beobachtung:	Asiago	Mem SA It (NS) **17** 209—233, mit 2 Fig. = Contr. Oss. Astrofisico Asiago Nr. 3
	Cambridge, Mass.	Harv Card 638
	Mt. Hamilton	Harv Card 640
	Williamsbay	Harv Card 638, 640, Pop Astr **50** 566
Elemente:	J. Bobone	Harv Card 646, Pop Astr **51** 53
	M. Davidson	Obs **65** 19
	F. L. Whipple	BSAF **57** 11, Harv Card 640, Obs **65** 19, Pop Astr **51** 53
Ephemeride:	P. Herget	Harv Card 642, 643, 649, 654, Pop Astr **51** 54
	F. L. Whipple	Harv Card 640
Phys. Beob.:	G. van Biesbroeck	Pop Astr **51** 54, 226, 285
Aufnahme:		Pop Astr **50** 566. — 1942 Nov. 11

6649. Komet 1942g Whipple-Fedtke-Tevsadse = 1943 I

Anzeige:	Harv Card 642.	
Beobachtung:	Asiago	Mem SA It (NS) **17** 209—233, mit 2 Fig. = Contr. Oss. Astrofis. Asiago Nr. 3
	Basel	Verhandl. Naturf. Ges. Basel **56** 112—119, mit 2 Fig.
	Besançon	JO **27** 18—20
	Bordeaux	JO **27** 28
	Königsberg	BSAF **57** 12
	Toulouse	JO **27** 45—48
	Uccle	BAB **3** 201, 202, BSAF **57** 12
	Williamsbay	Harv Card 644
Elemente:	F. L. Whipple	Harv Card 644
Ephemeride:	G. van Biesbroeck	Pop Astr **51** 226[3])
	J. P. Moller	BSAF **57** 12
	F. L. Whipple	Harv Card 644, 645, 650, Pop Astr **51** 336[3])
Phys. Beob.:	G. van Biesbroeck	Pop Astr **51** 226[3]), 285[3])
	J. Hunaerts	Ciel et Terre **60** 44
	F. Quénisset	BSAF **57** 12
Aufnahme:	C. Fehrenbach, G. Guigay	JO **27** 42—44. — 1943 Febr. 24, Marz 1, 29, 31

[1]) Mit Grigg-Skjellerupscher Komet (1942c) bezeichnet.
[2]) Mit Komet 1942 e (Oterma) bezeichnet.
[3]) Mit Komet 1942 f Whipple bezeichnet.

	J. O. Fleckenstein	Verhandl. Naturf. Ges. Basel **56** 113. — 1943 Febr. 5
	G. Kulin	Csillagászati Lapok **6** 104—105. — 1943 Febr. 4, 24, 25, 26, 27, Marz 4, 7, 10
	Le Coultre	BSAF **57** 34. — 1943 Jan. 27
	F. Quénisset	BSAF **57** 33, 35. — 1943 Jan. 30, Febr. 2, 22, 26
Notiz:		BSAF **57** 30, 33—37, 94, 99—100, **58** 7

S. Arend, Objets nébulaires en relation avec la comète Whipple-Fedtke (1942g). BAB **3** 203—204, mit 1 Fig., 1943.

J. Ashbrook, The brightness of comet 1942g Whipple-Fedtke. Pop Astr **51** 362, 1943.

I. S. Astapowitsch, Über die Entdeckung des Kometen Tevsadse 2 in Aschchabad 1942. Nachr. turkmen. Abt. Akad. Wiss. UdSSR Nr. **3—4** S. 186—188, 1946 (russisch).

N. T. Bobrovnikoff, The brightness of comet 1942g (Whipple). Pop Astr **51** 481—488, mit 1 Fig., 1943.

J. Dufay, Tcheng Mao-Lin, Spectre du noyau de la comète Whipple-Fedtke. CR **217** 287—289, 1943. — Ref. in Phys Ber **27** 773.

J. Dufay, Tcheng Mao-Lin, Le spectre du noyau de la comète Whipple-Fedtke (1942g). Cahiers de physique Nr. **27** 39—49, mit 1 Fig., 1945 = Publ. Obs. Lyon **3** fasc. 17. — Die Zuordnung der Gruppe 4300 Å zur 0→0 Bande des $A^2\Delta \rightarrow X^2\Pi$-Systems vom CH-Molekül wird bestatigt. Die Gruppe 4050 Å hat wahrscheinlich nichts mit der Raffety-Bande gemein, sondern gehört, wenn nicht zu einem unbekannten Molekul, zum CH_2-Molekül. Loh.

C. Fehrenbach, G. Guigay, La comète Whipple-Fedtke (1942g). JO **27** 42—44, mit 4 Fig., 1944. — Spektrum, Linienidentifikationen zwischen λλ 3845 und 4554, Registrierkurven und 4 Photographien mit einer 16.5 cm-Kamera.

J. Hunaerts, La comète Whipple-Fedtke (1942g). Ciel et Terre **60** 44—48, mit 1 Fig., 1944.

D. J. Martynow, Die Helligkeitsänderungen des Kometen 1942 Tewsadse 2—Whipple 2 nach sowjetischen Beobachtungen. RAJ **21** 280—290, 1944 (russisch).

R. Minkowski, The spectrum of comet Whipple 2 (1942f). Publ ASP **55** 87—91, 1943.

N. I. Tchudovitchev, Photographic observations of comet 1942g Whipple-Tevzadze 2 at the Engelhard Observatory. RAJ **23** 235—240, mit 5 Fig., 1946 (russisch mit engl. Ref.). — Verf. beschreibt das Verhalten des Kometenschweifes und seiner Nebenschweife.

G. A. Tewsadse, Zur Bestimmung des Schweiftyps des Kometen 1942 Tewsadse II. Abastumani Bull. Nr. **8** S. 123, 1945 (grusinisch mit russ. Zusammenfassung).

B. A. Woronzow-Weljaminow, Astrophysikalische Beobachtungen des Kometen Tewsadse 2 1942. RAJ **20** Nr. 2 S. 30—33, 1943.

6650. Losgelöster Knoten vom Kometen 1942g Whipple-Fedtke[1])

Notiz:	BSAF **57** 63, 66, 94

6651. Komet 1943b Oterma[2])

Anzeige:	BSAF **57** 63, Harv Card 656, Pop Astr **51** 335.	
Beobachtung:	Flagstaff	Harv Card 659
	Fort Davis	Harv Card 702, Pop Astr **53** 246
	Mt. Hamilton	Harv Card 657 mit Berichtigung in 661, Pop Astr **51** 336

[1]) Mit Komet Arend (1943a) bezeichnet.
[2]) Mit Komet Oterma 3 bezeichnet.

Williamsbay Harv Card 657, 658, 679, NAT **1945** 108, Pop Astr **51** 336
Elemente: L. E. Cunningham, R. N. Thomas Harv Card 660[2]), Obs **65** 132[1])
P. Herget Harv Card 698
L. Oterma BSAF **57** 109
Pop Astr **53** 246
Ephemeride: L. E. Cunningham, R. N. Thomas Harv Card 661
H. Herbig, D. McMullin Harv Card 668
P. Herget Harv Card 687, 741
Notiz: BSAF **57** 126, 143, Harv Card 759

6652. Komet 1943c Daimaca
Anzeige: BSAF **57** 143, Harv Card 663, 664, Pop Astr **51** 523.
Elemente: P. Naur BSAF **57** 172[3]), Harv Card 668, Pop Astr **51** 573
Phys. Beob.: L. C. Peltier Pop Astr **51** 573
Notiz: BSAF **58** 29

6653. Komet 1943d Comas Solà
Anzeige: BSAF **57** 172[4]), Harv Card 667, Obs **65** 132, Pop Astr **51** 572.
Ephemeride: A. W. Recht Pop Astr **52** 51
Pop Astr **52** 103

6654. Komet 1943e d'Arrest
Anzeige: BSAF **57** 172[5]), Harv Card 669, Pop Astr **51** 572.
Elemente: A. W. Recht Harv Card 655
Ephemeride: A. W. Recht Harv Card 655, 670, 671, Pop Astr **51** 573

6655. Komet 1943f = 1943g van Gent-Daimaca-Peltier
Anzeige: BSAF **57** 185, Harv Card 671, Pop Astr **52** 51.
Beobachtung: Berkeley Harv Card 675
Cordoba Harv Card 678
Flagstaff Harv Card 672, 676, Pop Astr **52** 51
Mt. Hamilton Harv Card 674 mit Berichtigung in 676
Washington Harv Card 675
Williamsbay Harv Card 672
Elemente: J. Bobone Harv Card 674
J. Jackson Harv Card 673, Pop Astr **52** 102
Ephemeride: J. Jackson Harv Card 673
B. P. Sharpless Harv Card 676
Aufnahme: Pop Astr **52** 102. — 1943 Dez. 24
Notiz: BSAF **58** 14, 29, 115, Harv Card 675

6656. Komet 1944a Schaumasse
Anzeige: BSAF **58** 115—116, Harv Card 682.
Beobachtung: Flagstaff Harv Card 682, 684

6657. Komet 1944b Väisälä
Beobachtung: Mt. Hamilton Harv Card 691
Elemente: P. Herget Harv Card 695
L. Oterma Pop Astr **52** 414

---

[1]) Mit Komet Oterma 1943a bezeichnet.
[2]) Mit Komet Oterma 1934a bezeichnet.
[3]) Mit Komet Daimaca 1943b bezeichnet.
[4]) Mit Komet Comas Solà 1943c bezeichnet.
[5]) Mit Komet d'Arrest 1943d bezeichnet.

Ephemeride:	P. Herget	Harv Card 695, 702, 722
		Harv Card 684
Notiz:		BSAF **58** 116

6658. Komet van Gent

Anzeige:	Pop Astr **52** 354.	
Elemente:	J. Jackson	Harv Card 688, Pop Astr **52** 354
Ephemeride:	J. Bobone	Harv Card 693
	J. Jackson	Harv Card 688

6659. Komet 1944c du Toit

Anzeige:	BSAF **58** 116, Harv Card 685, Pop Astr **52** 311.	
Elemente:	J. Bobone	Harv Card 689, 690, 692, Pop Astr **52** 311, 355, 415
Ephemeride:	J. Bobone	Harv Card 690, 692, Pop Astr **52** 415

6660. Komet 1944d Berry

Anzeige:	BSAF **58** 167, Harv Card 694, Pop Astr **52** 468.	
Beobachtung:	Dunedin	Harv Card 696

6661. Komet 1945a Pons-Winnecke

Anzeige:	BSAF **59** 90, Harv Card 706, NAT **1945** 66, Obs **66** 127, Pop Astr **53** 291.	
Ephemeride:	C. Dinwoodie, K. Pollock, J. G. Porter, M. Sumner	Urania Barcelona **30** Nr. 210 S. 80
		Pop Astr **53** 291

6662. Komet 1945b Kopff

Anzeige:	BSAF **59** 90, Harv Card 707, NAT **1945** 67, Obs **66** 128, Pop Astr **53** 292.	
Beobachtung:	Fort Davis	Harv Card 708, Pop Astr **53** 292
	Uccle	BAB **3** 283
	Washington	Harv Card 708
Ephemeride:		Pop Astr **53** 292, 363, 413
Notiz:		BSAF **59** 143

6663. Komet 1945c du Toit

Anzeige:	BSAF **59** 90, NAT **1945** 109, Pop Astr **53** 362.	

6664. Komet 1945d du Toit

Anzeige:	BSAF **59** 91, Harv Card 710, NAT **1945** 109, Pop Astr **53** 363.	
Elemente:	J. Bobone	BSAF **59** 91, Harv Card 713, 719, NAT **1945** 109, Pop Astr **53** 363
Ephemeride:	P. Naur	BSAF **59** 91

6665. Komet Peltier

Anzeige:	BSAF **59** 91, NAT **1945** 109.	

6666. Komet 1945f Friend-Peltier

Anzeige:	BSAF **59** 186, NAT **1945** 141.	
Beobachtung:	Cormeilles-en-Parisis	BSAF **60** 46
	Madrid	Bol. Astr. Obs. Madrid **3** Nr. 6 S. 68
Elemente:	L. E. Cunningham	BSAF **59** 186, NAT **1946** 28
Notiz:		Harv Card 730[1])

[1]) Mit Komet Friend-Peltier (1945e) bezeichnet.

6667. Komet 1945g du Toit

Anzeige:	BSAF **59** 186, NAT **1946** 28.	
Beobachtung:	Bloemfontein	Harv Card 733[1])
Elemente:	L. E. Cunningham	Harv Card 733[1]), NAT **1946** 28
Ephemeride:	L. E. Cunningham	Harv Card 734[1])

6668. Komet 1946a Timmers

Anzeige:	BSAF **60** 20, Gaz astr **28** 10, Harv Card 735, NAT **1946** 32, Obs **66** 350, Pop Astr **54** 154.	
Beobachtung:	Cambridge, Engl.	Obs **66** 350
	Flagstaff	Harv Card 737
	Kyoto	Harv Card 746
	Madrid	Bol. Astr. Obs. Madrid **3** Nr. 6 S. 68
	Mt. Hamilton	Harv Card 743
	Oak Ridge	Harv Card 742, 746
	Washington	Harv Card 737, 754
	Williamsbay	Harv Card 737
Elemente:	L. E. Cunningham	Harv Card 737, 743, Obs **66** 350
	J. Bobone	Harv Card 753
	M. Davidson	Obs **66** 350
	G. Merton	Obs **66** 350, PAT **27** 146
	P. Naur	NAT **1946** 70
	A. Schmitt	BSAF **60** 137, Obs **66** 350
	M. E. Stahr	Harv Card 737
Ephemeride:	J. Bobone	Harv Card 753
	L.E.Cunningham	Harv Card 737, 739, 743, 744, Pop Astr **54** 259, 304
	G. Merton	Obs **66** 350
	P. Naur	NAT **1946** 70.
		Pop Astr **54** 155, 200, 364, 421
Phys. Beob.:	P. Bourge	BSAF **60** 137
	J. Swaelen	Gaz astr **28** 10—11
	R. Weber, F. Weber	BSAF **60** 20, 137
Aufnahme:	G.vanBiesbroeck	Pop Astr **54** 200. — 1946 Febr. 28

6669. Komet 1946b Tempel 2

Anzeige:	BSAF **60** 186, Gaz astr **28** 41, NAT **1946** 109, Obs **66** 351, Pop Astr **54** 304.	
Elemente:	L.E.Cunningham	Obs **66** 352, PAT **27** 147
	P. Ramensky	BSAF **60** 138, Harv Card 745, PAT **27** 147, Pop Astr **54** 304
Ephemeride:	W. H. F. Calway, H. Proctor	Gaz astr **28** 11, Pop Astr **54** 201, 259
		Harv Card 745, Pop Astr **54** 364, 421
Aufnahme:	R. Rigollet	BSAF **60** 186. — 1946 Juli 30

6670. Komet 1946 c Giacobini-Zinner

Anzeige:	BSAF **60** 138, Gaz astr **28** 42, NAT **1946** 109, Obs **66** 352, Pop Astr **54** 363[2]).	
Beobachtung:	Toulouse	JO **29** 87—88
Elemente:	F. R. Cripps	PAT **27** 147
	L.E.Cunningham	Harv Card 775

[1]) Mit Komet du Toit (1945f) bezeichnet.
[2]) Mit Komet 1946d (Giacobini-Zinner) bezeichnet.

Ephemeride: F. R. Cripps,
W. H. F. Calway,
C. Waterhouse NAT **1946** 109
L. E. Cunningham BSAF **60** 138, Harv Card 787
Harv Card 756, Pop Astr **54** 364, 419
Notiz: BSAF **60** 186

6671. Komet 1946d Pajdusakowa-Rotbart-Weber
Anzeige: BSAF **60** 138, Gaz astr **28** 42, NAT **1946** 109, Obs **66** 350, PAT **27** 147, Pop Astr **54** 362[1]).
Beobachtung: Flagstaff Harv Card 750
Oak Ridge Harv Card 750
Washington Harv Card 754
Williamsbay Harv Card 749
Elemente: J. Bobone PAT **27** 148
L. E. Cunningham,
E. L. Scott BSAF **60** 138, NAT **1946** 109, Obs **66** 351, Pop Astr **54** 363
Ephemeride: L. E. Cunningham Gaz astr **28** 43
Pop Astr **54** 363 aus Harv Card 752
Phys. Beob.: BSAF **60** 139

6672. Komet 1946e Brooks
Anzeige: BSAF **60** 186, Gaz astr **28** 43, Harv Card 758, NAT **1946** 110, Obs **66** 352, PAT **27** 148, Pop Astr **54** 363.
Elemente: F. R. Cripps PAT **27** 148
L. E. Cunningham Harv Card 761, PAT **27** 148
Ephemeride: F. R. Cripps Obs **66** 352
L. E. Cunningham Harv Card 761, 762
Pop Astr **54** 364

6673. Komet 1946f Oterma
Anzeige: BSAF **60** 186.

6674. Komet 1946h Jones
Anzeige: BSAF **60** 186, Harv Card 763, NAT **1946** 110, Obs **66** 351, PAT **27** 149, Pop Astr **54** 420.
Elemente: L. E. Cunningham Harv Card 769, PAT **27** 149
L. E. Cunningham,
M. E. Stahr Harv Card 766, Obs **66** 351
Obs **66** 398
Ephemeride: L. E. Cunningham Harv Card 770
L. E. Cunningham,
M. E. Stahr Harv Card 766
G. Merton Obs **66** 398

6675. Komet 1946i Johnson
Anzeige: BSAF **60** 186, Harv Card 768, NAT **1946** 111, Obs **66** 398.
Beobachtung: Yeoville NAT **1946** 111
Elemente: J. Bobone Harv Card 785, Obs **66** 398
L. E. Cunningham Obs **66** 398, PAT **27** 149
C. Jackson Obs **66** 398
Ephemeride: L. E. Cunningham Harv Card 772

[1]) Mit Komet 1946c (Pajdusakowa — Rotbart) bezeichnet.

6676. **Komet 1946j Berry**
Anzeige: BSAF **60** 186[1]), Harv Card 768, NAT **1946** 111, PAT **27** 149, Pop Astr **54** 420.
Beobachtung: Dunedin Harv Card 768, NAT **1946** 111, Pop Astr **54** 420
Notiz: L. E. Cunningham Harv Card 770

6677/79. Siehe Nachtrag S. 249.

§ 67

Meteore, Meteorite

6701. **V. Anyzeski,** Some notes on a possible meteoric phenomenon. Pop Astr **54** 203—204, 1946.

6702. **V. Anyzeski,** Speculations regarding ethereal sound from bolides. Pop Astr **54** 433—435, 1946.

6703. **E. Appleton, R. Naismith,** Radar detection of meteor trails. Nat **158** 936, 1946.

6704. **A. Arakelowa,** Revision des Denningerschen Radiantenkataloges und Untersuchung der Verteilung der Radianten an der Himmelskugel. Nachr. turkmen. Abt. Akad. Wiss. UdSSR Nr. **3—4** S. 193, **1946** (russisch).

6705. **I. S. Astapowitsch,** Meteormethoden zur Erforschung der Stratosphare. Abh. Staatsuniv. Saratow **15** Nr. 3 S. 82—99, 1940 (russisch).

6706. **I. S. Astapowitsch,** Über die Möglichkeit der Anwendung von Radarstationen zur Registrierung von Meteoren. Nachr. turkmen. Abt. Akad. Wiss. UdSSR Nr. **1**, 1946 (russisch).

6707. **I. S. Astapowitsch,** Über die Starke des Detonationsknalles des Tschulak-Kurgansker Boliden. Nachr. turkmen. Abt. Akad. Wiss. UdSSR Nr. **2** S. 77—80, 1946 (russisch).

6708. **I. S. Astapowitsch,** Radiobeobachtungen von Meteoren in Turkmenistan 1944—1945. Nachr. turkmen. Abt. Akad. Wiss. UdSSR Nr. **3—4** S. 163—169, 1946 (russisch).

6709. **I. S. Astapowitsch,** Versuch zur Bestimmung der Bremsung von Meteoren in der Stratosphare nach visuellen Beobachtungen. Nachr. turkmen. Abt. Akad. Wiss. UdSSR Nr. **3—4** S. 170—174, 1946 (russisch).

6710. **I. S. Astapowitsch,** Die Fallgeschwindigkeit der Meteore auf die Erdoberfläche. Nachr. turkmen. Abt. Akad. Wiss. UdSSR Nr. **5—6** S. 167—176, 1945 (russisch).

6711. **A. M. Bakharev,** Telescopical meteors in the years 1937—39. Tadjik Ann. **2** 47—89, 1941 (russisch mit engl. Ref.). — Beobachtungen von 541 teleskopischen Meteoren. Bestimmung von Helligkeit, Farbe, scheinbarer Bahn, Winkelgeschwindigkeit, Einteilung in zwei Klassen: weiße und rötliche Meteore. W. Gl.

6712. **A. Bečvář,** Beobachtung von Meteorspuren. RH **27** 54—57, 1946 (tschechisch).

6713. **S. van den Bergh,** Het waarnemen van Meteoren. Mededeling Nr. 1 Werkgroep Meteoren van de Nederlandsche Vereniging voor Weer-en Sterrenkunde, 8 S. mit 1 Fig., 1946.

6714. **J. D. Buddhue,** An unusual photograph of a meteor. Pop Astr **52** 463—464, mit 1 Fig., 1944. — 1934 Okt. 15.

[1]) Mit Komet 1946k bezeichnet.

* * **B. Decaux,** Radar et science. Vgl. Ref. 1120.

6715. **A. Esplugas,** Noticias de Astronomía Meteorica. Urania Barcelona **31** Nr. 215 S. 210—212, 1946. — Los meteoros y el Radar, Una maquina para contar meteoros, El problema del radiante de las Orionidas, Las Andromedidas.

6716. **V. V. Fedynsky,** Results of observations of meteor trains in Tadjikistan 1934—1938. Tadjik Ann. **2** 4—46, 1941 (russisch und englisch). — Problems of the study of meteor trains. Program of observations. Typical shapes of trains. Determination of the position and of the drift of trains. Motion of trains. Diffusion and luminosity of trains. Air drifts in the zone of noctilucent trains. Circulation of the upper atmosphere. Conclusions.

6717. **W. W. Fedynskij,** Beobachtungsergebnisse von Meteorspuren in Tadjikistan. RAJ **21** 291—306, 1944 (russisch).

6718. **W. G. Fessenkow,** Kosmische Materie und Zodiakallicht. Meteoritika **2** 3—9, 1945 (russisch).

6719. **B. G. Fessenkoff,** On the motion of meteoric particle in the interplanetary space. RAJ **23** 353—366, 1946 (russisch mit engl. Ref.). — Unter Berucksichtigung der Einflusse von Gravitation und Strahlungsdruck wird die Bewegung kleiner interplanetarer Partikel abgeleitet. Als Bahnen ergeben sich Ellipsen mit zeitlich veranderlichen Elementen a und e, die mit ihren Anfangswerten der algebraischen Gleichung $a/a_0 = (e/e_0)^{4/3} \cdot 1 - e^2_0 / 1 - e^2$ genügen. Nach unsern gegenwartigen Kenntnissen über den Einfluß elektrischer und magnetischer Felder der Sonne ist dieser vernachlassigbar klein. Loh.

6720. **P. O. Geworgjan,** Meteorphotographie am Astronomischen Observatorium Erewan 1939—1940. Erewan Bull. Nr. **5** S. 35—40, 1942 (russisch).

6721. **P. O. Geworgjan,** Einige Ergebnisse visueller Meteorbeobachtungen in Erewan 1940. Erewan Bull. Nr. **6** S. 17—25, 1945 (russisch).

6722. **C. Grant,** Celestial bombardment of Moon and Earth. Pop Astr **53** 521, 1945.

6723. **V. Guth,** Beobachtungen von großen Meteoren im Jahre 1945. RH **26** 110—111, 1945 (tschechisch).

6724. **V. Guth,** Ergebnisse der systematischen Sternschnuppenbeobachtung im Jahre 1945. RH **26** 112, 1945 (tschechisch).

6725. **V. Guth,** Große Meteore 1945. RH **27** 44—45, 1946 (tschechisch). — Zusammenstellung der Beobachtungen von großen Meteoren aus dem Jahre 1945. J. B.

6726. **G. H. Herbig,** A photograph of a meteor trail made with the Crossley reflector. Pop Astr **52** 459—463, mit 2 Fig., 1944. — 1944 Juli 20.

* * **G. H. Herbig,** „A meteoric theory of the origin of the earth and the planets" by O. J. Schmidt (Review). Vgl. Ref. **3912**.

6727. **Z. Horák,** Einfache graphische Methode zur Radiantenbestimmung. RH **25** 82—85, 96—98, 1944 (tschechisch).

6728. **L. Jacchia,** Lo studio fotografico delle stelle cadenti. Coelum **14** 37—41, 1946. — Bericht über die photographische Erforschung der Sternschnuppen. F. Z.

6729. **L. G. Jelissejewa,** Die Verteilung der Meteore nach Helligkeit und Farbe. Nachr. turkmen. Abt. Akad. Wiss. UdSSR Nr. **3—4** S. 192—193, 1946 (russisch).

* * **J. Kaplan,** On the spectrum of the solar corona. Vgl. Ref. **4710**.

6730. **A. R. Khan,** On the cause of the hissing sounds heard during the flight of certain meteorites. Pop Astr **53** 39—40, 1945.

6731. **A. R. Khan,** „The old moon in the arms of the new". Pop Astr **53** 353—354, 1945.

6732. **L. La Paz,** Remarks on four notes recently published by C. C. Wylie. Pop Astr **51** 339—343, 1943.

6733. **L. La Paz,** Meteoritical position problems. Pop Astr **52** 300—306, mit 2 Abb., 1944.

6734. **F. C. Leonard,** On the observational determination of the coordinates of a place. Pop Astr **52** 307, 1944.

6735. **B. J. Lewin,** Geschwindigkeiten und Höhen von Meteoren. DAN **49** 338—341, 1945 (russisch).

6736. **F. Link,** Meteorische Untersuchung der hohen Atmosphare. RH **27** 173—177, 1946 (tschechisch).

6737. **E. A. Logan,** What are fireballs? Vortex ring analogy. Electr. Rev. **138** 381—383, 1945.

6738. **E. Loreta,** Les observations d'étoiles filantes et les amateurs. BSAF **57** 81—83, mit 3 Fig., 1943.

6739. **J. Němec, M. Weber,** Kunstliche Meteore. RH **26** 18—22, 1945 (tschechisch). — Beschreibung eines Instrumentes zur Fehlerbestimmung von Sternschnuppenbeobachtungen. J. B.

6740. **J. Němec, M. Weber,** Über die Bestimmung der Sternschnuppengeschwindigkeiten. RH **27** 107—110, 1946 (tschechisch).

6741. **A. V. Nielsen,** The velocity of the Pultusk meteor. Medd. Ole Ròmer-Obs. Aarhus Nr. **17** S. 217—228, mit 2 Fig., 1943. — Neubestimmung der Geschwindigkeit der Feuerkugel vom 30. Januar 1868.

6742. **A. V. Nielsen,** On three bright meteors. Medd. Ole Romer-Obs. Aarhus Nr. **18** S. 229—243, mit 4 Fig., 1943. — Vgl. Ref. **6791**.

6743. **H. H. Nininger,** A Comet Strikes the Earth. Vgl. AJB **45** Ref. **6717**. — Weitere Besprechung in Pop Astr **50** 565.

6744. **H. H. Nininger,** Cataclysm and evolution. Pop Astr **50** 270—272, 1942.

6745. **H. H. Nininger,** „Geology applied to Selenology" by J. E. Spurr (Review). Pop Astr **53** 356—358, 1945.

6746. **H. H. Nininger,** Meteors, burning planes, and rockets. Pop Astr **54** 254—255, 1946.

6747. **C. P. Olivier,** Long enduring meteor trains. Vgl. AJB **45** Ref. **6718**. — Besprechung in Pop Astr **50** 287—288, 390 (C. H. Cleminshaw).

6748. **C. P. Olivier,** Meteor notes from the American Meteor Society. Pop Astr **50** 153—157, 211—215, 265—267, 327—330, 383*, 436—441, 497—501, 556—560, 1942 = Flower Obs. Repr. Nr. **63**.

6749. **C. P. Olivier,** Meteor notes from the American Meteor Society. Pop Astr **51** 41—44, 94, 155, 217—219, 271—273, 336—338, 392, 450, 508—511, 558—562, 1943 = Flower Obs. Repr. Nr. **64**.

6750. **C. P. Olivier,** Meteor notes from the American Meteor Society. Pop Astr **52** 40—42, 91—93, 145, 192, 241—243, 297—300, 344—346, 449—459, 508—512, 1944 = Flower Obs. Repr. Nr. **65**.

6751. **C. P. Olivier,** Meteor notes from the American Meteor Society. Pop Astr **53** 36—39, 136*, 182—186, 235—237, 349—352, 399—402, 455—464, 508—511, 1945 = Flower Obs. Repr. Nr. **66**.

6752. **C. P. Olivier,** Meteor notes from the American Meteor Society. Pop Astr **54** 40—44, 90—92, 141—149, mit 3 Fig., 245—248, 305—307, 365—367, 475—477, 533—538, 1946 = Flower Obs. Repr. Nr. **67**.

6753. **C. P. Olivier,** Methods for computing the heights and paths of fireballs and meteors. Pop Astr **54** 141—149, mit 3 Fig.

6754. **J. J. de Orus Navarro,** Construcción gráfica de cartas meteóricas. Urania Barcelona **31** Nr. 213 S. 154—156, mit 1 Fig., 1946.

6755. **J. G. Porter,** The reduction of meteor observations. Mem BAA **34** part 4 S. 37—64, 1942. — Nach einer Methode, die eine Vereinfachung der von Davidson (JBAA **46** 292, AJB **38** Ref. **6710**) darstellt, werden ins einzelne gehende Rechenvorschriften zur Auswertung von Meteorbeobachtungen gegeben und durch Beispiele ausfuhrlich erlautert. Boh.

6756. **G. Reaves,** Simple method of reading coördinate numbers directly from a map. Pop Astr **54** 548, mit 1 Fig., 1946.

6757. **E. F. Reilly,** A statistical study based upon four methods for computing meteor heights. Pop Astr **52** 288—294, 1944 = Flower Obs. Repr. Nr. 57.

6758. **G. O. Satejschtschikow,** Beobachtungen von Telemeteoren in Tadjikistan im Sommer 1939. RAJ **22** 41—44, 1945 (russisch).

6759. **D. Thompson,** Explosion of a „fire ball" at Kamaran Island, Red Sea. Q. J. R. Met. Soc. **71** 307—308.

6760. **O. G. Villard,** Listening in on the stars. Doppler whistles from meteor trails. QST **30** 59—60, 120, 122, 1946.

6761. **F. Watson,** Meteors photographed with the 18-inch Schmidt camera on Mount Palomar. Pop Astr **50** 138—140, 1942.

6762. **J. C. de Wet,** Meteors. MN ASSA **5** 96—97, 1946. — Die Zusammensetzung der Meteorite. Tektite.

6763. **F. L. Whipple,** Meteors and the Earth's upper atmosphere. Rev Mod Phys **15** 246—264, mit 4 Fig., 1943. = Harv Repr (2) Nr. **6**. — Der Verf. stellt zunachst frühere Ergebnisse über Temperatur- und Dichteverlauf der oberen Atmosphare zusammen. Nach Vorfuhrung des spater zu benutzenden photographischen und visuellen Beobachtungsmaterials an Meteoren entwickelt er eine Theorie, um den Dichte- und Temperaturverlauf zu ermitteln. Danach ist in 60 km Höhe ein flaches Maximum von 375° K mit anschließendem Abfall auf 250° K bei 80 km und bis 110 km Hohe leichte Zunahme oder Konstanz der Temperatur anzunehmen. Eine geringe Hebung der oberen Atmosphare um 5.3 ± 1.0 km ist im Sommer gegenuber dem Winter angedeutet. Das Vorherrschen einer konstanten Temperatur von 265° K im Hohenbereich 60 bis 110 km liegt jedoch im Bereich der moglichen Losungen. Ausgeschlossen erscheint das anderweitig gefundene Minimum bei 82 km Hohe. Micz.

6764. **B. H. Wilson,** Oxyhydrogen combustion — A possible factor in accounting for the luminous phenomena of meteors. Pop Astr **51** 202—212, mit 2 Fig., 1943.

6765. Hinweise zur Beobachtung von Meteoren. Bull. Astr.-Geod. Ges. UdSSR Nr. **5**, 1940.

6766. The American Meteor Society. Bull. Nr. **16**, 4 S. = Flower Obs. Repr. Nr. **43**. — Fragebogen fur Meteorbeobachter.

* * Astronomy and radio. Obs **66** 92—93, 1945. Vgl. Ref. **9064**.

6767. 1946 = Meteorenjaar. Heelal **2** 85—87, 1946.

6768. Earth-launched meteors. JBAA **57** 63. — Besprechung der Arbeit von F. Zwicky in Publ ASP **58** 260.

6769. **Meteore. Beobachtungen**

BSAF **57** 6, 1943. L. Dumser. — Photographische Beobachtung einer Sternspur, 1942 Nov. 8.

Gaz astr **28** 73—74, 1946. Observations de la pluie de météores du 10 oct. 1946. L. Cap.

JO **28** 40, 1945. Une curieuse observation télescopique. R. Jonckheere. — Beobachtung 1945 Febr. 3, 20^h UT, $\alpha = 7^h\,0^m$, $\delta = +8°\,50'$.

Pop Astr **53** 41—42, 1945. Note on an unusual meteor. J. Ashbrook.

Pop Astr **54** 484—485, 1946. Spectacular shower of meteors observed in Berea, Kentucky. W. R. Hutcherson. — 1946 Okt. 9.

Pop Astr **54** 485—486, 1946. The meteors of October 9, 1946, at the Washburn Observatory.

Meteorschwärme

6770. **M. Cailliatte,** Rattachement à une comète de l'essaim d'étoiles filantes du 23 au 25 juillet. JO **25** 18, 1942.

6771. **J. F. Foster,** Notes on photographic meteor showers. Harv Bull Nr. **916** S. 17—18, mit 1 Fig., 1942. — Zwischen der Geschwindigkeit und der Lage des Lichtmaximums auf der sichtbaren Bahn von Meteoren ergibt sich eine Beziehung. Die photographischen Bahnspuren einer Reihe von Meteoren werden nach «Lichtkurve» und Schauerzugehorigkeit klassifiziert. Micz.

6772. **V. Guth,** Sternschnuppen des Kometen Tuttle. RH **27** 57—58, 1946 (tschechisch). — Mitteilung über den Meteorschwarm des Kometen Tuttle I mit neuen Elementen nach der Radiantenbestimmung auf der Sternwarte Skalnaté Pleso im Jahre 1945. J. B.

6773. **B. de Jekhowsky,** Sur le rattachement à la comète 1764 de l'essaim filantes au voisinage de l'étoile β Persei. JO **26** 24, 1943.

6774. **B. de Jekhowsky,** Essaim d'étoiles filantes du 20 avril. Relation avec la comète 1849 III. JO **26** 25, 1943.

6775. **L. G. Jelissejewa,** Die wahren Bahnen von drei Meteorströmen. Nachr. turkmen. Abt. Akad. Wiss. UdSSR Nr. **2** S. 96, 1946 (russisch).

6776. **K. A. Woroschilow,** Über die mogliche Herkunft der Mai-Aquariden und Orioniden und ihr Zusammenhang mit dem Halleyschen Kometen. RAJ **20** Nr. 4 S. 21—28, 1943 (russisch).

* * Comètes et météores. Ref. **6529.**

6777. Nouvel essaim météorique du 22 décembre 1945. BSAF **60** 46, 1946. — Vgl. AJB **45** Ref. **6731.**

6778. Ny Meteorsværm. NAT **1946** 74. — Radiant $\alpha = 233°$, $\delta = +82{,}^{\circ}6$. Beob. 1945 Dez. 22. Zusammenhang mit Komet Tuttle.

6779. A new meteorite swarm and its suspected connection with comet 1792 II. Pop Astr **54** 195, 1946.

6780. **Aquariden**

Pop Astr **51** 336—337, 1943. C. P. Olivier. — Beob. von 1943 Mai 5/6, 6/7, 7/8.

6781. **Cygniden**

L. Pajdušáková, M. Dzubák, Beobachtung der Cygniden im Jahre 1945. RH **26** 132—133, 1945 (slowakisch).

6782. **Delphiniden**

A. Bečvář, Delphiniden 1946. RH **27** 165—166, 1946 (tschechisch). — Bericht über die Beobachtung auf der Sternwarte Skalnaté Pleso im Jahre 1946.

6783. **Draconiden**

J. Bouška, Draconiden 1946. RH **27** 237—238, 1946 (tschechisch). — Bericht über die Beobachtung der Draconiden.

BSAF **60** 224—230, mit 1 Fig., 1946. La pluie d'étoiles filantes Giacobinides ou Draconides du 10 octobre 1946. — Die ersten Beobachtungen.

6784. Giacobiniden

O. H. Gronstrand, Om meteorregn ett apropå till stjarnfallen den 10 Oktober 1946. PAT **27** 123—132, mit 5 Fig., 1946.

F. Kadavý, Der Meteorstrom des Kometen Giacobini-Zinner. RH **27** 238, 1946 (tschechisch). — Beobachtung 1946.

BSAF **60** 224—230, mit 1 Fig., 1946. La pluie d'étoiles filantes Giacobinides ou Draconides du 10 octobre 1946. — Die ersten Beobachtungen.

Harv Card 776, 1946. L. Salanave. — Radiant.

Harv Card 782, 1946. P. M. Millman. — Spektrum.

Harv Card 782, 1946. C. C. Wylie. — Radıant.

MN ASSA **5** 88—89, 1946. The Giacobinid meteoric shower.

NAT **1946** 33. — Hinweis und Zusammenhang mit dem Kometen Giacobini-Zinner.

NAT **1946** 151—152. Stjerneskudsværmen den 9.—10. Oktober. P. Naur. — Zusammenstellung.

Obs **66** 399, 1946.

Pop Astr **54** 373, 1946. The Giacobinid meteoric shower of 1946 October 9/10.

Sky and Telescope **6** Nr. 1 S. 5, 20, 1946. Giacobinid meteors arrive on time.

6785. Lyriden

O. Lhotský, L. Gaertner, Lyriden 1946. RH **27** 137—138, 1946 (tschechisch). — Ein Bericht über die Beobachtung der Lyriden in Prag im Jahre 1946. J. B.

D. Renart, Radiante meteórico en la Lira. Urania Barcelona **30** Nr. 211 S. 93—95, mit 1 Fig., 1945.

6786. Orioniden

A. Bakharev, The heights of the Orionids in 1938. Tadjik Circ. Nr. **52** 3—4, 1943 (russisch mit engl. Ref.).

Pop Astr **53** 36—38, 1945. — Beobachtungen von Mitgliedern der American Meteor Society.

6787. Perseiden

A. Bakharev, Preliminary ephemeris and orbit of the stream of Perseids on observations of the telemeteors in 1938. Tadjik Circ. Nr. **52** 1—3, 1943 (russisch mit engl. Ref.).

A. Bakharev, Heights of the telemeteor stream of the Perseids from unilateral observations. Tadjik Circ. Nr. **52** 5—6, 1943 (russisch mit engl. Ref.).

A. Bečvář, Perseiden 1943. RH **26** 24—25, 1945 (tschechisch). — Bericht uber visuelle und photographische Perseidenbeobachtungen. J. B.

J. Bouška, Teleskopische Beobachtung der Perseiden im Jahre 1946. RH **27** 206—207, 1946 (tschechisch mit engl. Ref.). — Mitteilung uber Lage und Bewegung des Radianten, ferner Haufigkeiten, physikalische Eigenschaften und neue Elemente des Schwarmes. Verf.

L. Gaertner, Perseiden 1946. RH **27** 208—209, 1946 (slowakisch). — Resultate der Perseidenbeobachtungen vom 20. Juli bis 20. August 1946. J. B.

J. Senders, Observations de Perséides le 11 août 1944. Ciel et Terre **60** 216, 1944.

NAT **1945** 111. J. Olesen. — Beob. 1945.

6788. Quadrantiden

L. G. Jelissejewa, Die Quadrantiden im Jahre 1946. Nachr. turkmen. Abt. Akad. Wiss. UdSSR Nr. **1** S. 100, 1946 (russisch).

6789. Ursiden

A. Bečvář, Ein neuer Meteorstrom. RH **27** 33—34, 1946 (tschechisch). — Bericht uber die Beobachtung eines neuen Meteorstromes vom 22. Dez. 1945 in Ursa minor. J. B.

6790. Beobachtung von Feuerkugeln und hellen Meteoren

Jahr	Monat	Tag	Quelle
1918	Juni	30	Pop Astr **53** 241—244, mit 3 Fig., 1945. The train of the Richardton, North Dakota, aerolite, June 30, 1918. E. A. Fath.
1928	Mai	22	Pop Astr **51** 42—43, 1943. Fireball of 1928 May 22. C. P. Olivier.
1936	Mai	4	Pop Astr **51** 508—509, 1943. North Carolina fireball of 1936 May 4. C. P. Olivier.
1938	Mai	25/26	Pop Astr **52** 298—299, 1944. Fireball of 1938 May 25/26. C. P. Olivier.
	Nov.	4/5	Pop Astr **52** 41, 1944. Fireball of 1938 November 4/5. C. P. Olivier.
1940	Aug.	8	BSAF **55** 156, 1941. A. Teichgraeber.
	Sept.	22	Pop Astr **50** 154—155, 1942. Fireball of 1940 September 22. C. P. Olivier.
1941	Jan.	21/22	Pop Astr **52** 299, 1944. Fireball of 1941 January 21/22. C. P. Olivier.
1942	April	2	Pop Astr **50** 276, 1942. The daylight meteor of April 2, 1942. R. C. Huffer.
	Juni	17	Pop Astr **50** 392, 1942. An extraordinarily large meteor seen in Texas, June 17, 1942. G. B. Hufford.
			Pop Astr **50** 450—451, 1942. O. E. Monnig.
	Juli	29	BSAF **57** 6, 1943. Duchatel.
		30/31	BSAF **57** 6, 1943. J. Zunzarren.
	Aug.	7	BSAF **57** 6, 1943. J. Dragesco.
			Pop Astr **50** 450—451, 1942. O. E. Monnig.
		8	BSAF **57** 6, 1943. J. Fleur.
	Sept.	1	Pop Astr **50** 451, 1942. A bright bolide observed.
	Okt.	18	BSAF **57** 6, 1943. M. Honnorat.
		30	BSAF **57** 87, 1943. J. Breton.
1943	Febr.	14	BSAF **57** 87, 1943. P. Bourge.
	Marz	16	BSAF **57** 87, 1943. P. Landry.
	April	9	BSAF **57** 87, 1943. F. Falco.
	Juni	21/22	Pop Astr **53** 237, 1945. Meteors of 1943 June 21/22. C. P. Olivier.
		22	BSAF **58** 7, 1944. L. Magalon.
		22	BSAF **58** 41, 1944. J. M. Prache.
	Juli	8	BSAF **58** 7, 1944. P. Bonnet.
		14	BSAF **58** 41, 1944. Fanoni.
	Aug.	6	BSAF **58** 7, 1944. R. Lerissel.
		10	BSAF **58** 7–8, 1944. G. Bruch.
	Nov.	5	BSAF **58** 8, 1944. A. Martin.
		24/25	Pop Astr **53** 184—185, 1945. Fireball of 1943 November 24/25. C. P. Olivier.
	Dez.	14	BSAF **58** 41, 1944. P. Monniot.
1944	Febr.	6	BSAF **58** 77, 1944. B. Klotchkoff.
		22	BSAF **58** 134—135, 1944. P. Landry.
	Marz	1	BSAF **58** 77, 1944. R. Taratte.
	April	9/10	Pop Astr **53** 402, 1945. Fireball of 1944 April 9/10. C. P. Olivier.

1944	April	22	BSAF **58** 81, 1944. R. Bernard.
	Mai	26	BSAF **58** 134—135, 1944. R. Veillith.
	Juni	12	Urania Barcelona **30** Nr. 209 S. 11, 1945. Bólido notable. V. Serra Orvay.
	Sept.	3	BSAF **59** 19, 1945. M. Maillot.
	Nov.	10/11	BSAF **59** 64, 1945. Weber.
	Dez.	19	BSAF **59** 64, 1945. M. Bourgeois.
1945	Febr.	10	BSAF **59** 64, 1945. Falcos.
	Marz	31	BSAF **59** 113, 1945. Y. Wesoluch.
	Juni	11	BSAF **59** 112—113, 1945. Falgon.
		23	BSAF **59** 112, 1945. S. Cattignies.
	Juli	20	BSAF **59** 166—167, 1945. A. Tamisier.
	Aug.	11	BSAF **60** 68, 1946. A. Mémery.
		13	BSAF **59** 167, 1945. V. Maître.
	Sept.	17	BSAF **59** 167, 1945. Y. Gendron.
		23	BSAF **59** 167, 1945. Crave.
	Okt.	15	BSAF **60** 69, 1946. A. Mémery, J. Bonnemaison, J. Grésillier, C. Martin, J. Bellamy.
		29	BSAF **60** 69, 1946. A. Garaud.
1946	Jan.	13	BSAF **60** 69, 1946. B. Klotchkoff.
		28	BSAF **60** 165—166, 1946. W. Groubé.
	Febr.	13	BSAF **60** 118—119, 1946. G. de Lesperoux.
	April	19	BSAF **60** 166, 1946. J. Caffarel.
	Aug.	11	Heelal **2** 88, 1946. A. Esplugas.
	Okt.	1	Gaz astr **28** 61, 1946. J. Swaelen.

6791. Elemente von Feuerkugeln. Berichte

1897	Nov.	25	A. V. Nielsen, The meteor of 1897 November 25th 17^h 28^m U. T. Medd. Ole Römer-Obs. Aarhus Nr. **18** S. 237—241, mit 1 Fig., 1943. — Neubestimmung des Radianten.
1910	Okt.	30	A. V. Nielsen, The meteor of 1910 October 30th 22^h 28^m U. T. Medd. Ole Römer-Obs. Aarhus Nr. **18** S. 241—243, mit 1 Fig.
1913	Juli	21	Pop Astr **50** 265—267, 1942. Fireball of 1913 July 21. C. P. Olivier.
1929	Juli	10	Pop Astr **50** 213—214, 1942. Fireball of 1929 July 10. C. P. Olivier.
1931	Jan.	22	Pop Astr **50** 214—215, 1942. Fireball of 1931 January 22. C. P. Olivier.
	Juni	10	Pop Astr **50** 155—157, 1942. Fireball of 1931 June 10. C. P. Olivier.
1932	April	23	Pop Astr **51** 43, 1943. Fireball of 1932 April 23. C. P. Olivier.
	Mai	13	Pop Astr **53** 38—39, 1945. Fireball of 1932 May 13. C. P. Olivier.
1934	Jan.	11/12	Pop Astr **50** 498—500, 1942. Fireball of 1934 January 11/12. C. P. Olivier.
	März	22	Pop Astr **51** 43—44, 1943. Fireball of 1934 March 22. C. P. Olivier.
	April	5/6	Pop Astr **50** 498, 1942. Fireball of 1934 April 5/6. C. P. Olivier.
	Aug.	30/31	Pop Astr **53** 399, 1945. Fireball of 1934 August 30/31. C. P. Olivier.
		31/32	Pop Astr **53** 183, 1945. Fireball of 1934 August 31/32. C. P. Olivier.

1936 Jan.	21	Pop Astr **50** 556—557, 1942. Fireball of 1936 January 21. C. P. Olivier.
Marz	25/26	Pop Astr **52** 298, 1944. Fireball of 1936 March 25/26. C. P. Olivier.
Okt.	21	Pop Astr **50** 500—501, 1942. Fireball of 1936 October 21. D. A. MacRae.
	21/22	Pop Astr **52** 91—93, 1944. C. P. Olivier.
	28	Pop Astr **50** 557—560, 1942. Fireball of 1936 October 28. C. P. Olivier.
1938 Febr.	7	Pop Astr **51** 509—511, 1943. Fireball of 1938 February 7. C. P. Olivier.
1940 Jan.	31	Pop Astr **50** 211—213, 1942. Fireball of 1940 January 31. C. P. Olivier.
1941 Jan.	14	Medd. Ole Rómer-Obs. Aarhus Nr. 18 S. 229—236, mit 2 Fig., 1943. A. V. Nielsen.
	21	Pop Astr **50** 153—154, 1942. Fireball of 1941 January 21. C. P. Olivier.
Febr.	8/9	Pop Astr **52** 41—42, 1944. Bright meteor of 1941 February 8/9. C. P. Olivier.
Aug.	11/12	Pop Astr **53** 399—400, 1945. Fireball of 1941 August 11/12. C. P. Olivier.
Sept.	8/9	Pop Astr **52** 299—300, 1944. Fireball of 1941 September 8/9. C. P. Olivier.
Dez.	10/11	Pop Astr **53** 183—184, 1945. Fireballs of 1941 December 10/11. C. P. Olivier.
1942 Sept.	1	Pop Astr **51** 337—338, 1943. Fireball of 1942 September 1. C. P. Olivier.
1944 Apr.	4/5	Pop Astr **53** 400—402, 1945. Fireball of 1944 April 4/5. C. P. Olivier.
Aug.	18	Pop Astr **52** 508—512, 1944. C. P. Olivier.
1945 Jan.	7/8	Pop Astr **53** 185—186, 1945. Fireball of 1945 January 7/8. C. P. Olivier.

Meteorite

6792. **I. S. Astapowitsch,** Einige Fragen zur Herkunft der meteoritischen Materie. Die meteoritische Materie im Sonnensystem. RAJ **18** 58—72, 1941 (russisch).

6793. **J. D. Buddhue,** The compressive strength of meteorites. Pop Astr **50** 390, 1942.

6794. **J. D. Buddhue,** Nitrogen and its compounds in meteorites. Pop Astr **50** 560—563, 1942.

6795. **J. D. Buddhue,** The formation of meteoritic iron oxide. Pop Astr **52** 346—351, mit 1 Fig., 1944.

6796. **J. D. Buddhue,** Some meteoritic iron sulfides. Pop Astr **53** 405—409, 1945.

6797. **J. D. Buddhue,** A note on the chemical elements not found in meteorites. Pop Astr **54** 152, 1946.

6798. **J. D. Buddhue,** The abundance of the chemical elements in meteorites and tektites. Pop Astr **54** 308—311, 1946.

6799. **J. D. Buddhue,** The average composition of meteoritic iron. Pop Astr **54** 149—152, 1946.

67100. **J. D. Buddhue,** The specific gravity of meteoritic iron. Pop Astr **54** 541—544, 1946.

67101. **R. R. Carpenter,** A legal treatise on meteorites; or, did you ever see a „Tomanowas"? Pop Astr **53** 186—192, 238—241, 1945.

67102. **W. H. Christie,** The great Siberian meteorite of 1908. Griffith Observer **6** 38—47, 1942.

67103. **G. H. Herbig,** A study of the multiple meteoritic falls of the world. Pop Astr **51** 455, 1943.

67104. **M. H. Hey,** „Second Appendix to the Catalogue of Meteorites" of the British Museum (Review). Pop Astr **54** 48—49, 1946.

67105. **E. L. Krinow,** Ein Versuch zur spektralphotometrischen Klassifikation und die Skalen der Steinmeteorite. DAN **27** 563—564, 1940 (russisch).

67106. **E. L. Krinow,** Nachtrag zum Meteoritenverzeichnis der UdSSR. Priroda **29** Nr. 12 S. 55—56, 1940 (russisch).

67107. **E. L. Krinow,** Meteorite. RAJ **20** Nr. 3 S. 32—51, 1943 (russisch).

67108. **E. L. Krinow,** Kurzer Meteoritenkatalog der UdSSR. RAJ **22** 303—311, 1945 (russisch).

67109. **E. L. Krinow,** Meteoritenregen. Priroda **34** Nr. 4, 1945 (russisch).

67110. **E. L. Krinow,** Tektite. Priroda **35** Nr. 12 S. 15—27, 1946 (russisch).

67111. **L. La Paz,** Meteorite detectors. Pop Astr **50** 157—165, mit 3 Fig., 1942.

67112. **L. La Paz,** J. G. Galle on the Pultusk, Poland, meteoritic shower. Pop Astr **50** 441—442. Anschließend englische Übersetzung der Untersuchung von J. G. Galle aus dem 45. Jahresbericht und Abhandlungen der Schlesischen Gesellschaft fur vaterlandische Cultur Breslau 1868. Pop Astr **50** 441—449, 501—509, 1942. Pop Astr **52** 43—47, 94—98, 1944 (W. H. Haas).

67113. **L. La Paz,** On the origin of tektites. Pop Astr **52** 194, 1944.

67114. **L. La Paz,** An electromagnetic cane for meteoriticists. Pop Astr **53** 402—405, mit 1 Fig., 1945.

67115. **L. La Paz,** On the ownership of recovered meteorites. Pop Astr **54** 93—95, 1946.

67116. **F. C. Leonard,** Contributions of the Society for Research on Meteorites. Pop Astr **50** 157—165, 215—222, 270—273, 331—336, 388*, 441—451, 501—509, 560—565, mit 12 Fig., 1942.

67117. **F. C. Leonard,** Contributions of the Society for Research on Meteorites. Pop Astr **51** 44—50, 96, 161, 222—225, 273—280, 339—343, 397, 453, 511—518, 563—568, 1943.

67118. **F. C. Leonard,** Statistical studies of the meteoritic falls of the world: 4. Their classificational distribution. Pop Astr **51** 44—49, 161, 1943.

67119. **F. C. Leonard,** Some symbols recommended for use in the classification of meteorites etc. Pop Astr **51** 222—223, 1943.

67120. **F. C. Leonard,** Contributions of the Society for Research on Meteorites. Pop Astr **52** 42—47, 94—98, 148, 194, 243—247, 300—308, 346—354, 407—410, 459—464, 512—514, 1944.

67121. **F. C. Leonard,** On the classification of meteorites. Pop Astr **52** 148, 1944.

67122. **F. C. Leonard,** On the assignment of coordinate numbers to meteoritic falls. Pop Astr **52** 306—307, 1944.

67123. **F. C. Leonard,** On the place of meteorites in the cosmos. Pop Astr **52** 351—354, 1944.

67124. **F. C. Leonard,** Contributions of the Society for Research on Meteorites. Pop Astr **53** 39—42, 82—88, 138*, 186—192, 238—245, 287—291, 353—359, 402—409, 464—473, 511—515, mit 4 Fig., 1945.

67125. **F. C. Leonard,** The use of the coördinate numbers of meteoritic falls in numbering specimens in collections. Pop Astr **53** 86—87, 1945.

67126. **F. C. Leonard,** Working definitions of fundamental terms in meteoritics. Pop Astr **53** 244—245, 1945.

67127. **F. C. Leonard,** Two additional criteria for identifying aerolites. Pop Astr **53** 354—355, 1945.

67128. **F. C. Leonard,** Studies of the meteoritic falls of the world: 6. Doubtful and duplicate falls and falls having uncertain and intermediate classifications. Pop Astr **53** 464—473, 1945.

67129. **F. C. Leonard,** A Catalog of Provisional Coordinate Numbers for the Meteoritic Falls of the World. — Vgl. AJB **45** Ref. 6755. — Besprechung in Sky and Telescope **6** Nr. 5 S. 17.

67130. **F. C. Leonard,** Contributions of the Society for Research on Meteorites. Pop Astr **54** 44—49, 93—97, 149—154, 191—195, 248—255, 308—316, 367—374, 421—430, 478—486, 538—549, mit 2 Fig., 1946.

67131. **F. C. Leonard,** Studies of the meteoritic falls of the world: 7. Numbers and percents of observed and unobserved falls of all classes. Pop Astr **54** 44—48, 1946.

67132. **F. C. Leonard,** The coördinate numbers of the falls of the U. S. S. R., Estonia, Latvia, Lithuania, and Poland. Pop Astr **54** 421—427, 1946.

67133. **F. C. Leonard,** Desiderata for a General or Comprehensive Catalog of the meteoritic falls of the world. Pop Astr **54** 544—547, 1946.

67134. **B. Levin,** Orbits, velocities and masses of meteorites. RAJ **23** 83—96, mit 2 Fig., 1946 (russisch mit engl. Ref.). — Die Bahnen der Meteorite haben kleine Exzentrizitaten und kleine Neigungen. Sie bewegen sich rechtlaufig. Die Endmasse ist bei großen und mittleren Geschwindigkeiten ein kleiner Bruchteil der ursprunglichen, die großenordnungsmaßig unterhalb einer Tonne liegt. Loh.

67135. **B. Mather,** A fire caused reportedly by a meteorite. Pop Astr **54** 370—371, 1946.

67136. **J. C. McCampbell,** Meteorites and the «Carolina Bays». Pop Astr **53** 388—392, mit 1 Fig., 1945.

67137. **G. J. Neuerburg,** A preliminary note on the exclusively meteoritic minerals. Pop Astr **54** 248—252, 1946.

67138. **H. H. Nininger,** What constitutes a Genuine meteorite? Pop Astr **51** 223—224, 1943.

67139. **H. H. Nininger,** Directions for the etching and preservation of metallic meteorites. Pop Astr **53** 82—86, 1945.

67140. **J. J. de Orús Navarro,** Determinacion de la orbita de un enjambre de Meteoritos. Urania Barcelona **31** Nr. 215 S. 212—216, mit 1 Fig., 1946.

67141. **F. A. Paneth,** Die Herkunft der Meteorite. RAJ **23** 175, 1946 (russisch).

67142. **S. H. Perry,** The metallography of meteoric iron. United States National Museum Bull. **184,** 206 S. mit 81 Tafeln, 1944. — Besprechung in Pop Astr **53** 99—101 (L. La Paz).

67143. **W. A. Rhodes,** The effect of the Earth's magnetic field upon iron meteorites passing thru it. Pop Astr **54** 482—483, 1946.

67144. **A. Schleiman,** Soviet meteorite collection. Pop Astr **54** 186—188, 1946.

67145. **W. I. Wernadskij,** Einige Bemerkungen über Probleme der Meteoritik. Meteoritika 1 3—11, 1941 (russisch).

67146. **W. I. Wernadskij,** Die Mineralogie im Kosmos. Meteoritika **3** 3—5, 1946 (russisch).

67147. **B. H. Wilson,** Meteoritic fossils. Pop Astr **50** 125—128, 1942.

67148. **F. O. Wisman,** Synthetic symmetry in mutual-induction balances: a practical problem with meteorite detectors. Pop Astr **50** 215—222, mit 7 Fig., 1942.

67149. «A spectrographic study of meteorites» (review). Pop Astr **51** 225, 1943.

67150. Meteoritical literature recently received. Pop Astr **52** 199, 1944.

67151. A simple test for nickel in meteorites. Pop Astr **53** 41, 1945.

67152. A microchemical test for Nickel in meteorites. Pop Astr **53** 87—88, 1945.

67153. On tests for nickel in meteorites and etching metallic meteorites. Pop Astr **53** 139, 1945.

* * The beginnings of the study of meteoritics. Vgl. Ref. **638.**

67154. Interplanetary meteorites and minor planets. Pop Astr **54** 314—315, 1946.

67155. Meteorites and space travel. Sky and Telescope **6** Nr. 1 S. 7, 1946. — Ref. AAS.

67156. **Einzelne Meteorite**

BSAF **60** 166, 1946. J. Caffarel. — Beobachtung und Auffindung eines Meteoriten, 1946 Mai 1.

Pop Astr **50** 272—273, 1942. The great Sibirian meteorite of 1908: possibly a comet that struck the earth (review).

Pop Astr **50** 388, 1942. The aerolitic fall of Rancho de la Presa, Zenapecuaro, Michoacan, Mexico. H. H. Nininger.

Pop Astr **51** 49—50, 1943. The South Strafford, Vermont, meteorite (siderite).

Pop Astr **51** 567—568, 1943. The Cavour, South Dakota, siderites: A newly reported fall.

Pop Astr **53** 40—41, 1945. Four more Cavour, South Dakota, siderites found.

Pop Astr **53** 87, 1945. Large siderite found in the Drum Mts., Millard Co., Utah.

Pop Astr **54** 153, 1946. On the place and name of the Ehrenberg, Yuma Co., Arizona, fall.

Pop Astr **54** 371—372, 1946. The recently reported Bradford Woods, Allegheny Co., Pennsylvania, aerolite.

Pop Astr **54** 428—429, 1946. A recent observed achondritic fall near Marathon, Texas: Pena Blanca Springs.

67157. **H. J. Detrick,** The fall of the Pantar, Lanao, Philippine Islands, aerolites. Pop Astr **54** 191—193, 1946.

67158. **L. La Paz,** A remark on the Puente-Ladron, New Mexico, aerolite. Pop Astr **54** 95—96, 1946.

67159. **L. La Paz,** On the Puente-Ladron, New Mexico, aerolite. Pop Astr **54** 367—370, 1946.

67160. **F. C. Leonard,** The co-ordinate numbers and classification of the Quartz Mountain and Quinn Canyon, Nevada, siderites. Pop Astr **52** 512—513, 1944.

67161. **F. C. Leonard,** The identity of the «Windmill Station» with the «Valley Wells», California, aerolitic fall. Pop Astr **52** 513—514, 1944

67162. **P. J. McGough,** References on the early history of the Tucson, Arizona, meteorites: The «Irwin-Ainsa» and «Carleton» irons. Pop Astr 51 511—518, mit 2 Fig., 563—567, 1943.

67163. **P. J. McGough,** Further references on the early history of the Tucson, Arizona, meteorites. Pop Astr 52 243—247, 1944.

67164. **O. E. Monnig,** An aerolite from Allen, Collin County, Texas. Pop Astr 54 483, 1946 (abstract).

67165. **O. E. Monnig,** A preliminary report on the fall of the Pena Blanca Springs, Brewster County, Texas, aerolite (1031,301). Pop Astr 54 483, 1946 (abstract).

67166. **H. H. Nininger,** The Enon, Ohio, meteorite (Mesosiderite). Pop Astr 50 563—565, mit 1 Abb., 1942.

67167. **H. H. Nininger,** The Eaton, Colorado, meteorite: Introducing a new type. Pop Astr 51 273—280, mit 3 Fig., 1943.

67168. **H. H. Nininger,** Finding a new meteorite. Pop Astr 52 42—43, 1944. — Vierpfundiger, in Cowley County, Kansas, aufgefundener Meteorit.

67169. **H. H. Nininger,** The Puente-Ladron, Socorro County, New Mexico, Aerolite. Pop Astr 52 407—410, mit 1 Fig., 1944.

67170. **H. H. Nininger,** An announcement to collectors of meteorites concerning the Pantar, Lanao, Philippine Islands, fall. Pop Astr 54 252—254, 1946.

67171. **C. P. Olivier,** The Chicora (Butler County, Pa.) meteorite. Pop Astr 51 337, 1943.

67172. **S. H. Perry,** Note on the Fairplay, Missouri, iron. Pop Astr 54 49, 1946.

67173. **J. H. Pruett,** On the case of the Willamette, Oregon, siderite. Pop Astr 53 289, 1945.

67174. **C. H. Smith,** Further remarks on the Puente-Ladron, New Mexico, aerolite. Pop Astr 54 193—195, 1946.

67175. **B. H. Wilson,** The Bucyrus (Ohio) meteorite hoax. Pop Astr 50 274—276, 1942.

67176. **B. H. Wilson,** The Mapleton meteorite. Pop Astr 52 392—399, mit 2 Fig., 1944.

Meteoritenkrater

67177. **J. D. Buddhue,** Some observations on the soil near the Canyon Diable, Arizona, meteorite crater. Pop Astr 53 287—289, 1945.

67178. **S. J. Inglis,** The lack of impact craters on the earth. Pop Astr 53 520, 1945.

67179. **E. L. Krinow,** Die Meteoritenkrater auf der Insel Saarema (Ösel). Mitt. Akad. Wiss. UdSSR (geogr.-geophys.) 9 4, 1945 (russisch).

67180. **H. H. Nininger,** A possible new meteorite crater in North Africa. Pop Astr 51 96, 1943.

67181. **E. H. Sellards, V. E. Barnes,** Progress in excavating the Odessa, Texas, meteorite crater (abstract). Pop Astr 51 224—225, 1943.

67182. **C. C. Wylie,** Calculations on the probable mass of the object which formed meteor crater. Pop Astr 51 97, 158, 1943.

67183. **C. C. Wylie,** Applying mine-crater formulas to meteor crater in Arizona. Pop Astr 51 220—222, 1943.

67184. E. Blackwelder on the origin of the Arizona meteorite crater. Pop Astr 54 427—428, 1946.

67185. «Crater Mound, Arizona». Pop Astr 54 152—153, 1946.

Neunter Teil

Sterne

§ 71

Fundamentalsystem, Sternkataloge, Sternkarten

* * **W. R. Berg,** Die Verbesserung $\Delta\delta_\alpha$ der Fundamentalsysteme GC und FK3 auf Grund von Breitenreihen in Pulkowo, Greenwich und des Internationalen Breitendienstes. Vgl. Ref. 1702.

7101. **R. Brisse,** Catalogues d'étoiles, Ephémérides. (Etablissement, contenu et usage des catalogues et des éphémérides). Institut Géographique National, Année 1942—43, 79 S. Maschinenschrift-Vervielfaltigung. — Sommaire: Coordonnées des étoiles — Systèmes de référence. Instruments utilisés pour l'établissement des catalogues. Contenu et usage des catalogues. Classification des catalogues d'étoiles. Catalogues speciaux. Durchmusterungen. Catalogues de l'Astronomische Gesellschaft. Catalogues photographiques. Catalogue photographique du ciel. La participation française aux travaux de catalogues. Aperçu des principaux catalogues de quelques Observatoires. «Geschichte des Fixsternhimmels». «Index der Sternorter». «Eigenbewegungs-Lexikon». Répertoires divers d'étoiles brillantes. Catalogues fondamentaux. Réduction des positions d'étoiles à un système homogène. Usage des éphémérides. Exemple de calcul de la position apparente d'une étoile horaire pour le passage supérieur au méridien de Greenwich.

7102. **I. A. Djukow,** Programm für den Vergleich des Katalogs schwacher Sterne mit dem System des FK3. Abh. Lenin-Staatsuniv. Kasan **100** Nr. 4 S. 50—64, 1940 (russisch).

7103. **I. A. Djukow, L. D. Agafonowa,** Relative Deklinationen von 1333 Sternen. Kasan Publ. **30** 1—52, 1943 (russisch).

7104. **P. G. Kulikowskij,** Vorläufiger Katalog außergalaktischer Nebel zum Anschluß des Katalogs schwacher Sterne. Abh. Lenin-Staatsuniv. Kasan **100** Nr. 4 S. 78—81, 1940 (russisch).

7105. **G. N. Neujmin,** Der Arbeitskatalog außergalaktischer Nebel zum Anschluß des Katalogs schwacher Sterne. Abh. Lenin-Staatsuniv. Kasan **100** Nr. 4 S. 86—127, 1940 (russisch).

7106. **B. Nowopaschenny,** Katalog schwacher Sterne. Odessa Bull. Nr. 1 S. 4—5, 1945 (russisch).

7107. **B. P. Ostaschtschenko-Kudrjawzew,** Das Problem der gleichzeitigen Bestimmung von Breite und Refraktionskonstante bei der Ableitung des Systems der absoluten Deklinationen schwacher Sterne. Abh. Lenin-Staatsuniv. Kasan **100** Nr. 4 S. 128—131, 1940 (russisch).

7108. **P. Sémirot,** Comparaison des catalogues photographiques Bordeaux-Paris. BA (2) **12** 381—389, mit 7 Fig., 1946.

7109. **M. F. Subbotin,** Über den Fundamentalkatalog schwacher Sterne. Abh. Lenin-Staatsuniv. Kasan **100** Nr. 4 S. 138—141, 1940 (russisch).

7110. **K. Tuzi,** Meridian observation of right ascension of zodiacal stars made with Repsold transit instrument. Preliminary Report Nr. 16—21. TAB Nr. 537—540, 586—590, 597—606, 1941. TAB Nr. 629—639, 650—663, 1942. TAB Nr. 681—688, 1943.

7111. **N. W. Zimmermann,** Die Zusammenarbeit der Observatorien der UdSSR zur Aufstellung des Kataloges «geodatischer» Sterne. Pulk Circ Nr. **31** S. 5—15, 1941. Siehe auch Abh. Lenin-Staatsuniv. Kasan **100** Nr. 4 S. 161—167, 1940 (russisch).

7112. **Goudey, Mendès, Varchon,** Catalogue d'étoiles circompolaires observées à l'Observatoire de Besançon. JO **29** 94—100, 1946. — 133 Sterne mit Deklinationen über 75°, Äquinoktium 1950.0, System FK3.

7113. **H. A. Martinez,** Estrellas Kapteyn para las áreas seleccionadas australes. Obs. Astr. La Plata, Ser. Astr. **15**, 83 S., 1939. — Katalog enthalt 890 Sterne, Äquinoktium 1925.0.

7114. **H. A. Martinez,** Catálogo de 3710 estrellas galácticas australes. Obs. Astr. La Plata, Ser. Astr. **19**, 104 S., 1943. —Äquinoktium 1950.0. Im Anhang sind Vergleiche ($\Delta\alpha$, $\Delta\delta$) mit verschiedenen Katalogen (Boss General Catalogue, AG-Kataloge und photographische Kataloge von Schlesinger) durchgeführt.

7115. **M. L. Zimmer,** Catálogo fundamental general de Córdoba de 761 estrellas para el equinoccio medio de 1950.0, conteniendo 50332 observaciones en ascension recta y 26608 en declinacion hechas con el circulo meridiano de Repsold de 190 mm en los años 1915 a 1935 inclusive y reducidos a 1950.0 con los movimientos proprios de Boss. Resultados del Obs. Nac. Argentino Vol. **37**, 13 + 33 + 11 S., 1941.

7116. Observatoire d'Abbadia. Catalogue résumant dix années d'observations (1920—1930), comprenant 1246 étoiles dont 764 fondamentales de +46° à −26°, reduites à 1925.0. Hendaye, 1937. 4 + 32 S.

7117. Sixième catalogue comprenant 1376 étoiles dont 742 fondamentales de +45° à −26° observées en 1930, 1931, 1932, reduites à 1925.0. Institut de France, Acad. des Sc., Observatoire d'Abbadia, 28 S., 1941.

7118. Astrographic Catalogue 1900.0. Hyderabad Section Part III. Dec. +35° to +40° from photographs taken and measured at the Nizamiah Observatory, Hyderabad. Vol. **12**. Measures of rectangular co-ordinates and diameters of 60, 144 star-images on plates with centres in Dec. +36°. London, 1946. 28 + 229 S.

7119. Observatoire de Paris. Catalogue photographique du ciel. Ascensions droites et déclinaisons déduites des coordonnées rectilignes pour toutes les étoiles jusqu'à la grandeur 9.9 (équinoxe 1900.0). Tome 8, première partie, zones paires +18°, 20°, 22°, 24°. Paris, Gauthier-Villars, 1946. 6 + A 39 + C 44 + E 51 + G 41.

7120. Astrographic Catalogue 1900.0. Sydney Section. Vol. **17** with plate constants for Vols. **13** to **16**. R. A. 0^h to 6^h, Dec. −55° to −57°. Sydney 1943. 6 + 23 S. H. Wood.

7121. Astrographic Catalogue 1900.0. Sydney Section. Vol. **18** with plate constants for Vols. **21** to **24**. R. A. 6^h to 12^h, Dec. −55° to −57°. Sydney 1946. 8 + 119 S. H. Wood.

7122. Astrographic Catalogue 1900.0. Sydney Section. Vol. **19**. R. A. 12^h to 18^h, Dec. −55° to −57°. Sydney 1944. 1 + 70 S. H. Wood.

7123. Astrographic Catalogue 1900.0. Sydney Section. Vol. **20**. R. A. 18^h to 24^h, Dec. −55° to −57°. Sydney 1946. 3 + 33 S. H. Wood.

7124. Astrographic Catalogue 1900.0. Sydney Section. Vol. **21**. R. A. 0^h to 6^h, Dec. −56° to −58°. Sydney 1941. 1 + 29 S. H. W. Wood.

7125. Astrographic Catalogue 1900.0. Sydney Section. Vol. **22**. R. A. 6^h to 12^h, Dec. −56° to −58°. Sydney 1940. 1 + 97 S. J. Nangle.

7126. Astrographic Catalogue 1900.0. Sydney Section. Vol. **23**. R. A. 12^h to 18^h, Dec. –56° to –58°. Sydney 1942. 1 + 96 S. H. Wood.

7127. Astrographic Catalogue 1900.0. Sydney Section. Vol. **24**. R. A. 18^h to 24^h, Dec. –56° to –58°. Sydney 1941. 1 + 40 S. H. Wood.

7128. **O. Bullock,** Panama Evening Skies. Mount Hope, Canal Zone, Panama Canal Press, 1946. Preis 1.00 $. — Besprechung in Sky and Telescope **6** Nr. 10 S. 17.

7129. **F. Chichester,** Planisphere of Air Navigation Stars. London, George Allen and Unwin, Ltd, Ruskin House. Preis 2 s. 6 d. – Besprechung in Pop Astr **50** 463.

7130. **H. E. Hurst, M. R. Madwar, A. H. Samaha,** Star Atlas for the Latitude of Egypt. Kairo, R. Schindler. — Besprechung in Obs **64** 335—336 (J. H. Reynolds).

7131. **I. M. Levitt, R. K. Marshall,** Star Maps for Beginners. Vgl. AJB **45** Ref. 7131. — Weitere Besprechung in Pop Astr **52** 155.

7132. **A. P. Norton, J. G. Inglis,** Norton's Star Atlas and Telescopic Handbook. Vgl. AJB **45** Ref. **7136**. — Weitere Besprechung in JBAA **58** 30, Pop Astr **50** 521, **51** 524—525, **54** 555.

7133. **K. Novák,** Wandkarte des nördlichen Himmels mit den neuen Grenzen der Sternbilder. Bonn, Ferd. Dümmlers Verlag, 1946. 61 × 81 cm. Beilage: Kleine Sternkunde. 6 S. Preis RM 7.50. — Besprechung in Himmelswelt **55** 49 (H. Kox). — Berichtigung zur «Karte des nordlichen Sternhimmels» in Himmelswelt **55** 145.

7134. **E. M. Proskurina,** Neue Sternkarten in gnomonischer Projektion. Nachr. turkmen. Abt. Akad. Wiss. UdSSR Nr. **1** S. 100, 1946 (russisch).

7135. **E. O. Tancock,** Philips' Chart of the Stars. Vgl. AJB **45** Ref. **7139**. — Weitere Besprechung in Pop Astr **50** 463, **51** 576.

7136. **O. Thomas,** Atlas der Sternbilder. Mit figuralen Darstellungen von R. Teschner. Salzburg, Verlag «Das Bergland-Buch», 1945. 155 S. Preis 4.00 $. — Besprechung in Gaz astr **29** 67—68, Obs **67** 237, Pop Astr **55** 564, Publ ASP **60** 137 (H. M. Losh), Sky and Telescope **7** 206—207.

§ 72

Eigenbewegung, Radialgeschwindigkeit

7201. **J. Jackson,** The proper motions of M type stars. MN **106** 245—254, mit 1 Fig., 1946. — Besprechung in Urania Barcelona **32** Nr. 219 S. 191. — Die Eigenbewegungen von fast 1700 M-Sternen in Yale- und Cape-Katalogen werden diskutiert. Bis zur scheinbaren Helligkeit $8^m\!.5$ sind 95% davon Riesen. Zwischen dem Riesen- und Zwergast wird eine erhebliche Anzahl von Sternen intermediarer Leuchtkraft vermutet. Ihre scheinbaren Helligkeiten liegen vor allem bei $10^m\!.0$, ihre hundertjahrigen Eigenbewegungen dürften etwa 5' bis 10' betragen. Micz.

7202. **Z. Kopal,** Proper motions of twenty-four eclipsing systems. Harv Bull Nr. **916** S. 14—16, 1942. — RY Per, TX Cas, AS Eri, SX Aur, RW Mon, RY Gem, YY CMi, AG Vir, SX Dra, KO Aql, TT Lyr, OO Aql, 66.1939, HV 11111, MY Cyg, S Equ, MR Cyg, CM Lac, RT Lac, AT Peg, SW Lac, RT And, U Peg, TW And.

7203. **A. van Maanen,** Stars with large proper motions. ASP Leaflet Nr. **176**, 8 S., 1943.

7204. **V. R. Ölander,** Helsingfors Observatoriums fotografiska egenrörelsebestämningar. NAT **1946** 89—96.

7205. **P. P. Parenago,** On the reduction of relative photographic proper motions to the absolute values. RAJ **23** 65—68, 1946 (russisch mit engl. Ref.). — Die von van Rhijn 1931 gegebenen Tafeln werden mit moderneren und verlaßlicheren Werten der galaktischen Rotationskonstanten A/4.74 = +0.″0040; B/4.74 = −0.″0027; l_0 = 325° neu berechnet. Loh.

7206. **P. G. Schnirelman,** Über die Bewegung von RZ Cephei. RAJ **22** 34—40, 1945 (russisch).

7207. **J. P. Zukerwanik,** Eigenbewegungen von Sternen im Gebiet des Sternhaufens NGC 7789. Taschkent Bull. **2** Nr. 5 (15) S. 201—256, 1941.

Radialgeschwindigkeit

* * **R. Tremblot,** Contribution à l'étude des étoiles à spectre composite. Vgl. Ref. 8303.

7208. **R. E. Wilson,** Radial velocities of two suggested members of the Ursa Major cluster. Publ ASP **57** 311—312, 1945.

7209. **R. K. Young,** The radial velocities of 374 stars. Publ. David Dunlap Obs. Univ. Toronto **1** Nr. 13 S. 251—282, 1942.

7210. **R. K. Young,** The radial velocities of 681 stars. Publ. David Dunlap Obs. Univ. Toronto **1** Nr. 16 S. 311—340, 1945.

§ 73

Parallaxe

7301. **P. Baize, L. Romani,** Formules nouvelles pour le calcul des parallaxes dynamiques des couples orbitaux. Ann d'Astrophys **9** 13—41, mit 2 Fig., 1946. — Aus der von Baize abgeleiteten Masse-Leuchtkraft-Funktion $L \sim M^{3.58}$ werden für 42 Systeme mit gesicherten Ausgangsdaten Parallaxen abgeleitet und mit denen verglichen, die sich nach anderen Methoden ergeben haben. Im allgemeinen stimmen sie mit den nichtdynamischen Parallaxen gut uberein. Kleinere Unterschiede gegenüber den von Russell und Moore abgeleiteten dynamischen Parallaxen treten bei den B- und M-Sternen auf, da Verf. fur diese Sterne eine betragsmäßig um rund 1^m kleinere bolometrische Korrektion verwandt haben. Loh.

7302. **A. Brown,** Mean parallax determinations from proper motions. MN **106** 200—217, mit 7 Fig., 1946. — Unter der Annahme, daß die Haufigkeitsverteilung der Sterngeschwindigkeiten durch die Zweistromtheorie wiedergegeben werden kann, werden mit einer von Smart entwickelten Methode mittlere Parallaxen fur Sterne mit scheinbaren photographischen Helligkeiten $7^m.0$ bis $10^m.0$ unterteilt nach Spektralgruppen und galaktischer Breite abgeleitet. Die Eigenbewegungen von Sternen in dem Deklinationsstreifen −40° bis −52° wurden benutzt. Micz.

7303. **J. Jackson,** The selection of stars for parallax observations. Obs **66** 318—321, 1946. — Verf. referiert über die Gesichtspunkte, die bisher bei der Aufstellung von Beobachtungsprogrammen zur Parallaxenbestimmung eine Rolle gespielt haben, und macht auf einige Desiderata für zukunftige Arbeitsprogramme aufmerksam. Micz.

7304. **J. Jackson,** M-type stars and their parallaxes. Obs **66** 374—377, 1946. — Es werden eine statistische Betrachtung uber die M-Sterne des Yale General Catalogue of Parallaxes (1935) und daraus erkennbare Wünsche für Parallaxenprogramme mitgeteilt. Micz.

7305. **G. Järnefelt,** Tahtien Etaisyyksien Maäräamisesta (Über die Bestimmung der Sternentfernungen). Eripainos Valvojasta Nr. **4** S. 148—157, 1945 = Veroff. Helsinki.

7306. **P. van de Kamp,** Note on the parallax of Canopus. Pop Astr **51** 172, 1943.

7307. **F. C. Leonard,** Tables for moduli and parallaxes and magnitudes of double-star components. Pop Astr **51** 551—553, 1943. — Es wird eine Tafel des Entfernungsmoduls M —m = 5 + 5 log π sowie eine weitere zur Bestimmung der scheinbaren Helligkeit der helleren Komponenten eines Doppelsterns, wenn Gesamthelligkeit und Helligkeitsdifferenz beider Komponenten bekannt sind, gegeben. Micz.

7308. **F. Slocum,** Stellar distances. Pop Astr **50** 117—125, 1942. — Der Aufsatz gibt eine historische Übersicht uber die Entwicklung der Parallaxenbestimmung der Fixsterne, insbesondere soweit es sich um trigonometrische Methoden handelt. Die photometrischen Verfahren werden in mehr summarischer Form gegen Ende zusammengestellt. Micz.

* * **H. Straßl,** Die erste Bestimmung einer Fixsternentfernung. (Zum hundertsten Todestag von F. W. Bessel). Vgl. Ref. **530**.

7309. The nearest stars. Obs **64** 273—274. — Besprechung der Untersuchung von G. P. Kuiper in ApJ **95** 201, AJB **44** Ref. **7302**.

7310. **Beobachtungen von Parallaxen**

Stellar parallaxes determined photographically at the Cape Observatory (15. Liste). MN **105** 246—252, 1945. — Die Liste umfaßt die Nummern 1301—1400.

§ 74

Helligkeit, Farbe

7401. **R. B. Baldwin, D. W. Hamlin,** Two peculiar red stars. Ann. Dearborn Obs. 4 part 15, 3 S. mit 4 Fig., 1940.

7402. **W. Becker,** Über die Notwendigkeit einer Reform der astronomischen Integralphotometrie. Nachrichten Akad. Wiss. Göttingen, Math.-Phys. Klasse **1945** 66—68.

* * **L. Binnendijk,** A study of stars in the Plejades region, based on photographic magnitudes, colour-equivalents, spectral types and proper motions. Vgl. Ref. **8702**.

7403. **B. J. Bok, C. B. Sawyer,** Photo-red magnitudes in Harvard Standard Region C 5. Harv Bull Nr. **918** S. 19—22, 1946. – Die photoroten Helligkeiten der Harvard Standard Regions C 3, C 4 und C 5 werden einer Prufung unterzogen und systematische Fehler im Fall von C 5 genauer bestimmt. Die Existenz einer Farbgleichung wird geprüft und fur die Standardsterne im Feld C 5 werden neue photorote Helligkeiten mitgeteilt. Micz.

7404. **E. K. Charadse,** Farbenindizes von 4535 Sternen in elf Kapteynschen Eichfeldern. Abastumani Bull. Nr. **7** S. 99—188, 1943 (russisch).

7405. **E. K. Charadse,** Farbenindizes von 3219 Sternen in 9 Kapteynschen Eichfeldern der Breiten b = ± 10°—20°. Abastumani Bull. Nr. **8** S. 77—116, 1945 (russisch).

7406. **A. W. J. Cousins,** Photovisual magnitudes of southern stars. MN **106** 151—153, 1946. — In Fortsetzung zu dem Katalog in MN **103** 154 sind photovisuelle Helligkeiten von weiteren 67 hellen Sternen des Sudhimmels mit der Fabryschen Methode gemessen worden.

7407. **A. G. C. Crust,** The New Zealand method of observing star colours. Pop Astr **51** 364, 1943.

7408. **C. Fehrenbach,** L'indice de couleur de l'étoile rouge J 2001. JO **25** 10, 1942. — CI = $5^m_.5$.

7409. **C. Fehrenbach, G. Guigay,** L'étoile rouge J 2001. JO **25** 70, mit 3 Fig., 1942. — Der Stern zeigt wahrend der Beobachtungsperiode eine bemerkenswerte Konstanz ($8^m_.8$). Am 9. Sept. 1942 meldet R. Jonkheere die visuelle Helligkeit $10^m_.6$.

7410. **W. G. Fessenkow,** Farbäquivalente von 1290 Sternen. DAN **29** 86—89, 1940 (russisch).

7411. **W. M. H. Greaves,** Photometry as a weapon of astronomical research. Obs **66** 129—152, mit 5 Fig. und 2 Tafeln, 1945. — Verf. entwickelt in der Halley Lecture 1945 ein Bild vom Aufbau des Milchstraßensystems, wie es durch die Analyse photometrischer Messungen, Sternzahlungen usw. gewonnen werden kann. Nach kurzem Eingehen auf Fragen der interstellaren Verfarbung wird die monochromatische Photometrie (Linientiefen, Kontinuum) behandelt. Micz.

7412. **G. Haro,** Note on the discovery of red stars. Wash Nat Ac Proc **30** 247—250, 1944 = Harv Repr Nr. **261**. — Mitteilung über einige vom Verf. gefundene extrem rote Sterne. Ihre Farbenindizes (blau-rot) liegen zwischen 5^m und 7^m.

7413. **R. Jonckheere,** Observation d'une étoile brun rouge (J 2001). JO **25** 9, 1942. — Ort (1950): $\alpha = 6^h 52^m 56^s$, $\delta = +6° 26'9$.

* * **R. Jonckheere,** Etoiles rouges et étoiles doubles nouvelles découvertes à l'Observatoire de Marseille. Vgl. Ref. **8210**.

7414. **R. Jonckheere,** Magnitudes et couleurs de l'étoile J 2001. JO **26** 60—61, 1943.

7415. **R. Jonckheere,** Une nouvelle étoile rouge (J 3101). JO **28** 40, 1945. — Ort (1950): $\alpha = 7^h 13^m 0^s$, $\delta = +5° 9'.1$. Identisch mit BD +5° 1606 ($9^m_.5$). Veränderlich. CI $\geqslant 4^m$.

7416. **E. K. Kharadse,** Color-indices of 1758 stars in five Kapteyn's areas in galactic plane. Abastumani Bull. Nr. **6** 17—55, 1942 (russisch mit engl. Ref.).

7417. **E. K. Kharadse,** Colour indices of stars of magnitude 11^m—13^m in Kapteyn Areas. Obs **65** 220—222, 1944. — Bericht uber Arbeiten in Bull. Abastumani Obs. Nr. **6**, 1942 und Nr. **7**, 1943, in denen die Kapteyn-Felder Nr. 2, 3, 4, 5, 6, 7, 8, 9, 18, 19, 23, 24, 25, 39, 40, 41 untersucht wurden.

7418. **M. D. Lavrova-Berg,** Determination of stellar magnitudes with a Hartmann microphotometer. Poulk Circ **32** 92—98, mit 3 Fig., 1941 (russ. mit engl. Zusammenfassung). — Nach einer von H. Fischer (ZfA **15** 108. AJB **40** Ref. **1511**) vorgeschlagenen Methode werden in ein Hartmannsches Mikrophotometer in die beiden Strahlengange bei Keil und Platte je ein Mattglas und in Nähe der Lampe zwischen dieser und der Platte je nach Wahl vier auswechselbare Diaphragmen eingebaut. Mit dem Photometer werden Helligkeiten von Plejadensternen bestimmt. Loh.

7419. **O. J. Lee, R. J. Baldwin, D. W. Hamlin,** Dearborn catalog of faint red stars. Titanium oxide stars in zones—4.5° to +13.5°. Ann. Dearborn Obs. **5** part 1 A, 1943. — Enthalt Örter, Helligkeiten und Spektren von 8151 Sternen.

7420. **O. J. Lee, T. J. Bartlett,** Dearborn catalogue of faint red stars. Titanium oxide stars in zones +13.5° to +40.5°. Ann. Dearborn Obs. **5** part 1 B, 1944. — Enthalt Örter, Helligkeiten und Spektren von 22680 Sternen.

7421. **O. J. Lee, G. D. Gore, T. J. Bartlett,** Dearborn catalogue of faint stars. Titanium oxide stars in zones +40.5° to +90°. Ann. Dearborn Obs. **5** part 1 C, 1947. — Enthalt Örter, Helligkeiten und Spektren von 44076 Sternen.

7422. **O. J. Lee, R. J. Baldwin, D. W. Hamlin,** Dearborn survey of faint red stars. Titanium oxide stars in zones −4.5° to +13.5°. Ann. Dearborn Obs. **5** part 2, mit 3 Fig., 1943.

7423. **O. J. Lee, T. J. Bartlett,** Dearborn survey of faint red stars. Carbon stars in zones +22° to +40°. Ann. Dearborn Obs. **5** part 3, 1945. — Enthalt Örter, Helligkeiten und Spektren von 77 R- und N-Sternen (Nr. 157—233).

7424. **O. J. Lee, T. J. Bartlett,** Dearborn survey of faint red stars. Titanium oxide stars in zones +13.5° to +40.5°. Ann. Dearborn Obs. **5** part 4, mit 4 Fig., 1944. — Kurze statistische Diskussion des Dearborn-Katalogs schwacher roter Sterne mit Titanoxyd-Banden der Zonen +13°5 bis +40°5.

7425. **O. J. Lee, G. D. Gore, T. J. Bartlett,** Dearborn survey of faint red stars. Titanium oxide stars in zones +40.5° to 90°. Ann. Dearborn Obs. **5** part 5, 6 S. mit 2 Fig., 1945. — Fortsetzung der statistischen Diskussion des Dearborn-Katalogs schwacher roter Sterne mit Titanoxyd-Banden fur die Zonen +40°5 bis +90°.

7426. **O. J. Lee, G. D. Gore, T. J. Bartlett,** Dearborn survey of faint red stars. Summary of Titanium oxide stars in this survey from declinations −4.5° to +90°. Ann. Dearborn Obs. **5** part 6, 9 S. mit 2 Fig. — Zusammenfassende statistische Betrachtung uber den Dearborn-Katalog schwacher roter Sterne mit Titanoxyd-Banden im Deklinationsbereich −4°5 bis +90°.

7427. **O. J. Lee, G. D. Gore, T. J. Bartlett,** Dearborn survey of faint red stars. Carbon stars in zones +40° to +90°. Ann. Dearborn Obs. **5** part 7, 6 S. mit 2 Fig., 1946. — Enthalt Liste der Örter, Helligkeiten und Spektren von 132 R- und N-Sternen (Nr. 234—365) und graphische Darstellung der galaktischen Verteilung.

7428. **W. J. Luyten, P. D. Jose, J. F. Foster,** Colors of two proper motion stars. Harv Card 681, 1944. — L 1244—26, L 1512—34,35.

7429. **W. J. Luyten, M. Dartayet,** Faint blue star. Harv Card 684, 1944.— LPM 474 = L 258 — 46.

7430. **E. G. Martin,** Stellar photometry in the southern hemisphere. Obs **66** 321—322, 1946.

7431. **V. Nikonov,** On the photoelectric colorimetry of the B 8—B 9 stars carried on at the Abastumani Astrophysical Observatory. Mitt. Akad. Wiss. grusin. Sowjetrepublik **3** 509—514, 1942.

7432. **E. Pettit,** Photometry of α Orionis. Publ ASP **57** 175—176, 1945.

7433. **F. Quénisset,** Séquences photographiques dans les Pléiades. BSAF **57** 180—181, mit 1 Fig., 1943.

7434. **L. V. Robinson,** Measuring the light from the stars. Pop Astr **51** 488—497, mit 4 Fig., 1943.

7435. **F. E. Ross, M. C. Joyner,** Magnitudes and Colours of Stars North of +80°. Vgl. AJB **43** Ref. **7412**. — Besprechung in Obs **64** 237—238.

7436. **E. W. Rybka,** Katalog photovisueller Sternhelligkeiten nördlich von 76° Deklination. Kiew Publ. Nr. **1** S. 212—214, 1946 (russisch).

7437. **R. H. Stoy, R. O. Redman,** The observational problem of stellar magnitudes and colours. Obs **66** 330—340, 1946. — Die Verf. unternehmen eine kritische Auseinandersetzung mit der gegenwärtigen Lage und den Erfordernissen auf dem Gebiet der Sternhelligkeiten und Farbenindizes, wobei u. a. Fragen der Genauigkeit, der Brauchbarkeit alterer Kataloge, der Instrumente und der Transformation verschiedener Systeme ineinander besprochen werden. Als notwendige Aufgaben für die Zukunft werden bezeichnet: Bestimmung von Helligkeiten aller Sterne bekannter Eigenbewegung, aller Vergleichsterne gut bekannter Veränderlicher, aller Sterne in Kapteynschen und anderen Eichfeldern bis zur schwachsten erreichbaren Große sowie von ausreichend vielen Sternen der Durchmusterungs- und astrographischen Kataloge, um ihr Helligkeitssystem auf ein homogenes reduzieren zu konnen. Micz.

7438. **E. Vandekerkhove,** Etude au sujet des magnitudes résultantes. BAB **3** 218—226, mit 2 Fig., 1943. — Ableitung von Formeln zur Berechnung der Gesamthelligkeit von zwei und mehr benachbarten, aber nicht getrennten Sternen.

7439. **G. de Vaucouleurs,** Photométrie photographique des étoiles brillantes. I. Réduction des mesures de Brill au système des magnitudes combinées de King. Ann d'Astrophys **9** 222—226, mit 5 Fig., 1946 = Contr. Inst. Astrophys. Paris (B) Nr. **4**. — Die Helligkeiten von Brill (Veroff. Berlin-Babelsberg **11** Nr. 2) werden auf das System von King (Harv Ann **76** Nr. 6) reduziert.

7440. **H. F. Weaver,** The development of astronomical photometry. Pop Astr **54** 211—230, 287—299, 339—351, 389—404, 451—464, 504—526, 1946. — Die Aufsatzreihe stellt eine Monographie uber die Entwicklung der Photometrie der Gestirne dar. Der Verf. unterscheidet dabei vier Perioden, die zwar ineinander übergreifen, jedoch durch die angewandte Technik klar charakterisiert sind. Die erste Periode beginnt mit Hipparch. Photometrische Angaben wurden mit dem bloßen Auge bzw. nach 1609 auch unter Verwendung eines Fernrohrs erhalten, ebenso gelegentlich auch Sternfarben. Die zweite Periode setzt mit der Einfuhrung des Photometers und der Aufstellung wohl definierter Helligkeitsskalen ein. Die dritte Periode ist durch photographisch-photometrische (einschließlich spektralphotometrische) Methoden gekennzeichnet. Fur die vierte Periode charakteristisch sind photometrische Verfahren, die sich des Bolometers, Pyrheliometers, Thermoelements, Radiometers, der Photozellen und Sekundarelektronenvervielfacher bedienen. In einem Schlußkapitel wird auf dringende photometrische Probleme und Aufgaben hingewiesen. Micz.

§ 75

Spektrum

7501. **F. P. Coheur,** Contribution à l'étude du spectre de bandes de la molécule TiO. Bull. Soc. roy. Sci. Liége **1943** 98—103, mit 2 Fig. = Inst. d'Astrophys. Liége Mém. Nr. **280**. — Es wird ein neues Bandensystem des Titanoxyd im Licht explodierender TiO-Drahte beobachtet und diskutiert.

7502. **D. N. Davis,** A search for thorium in late-type stars. Publ ASP **55** 41—42, 1943.

7503. **B. Edlén,** Das Bogenspektrum des Sauerstoffes, O I. Kgl. Svenska Vetenskapsakad. Handlingar (3) **20** Nr. 10, 31 S. mit 1 Fig. und 1 Tafel, 1943.

7504. **C. Fehrenbach,** Le spectre de l'étoile rouge J 2001. Ann d'Astrophys 8 26—28, mit 1 Fig., 1945 = Publ. Obs. Haute-Provence (A) Nr. **5**. — Das Spektrum enthalt, wie R Lep und S Cep, Banden des CN und fallt von 5640 Å rasch an Intensitat zum Blauen hin ab. Im Gegensatz zu beiden Sternen sind die D-Linien schwach, wahrend die Hα-Emission an Intensitat zwischen beiden steht. Loh.

7505. **A. Gatterer, J. Junkes, V. Frodl,** Atlas der Restlinien. Vol. **2**. Spektren der seltenen Erden. Vgl. AJB **45** Ref. **7501**. — Weitere Besprechung in Mem SA It (NS) **17** 275—276 (G. Abetti).

7506. **A. Gatterer, J. Junkes, V. Frodl,** Spektren der seltenen Erden. Vgl. AJB **45** Ref. **7501**. — Weitere Besprechung in Obs **66** 324—326.

7507. **W. A. Hiltner, R. C. Williams,** Photometric Atlas of Stellar Spectra. Vgl. AJB **45** Ref. **7504**. — Weitere Besprechung in Ann d'Astrophys **9** 100 (D. Chalonge), BSAF **61** 84—86 mit 1 Fig. (D. Chalonge), NAT **1946** 116—117, Obs **67** 69—70 unter dem Titel: Photometric tracings of stellar spectra, Publ ASP **58** 273—275 (O. C. Wilson), Sky and Telescope **6** Nr. 1 S. 15 (C. Payne-Gaposchkin).

7508. **D. Hoffleit,** with the observational collaboration of **E. J. Woodward,** The spectra and absolute magnitudes of bright M-type stars. Harv Circ Nr. **448**, 29 S. mit 18 Fig., 1942. — Auf Objektivprismenaufnahmen werden Spektraltyp und absolute Helligkeit von über 300 M-Sternen bestimmt und mit Ergebnissen anderer Herkunft verglichen. Die Übereinstimmung der Klassifizierung ist sehr gut, wenn die gleichen Kriterien benutzt werden. Verf. halt die spektroskopische Leuchtkraftbestimmung bei den M-Riesen fur weniger genau als bei den meisten anderen mittleren und späten Spektralklassen. Infolge der mangelhaften Kalibrierungsdaten sind Skala und Nullpunkt hier auch besonders unsicher. Die mittlere Streuung der abs. Helligkeit liegt bei nur $\pm 0^m.4$. Einige unregelmäßige Veranderliche kleiner Amplitude haben ähnliche absolute Helligkeiten wie die unveranderlichen Riesen. Micz.

7509. **J. Hunaerts, A. Velghe,** Détermination de longueurs d'onde effectives. BAB **3** 215—217, mit 3 Fig., 1943. — Die Verf. verwenden bei der Bestimmung effektiver Wellenlängen zur Festlegung der Intensitätsmaxima ein Registrierphotometer und erreichen dadurch eine merkliche Steigerung der Zuverlässigkeit des Resultats. Zwischen effektiven Wellenlangen und Farbenindizes der Polsterne wird ein Vergleich vorgenommen. Micz.

7510. **A. H. Joy,** Faint emission-line stars in the Taurus region. Publ ASP 58 244—245, 1946 (abstract).

7511. **A. S. King,** Scandium in the stars. Trans. Electrochem. Soc., Inc., New York **89** 301—305, 1946.

7512. **J. Klepešta,** Spektralatlas der helleren Sterne des nördlichen und südlichen Himmels. Enthalt Fixsterne der Helligkeit 5.1 und heller in der Spektralverteilung nach der Harvard-Skala. Erschien während des Krieges in wenigen, nicht öffentlich verbreiteten Exemplaren. — Besprechung in Himmelswelt **55** 48—49 (P. Wellmann).

7513. **H. Knox-Shaw,** Spectrophotometric work in the southern hemisphere. Obs **65** 173—174, 1944.

7514. **E. G. Martin,** Spectrophotometric work in the southern hemisphere. Obs **65** 76—77, 1943.

7515. **O. A. Melnikow,** Spektralphotometrie des Kohlenwasserstoffanteiles der G-Bande in den Spektren von sechs normalen Sternen und vier Cepheiden. Pulk Circ Nr. **31** S. 73—85, 1941 (russisch).

7516. **P. W. Merrill,** Stars with expanding atmospheres. ASP Leaflet Nr. **170,** 8 S., 1943.

7517. **P. W. Merrill,** A star with a rapidly expanding hydrogen atmosphere. Publ ASP **55** 40—41, 1943.

7518. **P. W. Merrill,** Forbidden lines of Ca II in a stellar spectrum. Phys Rev (2) **65** 152, 1944 (abstract).

7519. **P. W. Merrill,** Level of iron emission in the atmospheres of Me variable stars. Publ ASP **58** 304—305, 1946.

7520. **P. W. Merrill,** Iron in the stars. Scientia **40** 6—10, 1946.

7521. **W. W. Morgan, P. C. Keenan, E. Kellman,** An Atlas of Stellar Spectra: with an Outline of Spectral Classification. Vgl. AJB **45** Ref. 7505. — Besprechung in Obs **65** 127—129.

7522. **E. R. Mustel,** Distribution of energy in the continuous spectrum of stars of early classes I, II. RAJ **18** 297—311, 1941. RAJ **21** 133—142, 1944.

7523. **A. Pannekoek, G. B. van Albada,** A photometric study of some stellar spectra (δ Cephei, ϑ Cygni, π Cephei, δ Equulei). Part 2. Discussion of results. Publ. Astr. Inst. Univ. Amsterdam Nr. **6,** 116 S. mit 7 Fig., 1946. — Die Verf. fuhren eine Analyse des Spektrums von δ Cephei, ϑ Cygni, π Cephei und δ Equulei durch. Ihre Methode beruht auf einem Vergleich zwischen dem beobachteten und einem theoretisch berechneten Spektrum. Die Parameter des Aufbaues der Sternatmospharen werden durch eine Ausgleichung mit der Methode der kleinsten Quadrate gewonnen. Besonders diskutiert werden Zusammenhänge zwischen den Parametern und der Einfluß eines Fehlers des einen auf die anderen. Im Verlauf der Untersuchung wird der Frage des Einflusses instrumenteller und photographischer Effekte auf die Ergebnisse ausfuhrlich nachgegangen. Das entwickelte Verfahren erweist sich besonders zur Bestimmung von Temperatur und Turbulenz geeignet, die Ermittlung des Elektronendrucks ist weniger zuverlassig, und über die Schwerebeschleunigung an der Oberflache kann nur eine grobe Abschätzung gemacht werden. Micz.

7524. **J. Sahade,** Determinación de las intensidades de las líneas Hδ, G, Hγ y Hβ en los espectros estelares. Obs. Astr. La Plata, Ser. Astr. **20** Nr. 2 S. 35—41, mit 2 Fig., 1944. — Messung der Linientiefen von Hβ, Hγ, Hδ und G im Spektrum von **44** Sternen vom Typ B bis K.

7525. **G. A. Shajn,** The occurrence of carbon isotopes in the spectra of N type stars. Abastumani Bull. Nr. **6** 1—16, mit 2 Fig. und 2 Photos, 1942.

7526. **G. Shajn,** The occurrence of carbon isotopes in the spectra of N type stars. Obs **64** 255—259, mit 1 Fig., 1942. — Im Bereich der Swann- und Cyan-Banden wurden Isotopie-Effekte nachgewiesen ($C^{12} C^{12}$, $C^{13} C^{12}$, $C^{13} C^{13}$). Die gemessenen Wellenlängen sind in guter Übereinstimmung mit den theoretisch berechneten. Die Kohlenstoffbanden wurden im Spektrum einiger N-Sterne auch photometrisch untersucht. Aus der hohen relativen Haufigkeit des Moleküls $C^{13}C^{12}$ wird geschlossen, daß der Bethe-Zyklus in den N-Sternen nicht ablauft. Micz.

7527. **G. Schajn,** Kohlenstoffisotope in Sternspektren der Klasse N. DAN **35** Nr. 4 S. 99—102, 1942 (russisch).

7528. **G. A. Schajn,** Über das Wellenlangensystem in Sternspektren. DAN **45** Nr. 5 S. 57—60, 1944 (russisch).

7529. **O. Struve, P. Swings,** The problems of the A-type stars. Obs **64** 291—300, 1942. — Der Aufsatz enthalt eine Übersicht uber einige ratselhafte Besonderheiten der A-Spektren, darunter vor allem die bei manchen Sternen auffallige Schwache der K-Linie, Unvertraglichkeit der Linienintensitaten von Si II, Sr II, Mn II u. a. untereinander, das Auftreten sogenannter «Silizium»-, «Strontium»- usw. Sterne und das Phanomen der spektrumveranderlichen A-Sterne. Verf. betrachten die Eigentumlichkeiten unter dem Gesichtspunkt, daß es sich hier z. T. um Abweichungen vom thermodynamischen Gleichgewicht handelt, und machen besonders auf die Rolle aufmerksam, die dabei vielleicht die Lyman-Linien und das Lyman-Kontinuum spielen konnen. Micz.

7530. **O. Struve,** The story of Pleione. Pop Astr **51** 233—244, 1943. — Nach einer Einleitung uber Volkssagen und historische Beobachtungen, die sich auf die Plejaden beziehen, wird über die spektroskopischen Befunde an Plejone seit der Entdeckung einer hellen Hβ-Linie 1888 referiert. Ausfuhrlich werden die mit dem Auftreten eines Hullenspektrums 1938 beobachteten Erscheinungen diskutiert und dabei zahlreiche allgemeine Fragen, die mit dem Erscheinen von Emissionslinien bei B-Sternen zusammenhängen, insbesondere auch die Ausbildung von Ringen, besprochen. Abschließend werden einige kosmogonische Fragen, z. B. die Existenz hoher Rotationsgeschwindigkeit in offenen Sternhaufen, angeschnitten. Micz.

7531. **O. Struve,** The effect of diluted stellar radiation upon the spectra of astronomical objects. Physica **12** 739—760, mit 5 Abb., 1946. — Die mit der Ausbildung von Hullen zusammenhangenden Eigentümlichkeiten einiger Sterne, insbesondere Plejone, γ Cassiopeiae und ζ Tauri, werden beschrieben. Nach einer kurzen Darstellung der Rosselandschen Theorie zyklischer Übergange werden die Ionisationsverhaltnisse in den Hullen unter besonderer Berücksichtigung des Verdunnungsfaktors behandelt. In den Abbildungen werden Spektren einiger Hullensterne wiedergegeben. Micz.

7532. **Tcheng Mao-Lin, J. Dufay,** Les raies de Fe III dans le spectre d'émission et dans le spectre d'absorption de γ Cassiopeiae. JO **25** 1—9, 1942. — Eine statistische Diskussion der Koinzidenzen von Emissionslinien unbekannten Ursprungs im Spektrum von γ Cassiopeiae 1937—38 und Absorptionslinien im Spektrum des Sterns 1940 ergibt eine Anzahl von Koinzidenzen mit Fe III-Linien, die hoher ist als allein durch Zufall erklart werden kann. Nahezu alle Linien oberhalb einer bestimmten im Laboratorium beobachteten Intensitat finden sich neben zahlreichen schwacheren im Spektrum von γ Cassiopeiae wieder. Micz.

7533. **Tcheng Mao-Lin,** Note sur les spectres de quelques étoiles particulières à raies d'émission. Ann d'Astrophys **9** 120—122, 1946 = Publ. Obs. Haute-Provence (A) Nr. **9.** — Verf. beschreibt Spektren der drei Sterne HD 45910, HD 51480 und HD 58050 und leitet aus Hβ bis Hδ stark streuende Radialgeschwindigkeiten in Emission und Absorption ab. Für HD 45910 ergeben sich in Emission bzw. Absorption durchschnittlich +70 bzw. −200 km/sec, fur HD 51480 +120 bzw. −100 km/sec, fur HD 58050 nur in Emission +40 km/sec. Loh.

7534. **B. A. Vorontsov-Velyaminov,** Intensities and the photometric effect of bright bands in the spectra of six Wolf-Rayet stars and their temperature. RAJ **23** 3, 1946 (russisch mit engl. Zusammenfassung).

7535. A stellar flash spectrum. Obs **64** 274—275, 1942.—Ref. der Untersuchung von Joy in Publ ASP **54** 35.

7536. Chlorine in stellar atmospheres. Obs **64** 338—339, 1942. — Ref. zur Untersuchung von Sanford in Publ ASP **54** 158.

7537. Spectrum analysis of a dwarf B-star. Obs **64** 378—379, 1942. — Ref. der Untersuchungen von A. Unsold in ZfA **21** 1, 22 (AJB **43** Ref. **7543, 7544**).

7538. Metals in the stars. Obs **65** 199—201, 1944. — Bericht uber einen Vortrag von H. S. Jones. Vgl. AJB **45** Ref. **7539**.

7539. Heliumlinjer och interstellåra kalciumlinjer i vissa stjarnor i Orion. PAT **26** 157—158, 1945. — Besprechung der Arbeit von W. S. Adams in Publ ASP **56** Juni 1944.

7540. Metallic A-stars. Sky and Telescope **6** Nr. 1 S. 7, 1946. — Ref. AAS.

7541. Mitteilungen über Spektren einzelner Sterne

Außer dieser Liste sind auch noch die in diesem Paragraphen aufgeführten Referate einzusehen.

β Aur	M. K. Aly, Variations of line intensities in the spectrum of β Aurigae. Obs **66** 343—345, 1946.
UV Aur	R. F. Sanford, Emission lines in the spectrum of UV Aurigae. Publ ASP **56** 122, 1944.
SS Boo	R. F. Sanford, Bright H and K in the spectrum of SS Boötis. Publ ASP **57** 217, 1945.
η Car	E. Gaviola, El espectro de η Carinae. Rev. Union mat. argentina **11** 97.
γ Cas	Tcheng Mao-Lin, Le spectre de Gamma Cassiopeiae. Ann d'Astrophys **2**, **3**, **4** = Publ. Obs. Lyon (1) **2** Nr. 13, S. 461—534. — Vgl. AJB **43** Ref. **7541**/42.
	Tcheng Mao-Lin, J. Dufay. Vgl. Ref. **7532**.
	PAT **27** 69—72, 1946. γ Cassiopeiae.
ϱ Cas	BSAF **60** 188, 1946. — Notiz zu den in Amerika beobachteten Veränderungen.
α Cen	B. H. Dawson, El sistema estelar mas vecino al nuestro. Rev Astr **15** 51—100, mit 2 Fig., 1943. — Allgemeines.
δ Cep	A. Pannekoek, G. B. van Albada. Vgl. Ref. **7523**.
π Cep	A. Pannekoek, G. B. van Albada. Vgl. Ref. **7523**.
β Cru	E. P. Heilmeier, Lineas de emisión en el espectro de β Crucis. Rev Astr **14** 337—341, 1942.
ϑ Cyg	A. Pannekoek, G. B. van Albada. Vgl. Ref. **7523**.
BF Cyg	P. W. Merrill, The spectrum of BF Cygni. Publ AAS **10** 168, 1942. — Ref. AAS.
δ Equ	A. Pannekoek, G. B. van Albada. Vgl. Ref. **7523**.
R Gem	R. B. Baldwin, D. W. Hamlin. Vgl. Ref. **7401**.
β Lyr	P. W. Merrill, Interstellar lines in the spectrum of β Lyrae. Publ ASP **57** 306—307, 1945.
XX Oph	P. W. Merrill, C. G. Burwell, W. C. Miller, Rapid outward motions in the atmosphere of the iron star XX Ophiuchi. Publ ASP **58** 302—304, 1946.
α Ori	W. S. Adams, The spectrum of α Orionis. Publ ASP **57** 95—96, 1945.
Θ^1, Θ^2 Ori	W. S. Adams, Nebular absorption lines of helium and interstellar calcium in the spectra of Θ^1 and Θ^2 Orionis and neighboring stars. Vgl. Ref. **9103**.
υ Sgr	P. W. Merrill, Forbidden lines of ionized calcium in the spectrum of υ Sagittarii. Publ ASP **55** 242—244, 1943.
	P. W. Merrill, Stationary emission lines in the spectrum of υ Sagittarii. Publ ASP **56** 42—43, 1944.
UZ Tau	A. H. Joy, The spectrum of UZ Tauri in 1942. Publ ASP **55** 38—39, 1943.
BD +67° 922	R. E. Wilson, The spectrum of BD +67° 922. Publ ASP **55** 282—283, 1943.
	R. E. Wilson, The spectrum of BD +67° 922. Publ ASP **57** 309—310, 1945.

BD +15° 726	R. B. Baldwin, D. W. Hamlin. Vgl. Ref. 7401.
HD 44544	R. B. Baldwin, D. W. Hamlin. Vgl. Ref. 7401.
HD 45910	Tcheng Mao-Lin. Vgl. Ref. 7533.
HD 51193	F. J. Neubauer, C. G. Burwell, W. C. Miller, Disappearance of bright lines from the spectrum of HD 51193. Publ ASP 58 214, 1946.
HD 51480	Tcheng Mao-Lin. Vgl. Ref. 7533.
HD 58050	Tcheng Mao-Lin. Vgl. Ref. 7533.
HD 58881	R. B. Baldwin, D. W. Hamlin. Vgl. Ref. 7401.

§ 76

Temperatur, Strahlung

7601. **H. D. Babcock,** Visibility of a hot body. Publ ASP **55** 149—150, 1943.

7602. **F. P. Coheur,** Le rayonnement ultra-violet lointain des étoiles est-il beaucoup plus intense que celui du corps noir à la température effective stellaire? Ciel et Terre **55** 357—359, 1939 = Inst. d'Astrophys. Liége Mém. Nr. **259**. — Zusammenstellung von Gründen für die Postulierung einer gegenüber dem Planckschen Gesetz erhohten UV-Strahlung der Sonne und der Sterne. Micz.

7603. **F. P. Coheur,** Sur la mesure des températures au moyen des bandes moléculaires. Acad. roy. Belgique, Bull. Sci. (5) **28** 569—573, 1942 = Inst. d'Astrophys. Liége Mém. Nr. **278**. — Verf. weist darauf hin, daß die Verwendung von Molekülbanden zur Temperaturbestimmung sehr prekar ist und führt als Beispiel Temperaturmessungen an AlO-Banden (Kohlebogen) an. Micz.

7604. **E. Gullón,** Modernas ideas sobre la radiación estelar. Bol. Real Soc. Geográfica **82** 161—178, 1946.

* * **C. Payne-Gaposchkin, S. Gaposchkin,** Variable stars and the sources of stellar energy. Vgl. Ref. 8419.

7605. **B. Vorontsov-Velyaminov,** Preliminary spectrophotometric temperatures of the Wolf-Rayet stars. RAJ **22** 93—101, 1945.

7606. **A. Wilkens,** Determinaciones de temperaturas espectrográficas de estrellas dobles. Obs. Astr. La Plata, Ser. Astr. **20** Nr. 1 S. 1—35, mit 1 Fig., 1944. — Von 79 Doppelsternen des Südhimmels mit Spektraltypen B0 bis K3 werden spektralphotometrisch Temperaturen unter Annahme einer Temperatur der A0-Sterne von 11200° bestimmt. Sie dienen zur Berechnung der Radien, Massen und Dichten. Verf. macht abschließend über die Abweichungen ihrer Temperaturen von Standardwerten einige Bemerkungen. Micz.

7607. **B. A. Woronzow-Weljaminow,** Die Temperaturen der Wolf-Rayet Sterne. Kiew Publ. Nr. 1 S. 211, 1946 (russisch). — Nach den Intensitaten der hellen Banden ergeben sich Temperaturen um 90000°.

§ 77

Leuchtkraft, Durchmesser, Masse

7701. **P. Baize,** Les masses des étoiles et la relation empirique masse-luminosité. BSAF **57** 101—107, mit 1 Fig., 1943. — Besprechung der Arbeit des Verf. in Bulletin Astronomique **13** 123 (AJB **47** Ref. 7701).

7702. **P. L. Bhatnagar,** Luminosity-radius relation for white dwarf stars. Obs **65** 95—96, mit 1 Fig., 1943. — Verf. macht einige Bemerkungen über eine von ihm aufgestellte Leuchtkraft-Radius-Beziehung der weißen Zwerge.

7703. **D. Chalonge,** Les naines blanches. BSAF 58 163—164, 1944.

7704. **P. Couderc,** Les naines blanches. BSAF **59** 3—14, mit 4 Fig., 1945. — Der Aufsatz enthält einen zusammenfassenden Bericht uber die Eigenschaften der weißen Zwerge und die Theorien ihres Aufbaus, wobei insbesondere die Arbeiten von Chandrasekhar referiert werden. Micz.

* * **D. Hoffleit,** with the observational collaboration of **E. J. Woodward,** The spectra and absolute magnitudes of bright M-type stars. Vgl. Ref. 7508.

7705. **D. Hoffleit,** Spectroscopic absolute magnitudes of 365 southern K-type stars. Harv Circ Nr. **449,** 11 S. mit 7 Fig., 1943. — Fur 365 G8- bis K2-Sterne des Südhimmels mit scheinbarer Helligkeit 5^m—6^m5 werden spektroskopische Parallaxen bestimmt und mit Werten anderer Herkunft verglichen. Eine kurze Betrachtung wird der Häufigkeitsverteilung der absoluten Helligkeiten und — für die Riesen allein — ihrer Streuung gewidmet. Nach Beseitigung des Einflusses der Beobachtungsfehler ergibt sich die wirkliche Streuung zu nur $\pm$ 0^m48. Micz.

7706. **A. van Hoof,** Diameter en absolute magnitude van Y Aurigae. Wis- en Natuurkundig Tijdschrift **12** 166—173, mit 2 Fig., 1945 (flamisch mit engl. Zusammenfassung) = Publ. du Laboratoire d'Astronomie et de Géodésie de l'Univ. de Louvain **11** Nr. 105.

7707. **A. H. Joy,** A new dwarf Me star near BD +30° 4824. Publ ASP **55** 242, 1943.

7708. **P. van de Kamp,** Photographic determinations of stellar masses. Pop Astr **51** 175—185, 1943. Mit Berichtigung in Pop Astr **53** 47, 1945 = Sproul Obs. Repr. Nr. **36.** — Es werden die Formeln über die Beziehung zwischen scheinbarer und wahrer Bahn eines Doppelsterns, seiner Gesamtmasse und relativen Massen zusammengestellt; besonders eingegangen wird auf den Fall, daß nur eine Komponente sichtbar ist. Ein weiterer Teil des Aufsatzes behandelt die photographische Bestimmung von Doppelsternbahnen. Beigefugt ist ein Verzeichnis von 16 Doppelsternen mit gut bestimmten Massen. Micz.

7709. **W. J. Luyten, M. Dartayet,** New white dwarf. Harv Card 609, 1941. — LPM 139 = L 54—5.

7710. **W. J. Luyten, P. D. Jose, J. F. Foster,** New white-red dwarf double star. Harv Card 691, 1944. — L 1405—40.

7711. **W. J. Luyten,** Binary of white dwarfs. Harv Card 694, 1944. — LDS 275.

7712. **W. J. Luyten, P. D. Jose,** Van Biesbroeck's star. Harv Card 697, 1944. — Begleiter von BD +4° 4048.

7713. **W. J. Luyten, M. Dartayet,** Five new white dwarfs. Harv Card 699, 1945. — LPM 23, 488, 733, 821, BPM 8436.

7714. **W. J. Luyten, P. D. Jose,** New white dwarfs and intermediates Harv Card 712, 1945. — LDS 1, 235, 678.

7715. **W. J. Luyten, M. Dartayet,** A new faint white dwarf. Harv Card 712, 1945. — LPM 445 = L 38—80.

7716. **W. J. Luyten, P. D. Jose,** White dwarfs. Harv Card 771, 1946. — LDS 455, L 619—49/50, LDS 539, 683, 766, 785.

7717. **N. N. Lwow,** Über den Einfluß der Temperatur auf die Masse-Leuchtkraftfunktion. RAJ **18** 201—208, 1941 (russisch).

* * **A. van Maanen,** Variable stars with faint absolute magnitude. Vgl. Ref. 8409.

7718. **V. Maitre,** Calcul de masses, diamètres et densités d'étoiles par les indices de couleur et les magnitudes absolues. JO **26** 1—16, 73—88, mit 7 Fig., 1943. — Unter der Voraussetzung, daß die Sterne wie schwarze Korper strahlen, berechnet der Verf. aus photographischen absoluten Helligkeiten und Farbenindizes eines Katalogs von Öhman mit Hilfe der etwas modifizierten Masse-Leuchtkraftbeziehung von Eddington Massen und Radien von etwa 800 B-, A- und F-Sternen. Der 2. Teil der Arbeit enthält eine Fortsetzung des Katalogs der untersuchten Sterne und statistische Betrachtungen über gefundene Massen und Radien. Micz.

7719. **E. G. Martin,** The absolute magnitudes of the stars of type K 0. Obs **66** 82—87, 1945. — Auf Grund der bisherigen Arbeiten über die Haufigkeitsverteilung der absoluten Helligkeiten der K0-Sterne stellt der Verf. insbesondere über das Auftreten intermediarer K-Sterne zwischen Riesen- und Zwergast Betrachtungen an und kommt zu dem Schluß, daß die Existenz solcher Sterne z. Zt. noch nicht sichergestellt ist. Sie könnten durch Parallaxenprogramme für Sterne mit $6^m_.0 < m < 8^m_.0$ und mittlerer Eigenbewegung gefunden werden. Micz.

7720. **P. P. Parenago,** Über das Russell-Hertzsprung-Diagramm. RAJ **21** 223—229, 1944 (russisch).

7721. **P. P. Parenago,** Über die Bestimmung der Massen der Sterne aus ihrer galaktischen Konzentration oder der Dispersion der Geschwindigkeiten. RAJ **22** 267—270, 1945 (russisch).

7722. **P. P. Parenago,** The physical characteristics of subdwarfs. RAJ **23** 31, 1946 (russisch mit engl. Zusammenfassung).

7723. **L. V. Robinson,** Concerning our nearer celestial neighbors. Pop Astr **53** 429—441, mit 1 Fig., 1945.

7724. **H. N. Russell,** Physical characteristics of stellar companions of small mass. Publ ASP **55** 79—86, 1943.

* * **E. Schatzman,** Théorie du débit d'énergie des naines blanches. Vgl. Ref. **3717.**

7725. **L. P. Svetlova,** On the possible white dwarf HD 161817. RAJ **23** 147, 1946.

7726. A star of extremely low luminosity. Harv Card 678, 1944. — BD +4° 4048.

7727. The faintest star known. Obs **65** 203, 1944. — Nach Harv Card 678. Es handelt sich um einen schwachen Begleiter von BD +4° 4048, $M_{rot} = 19^m_.2$.

7728. Electronics and star diameters. Sky and Telescope **6** Nr. 1 S. 7—8, 1946. — Ref. AAS.

§ 78

Rotation, Magnetfeld

7801. **R. B. Baldwin,** Certain effects of rapid stellar rotation. Pop Astr **52** 134, 1944.

* * **P. L. Bhatnagar,** Radial oscillations of a rotating star. Vgl. Ref. **3703.**

* * **B. Caldonazzo,** Sopra alcune proprietà relative alle figure di equilibrio di liquidi rotanti. Vgl. Ref. **3302.**

7802. **S. K. Roy,** On polytropes rotating with variable angular velocity (in time). Proc. Nat. Acad. Sci. India (A) **12** 1—8, 1942. — Ref. in Math Rev 8 60.

* * **H. K. Sen,** Radial oscillations of a slowly rotating star. Vgl. Ref. **3722.**

7803. **O. Struve,** The cosmogonical significance of stellar rotation. Pop Astr **53** 201—218, 259—276, mit 9 Fig., 1945. — Der Aufsatz gibt eine übersichtliche Zusammenfassung des derzeitigen Standes unserer Kenntnisse von der Rotation der Sterne vorwiegend in empirisch-spektroskopischer Hinsicht. Der zweite Teil behandelt ausfuhrlicher die Rotation der Plejadensterne und bringt abschließend einige Betrachtungen über den Ursprung der Sternrotation. Kdr.

7804. **O. Struve,** Stellar rotation. Sky and Telescope **6** Nr. 1 S. 3—5, mit 3 Fig., 1946. — Allgemeinverstandliche Darstellung unter besonderer Berücksichtigung der Rotationsverhaltnisse in Bedeckungsveranderlichen. Loh.

7805. **J. Terletzky,** Induction of fast charged particles currents by rotating magnetized cosmic bodies. Acad. Sci. USSR J. Phys. **10** 377—382, 1946. — Ref. in Math Rev **8** 244.

7806. **J. P. Terlezkij,** Der kosmische Induktionsbeschleuniger. Abh. Lomonossow-Staatsuniv. Moskau Nr. **95** S. 62—67, 1946 (russisch).

7807. **J. P. Terlezkij,** Die Berechnung der Energie, die durch eine Ladung entsteht, welche durch das elektromagnetische Feld eines rotierenden magnetisierten Himmelskorpers beschleunigt wird. Abh. Lomonossow-Staatsuniv. Moskau Nr. **95** S. 214—216, 1946 (russisch).

Zehnter Teil

Doppelsterne

§ 81

Allgemeines

8101. **P. Baize,** Travaux récents sur les étoiles doubles. BSAF **57** 43—46, 61—62, 73—74, 1943. — Zusammenstellung aus verschiedenen Zeitschriften und Publikationen.

8102. **D. Barbier,** Sur la répartition des pôles des orbites des étoiles doubles. BA (2) **12** 411—414, mit 2 Fig., 1946. — Verf. zeigt, daß die Pole der Doppelsternbahnen keine Tendenz zu einer Haufung an irgendeiner Stelle der Sphare haben. Ein abweichendes fruheres Resultat war durch einen Rechenfehler entstellt. Micz.

8103. **D. Chalonge,** Découverte de nouveaux systèmes planétaires. BSAF **58** 109—111, 1944.

8104. **G. L. Clark,** The decay of the gravitational energy of a double star. MN **106** 457—463, 1946. — Die Abnahme der Gravitationsenergie in einem Doppelsternsystem wird nach demselben Verfahren behandelt, das Verf. in einer fruheren Arbeit (Proc. Roy. Soc. (A) **177** 245, 1941) zur Losung des analogen Problems für ein rotierendes System entwickelt hatte. Kdr.

8105. **A. Docobo Fernandez,** Medios práticos para determinar la velocidad areolar en las órbitas aparentes de las estrellas dobles. Rev. Geofísica **19** 299—344 (?), 1946.

8106. **M. Duruy,** Étoiles doubles pour instruments d'amateurs. BSAF **57** 27, 1943. — Verzeichnis von 85 Paaren.

8107. **R. Jonckheere,** Résultats d'une recherche d'étoiles doubles nouvelles. CR **214** 153, 1942. — Analyse von 2000 bis dahin gefundenen Paaren

* * **R. Jonckheere,** Micromètre à étoiles doubles de faible éclat. Vgl. Ref. 1303.

8108. **R. Jonckheere,** Sur les catalogues d'étoiles doubles et en particulier sur celui de R. G. Aitken. JO **27** 73—82, 1944.

8109. **R. Jonckheere,** Sur la découverte de 3200 étoiles doubles. CR **220** 680, 1945. — Analyse einer 40-jahrigen Überwachung.

8110. **P. van de Kamp,** The astrometric study of unseen companions to near-by stars. Publ ASP **55** Nr. 327, 7 S., 1943 = Sproul Obs. Repr. Nr. **40.** — Übersicht uber Plan und bisherige Erfahrungen eines 1937 vom Sproul Observatorium begonnenen Unternehmens, mit einem langbrennweitigen Refraktor veranderliche Eigenbewegungen aufzufinden, die nicht als parallaktische Bewegungen oder Wirkung von Fehlern gedeutet werden konnen. Aus den Beobachtungen sollen die Bahnen von Doppelsternen mit bisher nicht gesehenen oder überhaupt unsichtbaren Komponenten abgeleitet werden. Micz.

8111. **S. V. Kozlovskaya,** The distribution of orbital inclinations of visual binaries. RAJ **23** 299—313, mit 3 Fig., 1946 (russisch mit engl. Ref.). — Besprechung in Phys Ber **27** 130. — Es wird gezeigt, daß die zahlreichen Untersuchungen über die Verteilung der Bahnneigungen und die daraus resultierenden Schlusse nicht genügend gut fundiert sind. Die Verteilung der Neigungen der Bahnnormalen zum galaktischen Äquator zeigt bei 60° bis 70° ein Maximum und fällt zu 0° langsam, zu 90° schneller ab. Der Ursprung der visuellen Doppelsterne kann in Einfangen gesucht werden. Loh.

8112. **W. Krat,** Die Klassifikation enger Doppelsterne. RAJ **21** 20—26, 1944 (russisch).

8113. **W. M. Lossewa, W. M. Schtschigolew,** Die Hypothesen über die Entstehung stellarer Mehrfachsysteme. Fortschritte Astr. Wiss. **2** 251—273, 1941 (russisch).

8114. **W. M. Lossewa,** Der gegenwartige Stand der Frage nach den Altersmerkmalen der Doppelsternsysteme. Fortschritte Astr. Wiss. **2** 275—286, 1941 (russisch).

8115. **C. P. Olivier,** Double stars. Pop Astr **52** 417—428, 1944. — Verf. berichtet über die letzten 50 Jahre Doppelsternastronomie und beschreibt dabei die wichtigsten größeren Beobachtungs- und Durchmusterungsreihen sowie Kataloge. Besondere Beachtung finden die photographischen und interferometrischen Methoden und damit verbundene Fragen der Beobachtungsgenauigkeit. Auf Fragen der Bahn- und Massenbestimmung einschließlich solcher aus spektrographischen Beobachtungen wird kurz eingegangen. Micz.

8116. **H. N. Russell,** The determination of the elements of binary stars. Pop Astr **54** 162—176, 1946. — Überblick uber die Grundprinzipien der Bahnbestimmung von visuellen und spektroskopischen Doppelsternen sowie vor allem von Bedeckungsveränderlichen unter klarer Herausarbeitung der Problematik dieses Gebietes. Kdr.

8117. **P. J. Treanor,** On the telescopic resolution of unequal binaries. Obs **66** 255—258, mit 1 Fig., 1946. — Verf. stellt ein neues Kriterium für die instrumentelle Trennung eines Doppelsterns ungleich heller Komponenten auf. Die schwächere Komponente muß im Gebiet eines Beugungsminimums um die hellere Komponente liegen und die benachbarten Beugungsmaxima dürfen nicht heller sein als die schwache Komponente selbst. Die Gültigkeit der Bedingung wird an Hand von Erfahrungsmaterial gepruft. Micz.

* * **A. Wilkens,** Determinaciones de temperaturas espectrográficas de estrellas dobles. Vgl. Ref. **7606.**

§ 82

Visuelle Doppelsterne

8201. **D. Belorizky,** Sur les couples d'étoiles très distants. JO **28** 59—60, 1945.

8202. **R. Jonckheere,** Considérations sur la découverte de 3.200 étoiles doubles. JO **28** 17—25, 1945.

8203. **P. van de Kamp,** Report on measurements of double stars. Yearbook Am. Phil. Soc. **1940** 267, **1941** 95 = Sproul Obs. Repr. Nr. **27** und **29**.

8204. **J. Luyten,** Un reconocimiento de estrellas dobles que tienen componentes enanas blancas. Rev. Union mat. argentina **12** 94–98, 1940. — Betrifft 18 Doppelsterne, die als Komponenten weiße Zwerge besitzen. Sconzo

8205. **R. A. Rossiter,** Fifth list of new southern double stars found at the Lamont-Hussey Observatory of the University of Michigan at Bloemfontein, South Africa. Publ. Obs. Univ. Michigan **9** Nr. 1 S. 1 — 6, 1944. — Rst 4739—5179.

8206. **O. J. Schmidt,** Über die Entstehung der visuellen Doppelsterne und über die Besonderheiten ihrer Bahnen. DAN **44** 8—12, 1944 (russisch).

8207. **O. J. Schmidt,** Über die Neigung der Bahnebenen der visuellen Doppelsterne zur Ebene der Galaxis. DAN **49** 16—19, 1945 (russisch).

8208. **G. de Vaucouleurs,** Méthode de mesure précise des distances pour les étoiles doubles serrées. JO **28** 77—104, mit 18 Fig., 1945 = Publ. Obs. du Houga Nr. **12**. — Die Messung von Doppelsterndistanzen in der Nahe oder unterhalb der Auflosungsgrenze des Instruments ist mit Fadenmikrometern nicht mehr möglich. Verf. benutzt die durch die Duplizitat des Sterns hervorgerufene Abplattung seines Beugungsscheibchens zur Ermittlung der Distanz. Untersucht werden 15 Paare. Eine umfangreiche Fehlerdiskussion zeigt, daß es mit Instrumenten von 8 bis 20 cm Öffnung möglich ist, Distanzen zwischen 0\"1 und 1\" auf 0\"01 genau zu bestimmen. Diese Genauigkeit wird von den mikrometrischen Methoden nicht erreicht, abgesehen davon, daß es sich um Distanzen handelt, die unter der Trenngrenze liegen. Micz.

8209. **E. Vidal Abascal,** Métodos para el paso de la órbita aparente a la relativa en un sistema doble. Rev. Geofísica **17** 21—24, 1946.

8210. **Beobachtungen von visuellen Doppelsternen**

G. Armellini, Misure micrometriche di stelle doppie. Acta Pontificia Acad. Sci. **9** 37—64, 1946 = Oss. e Museo Astr. Roma, Contr. Sci. (NS) Nr. **124**. — Beobachtungen von 120 visuellen Doppelsternen zwischen 1927 und 1945.

P. Baize, Mesures de l'étoiles doubles faites à l'équatorial de 0m305 de l'Observatoire de Paris. JO **25** 28—33, 1942. — Liste enthält 74 Sterne.

P. Baize, Mesures d'étoiles doubles faites à l'équatorial de 0m305 de l'Observatoire de Paris. JO **26** 68—72, 97—104, 1943. — Die Listen enthalten 43 + 82 Sterne.

P. Baize, Mesures d'étoiles doubles faites à l'équatorial de 0m305 de l'Observatoire de Paris. JO **27** 29—40, 1944. — Liste enthalt 124 Sterne.

P. Baize, Mesures d'étoiles doubles faites à l'équatorial de 0m305 de l'Observatoire de Paris. JO **28** 1—16, 41—58, 1945. — Die Listen enthalten 165 + 183 Sterne.

M. Duruy, Observations d'étoiles doubles faites en 1940. JO **25** 53—60, 1942. — Liste enthalt 88 Sterne.

M. Duruy, Observations d'étoiles doubles faites en 1940. JO **26** 17—20, 1943. — Enthalt 35 Sterne.

M. Duruy, Mesures d'étoiles doubles à Saint-Genis-Laval (Rhône) en 1941—1942. JO **27** 50—52, 83—88, 89—104, 1944. — Die Listen enthalten 19 + 69 + 99 Sterne.

J. O. Fleckenstein, Doppelsternbeobachtungen. Verhandlungen der Naturf. Ges. in Basel **56** 119—122, 1945. — 30 hellere Paare.

P. Fox, Measures of double stars. Ann. Dearborn Obs. Vol. **6**, 42 S., 1946. Vorwort O. J. Lee, Einleitung G. van Biesbroeck.

W. P. Hirst, Double star measures — second series. MN **106** 154—156, 1946. — Liste enthält 48 Sterne.

G. M. Iannini, Medidas micrometricas de estrellas dobles. Obs. Astr. La Plata, Ser. Astr. **6** Nr. 8, S. 140—142, 1942. — Beobachtungen von 36 Doppelsternen.

R. Jonckheere, Etoiles doubles nouvelles découvertes à l'Observatoire de Marseille (Cinquième liste). JO **25** 11—15, 1942. — Enthalt die Sterne J 1829—J 2000.

R. Jonckheere, Mesures d'étoiles doubles faites à l'Observatoire de Lille. JO **25** 15—18, 1942. — Liste enthalt 47 Sterne.

R. Jonckheere, Etoiles rouges et étoiles doubles nouvelles découvertes à l'Observatoire de Marseille. JO **25** 25—27, 1942. — Sterne Nr. J 2001—J 2100.

R. Jonckheere, Etoiles doubles nouvelles découvertes à l'Observatoire de Marseille (Septième liste). JO **25** 78—80, 1942. — Enthalt die Sterne J 2101—J 2192.

R. Jonckheere, Etoiles doubles nouvelles découvertes à l'Observatoire de Marseille (Huitième liste). JO **26** 28—36, 1943. — Enthalt die Sterne J 2193—2501.

R. Jonckheere, Etoiles doubles découvertes à l'Observatoire de Nice (Neuvième liste). JO **27** 1—4, 1944. — Enthalt die Sterne J 2502—J 2585.

R. Jonckheere, Etoiles doubles découvertes à l'Observatoire de Lille (Dixième liste). JO **27** 5, 1944. — Enthält die Sterne J 2586—J 2598.

R. Jonckheere, Le télescope de 1 m. 20 de l'Observatoire de Haute Provence (Onzième liste d'étoiles doubles). JO **27** 6—7, 1944. — Enthalt die Sterne J 2599—J 2608.

R. Jonckheere, Etoiles doubles nouvelles découvertes à l'Observatoire de Marseille (Douzième liste). JO **27** 7—10, 1944. — Enthalt die Sterne J 2609—J 2707.

R. Jonckheere, Mesures d'étoiles doubles faites à l'Observatoire de Nice. JO **27** 11—16, 1944.

R. Jonckheere, Etoiles doubles nouvelles découvertes à l'Observatoire de Marseille (Treizième liste). JO **28** 26—39, 1945. — Enthalt die Sterne J 2708—3200.

R. Jonckheere, Mesures d'étoiles doubles effectuées avec le télescope de 0 m. 80 de l'Observatoire de Marseille. JO **29** 49—61, 1946. — Liste enthält 175 Sterne.

P. Muller, Mesures d'étoiles doubles. JO **29** 69—86, 1946. — Enthalt 152 Sterne.

G. Rougier, P. Sémirot, Mesures d'étoiles doubles au micromètre à double image de Muller. JO **27** 57—72, 1944. — Enthalt 170 Sterne.

8211. Mitteilungen über einzelne visuelle Doppelsterne

ADS 7114 P. Baize, Système stellaire des 2 étoiles 9 ι et 10 Ursae-Majoris. BSAF **57** 11, 1943.

β 311 G. M. Iannini, Posible movimiento rectilíneo de β 311. Obs. Astr. La Plata, Ser. Astr. **6** Nr. 8, S. 143, 1942.

J 289	R. Jonckheere, Sur les couples J 289 et J 1246. JO **28** 58, 1945. — Vergleich mit Örtern nach Aitken (1932).
J 1246	R. Jonckheere. Vgl. J 289.
ξ Boo	K. A. Strand, The triple system ξ Boötis. Publ ASP **55** 28—29, 1943 = Sproul Obs. Repr. Nr. **34**.
61 Cyg	K. A. Strand, 61 Cygni as a triple system. Publ ASP **55** 29—32, mit 1 Fig., 1943 = Sproul Obs. Repr. Nr. **34**.
μ Dra	K. A. Strand, The triple system μ Draconis. Publ ASP **55** 26—28, mit 1 Fig., 1943 = Sproul Obs. Repr. Nr. **34**.
10 UMa	P. Baize, Système stellaire des 2 étoiles 9 ι et 10 Ursae-Majoris. BSAF **57** 11, 1943.
ι UMa	= ADS 7114.

8212. Elemente visueller Doppelsterne

ADS 1631	S. Arend, Orbite de l'étoile double ADS 1631 = BDS 1074 = Σ 208 = 10 Arietis. BAB **3** 205—206, 1943.
ADS 1737	P. Baize, Eléments orbitaux de six étoiles doubles. JO **26** 93—96, 1943.
ADS 2446	P. Baize. Vgl. ADS 1737.
ADS 2765	S. Arend, Orbite de l'étoile double ADS 2765 = BDS 1849 = OΣ 62. BAB **3** 294—295, 1945.
ADS 3098	S. Arend, Orbite de l'étoile double ADS 3098 = BDS 2088 = Σ 511. BAB **3** 245—246, 1944.
ADS 8419	P. Baize, Eléments orbitaux des étoiles doubles Σ 3123 et Kruger 60. BSAF **58** 82—84, 1944.
ADS 8987	A. Danjon. JO **25** 68—69, 1942.
ADS 10585	P. Baize. Vgl. ADS 1737.
ADS 11520	A. Danjon. JO **25** 66—67, 1942.
ADS 11871	P. Baize. Vgl. ADS 1737.
ADS 12145	P. Baize. Vgl. ADS 1737.
ADS 14360	P. Baize. Vgl. ADS 1737.
ADS 15176	A. Danjon. JO **25** 61—65, 1942.
ADS 15992	P. Baize, Eléments orbitaux des étoiles doubles Σ 3123 et Kruger 60. BSAF **58** 82—84, 1944.
ADS 16314	S. Arend. JO **27** 23—24, 1944.
Σ 208	= ADS 1631.
Σ 234	= ADS 1737.
Σ 511	= ADS 3098.
Σ 2576	= χ_1 Cyg.
Σ 2729	= ADS 14360.
Σ 3123	= ADS 8419.
OΣ 53	= ADS 2446.
OΣ 62	= ADS 2765.
OΣ 387	P. Baize, Orbites des étoiles doubles OΣ 387, β 513 et Furuhjelm 46. BA (2) **12** 365—380, mit 3 Fig., 1940.
24 Aqu	= ADS 15176.
ψ Arg	G. M. Iannini, Nueva determinación de la órbita de ψ Argus. Obs. Astr. La Plata, Ser. Astr. **6** Nr. 8 S. 144—147, 1942.
10 Ari	= ADS 1631.
χ_1 Cyg	P. Baize, Le système stellaire χ_1 Cygni — Σ 2576. BSAF **59** 180—183, mit 1 Fig., 1945.
70 Oph	H. N. Russell, The orbit of 70 Ophiuchi. Publ ASP **55** 104—106, 1943.
β 416	P. Baize, Eléments orbitaux de l'étoile double β 416 = Melb. 4. JO **29** 17—20, 1946.
β 513	P. Baize. Vgl. OΣ 387.

β 612	= ADS 8987.
β 648	= ADS 11871.
A 88	= ADS 11520.
A 351	= ADS 10585.
BDS 1074	= ADS 1631.
BDS 1849	= ADS 2765.
BDS 2088	= ADS 3098.
BDS 12008	= ADS 16314.
Furuhjelm 46	P. Baize. Vgl. OΣ 387.
	P. Baize, Orbite corrigée de Furuhjelm 46. BSAF **58** 62, 1944.
Ho 482	= ADS 16314.
Krüger 60	= ADS 15992.
Melb. 4	= β 416.
Secchi 2	= ADS 12145.

§ 83

Spektroskopische Doppelsterne

8301. **H. Berthomieu,** Sur la détermination des éléments orbitaux des étoiles doubles spectroscopiques par la relation masse-luminosité. CR **216** 472—474, 1943. — Ref in Phys Ber **26** 256.

8302. **S. Gaposchkin,** Remarks on ten spectroscopic binaries. Harv Bull Nr. **916** S. 13, 1942. — BD +40° 1196, BD +57° 28, Boss 613, Boss 4444, ζ CrB, 57 Cyg, AX Mon, δ Sge, υ Sgr, α Sco.

8303. **R. Tremblot,** Contribution à l'étude des étoiles à spectre composite. BA (2) **11** 377—407, mit 5 Fig., 1938. — Enthalt Mitteilungen von Radialgeschwindigkeiten und zum Teil von spektroskopischen Bahnelementen folgender Sterne: τ Per, γ Per, Boss 842, 52 Per, 58 Per, ζ Aur, 45 Cnc, τ UMa, 12 Com, Boss 4088, H. R. 6497 (H. D. 157978—9), Boss 4660, 59 Ser, 113 Her, δ Sge, 31 Cyg, 32 Cyg, H. D. 196088, α Equ, γ Cap, o And, 17 Cep, δ And, φ Psc, κ Per, ε Aur, Θ Vir, γ Lyr, ε Cyg, ξ Cyg, ζ Cyg, ε Cap.

8304. Mitteilungen über einzelne spektroskopische Doppelsterne

AE Aqr	A. H. Joy, AE Aquarii: an SS Cygni variable and spectroscopic binary. Publ ASP **55** 283—284, 1943.

8305. Elemente spektroskopischer Doppelsterne

ζ Aur	R. Tremblot. Vgl. Ref. 8303.
31 Cyg	R. Tremblot. Vgl. Ref. 8303.
32 Cyg	R. Tremblot. Vgl. Ref. 8303.
113 Her	R. Tremblot. Vgl. Ref. 8303.
τ Per	R. Tremblot. Vgl. Ref. 8303.
59 Ser	R. Tremblot. Vgl. Ref. 8303.
HD 157978—9	= HR 6497.
HR 6497	R. Tremblot. Vgl. Ref. 8303.

Elfter Teil

Veränderliche Sterne. Novae

§ 84

Veränderliche Sterne

8401. **H. Berthod-Zaborowski,** Recherche d'une deuxième correction au zéro de la relation période-luminosité et à la constante d'absorption dans l'espace interstellaire. Ann d'Astrophys **9** 123—131, mit 1 Fig., 1946.

8402. **T. P. Bhaskaran, Akbar Ali,** On the variability of X Orionis. J. Osmania Univ. (Sci. faculty) **11** 23—24, mit 2 Abb., 1943 = Nizamiah Obs. Repr. Nr. **3.** — Siehe Ref. 8551.

8403. **L. Campbell, L. Jacchia,** The Story of Variable Stars. Vgl. AJB **43** Ref. 8403, AJB **45** Ref. 8401. — Weitere Besprechung in Obs **64** 235—236, PAT **27** 155.

8404. **C. B. Ford,** Prediction correlations in the light curves of 30 long-period variable stars. Pop Astr **50** 535—547, mit 2 Fig., 1942. — Von Campbell (Pop Astr **48** 37) untersuchte Beziehungen zwischen verschiedenen Bestimmungsstucken der Lichtkurve von *o* Ceti werden zusammen mit weiteren an Hand von AAVSO-Beobachtungen von 30 langperiodischen Veranderlichen diskutiert. Sie erweisen sich z. T. als geeignet für Voraussagen über kommende Helligkeitsmaxima, insbesondere ihre Höhe. Micz.

8405. **P. Guthnick, H. Harting,** Lichtelektrisch-photometrische Untersuchungen. Abh. der Preußischen Akad. Wiss. **1944,** Math.-naturwiss. Klasse Nr. 1, 57 S. mit 17 Abb. — Es handelt sich um Messungen von Polaris, γ und ζ Ursae minoris, α Draconis, TX und ϱ Leonis, ζ Ursae majoris und der helleren Plejadensterne.

8406. **K. Himpel,** Hundert Jahre Veranderliche Sterne. Z. f. die gesamte Naturwissenschaft **10** 67—69, 1944.

8407. **A. H. Joy, G. van Biesbroeck,** Five new double stars among variables of the T Tauri class. Publ ASP **56** 123—124, 1944.

8408. **B. V. Kukarkin,** The study of variable stars in the U.S.S.R. Obs **66** 51—53, 1945.

8409. **A. van Maanen,** Variable stars with faint absolute magnitude. Publ ASP **57** 216, 1945.

8410. **M. Mayot,** Détermination statistique des composantes cycliques d'un phénomène: application aux étoiles variables. CR **223** 125—127, 1946.

8411. **D. B. McLaughlin,** The study of stellar variation. Pop Astr **53** 323—340, 369—388, mit 2 Fig., 1945. — Der Aufsatz berichtet uber die Entwicklung wahrend der letzten 50 Jahre und den gegenwartigen Stand einiger Gebiete der Veranderlichenforschung. Der erste Teil betrifft nach einer Einfuhrung die Cepheiden, Mira-Sterne, Halbregelmaßigen und roten Unregelmaßigen. Im zweiten Teil werden die sogenannte «Große Sequenz» (Periode-Leuchtkraft-Beziehung u. a.), die Novae und novaahnlichen Veranderlichen, U Geminorum-, R Coronae-Sterne sowie einige kleinere Gruppen behandelt. Ferner wird uber

Theorien des Lichtwechsels, insbesondere über die Modifizierung der Pulsationstheorie durch Schwarzschild berichtet. Kurz hingewiesen wird auf die Bedeutung der Veränderlichen für die Erforschung des Milchstraßensystems. Micz.

8412. **I. T. Mergentaler,** Vorläufige Ergebnisse der Untersuchung der Veränderlichen in den Feldern 71 und 83. Kiew Publ. Nr. **1** S. 224—226, mit 1 Fig., 1946 (russisch). — Felderkoordinaten: $\alpha = 6^h 30^m$, $\delta = +7^\circ\!.5$ (71) und $\alpha = 18^h 30^m$, $\delta = +7^\circ\!.5$ (83). Zunächst wird über Beobachtungen von HK Aql, BB Her und 107.1935 = BD +6° 3898 berichtet.

8413. **P. W. Merrill,** Level of hydrogen emission in the atmospheres of Me variable stars. Publ ASP **57** 178—179, 1945.

8414. **G. R. Miczaika,** Die Bewegung der langperiodischen Veränderlichen. Veröff. Landessternwarte Heidelberg **14** Nr. 7 S. 63—68, mit 2 Fig., 1946. — Unter Berücksichtigung einer von der Periode des Lichtwechsels abhängigen Sonnengeschwindigkeit werden für die langperiodischen Veränderlichen die Rotationskonstanten neu bestimmt. Das Ergebnis ist wie auch bei früheren Versuchen in geringer Übereinstimmung mit den aus anderen Sterngruppen erhaltenen Werten. Als Ursache wird die starke Zumischung von Schnelläufern zu den Langperiodischen angenommen. Die mittlere Restgeschwindigkeit der Langperiodischen ist ebenso groß wie die der unveränderlichen M-Sterne. Auch die N-, R- und S-Veränderlichen haben keine abweichenden Restgeschwindigkeiten. Eine Trennung der schnell- und normalbewegten Langperiodischen laßt eine Bevorzugung der kürzeren Perioden durch die ersteren erkennen. Abschließend werden einige kosmogonische Bemerkungen gemacht. Micz.

8415. **P. P. Parenago,** Über drei neue langperiodische Veränderliche. VS Bull **6** 21—22, 1946 (russisch).

8416. **C. Payne-Gaposchkin, S. Gaposchkin,** On the dimensions and constitution of variable stars. Wash Nat Ac Proc **28** 490—495, mit 4 Fig., 1942 = Harv Repr Nr. **247**. — Zusammenfassender Bericht über eine größere Untersuchung über Leuchtkraft und Durchmesser verschiedener Gruppen echter Veränderlicher sowie über ihre Zentraltemperaturen und die energieliefernden Prozesse (vgl. auch Harv Repr (2) Nr. **2**, Ref. 8419). Micz.

8417. **C. Payne-Gaposchkin, V. K. Brenton,** A study of the RV Tauri variables. Wash Nat Ac Proc **28** 496—500, mit 3 Fig., 1942 = Harv Repr Nr. **248**. — Die Note enthält eine zusammenfassende Darstellung der Ergebnisse einer größeren Untersuchung über die Eigenschaften der RV Tauri-Sterne (Harv Ann **113** Nr. 1, Ref. 8518), so vor allem ihre sekundären Charakteristika und ihre Beziehungen zu anderen Veränderlichen. Besonders hingewiesen wird auf UU Herculis, dessen Lichtwechsel alternierend RV Tauri- oder δ Cephei-ähnlich ist. Micz.

8418. **C. Payne-Gaposchkin, V. K. Brenton, S. Gaposchkin,** The variables of RV Tauri type. Harv Ann **113** 1—65, mit 18 Fig., 1943. — Enthält zumeist Karte, Vergleichssterne, Beobachtungen, Periode, Amplitude, Spektrum und eine statistische Diskussion.

8419. **C. Payne-Gaposchkin, S. Gaposchkin,** Variable stars and the sources of stellar energy. Proc. Amer. Phil. Soc. **86** Nr. 3, 10 S., mit 1 Fig., 1943 = Harv Repr (2) Nr. **2**. — Die Arbeit enthält eine summarische Übersicht über die physikalischen Bestimmungsstücke der Cepheiden, Langperiodischen, Halbregelmäßigen und Bedeckungsveränderlichen. Nach einer Betrachtung über Modelle ihres inneren Aufbaues werden die Zentraltemperaturen berechnet, die sich für die echten Veränderlichen als zu niedrig ergeben, um den Bethe-Zyklus wirksam werden zu lassen. Bei den meisten Bedeckungsveränderlichen ist er dagegen anzunehmen. Für die echten Veränderlichen wird die Möglichkeit von Kernprozessen, die auf Li, Be und B beruhen, als Energiequelle diskutiert. Micz.

8420. **L. Rosino,** Considerazioni sulla relativa frequenza e distribuzione delle variabili fisiche regolari. Mem SA It (NS) **17** 153—175, mit 3 Fig., 1946 = Pubbl. Oss. Astr. Bologna **4** Nr. 8. – Untersuchung uber die Wahrscheinlichkeit der Entdeckung physischer Veranderlicher in Abhängigkeit von der Form der Lichtkurve, der Amplitude und der Beobachtungsmethoden. Untersuchung der galaktischen Verteilung der physischen Veranderlichen und der Verteilung in den Kugelsternhaufen mit Berucksichtigung der selektiven Einflusse. F. Z.

8421. **R. F. Sanford,** Velocity changes in long-period variables of spectral class Ne. Publ ASP **56** 237—238, 1944.

8422. **G. A. Schajn,** Die Emissionslinien von Fe II in den Spektren der langperiodischen Veranderlichen. DAN **42** 254—257, 1944 (russisch).

8423. **G. A. Schajn,** Die Wasserstoff-Emissionslinien in den Spektren der langperiodischen Veranderlichen. DAN **44** 293—296, 1944 (russisch).

8424. **H. Schneller,** Vorausberechnete Maxima einiger Mirasterne für 1944. MVS Nr. 58—61, 1944.

8425. **H. Schneller,** Zur Klassifizierung der Veranderlichen. MVS Nr. 90—101, 1944. Anlage zum Bericht uber die interne Arbeitstagung auf der Sonneberger Sternwarte vom 5. bis 8. September 1944. — Enthalt in Nr. 93—97 ein neues Klassifizierungsschema.

8426. **T. E. Sterne,** Changes in the periods of variable stars. Vgl. Ref. 149.

8427. Specola Vaticana, Atlas Stellarum Variabilium, Series IX. Bearbeitet von J. Stein. Vgl. AJB **43** Ref. 8407. — Besprechung in Pop Astr **55** 564—565 (M. W. Mayall), Publ ASP **60** 135—137 (G. H. Herbig).

8428. Red variable star. Harv Card 618, 1942.

Bedeckungsveränderliche

8429. **J. Bouška,** Minima von Algol. RH **26** 171—173, 1945 (tschechisch). — Ephemeride fur das Jahr 1946 mit einer Beobachtungskarte und Richtlinien zur Beobachtung. Verf.

8430. **V. A. Bronsten,** On the brightness of a eclipsing system in D-hypothesis. RAJ **23** 41, 1946 (russisch mit engl. Zusammenfassung).

8431. **M. G. Fracastoro,** Ricerche sulla variabile ζ Aurigae durante l'eclisse del 1942. II. Ampiezze e fasi monochromatiche — spettro. Mem SA It (NS) **17** 191—196, mit 2 Fig., 1946 = Oss. e Mem. Osservatorio Astrofisico di Arcetri Nr. **63** 35—42. — In vier Wellenlangen werden die Amplituden der Helligkeitsanderung gemessen. Verzeichnis von identifizierten Linien in den Spektren des Veranderlichen. F. Z.

8432. **M. G. Fracastoro,** Ricerche sulla variabile ζ Aurigae durante l'eclisse del 1942. III. Considerazioni finali. Mem SA It (NS) **18** 33—39, 1946 = Oss. e Mem. Osservatorio Astrofisico di Arcetri Nr. **65** 81—89. — Im Einklang mit der Extinktionstheorie erhalt Verf. aus seinen Beobachtungen, daß das Verschwinden der B-Komponente von ζ Aurigae in unregelmaßiger Weise vor sich geht und dadurch eine inhomogene Atmosphare des Hauptsternes bedingt. F. Z.

8433. **M. G. Fracastoro,** Ricerche fotometriche su variabili ad eclisse con atmosfere estese. Ricerca Scientifica e Ricostruzione **16** Nr. 5—6, 3 S., 1946. — Hinweis auf die Bedeutung bestimmter Bedeckungsveranderlicher fur die Erforschung von ausgedehnten Sternatmospharen.

8434. **A. S. Gainullin,** Colorimetric investigation of AR Lacertae. Engelhardt Obs. Bull. Nr. **22** 3—42, 1943 (russisch mit engl. Ref.).

8435. **S. Gaposchkin,** Edgeless stars. Science **100** 393—397, 1944 = Harv Repr (2) Nr. 8. — Verf. erläutert die Bedeutung des Studiums der Bedeckungsveränderlichen und beschreibt insbesondere die Beobachtungen, die eine Abhängigkeit des Sternradius von der Wellenlänge des bei der Beobachtung verwendeten Lichtes verlangen. Abschließend werden einige Bemerkungen über die Theorie ausgedehnter Atmosphären gemacht. Micz.

8436. **P. Guthnick,** Untersuchungen über das System Beta Lyrae. Abh. der Deutschen Akad. Wiss. Berlin, Math.-naturwiss. Klasse, **1945/46** Nr. 1, 31 S. mit 5 Abb. — Ref. in AN **275** 272. — Die Untersuchungen beruhen auf neuen lichtelektrischen Helligkeitsmessungen in den Jahren 1943 und 1944 mit einem Orangerotfilter unter Hinzuziehung der älteren lichtelektrischen Helligkeitsmessungen im kurzwelligen Spektralbereich. Es zeigt sich, daß zwischen den beiden Komponenten des Systems ein in Zeiträumen von mehreren Jahren hin- und hergehender Massenaustausch stattfindet. Er ist die Hauptursache der langsamer verlaufenden groben Veränderungen der Lichtkurve. Zwischen 1916 und 1925 ging der Materiefluß überwiegend von der kleineren Komponente zur größeren, zwischen 1926 und 1933 umgekehrt von der größeren zur kleineren, zwischen 1934 und 1943 wieder in der ersten Richtung, so daß 1943/44 sehr nahe der gleiche Zustand des Systems bestand wie 1925/26. Sollte der Vorgang periodisch sein, so würde eine Periode von etwa 18 Jahren in Frage kommen. Verf.

8437. **M. Hack,** Ricerche su FF Aquilae. Mem SA It (NS) **18** 49—64, mit 4 Fig., 1946 = Oss. e Mem. Osservatorio Astrofisico di Arcetri Nr. **63** 91—108. — Monochromatische Lichtkurven für 9 Wellenlängen, effektive Temperaturen, Änderungen des Spektrums und Farbenindex für die ganze Dauer der Veränderung. F. Z.

8438. **A. R. Hogg,** Photoelectric observations of V Puppis. MN **106** 292—299, mit 2 Fig., 1946. — Eine photoelektrische Lichtkurve führt in Verbindung mit spektroskopischen Beobachtungen zu Dimensionen, Massen, Dichten usw., die zwischen älteren Bestimmungen aus photographischen und photovisuellen Lichtkurven liegen. Die Periode des Lichtwechsels scheint in 40 Jahren um 0^s1 abgenommen zu haben. Eine Apsidenbewegung kann jedoch nicht nachgewiesen werden. Micz.

8439. **A. van Hoof,** Bijdrage tot de berekening van de photometrische baan van eclipsvariabelen. Mededeelingen Kon. Vlaamsche Acad. van België, Kl. d. Wetensch. **6** Nr. 4, 47 S., mit 7 Fig., 1944. — Zur Berechnung der Bahnelemente von Bedeckungsveränderlichen werden Methoden entwickelt, die sich mehr auf die Amplituden der Minima als auf die Form der Lichtkurven stützen. Drei Fälle werden betrachtet: 1. Totale Bedeckung; nur das Hauptminimum ist beobachtet. 2. Totale Bedeckung; von beiden Minima sind die Amplituden bekannt. 3. Partielle Bedeckung; beide Minima sind beobachtet. Die Anwendungen erstrecken sich auf ζ Aur, RX Dra, YZ Cas, UX Mon, SW Cyg, U Cep, β Lyr. Loh.

8440. **A. van Hoof,** De Bedekkingsveranderlijken. Heelal **2** 5—14, 25—31, mit 4 Fig., 1946.

8441. **N. Iljassova,** XX Cephei. Engelhardt Obs. Bull. Nr. **24** 12—19, 1946 (russisch).

8442. **Z. Kopal,** Theoretical light curves of close eclipsing systems. Proc. Amer. Phil. Soc. **85** 399—431, mit 1 Fig., 1942 = Harv Repr (2) Nr. 1. — In der Arbeit werden explizite Ausdrücke für die Helligkeit enger Bedeckungsveränderlicher während und außerhalb der Verfinsterungen abgeleitet, wobei die

Abweichungen der Oberflächengestalt der Komponenten von der Kugelform infolge Rotation und gegenseitiger Gezeitenwirkung, die dadurch bedingte Helligkeitsverteilung auf den Sternscheibchen und die Randverdunkelung berucksichtigt werden. Der Reflexionseffekt und Komplikationen, die infolge der Bahnexzentrizitat auftreten, werden dagegen außer acht gelassen. Die Auswertung der Formeln setzt noch die numerische Berechnung einiger auftretender Funktionen voraus. Abschließend folgen einige Bemerkungen über die Anwendung auf praktische Falle. Kdr.

8443. **Z. Kopal,** An application of the method of least squares to the adjustment of photometric elements of eclipsing binaries. Proc. Amer. Phil. Soc. **86** 342—350, 1943 = Harv Repr (2) Nr. **4.** — Es wird ein Gleichungssystem zur Verbesserung der Bahnelemente von Bedeckungsveränderlichen mit der Methode der kleinsten Quadrate aufgestellt. Spharische Komponenten und Kreisbahnen werden vorausgesetzt. Die Koeffizienten der Korrektionsgleichungen können numerisch leicht aus den vorliegenden Tafeln der α-Funktion erhalten werden. Das Verfahren wird auf die Stebbinsschen Elemente von AR Cassiopeiae und α Coronae Borealis angewendet. Micz.

8444. **Z. Kopal,** The effects of reflection upon light and velocity curves of close binary systems. Proc. Am. Phil. Soc. **86** 351—363, mit 2 Fig., 1943 = Harv Repr (2) Nr. **3.** — Die Untersuchung behandelt zunächst den Reflexionsanteil im Gesamtlicht eines Bedeckungsveranderlichen inn- und außerhalb des Minimums. Elliptizitatseffekte in der Lichtkurve werden stärker durch die Änderung des Reflexionsanteils beeinflußt, als bisher angenommen wurde. — Der zweite Teil behandelt den Einfluß der Reflexion auf die Geschwindigkeitskurve spektroskopischer Doppelsterne. Ihre Amplitude wird verringert, ansteigender Ast steiler als abfallender. Die Amplitudenverringerung fuhrt zur Verkleinerung der Massenwerte, die aus Radialgeschwindigkeitskurven bestimmt werden. Die Deformierung der Kurvenform tauscht exzentrische Bahn mit einer Periastronlänge $\omega = 270°$ vor. Die zu hohe Exzentrizitäten vortäuschende Wirkung der Elliptizitat der Komponenten und der Reflexion genügt nicht, um die beobachtete Häufung der Periastronlangen spektroskopischer Doppelsterne bei $\omega = 90°$ zu erklaren. Micz.

8445. **Z. Kopal,** Some tables to facilitate computation of elements of eclipsing binaries. Proc. Amer. Phil. Soc. 88 145—149, 1944 = Harv Repr (2) Nr. **7.** — Einige Tafeln von Funktionen werden gegeben, die die Verbesserung der photometrischen Elemente von Bedeckungsveränderlichen mit Hilfe der Methode der kleinsten Quadrate und die Bestimmung der Abweichungen der Komponenten von der Kugelform durch Rotations- und Gezeitenwirkung erleichtern. Micz.

8446. **Z. Kopal,** Theoretical velocity curves of close binary systems. Proc. Amer. Phil. Soc. **89** 517—530, 1945 = Harv Repr (2) Nr. **11.** — Unter Berücksichtigung von Rotations- und Gezeitendeformierung der Komponenten werden theoretische Radialgeschwindigkeitskurven enger Doppelsterne abgeleitet. Die Wirkung der Rotations- und Gezeiteneffekte in- und außerhalb der Bedeckung wird sehr ausfuhrlich bis zu dem Genauigkeitsgrad behandelt, der dem derzeitigen Stand unserer Kenntnisse entspricht. Es wird vorgeschlagen, Radialgeschwindigkeitskurven enger Doppelsterne grundsatzlich von Rotations-, Gezeiten- und Reflexionseffekten zu befreien, ehe sie zur Bahnbestimmung benutzt werden, um systematische Fehler auszuschließen. Micz.

8447. **Z. Kopal,** An outline of the theory of atmospheric eclipses. Proc. Amer. Phil. Soc. **89** 590—600, 1945 = Harv Repr (2) Nr. **13.** — Fur enge Bedeckungsveränderliche, deren Komponenten von ausgedehnten Hullen umgeben sind, werden Gleichungen aufgestellt, die den Lichtverlust wahrend der atmospharischen Bedeckung als Funktion der geometrischen Verhaltnisse darstellen.

Dazu wird zunächst die optische Tiefe ausgedehnter kugelsymmetrischer Atmosphären und ihre absorbierende Wirkung bei verschiedenen Bedeckungstypen diskutiert. Ein abschließender Abschnitt ist der Frage gewidmet, wie aus Lichtschwankungen während der atmosphärischen Bedeckung die Struktur der ausgedehnten Hülle erschlossen werden kann. Micz.

8448. **Z. Kopal,** An Introduction to the Study of Eclipsing Variables. Vgl. AJB **45** Ref. 8402. — Weitere Besprechung in Ann d'Astrophys **9** 234, 1946 (A. Danjon), Math Rev 8 176 (D. Brouwer), Obs **67** 150—152 (A. Beer), Pop Astr **54** 384, Sky and Telescope **6** Nr. 8 S. 14—15 (J. E. Merrill), VS Bull **6** 222—224 (D. J. Martynow, W. Krat).

8449. **W. Krat,** Tables of auxiliary functions ψ und χ to determine the elements of eclipsing binaries. I. Poulk Circ **32** 87—91, 1941 (russ. mit engl. Übersetzung). — Für die Funktionen ψ und χ (RAJ **11** Nr. 5, 1934, **12** Nr. 1, 1935) sind Tafeln gerechnet worden.

8450. **W. Krat,** Über die Fehler der Bestimmung der Elemente von Bedeckungsveränderlichen. RAJ **21** 154—163, 1944 (russisch).

8451. **D. J. Martynow,** Die Bedeutung der Bedeckungsveränderlichen für die Erforschung der Natur der Sterne. Kiew Publ. Nr. **1** S. 183—192, 1946 (russisch). — Bericht über die sich aus dem Studium von β Per, U Cep, ζ Aur, VV Cep, β Lyr, RW Tau und V **444** Cyg ergebenden Hinweise auf die Natur der Sterne.

8452. **S. W. Nekrassowa, A. S. Badaljan,** Der Randverdunklungskoeffizient bei den Bedeckungsveränderlichen Z Normae und AR Cassiopeiae. Erewan Bull. Nr. **3** S. 3—16, 1940 (russisch).

8453. **O. Struve,** Emission lines of Ca II in eclipsing binaries. Ann d'Astrophys **9** 1—6, mit 1 Tafel, 1946. — Während die Wasserstoffringe in Systemen früher Spektralklassen Geschwindigkeiten haben, die die Bahngeschwindigkeit wesentlich übersteigen, gehören demgegenüber die Emissionsgebiete von Ca II in RW UMa (F 9, G 9) einer, und zwar der schwächeren Komponente an. Durch die gravitierende Wirkung des Hauptsternes entstehen Flutberge, deren Ca II-Emissionen zur Zeit der Quadraturen völlig, zur Zeit der Minima aber nur teilweise oder fast gar nicht sichtbar sind. Loh.

8454. **O. Struve,** Gaseous rings in close binary systems. Obs **66** 208—215, 1946. — Die in einer Reihe von Einzelarbeiten am McDonald Observatory gewonnenen Erkenntnisse über das Auftreten und Verhalten der sich um die heißeren Komponenten ($\approx$ Typ A) von einigen Bedeckungsveränderlichen erstreckenden Gasringe werden zusammenfassend diskutiert. Die Ringe, die sich in einigen Fällen auch außerhalb der Bedeckung durch Emissionslinien von H zu erkennen geben, befinden sich etwa im gleichen Ionisationszustand wie die Hüllen der Be-Sterne. Sind die H-Linien sehr stark, so treten auch Fe II-, Ca II- und Mg II 4481-Emissionen auf. Eine Erklärung der Ringemissionen durch schwarze Strahlung der heißeren Komponente stößt auf noch offen bleibende Schwierigkeiten. Kosmogonisch betrachtet scheinen die Ringe «Abfälle» aus der Zeit der Entstehung zu sein. Loh.

8455. **E. Tedeschini,** Curva di luce e orbita fotometrica di AK Herculis. Atti Accad. Sci. Torino **80**, 8 S., 1946 = Contr. Oss. Astr. Torino (NS) Nr. **7**. — Aus 170 visuellen photometrischen Beobachtungen des Bedeckungsveränderlichen werden Lichtkurve und Bahnelemente abgeleitet. F. Z.

8456. **S. D. Tscherny,** Die Stabilität von Bedeckungsveränderlichen. Kiew Publ. Nr. **1** S. 215—216, 1946 (russisch). — Unter bestimmten, zum Teil auf Darwin zurückgehenden Bedingungen wird die Stabilität von 23 Bedeckungsveränderlichen untersucht. Für β Lyr, V Pup und S Ant ergibt sich Instabilität, W UMa und GO Cyg liegen an der Grenze der Stabilität. Loh.

8457. **N. Tchudovitchev,** Photometrical investigation of the system of U Sagittae. Engelhardt Obs. Bull. Nr. **23** 3—36, mit 6 Fig., 1943 (russisch mit engl. Ref.). — Bestimmung der Bahn und der Dimensionen der Komponenten. Die Bahn ist fast kreisförmig (e ∼ 0.005); die hellere Komponente ist ein normaler B9-Stern, während die dunklere Komponente größer und stark elliptisch deformiert ist. W. Gl.

8458. **E. J. Woodward,** A study of four W Ursae Majoris stars. Harv Circ Nr. **446,** 32 S., mit 14 Fig., 1942. — W UMa, AK Her, VW Cep, SW Lac. Vgl. § 85.

8459. **E. J. Woodward,** Statistical study of W Ursae Majoris type eclipsing binaries. Harv Circ Nr. **447,** 9 S., mit 5 Fig., 1942. — Es wird zunachst eine neue Abgrenzung des W Ursae Maioris-Typs der Bedeckungsveränderlichen vorgeschlagen und ein Katalog solcher Sterne mit Angaben über Lichtwechsel und Bahnverhältnisse wiedergegeben. Das Material wird zur statistischen Diskussion verschiedener Zusammenhange dieser Größen benutzt. Micz.

8460. Algolminimer 1946. NAT **1946** 29 aus BAAH 1946.

Veränderliche vom Typ δ Cephei und RR Lyrae

8461. **W. Becker,** Pulsierende Sterne. Csillagászati Lapok **7** 1—18, mit 11 Abb., 1944 (deutsch mit ungarischer Zusammenfassung). — Nach Zusammenstellung der wichtigsten Eigenschaften der δ Cephei-Sterne und deren Deutung auf Grund der Pulsationsvorstellung wird die Richtigkeit der letzteren ausführlich diskutiert. Es wird gezeigt, daß das Baade-Bottlingersche Kriterium — Übereinstimmung der Kurven der Radiusänderungen aus den Radialgeschwindigkeiten einerseits, aus Helligkeit und Temperatur andererseits nach Form und Phase — bei Verwendung eines aus den Beobachtungen abgeleiteten Zusammenhangs zwischen Farbtemperatur und Strahlungstemperatur erfullt ist. Kdr.

8462. **L. Dezsö,** The short period Cepheid RU Piscium. Contr. Konkoly Obs. Budapest-Szabadsághegy Nr. **20,** 12 S., mit 3 Fig., 1945.

8463. **I. M. Gordon,** Die Dispersion der Leuchtkräfte der Cepheiden und die Absorption des Lichtes in den nachsten außergalaktischen Sternsystemen. RAJ **22** 259—266, 1945 (russisch).

8464. **I. M. Gordon,** Die Verteilung der Cepheiden in der Großen und Kleinen Magellanschen Wolke in Abhangigkeit von der Periode. Charkow Bull. Nr. **6** S. 8—9, 1946 (russisch).

8465. **I. Guman,** Die Perioden- und Lichtkurvenveränderungen von RR Lyrae. Csillagászati Lapok **7** 84—118, mit 9 Fig., 1944 (ungarisch).

8466. **A. van Hoof,** Een nieuwe methode ter bepaling van de lineaire diameter en de absolute magnitude van cepheïden. Mededeelingen Kon. Vlaamsche Acad. van Belgie, Kl. d. Wetensch. **5** Nr. 12, 46 S. mit 6 Fig., 1943. — Aus gleichzeitig beobachteten Lichtkurven, Farbenkurven und Radialgeschwindigkeitskurven werden auf Grund der Pulsationstheorie lineare Durchmesser und absolute Helligkeiten von Cepheiden — ζ Gem, δ Cep, S Sge — abgeleitet. Dabei ergeben sich folgende Schlüsse: 1. Das photographische Maximum (Minimum) geht dem visuellen voraus. 2. Der Farbenindex erreicht sein Minimum zwischen maximaler Kontraktion und maximaler Helligkeit. 3. Bei gleicher Helligkeit ist der Cepheid auf dem absteigenden Ast der Lichtkurve röter als auf dem aufsteigenden. 4. Die Farbenkurve ist der Lichtkurve sehr ähnlich. — Eine eventuelle Korrektion der Shapleyschen Periode-Leuchtkraftkurve dürfte klein sein. Loh.

8467. **O. A. Melnikov,** On the phases of variation of radii of the chromosphere and photosphere of Cepheids. Abastumani Bull. Nr. **6** 79—96 mit 4 Fig., 1942 (russisch mit engl. Ref.).

8468. **O. A. Melnikow,** Die kosmische Absorption nach den langperiodischen Cepheiden in Verbindung mit der Frage uber den Nullpunkt der Perioden-Helligkeitsbeziehung. Abastumani Bull. Nr. 8 S. 57—70, 1945 (russisch).

8469. **J. Mergentaler,** A new method of determination of the periods of Cepheids with an application to the star RX Aurigae. VS Bull **5** 335—340, 1940.

8470. **J. Mergentaler,** Some remarks on the various calculation-methods of the elements of Cepheid variables (with an application to the star RT Aurigae). RAJ **18** 209—213, 1941.

8471. **P. P. Parenago,** Kappa Pavonis. VS Bull **6** 57—62, mit 2 Fig., 1946 (russisch). — Die Diskussion samtlicher Epochen der Maxima ergibt gegen eine lineare Darstellung unregelmaßige Abweichungen, die nur durch sprunghafte Veranderungen der Periode erklart werden konnen. Die «Amplitude» betragt etwa $0\overset{d}{.}03$. Es wird vermutet, daß sich auch andere Cepheiden ähnlich verhalten, daß man aber bei den allgemein kleinen Veranderungen solche Sprunge durch lineare oder quadratische Darstellungen ausglattet. Loh.

* * **P. P. Parenago,** Die raumliche Bewegung der veranderlichen Sterne vom Typ RR Lyrae. Vgl. Ref. **9053.**

* * **H. K. Sen,** Radial oscillations of a variable star. Vgl. Ref. **3719.**

* * **H. K. Sen,** Adiabatic pulsations of the Cepheid variable. Vgl. Ref. **3720.**

8472. **H. K. Sen,** The rotating Cepheid. Proc. Nat. Acad. Sci. India (A) **13** 159—164, 1943. — Ref. in Math Rev **8** 60.

8473. **A. B. Severny,** On the pulsations of the outer layers of Cepheids. RAJ **23** 11, 1946.

8474. **H. Shapley,** Galactic and extragalactic studies, XVI. Photographic amplitudes of classical Cepheids. Wash Nat Ac Proc **28** 501—507, mit 3 Fig., 1942 = Harv Repr Nr. **249.** — In summarischer Form werden die Ergebnisse einer Studie über die photographischen Amplituden der δ Cephei-Sterne der Milchstraße und der Kleinen Magellanschen Wolke sowie ihrer Abhangigkeit von Periodenlange und absoluter Helligkeit mitgeteilt. Micz.

8475. **H. Shapley, V. McKibben,** Note on the variable stars in the center of the Small Magellanic Cloud. Harv Bull Nr. **916** 1—2, mit 1 Fig., 1942. — Die Haufigkeitsverteilung der Perioden der δ Cephei-Sterne der Kleinen Magellanschen Wolke unterscheidet sich von der der Sonnenumgebung. Im Kerngebiet kommen fast nur Sterne mit $P > 5^d$, ahnlich wie im Milchstraßensystem, vor. Micz.

8476. **O. Struve,** The spectra of the Cepheid variables. Obs **65** 257—273, mit 1 Fig., 1944. — Der Aufsatz vermittelt einen Überblick über die spektroskopischen Kenntnisse der δ Cephei-Sterne, wobei die mit dem Linienspektrum zusammenhangenden Erfahrungen weitaus im Vordergrund stehen und auf zahllose Einzelprobleme eingegangen wird. Besonders behandelt werden die Beziehungen der δ Cephei-Sterne zu den Überriesen und die spektralen Änderungen wahrend des Lichtwechsels, wobei der Verf. auch auf das Kontinuum zu sprechen kommt. Die Arbeit enthalt darüber hinaus Hinweise auf eine Menge durch Beobachtung und Theorie zu klarender Probleme. Micz.

8477. **Å. Wallenquist,** Pulserande och exploderande stjarnor. PAT **27** 103—122, mit 16 Fig., 1946.

8478. **W. Zessewitsch,** Über drei kurzperiodische Cepheiden. Odessa Bull. Nr. 1 S. 1—4, 1945 (russisch).

§ 85

Liste veränderlicher Sterne

8501. **M. D. Ashbrook,** Ninety-nine variable stars in Milky Way Field 359. Harv Ann **109** 31—33, 1942. — Enthalt von den Sternen H. V. 11551—11624 Ort, Helligkeit, Typ und zum Teil Elemente. Feldmitte $15^h 20^m$, $-25°$.

8502. **M. D. Ashbrook,** Fifty-nine variable stars in Milky Way Field 355. Harv Ann **109** 35—37, 1942. — Enthalt von den Sternen H. V. 11625—11674, 8375, 8400, 8416 Ort, Helligkeit (Max, Min), Typ und zum Teil Elemente. Feldmitte $11^h 54^m$, $-35°$.

8503. **J. Ashbrook,** Ephemeris corrections for seven Cepheid variables. Harv Bull Nr. **917** 10, 1943. — BS Aqr, CD Cyg, GH Cyg, V 402 Cyg, DH Peg, RV UMa, X Vul.

8504. **J. Bouška,** Beobachtungskarten der Veranderlichen. RH **27** Nr. 2, 3, 4, 6, 1946. — Karten der folgenden langperiodischen veranderlichen Sterne: T Cep, R Tri, R Cnc, V Boo, R Vir, R Cas, S CrB und R Dra. J. B.

8505. **E. H. Boyce,** Variable stars in MWF 361. Harv Ann **109** 9—13, 1942. — Enthalt von den Sternen H. V. 10516—10641 Ort, Helligkeit (Max, Min) und Typ sowie zum Teil Elemente. Feldmitte $16^h 20^m$, $-5°$.

8506. **E. H. Boyce, M. Huruhata,** One hundred and fifty-two new variable stars in MWF 11. Harv Ann **109** 19—24, 1942. — Enthalt von den Sternen H. V. 10909—11060 Ort, Helligkeit (Max, Min) und Typ sowie verschiedentlich Perioden. Von 16 weiteren Sternen wird Lichtwechsel vermutet. Feldmitte $17^h 30^m$, $+7\overset{\circ}{.}3$.

8507. **E. H. Boyce,** Eighty-one new variable stars in VSF 524 and 566. Harv Bull Nr. **917** 1—5, mit 2 Fig., 1943. — Feldmitten $3^h 15^m$, $-72°$ bzw. $3^h 20^m$, $-63°$.

8508. **I. G. Buttery,** Twenty-two new variable stars in MWF 10. Harv Ann **109** 25—26, 1942. — Enthalt von den Sternen H.V. 11061—11082 Ort, Helligkeit (Max, Min), Typ und mit Ausnahme von H. V. 11065 und 11066 Elemente. Feldmitte $12^h 40^m$, $-22°$.

8509. **L. Campbell,** Observations of variable stars by the American Association of Variable Star Observers. Harv Ann **110** Nr. 4 S. 101—152, 1942.

And R, T, U, V, W, X, Y, Z, RR, RU, RV, RW, RX, RY, RZ, ST, SV, SZ, TV, TY, UZ, VY
Aps S, T
Aqr R, S, T, U, V, W, X[1]), Y, Z, RR, RS
Aql R, S, V, W, X, Z, RR, RS, RT, RU, RV, RW, SY, TW, TY, UU, VW
Ara U
Ari R, S, T, U
Aur R, S, U, V, W, X, Z, RS, RU, SS, SV, UU, AB, AG
Boo R, S, U, V, Z
Cae R
Cam R, S, T, U, V, X, Z, RR, RY
Cnc R, T, U, V, W, RS, RV
CVn R, T, V
CMi R, S, T, U, V
Cap R, T, U, V, W, X, Y, Z, RR, RT, RV
Car R, S, U, Z, RR, RS, RV, RW, RY, RZ, AF, AG, l
Cas R, S, T, U, V, W, X, Y, Z, RR, RV, SS, WZ, γ
Cen R, T, U, W, X, RS, RT, RV, RX
Cep S, T, W, X, Y, Z, RR, RW, SS, μ
Cet R, S, T, U, V, W, X, Z, RS, o
Cha R, S
Col R, S, T
Com R

[1]) Druckfehler in Harv Ann **110** 142, 1. Spalte. Lies X Aqr **221321** anstatt **211321**.

CrA	R, S, T
CrB	R, S, T, V, W, X, Z, RR
Crv	R
Cyg	R, S, U, V, W, Z, RS, RT, RU, RV, RZ, SS, ST, SX, TT, TU, TW, TY, TZ, UX, WX, AF, AV, BG, EY, χ, P
Del	R, S, T, U[1]), X, Y, Z
Dor	R, β
Dra	R, T, U, V, W, X, Y, SV, UY, AB
Equ	R
Eri	T, U, W
For	R
Gem	R, S, T, U, V, X, Y, RS, SW, TV, TW
Gru	R, S, T, π
Her	R, S, T, U, W, RS, RT, RU, RV, RY, RZ, SS, SV, SX, TV
Hor	R, T
Hya	R, S, T, V, X, Y, RR, RS, RT, RU
Ind	R, S
Lac	R, S, RS, RV, RY
Leo	R, S, V, W, X, RY, TU
LMi	R, S, U
Lep	R, T
Lib	R, S, T, U, V, X, Y, Z, RR, RS, RT, RU
Lup	Y
Lyn	R, S, T, U
Lyr	S, U, V, W, X, Z, RS, RT, RU, RW, RX, RY, SZ, TU, AY, ER
Mic	R, S, U
Mon	R, V, X, Y, RR, SW
Mus	$12^h 29^m$ –67°
Nor	R, T
Oct	R, S, U
Oph	R, S, T, V, W, X, Z, RR, RS, RT, RU, RY, SS, TT, TX
Ori	R, S, T, U, V, W, AN, CI, CN, CZ, α
Pav	R, S, T, W, Y, $\varkappa$
Peg	R, S, T, V, W, X, Y, Z, RR, RS, RT, RU, RV, RW, RY, RZ, TW
Per	R, S, T, U, W, X, Y, RR, RU, RZ, SU, TX, TZ, UV, XX, AD
Phe	R, T, V
Pic	R, S, T, RR
Psc	R, S, U
PsA	R
Pup	U, W, Z, L_2
Pyx	S, T
Ret	R
Sge	R, V, SV
Sgr	R, S, T, Z, RR, RT, RU[2]), RW, RX, RY, ST, SW, TY, VX
Sco	R, S, W, X, Y, Z, RR, RS, RT, RU, RW, RZ, SV
Scl	S, U, V, W, X
Sct	R
Ser	R, S, T, U
Sex	S
Tau	R, S, T, V, W, Y, Z, RR, RU, RX, SU, TV, TX, XX
Tel	R, S, RR, $18^h 58^m$ –51°
Tri	R
Tuc	R, S, T, U
UMa	R, S, T, U, V, X, Z, RS, RX, RY, RZ, ST, SU, SW
UMi	R, S, T, U
Vel	W, Y, Z
Vir	R, S, T, U, V, Y, Z, RR, RS, RU, RV, SS, SU
Vol	R, S
Vul	R, V, RU

8510. **L. Campbell**, Variable star notes from the American Association of Variable Star Observers. Pop Astr **50** 165—166, 225—229, 278—281, 336—339, 392*, 451—455, 509—514, 567—570, mit 6 Fig., 1942.

8511. **L. Campbell**, Observations of variable stars by the American Association of Variable Star Observers. Harv Ann **110** Nr. 5 S. 153—177, 1943.

And	R, T, U, V, W, X, Y, Z, RR, RU, RV, RW, RX, RY, RZ, ST, SV, SZ, TV, TY, UZ, VY
Aps	S, T
Aqr	R, S, T, V, W, X, Y
Aql	R, S, X, Z, RV, RW, SY
Ara	U
Ari	R, S, T, U
Aur	R, U, V, W, X, Z, RS, RU, SS, SV
Boo	R, S, U, V, Z

[1]) Druckfehler in Harv Ann **110** 140, 5. Spalte. Lies U Del 204017 anstatt 204617.
[2]) Druckfehler in Harv Ann **110** 136, 4.—5. Spalte. Lies RU Sgr 1951**42** anstatt R Tel.

Cae R
Cam R, S, T, U, V, X, Z, RR
Cnc R, T, U, V, W, RV
CVn R, T
CMi R, S, T, U, V
Cap R, Z, RU
Car R, S, Z, RR, RV, RW, RY, RZ, AF, AG, l
Cas R, S, T, U, V, W, X, Y, Z, RR, RV, SS, WZ, γ, 0^h 47^m +46°
Cen R, T, U, W, X, RS, RT, RV, RX, AD
Cep S, T, Y, Z, RR
Cet R, S, U, V, W, X, Z, o
Cha R, S
Col R, S, T
Com R
CrB R, S, T, V, W, X, Z
Crv R
Cyg R, S, U, V, Z, RS, RT, RU, RZ, SS, ST, SX, TU, TW, TY, TZ, WX, AF, BG, χ
Del R, S, T, V, X, Z
Dor R, β
Dra R, T, W, X, Y, SV, AB
Equ R
Eri T, U, W
For R
Gem R, S, T, U, V, X, Y, RS, SW, TW
Gru R, S, T, 22^h 16^m −46°
Her R, S, T, U, W, RS, RT, RU, RV, RY, RZ, SS, SV, SX
Hor R, T
Hya R, S, T, V, X, Y, RR, RS, RT, RU
Ind R
Lac R, S, RS, RV, RY
Leo R, S, V, W, X, RY
LMi R, S, U
Lep R, T
Lib R, S, T, U, V, X, Y, RS, RT, RU
Lup R, S, Y, X
Lyn R, S, T, U
Lyr S, V, RT, RX, RY, SZ, TU, AY
Mic R, S
Mon R, V, X, Y, RR, SW
Mus 12^h 29^m −67°
Nor R, T
Oct R, S, U
Oph S, V, W, Z, RR, RS, RT, RU, RY, SS, TT, TX
Ori R, S, T, U, AN, CN, CZ, α
Pav R, S, T, W, Y, 18^h 46^m −67°
Peg R, S, V, W, Y, Z, RR, RS, RU, RV, RW, RZ
Per R, S, T, U, W, Y, RR, RU, RZ, TX, TZ, UV
Phe R, T, V
Pic R, S, T, RR
Psc R, S, U
PsA R
Pup U, W, Z, L_2
Pyx S, T
Ret R
Sge V
Sgr R, S, RU, RW, RX, RY
Sco R, W, X, Z, RR, RS, RU, RZ
Scl S
Sct R
Ser R, S, U
Sex S
Tau R, S, T, V, W, Z, RR, RS, RU, RX, SU, TV, TX, XX
Tel 18^h 58^m −51°
Tri R
Tuc R, S, T, U
UMa R, S, T, V, X, Z, RS, RZ, SU
UMi R, S, T, U
Vel W, Y, Z, XZ
Vir R, S, T, U, V, Y, Z, RR, RS, RU, RV, SS, SU
Vol R, S
Vul R, V, RU

8512. **L. Campbell,** Observations of variable stars by the American Association of Variable Star Observers. Harv Ann **110** Nr. 6, S. 179—216, 1943.

And R, T, U, V, W, X, Y, Z, RR, RU, RV, RW, RX, RY, SS, ST, SV, SZ, TV, TY, UZ, VY
Ant R
Aps S, T
Aqr R, S, T, U, V, W, X, Y, RR, RS, VW
Aql R, S, V[1]), W, X, Z, RR[2]), RS[3]), RT, RU, RV, RW, SY, TY
Ara U

[1]) Druckfehler in Harv Ann 110 204, 4. Spalte. Lies V Aql 185905 anstatt V Aqr
[2]) Druckfehler in Harv Ann 110 207, 4. Spalte. Lies RR Aql 195202 anstatt RR Aqr.
[3]) Druckfehler in Harv Ann 110 207, 4. Spalte. Lies RS Aql 195308 anstatt RS Aqr

Ari	R, S, T, U
Aur	R, U, V, W, X, Z, RS, RU, SS, SV
Boo	R, S, U, V, Z
Cae	R
Cam	R, S, T, U, V, X, Z, RR
Cnc	R, T, U[1]), V, W, RV
CVn	R, T
CMi	R, S, T, U, V
Cap	R, T, U, V, W, X, Y, Z, RR
Car	R, S, Z, RR, RV, RW, RY, RZ, AF, AG, l
Cas	R, S, T, U, V, W, X, Y, Z, RR, RV, SS, WZ, γ
Cen	R, T, U, W, X, RS, RT, RV, RX, AD
Cep	S, T, X, Y, Z, RR
Cet	R, S, U, V, W, X, Z, o
Cha	R, S
Col	R, S, T
Com	R
CrA	R, S, T
CrB	R, S, T, V, W, X, Z
Crv	R
Cyg	R, S, U, V, Z, RS, RT, RU, RV, RZ, SS, ST, SX, TU, TW, TY, TZ, UX, UY, WX, AF, AV, BF, BG, χ, P
Del	R, S, T, U, V, X, Y, Z
Dor	R, β
Dra	R, T, U, V, W, X, Y, SV, UY, AB
Equ	R
Eri	T, U, W
For	R
Gem	R, S, T, U, V, X, Y, Z, RS, SW, TW
Gru	S, T, π
Her	R, S, T, U, W, RS, RT, RU, RV, RY, RZ, SS, SV, SX, TV
Hor	R, T
Hya	R, S, T, V, X, Y, RR, RS, RT, RU
Ind	R, S
Lac	R, S, RS, RV, RY
Leo	R, S, V, W, X, RY
LMi	R, S, U
Lep	R, T
Lib	R, S, T, U, V, W, X, Y, RR, RS, RT, RU

Lup	R, S, X, Y
Lyn	R, S, T, U
Lyr	S, U, V, W, X, Z, RS, RT, RU, RW, RX, RY, SZ, TU, AY
Mic	R, S, U
Mon	R, V, X, Y, RY, SW
Mus	$12^h\,29^m\ -67°$
Nor	R, T
Oct	R, S, U
Oph	R, S, T, V, W, X, Z, RR, RS, RT, RU, RY, SS, TT, TX
Ori	R, S, T, U, V, CN, CZ
Pav	R, S, T, W, Y, $\varkappa$
Peg	R, S, T, V, W, X, Y, Z, RR, RS, RT, RU, RV, RW, RZ, AG
Per	R, S, T, U, W, Y, RR, RU, RZ, TX, TZ, UV, VW
Phe	R, T, V
Pic	R, S, T, RR
Psc	R, S, U
PsA	R
Pup	U, W, Z, L_2
Pyx	S, T
Ret	R
Sge	R, V
Sgr	R, S, T, Z, RR, RU, RV, RW, RX, RY, ST, SU, SW, TY, VX
Sco	R, S, W, X, Y, Z, RR, RS, RT, RU, RZ, SV
Scl	S
Sct	R, RT
Ser	R, S, T, U, W, UZ
Sex	S
Tau	R, S, T, V, W, Z, RR, RU, RX, SU, TV, TX, XX
Tel	R, S, RR, $18^h\,58^m\ -51°$
Tri	R
Tuc	S, T, U
UMa	R, S, T, V, X, Z, RS, RZ, SU
UMi	R, S, T, U
Vel	W, Y, Z, XZ
Vir	R, S, T, U, V, Y, Z, RR, RS, RU, RV, SS, SU
Vol	R, S
Vul	R, V, RU

8513. **L. Campbell,** Variable star notes from the American Association of Variable Star Observers. Pop Astr **51** 50—53 mit 1 Fig., 99, 226—229 mit 1 Fig., 281—285 mit 1 Fig., 343—345, 400, 459, 518—523 mit 1 Fig., 568—571, 1943 = Harv Repr **259**.

[1]) Druckfehler in Harv Ann **110** 185, 7. Spalte. Lies U Cnc 083019 anstatt V Cnc.

8514. **L. Campbell,** Observations of variable stars by the American Association of Variable Star Observers. Harv Ann **110** Nr. 7 S. 219—260, 1944.

And	R, T, U, V, W, X, Y, Z, RR, RT, RU, RV, RW, RX, RY, RZ, SS, ST, SV, SZ, TV, TY, UZ, VY
Aps	S, T
Aqr	R, S, T, U, V, W, X, Y, RR, RS
Aql	R, S, W, X, Z, RR, RS, RT, RU, RV, RW, SY, TY, VW
Ara	U
Ari	R, S, T, U
Aur	R, U, V, W, X, Z, RS, RU, SS, SV, XZ
Boo	R, S, U, V, Z
Cae	R
Cam	R, S, T, U, V, X, Z, RR
Cnc	R, T, U, V, W, RV
CVn	R, T
CMi	R, S, T, U, V
Cap	R, T, U, V, W, X, Y, Z, RR, RU
Car	R, S, Z, RR, RV, RW, RY, RZ, AF, l
Cas	R, S, T, U, V, W, X, Y, Z, RR, RV, SS, WZ, γ
Cen	R, T, U, W, X, RS, RT, RV, RX, AD
Cep	S, T, X, Y, Z, RR
Cet	R, S, U, V, W, X, Z, o
Cha	R, S
Col	R, S, T
Com	R
CrA	R, S, T
CrB	R, S, T, V, W, X, Z
Crv	R
Cyg	R, S, U, V, Z, RS, RT, RU, RV, RZ, SS, ST, SX, TU, TW, TY, TZ, UX, UY, WX, AF, AV, BF, BG, χ, P
Del	R, S, T, U, V, X, Y, Z
Dor	R, β
Dra	R, S, T, U, V, W, X, Y, SV, UY, AB
Equ	R
Eri	T, U, W
For	R
Gem	R, S, T, U, V, X, Y, RS, SW, TW
Gru	R, S, T, π
Her	R, S, T, U, W, RS, RT, RU, RV, RY, RZ, SS, SV, SX, TV
Hor	R, T
Hya	R, S, T, V, X, RR, RS, RT, RU
Ind	R, S
Lac	R, S, RS, RV, RY
Leo	R, S, V, W, X, RY
LMi	R
Lep	R, T
Lib	S, V, Y, RS
Lup	R, S, X, Y
Lyn	R, S, T, U
Lyr	S, U, V, W, X, Z, RS, RT, RU, RW, RX, RY, SZ, TU, UZ, AY, ER
Mic	R, S
Mon	R, V, X, Y, RR, SW
Mus	$12^h 29^m -67°$
Nor	R, T
Oct	R, S, U
Oph	R, V, W, X, Z, RR, RS, RT, RU, RY, SS, TT, TX
Ori	R, S, T, U, V, AN, CN, CZ, α
Pav	R, S, T, W, Y, $\varkappa$
Peg	R, S, T, V, W, X, Y, Z, RR, RS, RT, RU, RV, RW, RZ, AG
Per	R, S, T, U, W, Y, RR, RU, RZ, TX, TZ, UV
Phe	R, T, V
Pic	R, S, T, RR
Psc	R, S, U
PsA	R
Pup	U, W, Z, L_2
Pyx	S, T
Ret	R
Sge	R, V, SV
Sgr	R, S, T, Z, RR, RU, RV, RW, RX, RY, ST, SU, TY, VX
Sco	R, S, W, Z, RR, RS, RT, RU RZ, SV
Scl	S, U, V, X
Sct	R
Ser	R, S, T, U, W, RT, UZ
Sex	S
Tau	R, S, T, V, W, Z, RR, RU, RX, SU, TV, TX, XX
Tel	R, S, RR
Tri	R
Tuc	R, S, T, U
UMa	R, S, T, V, X, Z, RS, RZ, SU, SW
UMi	R, S, T, U
Vel	W, Y, Z, XZ

Vir R, S, T, U, V, Y, RS, RU, SS, SU
Vol R, S
Vul R, V, RU

8515. **L. Campbell,** Observations of variable stars by the American Association of Variable Star Observers. Harv Ann **110** Nr. 8 S. 261—329, 1944.

And R, T, U, V, W, X, Y, Z, RR, RU, RV, RW, RX, RY, RZ, ST, SV, SZ, TV, TY, UZ, VY
Ant R
Aps S, T
Aqr R, S, T, U, V, W, X, Y, RR, RS, VZ
Aql R, S, W, X, Z, RR, RS, RT, RU, RV, RW, SY, TY, UU, VW, PX
Ara U, RW
Ari R, S, T, U
Aur R, U, V, W, X, Z, RS, RU, SS, SV, XZ
Boo R, S, U, V, Z
Cae R
Cam R, S, T, U, V, X, Z, RR
Cnc R, T, U, V, W, RV
CVn R, T
CMi R, S, T, U, V
Cap R, T, U, V, W, X, Y, Z, RR, RU
Car R, S, Z, RR, RV, RW, RY, RZ, AF, l
Cas R, S, T, U, V, W, X, Y, Z, RR, RV, SS, UV, WZ, γ, $0^h\,47^m$ +46°
Cen R, T, U, W, X, RS, RT, RV, RX, AD
Cep S, T, X, Y, Z, RR
Cet R, S, U, V, W, X, Z, *o*
Cha R, S
Col R, S, T
Com R
CrA R, S, T
CrB R, S, T, V, W, X, Y, Z, RR
Crv R
Cyg R, S, U, V, Z, RS, RT, RU, RV, RZ, SS, ST, SX, TU, TW, TY, TZ, UX, WX, AF, AV, BG, χ, P
Del R, S, T, U, V, X, Y, Z
Dor R, β
Dra R, T, U, V, W, X, Y, SV, UY, AB
Equ R
Eri T, U, W
For R
Gem R, S, T, U, V, X, Y, Z, RS, SW, TW
Gru R, S, T, π
Her R, S, T, U, W, RS, RT, RU, RV, RX, RY, SS, SV, SX, TV, UU
Hor R, T
Hya R, S, T, U, V, X, Y, RR, RS, RT, RU
Ind R, S
Lac R, S, RS, RV, RY
Leo R, S, V, W, X, RY
LMi R, S, U
Lep R, T
Lib R, S, T, U, V, W, X, Y, RR, RS, RT, RU
Lup R, S, X, Y
Lyn R, S, T, U
Lyr S, U, V, W, X, Z, RS, RT, RU, RW, RX, RY, SZ, TU, AY, ER
Mic R, S, U
Mon R, V, X, Y, RR, SW
Mus $12^h\,29^m$ −67°
Nor R, T
Oct R, S, U
Oph R, S, T, V, W, X, Z, RR, RS, RT, RU, RY, SS, TT, TX, XX
Ori R, S, T, U, V, AN, CN, CZ
Pav R, S, T, W, Y, $\varkappa$
Peg R, S, T, V, W, X, Y, Z, RR, RS, RT, RU, RV, RW, RZ
Per R, S, T, U, W, Y, RR, RU, RZ, TX, TZ, UV
Phe R, T, V
Pic R, S, T, RR
Psc R, S, U
PsA R, S, U
Pup U, W, Z, L_2
Pyx S, T
Ret R
Sge R, V, SV
Sgr R, S, T, Z, RR, RT, RU, RV, RW, RX, RY, ST, SU, SW, TY, VX
Sco R, S, W, X, Y, Z, RR, RS, RT, RU, RW, RZ, SV
Scl S, U, V, X

Sct	R
Ser	R, S, T, U
Sex	S
Tau	R, S, T, V, W, Z, RR, RU, RX, SU, TV, TX, XX
Tel	R, S, RR
Tri	R
Tuc	R, S, T, U
UMa	R, S, T, V, X, Z, RS, RZ, SU, SW
UMi	R, S, T, U
Vel	W, Y, Z, XZ
Vir	R, S, T, U, V, W, Y, Z, RR, RS, RU, RV, SS, SU
Vol	R, S
Vul	R, V, RU

8516. **L. Campbell,** Variable star notes from the American Association of Variable Star Observers. Pop Astr **52** 47—50, 98—101, 151, 200, 248—253, 308—310, 410—414, 464—467, 515—518, mit 8 Fig., 1944 = Harv Repr **264**.

8517. **L. Campbell,** Observations of variable stars by the American Association of Variable Star Observers. Addenta. Ann Harv **110** 331—355, 1945. — Index zu Vol. **104, 107** und **110** der Beobachtungen veranderlicher Sterne.

8518. **L. Campbell,** Variable star notes from the American Association of Variable Star Observers. Pop Astr **53** 88—92, 192—196, 284—287, 359—362, 409—413, 515—518, mit 10 Fig., 1945 = Harv Repr **277**.

8519. **L. Campbell,** Observations of variable stars by the American Association of Variable Star Observers. Harv Ann **116** Nr. 1 S. 1—63, 1946.

And	R, T, U, V, W, X, Y, Z, RR, RU, RV, RW, RX, RY, RZ, ST, SV, SZ, TV, TY, UZ, VY
Aps	S, T
Aqr	R, S, T, U, V, W, X, Y, RR, RS, VZ
Aql	R, S, W, X, Z, RR, RS, RT, RU, RV, RW, SY, TY, UU, VW
Ara	U
Ari	R, S, T, U
Aur	R, U, V, W, X, Z, RS, RU, SS, SV
Boo	R, S, U, V, Z
Cae	R
Cam	R, S, T, U, V, X, Z, RR
Cnc	R, T, U, V, W, RV
CVn	R, T
CMi	R, S, T, U, V
Cap	R, T, U, V, W, X, Y, Z, RR, RU
Car	R, S, Z, RR, RV, RW, RY, RZ, l
Cas	R, S, T, U, V, W, X, Y, Z, RR, RV, SS, WZ, γ, $0^h\,47^m$ $+46°$
Cen	R, T, U, W, X, RS, RT, RV, RX
Cep	S, T, X, Y, RR
Cet	R, S, U, V, W, X, Z, *o*
Cha	R, S
Col	R, S, T
Com	R
CrB	R, S, T, V, W, X, Y, Z, RR
Crv	R
Cyg	R, S, U, V, Z, RS, RT, RU, RV, RZ, SS, ST, SX, TU, TW, TY, TZ, UX, WX, AF, AV, BG, χ, P
Del	R, S, T, U, V, X, Y, Z
Dor	R, β
Dra	R, T, U, V, W, X, Y, SV, AB
Equ	R
Eri	T, U, W
For	R
Gem	R, S, T, U, V, X, Y, RS, SW
Gru	R, S, T, π
Her	R, S, T, U, W, RS, RT, RU, RV, RY, RZ, SS, SV, SX, TV
Hor	R, T
Hya	R, S, T, V, X, Y, RR, RS, RT, RU
Ind	R, S
Lac	R, S, RS, RV, RY
Leo	R, S, V, W, X, RY
LMi	R, U

Lep	R, T
Lib	R, S, T, U, V, W, X, Y, RR, RS, RT, RU
Lup	R, S, Y
Lyn	R, S, T, U
Lyr	S, U, V, W, X, Z, RS, RT, RU, RW, RX, RY, SZ, TU, AY, ER
Mic	R, S, U
Mon	R, V, X, Y, RR, SW
Mus	$12^h 29^m$ –67°
Nor	R, T
Oct	R, S, U
Oph	R, S, T, V, W, X, Z, RR, RS, RT, RU, RY, SS, TT, TX
Ori	R, S, T, U, V, AN, CN, CZ, α
Pav	R, S, T, W, Y, ϰ
Peg	R, S, T, V, W, X, Y, Z, RR, RS, RT, RU, RV, RW, RZ
Per	R, S, T, U, W, Y, RR, RU, RZ, TX, TZ, UV
Phe	R, T, V
Pic	R, S, T, RR
Psc	R, S, U
PsA	R

Pup	U, W, Z, L_2
Pyx	S
Ret	R
Sge	R, V
Sgr	R, S, T, Z, RR, RU, RV, RW, RX, RY, ST, VX
Sco	R, S, W, X, Z, RR, RS, RU, RW, RZ, SV
Scl	S, U, V, X
Sct	R
Ser	R, S, T, U
Sex	S
Tau	R, S, T, V, W, Z, RR, RU, RX, SU, TV, TX, XX
Tel	R
Tri	R
Tuc	R, S, T, U
UMa	R, S, T, V, X, Z, RS, RZ, SU, SW
UMi	R, S, T, U
Vel	W, Y, Z
Vir	R, S, T, U, V, Y, Z, RR, RS, RU, RV, SS, SU
Vol	R, S
Vul	R, V, RU

8520. **L. Campbell,** Variable star notes from the American Association of Variable Star Observers. Pop Astr **54** 97—100 mit 2 Fig., 195—198, 255—258, 316—320, 374—378, 430—433 mit 1 Fig., 486—490, 549—552, 1946 = Harv Repr **291**.

8521. **N. Florja,** Some results of the investigation of unstudied variable stars in field 24. VS Bull **5** 299—303, 1940.

8522. **N. T. Florja,** The results of the investigation of 78 unstudied variable stars in field 24. VS Bull **6** 3—5, 1946.

8523. **S. Gaposchkin,** Variable stars in Milton Field 53. Harv Ann **115** 11—23, mit 3 Fig. — Enthalt fur Veranderliche zwischen $\alpha = 19^h 30^m$ und $22^h 30^m$ bzw. $\delta = -45°$ und $-75°$ zumeist Ort, Beobachtungen, Typ, Lichtkurve, Periode, Amplitude und Spektrum.

8524. **S. Gaposchkin,** Variable stars in Milton Field 51. Harv Ann **115** 47—59, mit 2 Fig. — Enthalt fur Veranderliche zwischen $\alpha = 13^h 30^m$ und $15^h 30^m$ bzw. $\delta = -45°$ und $-75°$ zumeist Ort, Beobachtungen, Typ, Lichtkurve, Periode, Amplitude, Elemente und Spektrum.

8525. **S. Gaposchkin,** Variable stars in Milton Field 50. Harv Ann **115** 61—86, mit 2 Fig. — Enthalt fur Veranderliche zwischen $\alpha = 10^h 30^m$ und $13^h 30^m$ bzw. $\delta = -45°$ und $-75°$ zumeist Ort, Beobachtungen, Typ, Lichtkurve, Periode, Amplitude, Elemente und Spektrum.

8526. **S. Gaposchkin,** Variable stars in Milton Field 48. Harv Ann **115** 103—112, mit 2 Fig. — Enthalt fur Veranderliche zwischen $\alpha = 4^h 30^m$ und $7^h 30^m$ bzw. $\delta = -45°$ und $-75°$ zumeist Ort, Beobachtungen, Typ, Lichtkurve, Periode, Amplitude, Elemente und Spektrum.

8527. **S. Gaposchkin,** Variable stars in Milton Field 46. Harv Ann **115** 117—120, mit 1 Fig. — Enthalt für Veranderliche zwischen $\alpha = 22^h 30^m$ und $1^h 30^m$ bzw. $\delta = -45°$ und $-75°$ zumeist Ort, Beobachtungen, Typ, Lichtkurve, Periode, Amplitude, Elemente und Spektrum.

8528. **S. Gaposchkin,** Variable stars in Milton Field 44. Harv Ann **115** 129—135, mit 1 Fig. — Enthält für Veranderliche zwischen $\alpha = 20^h$ und 22^h bzw. $\delta = -15°$ und $-44°$ zumeist Ort, Beobachtungen, Typ, Lichtkurve, Periode, Amplitude, Elemente und Spektrum.

8529. **C. M. Hanley,** One hundred and eleven new variable stars in MWF 360. Harv Ann **109** 15—18, 1942. — Enthält von den Sternen H. V. 10664—10774 Ort, Helligkeit (Max., Min.) und Typ. Feldmitte $15^h 40^m$, $-15°$.

8530. **O. Knopf,** Beobachtungen veranderlicher Sterne und Bestimmung ihrer Großen. Veroff. Univ.-Sternwarte zu Jena Nr. **4,** 118 S., 1944. — Die Einzelsterne siehe unter Ref. 8551.

8531. **B. W. Kukarkin, P. P. Parenago,** 42nd name-list of variable stars. International Astronomical Union, 1946. 10 S. — Liste enthält 123 Veränderliche.

8532. **B.W.Kukarkin,** 43 neue Veränderliche. VS Bull **6** 2—3, 1946 (russisch).

8533. **B. W. Kukarkin,** Ergebnisse der Untersuchung von 48 nicht untersuchten Veränderlichen in den Feldern Nr. 6 und 15. VS Bull **6** 5—7, 1946 (russisch).

8534. **B. W. Kukarkin, B. E. Kurotschkin,** Über zwolf Veränderliche im Schwan. VS Bull **6** 74—77, 1946 (russisch).

8535. **V. McKibben,** Photographic magnitude sequences in the Small Magellanic Cloud. Harv Ann **108** 13—16, mit 2 Fig., 1940. — Aus dem Bereich der Kleinen Magellanschen Wolke werden 15 Helligkeitssequenzen und zugehörige Aufsuchungskarten publiziert.

8536. **V. McKibben Nail,** Three hundred and thirty-nine new variable stars in the Small Magellanic Cloud. Harv Ann **109** 27—30, 1942. — Enthält von den Sternen H. V. 11212—11550 Ort, Amplitude und Helligkeit (Max., Min.).

8537. **V. McKibben, R. A. Craig, F. W. Wright,** Periods for 307 variables in the Small Magellanic Cloud. Harv Circ Nr. **444,** 4 S., 1942.

8538. **A. V. Nielsen,** Oversigt over Astronomisk Selskabs Observationer af voranderlige Stjerner. NAT **1945** 102—104. — Betrifft den Zeitraum 1. August 1943—31. Juli 1945.

8539. **C. Payne-Gaposchkin,** Variable stars in Milton Field 54. Harv Ann **115** 1—10, mit 2 Fig. — Enthalt für Veranderliche südlich von $\delta = -75°$ zumeist Ort, Beobachtungen, Typ, Lichtkurve, Periode, Amplitude und Spektrum. Dazu die Grenzen der 54 Milton-Felder.

8540. **C. Payne-Gaposchkin,** Variable stars in Milton Field 52. Harv Ann **115** 25—46, mit 5 Fig. — Enthalt fur Veranderliche zwischen $\alpha = 16^h 30^m$ und $19^h 30^m$ bzw. $\delta = -45°$ und $-75°$ zumeist Ort, Beobachtungen, Typ, Lichtkurve, Periode, Amplitude, Elemente und Spektrum. Besonderes Augenmerk wurde den Periodenanderungen von $\varkappa$ Pav geschenkt.

8541. **C. Payne-Gaposchkin,** Variable stars in Milton Field 49. Harv Ann **115** 87—102, mit 4 Fig. — Enthält für Veranderliche zwischen $\alpha = 7^h 30^m$ und $10^h 30^m$ bzw. $\delta = -45°$ und $-75°$ zumeist Ort, Beobachtungen, Typ, Lichtkurve, Periode, Amplitude und Spektrum.

8542. **C. Payne-Gaposchkin,** Variable stars in Milton Field 47. Harv Ann **115** 113—116, mit 1 Fig. — Enthält für Veränderliche zwischen $\alpha = 1^h 30^m$ und $4^h 30^m$ bzw. $\delta = -45°$ und $-75°$ zumeist Ort, Beobachtungen, Typ, Lichtkurve, Periode, Amplitude und Spektrum.

8543. **C. Payne-Gaposchkin,** Variable stars in Milton Field 45. Harv Ann **115** 121—127, mit 1 Fig. — Enthält für Veränderliche zwischen $\alpha = 22^h$ und 0^h bzw. $\delta = -15°$ und $-45°$ zumeist Ort, Beobachtungen, Typ, Lichtkurve, Periode, Amplitude, Elemente und Spektrum.

8544. **L. Rosino,** Ricerche fotografiche sul gruppo di nebulose presso Θ Orionis. I. Le stelle variabili. Pubbl. Oss. Astr. Bologna **5** Nr. 1, 32 S. mit 2 Tafeln, 1946. — Untersuchungen über veranderliche Sterne in NGC 1976, 1982 und 1977 aus Aufnahmen in Loiano, Asiago, Catania, Pino-Torinese und Triest. Die Elemente von 96 Veranderlichen werden gegeben. 17 Sterne sind als neue Veranderliche angezeigt. Ein Verzeichnis enthält 26 verdachtige Sterne. F. Z.

8545. **H. Schneller,** Zur Identifizierung der in der 41. Benennungsliste benannten Sterne. MVS Nr. 49—51, 1944. — Fortsetzung von AJB **44** Ref. 8506.

8546. **H. Schneller,** Zur Identifizierung der in der 42. Benennungsliste benannten Sterne. MVS Nr. 86—87, 1944.

* * **H. Shapley, V. McKibben,** Eclipsing stars in the Magellanic Clouds. Vgl. Ref. 8924.

8547. **H. Shapley, E. H. Boyce,** Indices to Harvard variable star numbers and to published Variable Star Fields. Harv Bull Nr. **917** 18—21, 1943.

8548. **H. H. Swope,** Variable stars in MWF 183. Harv Ann **109** 31—39, mit 4 Fig., 1943. — Photometrische Untersuchung über 150 (davon 125 neue) Veranderliche des Milchstraßenfeldes 183 ($16^h 59^m$, $-38\overset{\circ}{.}7$, gal.: $315\overset{\circ}{.}$, $0\overset{\circ}{.}0$) mit Angaben zumeist über Ort, Typ, Lichtkurve, Periode, Elemente, Amplitude sowie einer Karte des Feldes.

8549. **H. H. Swope,** Variable stars in the southern third of MWF 187. Harv Ann **109** 41—45, 1943. — Enthalt fur 239 Veränderliche zwischen $\alpha = 17^h 30^m$ und $18^h 14^m$ bzw. $\delta = -38° 20'$ und $-40° 55'$ zumeist Ort, Typ, Elemente, Periode und Amplitude.

8550. **S. L. Thorndike,** Variable stars in Milky Way Field 377. Harv Bull Nr. **916** 4—5, 1942. — HV 10645—10663, SU Del, SVS 403, 400, 394, 659, 660. Örter zwischen $20^h 43^m$ bis $21^h 10^m$ und $+0° 54'$ bis $+9° 39'$ (1900).

8551. **Nachweis der Beobachtungen und Bearbeitungen Veränderlicher**

Die Namen der Autoren sind in der Liste am Schluß des Paragraphen angegeben.

Die Abkürzungen bedeuten:

aD	absolute Dimensionen	Lk	Lichtkurve
Am	Amplitude	Mon	Monographie
An	Anzeige	Na	Benennung
B	Beobachtung	Not	Allgemeine Mitteilung
C	Farbe	O	Ort
CI	Farbenindex	P	Periode
EB	Eigenbewegung	Par	Parallaxe
El	Lichtwechselelemente	RG	Radialgeschwindigkeit
Elb	Photometrische Bahnelemente	Sp	Spektrum
Els	Spektroskopische Elemente	Tem	Temperatur
Elsb	Spektroskopische Bahnelemente	Typ	Typus
Ka	Karte	VS	Vergleichsterne

Außer dieser Liste sind noch die vorhergehenden Tabellen von Beobachtungen und § 84 einzusehen.

Andromeda

R	Pop Astr **50** 101 = Harv Repr Nr. **250**	Typ, Lk, Am, P
	Ref. 8530	VS, B, Not, Lk
T	Pop Astr **50** 101 = Harv Repr Nr. **250**	Typ, Lk, Am, P
U	Pop Astr **50** 101 = Harv Repr Nr. **250**	Typ, Lk, Am, P
V	Pop Astr **50** 101 = Harv Repr Nr. **250**	Typ, Lk, Am, P
W	Pop Astr **50** 225 = Harv Repr Nr. **250**	Typ, Lk, Am, P
X	Pop Astr **50** 101 = Harv Repr Nr. **250**	Typ, Lk, Am, P
Y	Pop Astr **50** 225 = Harv Repr Nr. **250**	Typ, Lk, Am, P
Z	Harv Card 776	B
	Pop Astr **54** 550 = Harv Repr Nr. **291**	B
RR	Pop Astr **50** 101 = Harv Repr Nr. **250**	Typ, Lk, Am, P
RT	Harv Bull **916** 14	EB
RU	Pop Astr **50** 225 = Harv Repr Nr. **250**	Typ, Lk, Am, P
RW	MVS **79**	B, Typ
	Pop Astr **50** 101 = Harv Repr Nr. **250**	Typ, Lk, Am, P
RY	MVS **46**	B, Typ
SW	Tadjik Ann. **1** 5	Ka, B, Lk, El
TU	MVS **42**	B, Typ
TV	MVS **34—35**	B, El
TW	Harv Bull **916** 14	EB
TY	MVS **35**	B, Not, Typ, El
UZ	MVS **46**	B, Typ
	Pop Astr **50** 101 = Harv Repr Nr. **250**	Typ, Lk, Am, P
BE	VS Bull **6** 91	Ka, VS, B, Typ, Lk, Am, El

Apus

S	Pop Astr **50** 569 = Harv Repr Nr. **250**	Lk
	Pop Astr **54** 550 = Harv Repr Nr. **291**	B

Aquarius

R	MVS **42**	B, Typ
Y	MVS **46**	B, Typ
Z	MVS **79**	B, Typ, El
TU	VS Bull **6** 45	B, Typ, Am
TZ	Tadjik Ann. **1** 5	Ka, B, Lk, El
VZ	Tadjik Ann. **1** 5	Ka, B, Lk, El
AC	Tadjik Circ. Nr. **52** 12	Typ
BL	Tadjik Circ. Nr. **52** 12	Typ
BR	Tadjik Ann. **1** 5	Ka, B, Lk, El

Aquila

R	MVS **69**	B, Typ
	NAT **1945** 130	B
	Pop Astr **54** 550 = Harv Repr Nr. **291**	B
	Ref. 8530	VS, B, Not, Lk
S	Pop Astr **53** 192 = Harv Repr Nr. **277**	Not, Lk
W	MVS **42**	B, Typ
X	MVS **42**	B, Typ
RS	MVS **42**	B, Typ
RT	MVS **42**	B, Typ
	MVS **69**	B, Typ
RV	MVS **42**	B, Typ
TY	Tadjik Circ. Nr. **52** 12	Typ
WY	MVS **67**	B, Not, Typ, Am, El
DY	Harv Ann **113** 1	Ka, VS, B, P
FF	Ref. 8437	B, Typ, Lk, Am, Sp, CI, Tem

Stern	Quelle	Bemerkung
FZ	Tadjik Circ. Nr. **52** 12	Typ
HK	Kiew Publ. Nr. 1 S. 224	B, Typ ?
KK	MVS **47**	B, Typ, Am, El
KO	Harv Bull **916** 14	EB
	MVS **87**	B, El
KX	MVS **45**	B, Typ
OO	Erewan Bull. **6** 11	B
	Harv Bull **916** 14	EB
OS	MVS **67**	B, Typ, Am, El, C
OW	MVS **41**	Not
PX	Tadjik Circ. Nr. **52** 12	Typ
QY	MVS **23**	Not, El
	MVS **24**	B, El
V 423	MVS **72**	B, Typ, Am, El
V 500	= Nova Aql 1943	
V 528	= Nova Aql 1945	
η	Ref. 8530	VS, B, Not

Aries

Stern	Quelle	Bemerkung
R	BSAF **60** 34	B
	Pop Astr **50** 225 = Harv Repr Nr. **250**	Typ, Lk, Am, P
	Ref. 8530	VS, B, Not
S	Pop Astr **50** 225 = Harv Repr Nr. **250**	Typ, Lk, Am, P
T	MVS **42**	B, Typ
	MVS **69**	B, Typ
	Pop Astr **50** 225 = Harv Repr Nr. **250**	Typ, Lk, Am, P
	Ref. 8530	VS, B, Not
U	MVS **46**	B, Typ
	Pop Astr **50** 225 = Harv Repr Nr. **250**	Typ, Lk, Am, P
X	VS Bull **6** 46	VS, Lk, Am
RR	MVS **69**	B, Typ
RS	Harv Bull **917** 7	P

Auriga

Stern	Quelle	Bemerkung
R	Pop Astr **50** 279 = Harv Repr Nr. **250**	Lk
	Pop Astr **50** 337 = Harv Repr Nr. **250**	Typ, Lk, Am, P
	Ref. 8530	VS, B, Not
U	Pop Astr **50** Nr. 7 = Harv Repr Nr. **250**	Typ, Lk, Am, P
V	Pop Astr **50** Nr. 7 = Harv Repr Nr. **250**	Typ, Lk, Am, P
W	MVS **42**	B, Typ
	Pop Astr **50** 337 = Harv Repr Nr. **250**	Typ, Lk, Am, P
X	Pop Astr **50** Nr. 7 = Harv Repr Nr. **250**	Typ, Lk, Am, P
Y	JO **25** 40	B
	Ref. 7706	Durchmesser, Masse
Z	Pop Astr **50** Nr. 7 = Harv Repr Nr. **250**	Typ, Lk, Am, P
	Pop Astr **53** 359 = Harv Repr Nr. **277**	Not
RT	RAJ 18 209	Not
RU	MVS **46**	B, Typ
	Pop Astr **50** Nr. 7 = Harv Repr Nr. **250**	Typ, Lk, Am, P
RX	VS Bull **5** 335	Not
RY	MVS **48**	B, Am, El
RZ	MVS **48**	Am
SS	Pop Astr **54** 550 = Harv Repr Nr. **291**	B
SX	Harv Bull **916** 14	EB
	Harv Bull **917** 7	P
SY	JO **25** 40	B
	NAT **1946** 101	VS, B, Lk, El
TT	Harv Bull **917** 7	P
UV	Publ ASP **56** 122	Sp
UX	JO **25** 40	B
UZ	JO **25** 40	B
VX	MVS **42**	B, Typ
XX	MVS **48**	B, Not, Am
	MVS **68**	B, Not, Typ
YZ	JO **25** 40	B

AA	MVS **42**	B, Typ
AF	JO **25** 40	B
AR	Harv Bull **917** 7	P
AY	MVS **68**	Typ, Am, El
BK	Harv Bull **917** 10	Typ, Lk, Am, El
ε	Harv Bull **916** 12	VS, Lk, Am
	Ref. 8530	VS, B, Not
ζ	TAB Nr. 666	B, El
	Warsaw Circ. Nr. **22** 3	B
	Ref. 8431	Am, Sp
	Ref. 8432	Not, Sp

Bootes

R	BSAF **60** 34	B
S	MVS **79**	B, Typ
U	MVS **46**	B, Typ
V	BSAF **60** 34	B
	RH **27** Nr. 2—6	Ka
RR	MVS **79**	B, Typ
RS	Tadjik Ann. **1** 5	Ka, B, Lk, El
	VS Bull **6** 15	Not
SS	Ref. 7541	Sp
ST	Tadjik Ann. **1** 5	Ka, B, Lk, El
TV	Tadjik Ann. **1** 5	Ka, B, Lk, El
TW	Tadjik Ann. **1** 5	Ka, B, Lk, El
UU	Tadjik Ann. **1** 5	Ka, B, Lk, El
γ	MVS **40**	VS, B, Not

Caelum

R	Pop Astr **50** 337 = Harv Repr Nr. **250**	Typ, Lk, Am, P

Camelopardalis

S	Pop Astr **50** 337 = Harv Repr Nr. **250**	Typ, Lk, Am, P
T	Pop Astr **50** 337 = Harv Repr Nr. **250**	Typ, Lk, Am, P
V	MVS **46**	B, Typ
	Pop Astr **50** Nr. 7 = Harv Repr Nr. **250**	Typ, Lk, Am, P
X	Pop Astr **50** 337 = Harv Repr Nr. **250**	Typ, Lk, Am, P
SU	MVS **42**	B, Typ
VZ	Pop Astr **53** 411 = Harv Repr Nr. **277**	VS, Not

Cancer

R	BSAF **60** 34	B
	RH **27** Nr. 2—6	Ka
S	Ref. 8530	VS, B, Not
U	MVS **42**	B, Typ
RW	Tadjik Ann. **1** 5	Ka, B, Lk, El

Canes venatici

R	MVS **69**	B, Typ
W	Tadjik Ann. **1** 5	Ka, B, Lk, El
Z	Tadjik Ann. **1** 5	Ka, B, Lk, El
SS	Tadjik Ann. **1** 5	Ka, B, Lk, El
RZ	Tadjik Ann. **1** 5	Ka, B, Lk, El
α^2	Mitt. Akad Wiss. grusin. SSR **3** Nr. 7 S. 657	C

Canis maior

R	Ref. 8530	VS, B, Not
UY	Harv Ann **113** 1	Ka, VS, B, P, Sp

Canis minor

R	Pop Astr **50** Nr. 7 = Harv Repr Nr. **250**	Typ, Lk, Am, P
S	BSAF **60** 34	B
U	MVS **46**	B, Typ
	MVS **79**	B, Typ
V	MVS **46**	B, Typ
	Pop Astr **50** Nr. 7 = Harv Repr Nr. **250**	Typ, Lk, Am, P
VZ	MVS **41**	B, El
YY	Harv Bull **916** 14	EB

Capricornus

T	MVS **42**	B, Typ
U	MVS **46**	B, Typ
Z	MVS **46**	B, Typ
RT	MVS **46**	B, Typ
RV	Tadjik Ann. **1** 5	Ka, B, Lk, El
TU	Tadjik Circ. Nr. **52** 12	Typ

TV	Tadjik Circ. Nr. **52** 12	Typ
TW	Tadjik Circ. Nr. **52** 12	El
TY	Tadjik Circ. Nr. **52** 12	El

Carina

R	Pop Astr **52** 516 = Harv Repr Nr. **264**	Lk
S	Pop Astr **52** 516 = Harv Repr Nr. **264**	Lk
GR	Harv Bull **917** 8	VS, Lk, Not, El
η	Pop Astr **54** 198	Not
l	Pop Astr **52** 515 = Harv Repr Nr. **264**	Am, El

Cassiopeia

R	RH **27** Nr. 2—6	Ka
S	Pop Astr **50** 225 = Harv Repr Nr. **250**	Typ, Lk, Am, P
T	Pop Astr **50** 101 = Harv Repr Nr. **250**	Typ, Lk, Am, P
	Ref. 8530	VS, B, Not, Lk
U	Pop Astr **50** 101 = Harv Repr Nr. **250**	Typ, Lk, Am, P
	Ref. 8530	VS, B, Not
V	MVS **69**	B, Typ
W	Pop Astr **50** 101 = Harv Repr Nr. **250**	Typ, Lk, Am, P
X	MVS **42**	B, Typ
	Pop Astr **50** 225 = Harv Repr Nr. **250**	Typ, Lk, Am, P
Y	MVS **42**	B, Typ
Z	MVS **42**	B, Typ
RR	MVS **42**	B, Typ
RV	MVS **79**	B, Typ
	Pop Astr **50** 101 = Harv Repr Nr. **250**	Typ, Lk, Am, P
SS	MVS **69**	B, Typ
	Pop Astr **50** 101 = Harv Repr. Nr. **250**	Typ, Lk, Am, P
SV	MVS **42**	B, Typ
	MVS **79**	B, Typ, El
	VS Bull **6** 7	Not
SW	VS Bull **6** 56	VS, Lk, Am, El
TX	Harv Bull **916** 14	EB
XX	Harv Bull **917** 7	P
AR	Erewan Bull. Nr. **3** S. 3	Not, Ref. 8452
AV	MVS **82**	O, Typ, Am, El
AX	MVS **82**	O, Typ, Am, El
AZ	MVS **82**	O, Typ, Am
BM	Harv Bull **917** 7	P
BN	MVS **82**	O, Typ, Am, El
BO	MVS **82**	B, Typ, Am
BQ	MVS **82**	O, Typ, Am
BS	MVS **82**	O, Typ, Am, El
BT	MVS **82**	O, Typ, Am, El
BU	MVS **82**	O, Typ, Am, El
DE	MVS **65**	O, Typ, Am, El
DN	MVS **64**	O, Typ, Am, El
DO	MVS **85**	Typ, Am, El
FM	VS Bull **6** 18	Not, Typ
	VS Bull **6** 55	Lk, El
GT	VS Bull **6** 68	Ka, VS, Typ, Lk, Am, El
GU	VS Bull **6** 68	Ka, VS, Typ, Lk, Am, El
α	Ref. 8530	VS, B
γ	BSAF **60** 91	B, Lk
ϱ	Harv Bull **918** 11	Lk, Sp
	Pop Astr **54** 376 = Harv Repr Nr. **291**	B

Centaurus

R	Pop Astr **52** 516 = Harv Repr Nr. **264**	Lk
T	Pop Astr **52** 516 = Harv Repr Nr. **264**	Lk

Cepheus

T	BSAF **60** 34	B, Lk
	RH **27** Nr. 2—6	Ka
U	Pop Astr **52** 249 = Harv Repr Nr. **264**	Not, Lk, P
	Ref. 8530	VS, B, Not, Lk
Y	Pop Astr **50** 101 = Harv Repr Nr. **250**	Typ, Lk, Am, P
Z	Pop Astr **50** 225 = Harv Repr Nr. **250**	Typ, Lk, Am, P
RR	Pop Astr **50** 225 = Harv Repr Nr. **250**	Typ, Lk, Am, P
RZ	RAJ **22** 34	Bewegung, Ref. 7206
	Tadjik Ann. **1** 5	Ka, B, Lk, El
SU	Harv Bull **917** 7	P
UW	MVS **40**	O, Not
VW	Harv Circ Nr. **446**	VS, B, Not, Lk, El, Elb
	Ref.1806	B
WX	Harv Bull **917** 7	P
XZ	Harv Bull **917** 7	P
δ	Ref. 8530	VS, B, Not
μ	Pop Astr **50** 256	VS, B, Lk
	RH **27** 18—19	B
	Ref. 8530	VS, B, Not

Cetus

R	MVS **79**	B, Typ
	Pop Astr **50** 225 = Harv Repr Nr. **250**	Typ, Lk, Am, P
S	MVS **79**	B, Typ, El
	Pop Astr **50** 101 = Harv Repr Nr. **250**	Typ, Lk, Am, P
U	MVS **46, 79**	B, Typ
	Pop Astr **50** 225 = Harv Repr Nr. **250**	Typ, Lk, Am, P
V	MVS **46**	B, Typ
W	MVS **46**	B, Typ
X	Pop Astr **50** 225 = Harv Repr Nr. **250**	Typ, Lk, Am, P
Y	Harv Bull **918** 17	Not
Z	MVS **46**	B, Typ
	Pop Astr **50** 101 = Harv Repr Nr. **250**	Typ, Lk, Am, P
RR	Tadjik Ann. **1** 5	Ka, B, Lk, El
RU	Tadjik Ann. **1** 5	Ka, B, Lk, El
RX	Tadjik Ann. **1** 5	Ka, B, Lk, El
RZ	Tadjik Ann. **1** 5	Ka, B, Lk, El
SS	VS Bull **5** 316	Not
SW	Harv Bull **916** 10	Ka, VS, O, B, Lk, El
o	BSAF **59** 67	B
	Pop Astr **50** 225 = Harv Repr Nr. **250**	Typ, Lk, Am, P
	Pop Astr **52** 516 = Harv Repr Nr. **264**	Lk

Columba

R	Pop Astr **50** Nr. 7 = Harv Repr Nr. **250**	Typ, Lk, Am, P
S	Pop Astr **50** Nr. 7 = Harv Repr Nr. **250**	Typ, Lk, Am, P
T	Pop Astr **50** 337 = Harv Repr Nr. **250**	Typ, Lk, Am, P

Coma Berenices

R	MVS **79**	B, Typ
S	Tadjik Ann. **1** 5	Ka, B, Lk, El
ST	Tadjik Ann. **1** 5	Ka, B, Lk, El

Corona austrina

UU	Harv Bull **917** 7	Not, Am, El, Sp
TZ	Harv Bull **917** 7	Not, Am, El, Sp

Corona borealis

R	BSAF **57** 5, 87	B
	BSAF **59** 68, 113	Not
	BSAF **59** 186	B, Not
	BSAF **60** 34	B
	BSAF **60** 85—87	B, Not, Lk

	Harv Card 634, 780	B
	Pop Astr **50** 569 = Harv Repr Nr. **250**	Lk
	Pop Astr **53** 285 = Harv Repr Nr. **277**	Not, Lk
	Pop Astr **54** 98 = Harv Repr Nr. **291**	Lk
	Pop Astr **54** 550 = Harv Repr Nr. **291**	B
S	BSAF **60** 34	B
	MVS **69**	B, Typ
	RH **27** Nr. 2—6	Ka
	Ref. 8530	VS, B, Not
T	Siehe § **86**	
U	Ref. 8530	VS, B, Not
V	BSAF **60** 34	B
	MVS **70**	B, Typ, El
W	MVS **80**	B, Typ
Z	MVS **46**	B, Typ

Corvus

U	MVS **46**	B, Typ

Crater

Z	Warsaw Circ. Nr. **21** 5	B, Not, Typ, El

Cygnus

R	BSAF **60** 34	B
	MVS **42, 69**	B, Typ
	Ref. 8530	VS, B, Not
S	Ref. 8530	VS, B, Not
V	Ref. 8530	VS, B, Not
Y	Warsaw Circ. Nr. **22** 4	B
	Ref. 8530	VS, B, Not
Z	BSAF **60** 34	B
	MVS **69**	B, Typ
	Ref. 8530	VS, B, Not
RR	Ref. 8530	VS, B, Not
RT	BSAF **60** 34	B
	MVS **69**	B, Typ
RU	MVS **69**	B, Typ
RZ	MVS **42**	B, Typ
SS	Harv Bull **916** 5	VS, B
	NAT **1945** 130	B
	Pop Astr **50** 227 = Harv Repr Nr. **250**	B, Lk
	Pop Astr **51** Nr. 7 = Harv Repr Nr. **259**	B, Lk
	Pop Astr **52** 410 = Harv Repr Nr. **264**	B, Lk
	Pop Astr **53** 410 = Harv Repr Nr. **277**	B, Lk
	Pop Astr **54** 550 = Harv Repr Nr. **291**	B
ST	MVS **42**	B, Typ
SU	VS Bull **6** 7	Not
TU	MVS **42**	B, Typ
TW	MVS **42**	B, Typ
TX	Bull. astr.-geod. Ges USSR Nr. **6** S. 7	Not
TY	MVS **42**	B, Typ
VW	Harv Card 715	Sp
VX	VS Bull **6** 11	Not
ZZ	Astr Circ USSR Nr. **23** 4	Typ, El
BF	Publ AAS **10** 168	Sp
BR	Astr Circ USSR Nr. **27** 6—7	Typ, El
	Astr Circ USSR Nr. **39** 4	B, Typ
BZ	Astr Circ USSR Nr. **38** 9	Am, El
	VS Bull **6** 71	Ka, VS, Typ, Lk, El
CD	NAT **1946** 101	VS, B, Lk, El
	VS Bull **6** 9	Not
CG	Bull. astr.-geod. Ges. USSR Nr. **6** S. 7	Not
DL	Harv Bull **917** 7	P
EZ	VS Bull **6** 46	Lk, Am, El
GH	Astr Circ USSR Nr. **31** 6	Typ, Am, El
	VS Bull **6** 47	VS, Lk, El
IZ	MVS **68**	B, Not, Typ, Am, El
KR	Astr Circ USSR Nr. **29** 7	El
KU	VS Bull **6** 49	Lk, Am, El
LN	MVS **23**	Not
MR	Harv Bull **916** 14	EB
MW	Astr Circ USSR Nr. **32** 4	Typ, Am, El
	VS Bull **6** 38	VS, B, Typ, Lk, El
	VS Bull **6** 64	Ka, VS, Lk, El

MY	Harv Bull **916** 14	EB
V 347	MVS **103**	Typ, P
	MVS **105a**	O
	VS Bull **6** 74	Ka, O, VS, B, Typ, Am, El
V 348	MVS **103**	const?
	VS Bull **6** 74	Ka, O, VS, B, Am, const?
V 349	MVS **103**	const?
	VS Bull **6** 74	Ka, O, VS, B, Typ? Am, P?
V 350	MVS **103**	const?
	VS Bull **6** 74	Ka, O, VS, B, Am
V 351	MVS **103**	const?
	VS Bull **6** 74	Ka, O, VS, B, Am
V 352	MVS **103**	const?
	VS Bull **6** 74	Ka, O, VS, B, Am, const?
V 353	MVS **103**	const?
	VS Bull **6** 74	Ka, O, VS, B, Am
V 354	MVS **103**	const?
	VS Bull **6** 77	Ka, VS, O, B, Lk, Am, El
V 355	MVS **103**	Typ, P
	MVS **105a**	O
	VS Bull **6** 74	Ka, O, VS, B, Typ, Am, El
V 356	MVS **103**	Typ, P
	MVS **105a**	O
	VS Bull **6** 74	Ka, O, VS, B, Typ, Am, El
V 358	MVS **103**	const?
	VS Bull **6** 74	Ka, O, VS, B, Am
V 359	MVS **103**	const?
	VS Bull **6** 74	Ka, O, VS, B, Am
V 361	MVS **103**	const?
V 362	MVS **103**	Typ, P
	MVS **105a**	O
	VS Bull **6** 74	Ka, O, VS, B, Am
V 366	Astr Circ USSR Nr. **20** 1	B
V 367	VS Bull **6** 10	Not
V 382	Astr Circ USSR Nr. **16** 3	El
	VS Bull **6** 72	VS, Typ, Lk, Am, El
V 388	Astr Circ USSR Nr. **29** 7	El
V 395	Astr Circ USSR Nr. **39** 6	Typ, El
V 402	Astr Circ USSR Nr. **32** 4	Typ, El
	VS Bull **6** 19	Not
	VS Bull **6** 39	VS, B, Typ, Lk, El
V 406	= V 354 Cyg	
V 442	= 82.1939 Cyg	
V 444	Harv Bull **917** 11	Not
V 448	= 66.1939 Cyg	
χ	Ref. **8530**	VS, B, Not, Lk
P	Vgl. AJB **45** Ref. **7515**	

Delphinus

S	Ref. **8530**	VS, B, Not
T	MVS **42**	B, Typ
V	MVS **80**	B, Typ
Y	MVS **23**	B, Not
	MVS **42**	B, Typ
RR	MVS **36**	B, El
RX	MVS **42**	B, Typ
TY	MVS **36**	B
BE	MVS **21**	Typ, Am, El
BF	MVS **21**	Typ, Am, El
BG	MVS **21**	Typ, Am, El
BH	MVS **21**	Typ, Am, El
BK	MVS **21**	Typ, Am, El
BL	MVS **21**	Typ, Am
BM	MVS **21**	Typ, Am, El
BN	MVS **22**	Typ, Am
BO	MVS **22**	Typ, Am
BP	MVS **22**	Typ, Am, P
BQ	MVS **22**	Typ, Am, El
BS	MVS **22**	Typ, Am, El
BT	MVS **22**	Typ, Am, El
BV	MVS **22**	Typ, Am, El

Dorado

β	Pop Astr **52** 515 = Harv Repr Nr. **264**	Am, El

Draco

R	RH **27** Nr. 2—6	Ka
	Ref. **8530**	VS, B, Not, Lk
U	MVS **46**	B, Typ
V	MVS **46**	B, Typ
X	MVS **46**	B, Typ
RS	MVS **46**	B, Typ
RW	Tadjik Ann. **1** 5	Ka, B, Lk, El

RX	Harv Bull **917** 7	P
RZ	Harv Bull **917** 7	P
SU	Tadjik Ann. **1** 5	Ka, B, Lk, El
SW	Tadjik Ann. **1** 5	Ka, B, Lk, El
SX	Harv Bull **916** 14	EB
TW	Warsaw Circ. Nr. **21** 5	B, Not, Typ, El
WW	BSAF **55** 235	P, Par
XZ	Tadjik Ann. **1** 5	Ka, B, Lk, El

Equuleus

S	Harv Bull **916** 14	EB
T	VS Bull **6** 50	VS, B, Am, El

Eridanus

T	Pop Astr **50** 337 = Harv Repr Nr. **250**	Typ, Lk, Am, P
U	Pop Astr **50** 337 = Harv Repr Nr. **250**	Typ, Lk, Am, P
W	Pop Astr **50** 337 = Harv Repr Nr. **250**	Typ, Lk, Am, P
RZ	Warsaw Circ. Nr. **22** 4	B, El
TZ	Warsaw Circ. Nr. **21** 5	B, Not, Typ, El
AS	Harv Bull **916** 14	EB
	Harv Bull **918** 12	B, Lk, Elb, Els, Sp, RG
ν	RAJ **21** 94	Not, Typ

Fornax

R	Pop Astr **50** 225 = Harv Repr Nr. **250**	Typ, Lk, Am, P

Gemini

R	BSAF **60** 34	B
	Pop Astr **50** Nr. 7 = Harv Repr Nr. **250**	Typ, Lk, Am, P
S	MVS **46**	B, Typ
T	MVS **46**	B, Typ
U	Ref. 8530	VS, B
V	Pop Astr **50** Nr. 7 = Harv Repr Nr. **250**	Typ, Lk, Am, P
X	Pop Astr **50** Nr. 7 = Harv Repr Nr. **250**	Typ, Lk, Am, P
RW	Harv Bull **917** 7	P
RY	Harv Bull **916** 14	EB
SS	Harv Ann **113** 1	Ka, VS, B, P, Sp, CI
SU	RAJ **21** 164	Not
SV	Harv Bull **917** 7	P
SZ	Tadjik Ann. **1** 5	Ka, B, Lk, El
TT	MVS **81**	Not, const
TZ	MVS **81**	Not, Typ, Am, El
UU	MVS **41**	B, Typ
UW	MVS **81**	Not, Typ, P
UY	MVS **41**	B
WZ	MVS **46**	B, Typ
BC	MVS **41**	B, El
BW	VS Bull **6** 65	Ka, VS, Typ, Lk, Am, El
ζ	Ref. 8530	VS, B, Not, Lk
η	Ref. 8530	VS, B, Not

Grus

X	Harv Bull **917** 11	B, Lk, El

Hercules

R	MVS **69**	B, Typ
S	MVS **69**	B, Typ
T	MVS **69**	B, Typ
U	MVS **69**	B, Typ
W	MVS **80**	B, Typ
Z	Warsaw Circ Nr. **21** 5	B, Not, Typ, El
RS	BSAF **60** 34	B
	MVS **69**	B, Typ
RU	MVS **69**	B, Typ
RX	Warsaw Circ. Nr. **21** 5	B, Not, Typ, El
RY	MVS **69**	B, Typ
SS	MVS **46**	B, Typ
TV	MVS **41**	B, Typ
TW	Tadjik Ann. **1** 5	Ka, B, Lk, El
UU	Harv Ann **113** 1	Ka, VS, B, P, Sp, CI
UW	VS Bull **6** 22	Not
VX	Tadjik Ann. **1** 5	Ka, B, Lk, El

VZ	Tadjik Ann. **1** 5	Ka, B, Lk, El
AC	Harv Ann **113** 1	Ka, VS, B, P, Sp, CI
AK	Harv Circ Nr. **446**	VS, B, Not, Lk, El
	Vgl. Ref. 8455	Lk, Elb
AR	Tadjik Ann. **1** 5	Ka, B, Lk, El
AU	MVS **102**	O, Typ, Am, El
BB	Kiew Publ. Nr. **1** S. 224	B, Lk, El
DL	Tadjik Ann. **1** 5	Ka, B, Lk, El
FS	MVS **102**	O, Typ, Am, El
FT	MVS **102**	O, Typ, Am, El
FW	MVS **102**	O, Not, Typ, Am, El
FY	MVS **102**	O, Typ, Am, El
IP	MVS **102**	O, Not, Typ, Am, El
α	Harv Bull **916** 7	Not, Lk
	Pop Astr **54** 550 = Harv Repr Nr. **291**	B
Θ	JO **25** 41	VS, B, Am, Lk, El
ι	JO **25** 46	VS, B, El
g	RH **27** 18	B

Horologium

R	Pop Astr **50** 225 = Harv Repr Nr. **250**	Typ, Lk, Am, P
	Pop Astr **52** 516 = Harv Repr Nr. **264**	Lk
T	Pop Astr **50** 225 = Harv Repr Nr. **250**	Typ,Lk,Am,P

Hydra

R	MVS **48**	Not, Typ, P
T	MVS **42**	B, Typ
RT	MVS **70—71**	B, Not, El
TT	Harv Bull **918** 18	Lk, El
VW	Warsaw Circ. Nr. **21** 5	B,Not,Typ,El

Indus

RS	Harv Bull **917** 7	Not, Am, El, Sp

Lacerta

R	MVS **42**	B, Typ
	Ref. 8530	VS, B, Not
S	MVS **71**	B, El
V	VS Bull **6** 20	Not
X	VS Bull **6** 62	Lk, Am, El
Z	VS Bull **6** 62	Lk, Am, El
RR	VS Bull **6** 62	Lk, Am, El
RT	Harv Bull **916** 14	EB
RU	MVS **46**	B, Typ
SW	Harv Bull **916** 14	EB
	Harv Circ Nr. **446**	VS, B, Not, Lk, El, Elb
UW	VS Bull **6** 41	Ka, VS, B, Typ, Lk, El, Elb
VY	Bull astr.-geod. Ges. USSR Nr. **6** S. 7	Not
AR	Kasan Engelhardt Obs. Bull. **22** 3	C
CM	Harv Bull **916** 14	EB

Leo

R	BSAF **57** 5	B
	MVS **69**	B, Typ
RR	Tadjik Ann. **1** 5	Ka, B, Lk, El
SS	Tadjik Ann. **1** 5	Ka, B, Lk, El
ST	Tadjik Ann. **1** 5	Ka, B, Lk, El

Leo minor

V	Tadjik Ann. **1** 5	Ka, B, Lk, El

Lepus

R	Pop Astr **50** 337 = Harv Repr Nr. **250**	Typ,Lk,Am,P
T	Pop Astr **50** 337 = Harv Repr Nr. **250**	Typ, Lk, Am, P
X	MVS **42**	B, Typ

Libra

R	MVS **46**	B, Typ
S	MVS **46**	B, Typ
V	MVS **46**	B, Typ
RU	MVS **46**	B, Typ
TZ	Harv Ann **109** 18	O, B, Typ
VV	Harv Ann **109** 33	O, B, Typ, P
VW	Harv Ann **109** 18	O, B, Typ
VX	Harv Ann **109** 18	O, B, Typ
δ	Ref. 8530	VS, B, Not

Lupus

SX	MVS **63**	Not, Typ, Am, El

Lynx

R	Pop Astr **50** Nr. 7 = Harv Repr Nr. **250**	Typ, Lk, Am, P
S	MVS **42**	B, Typ
	Pop Astr **50** Nr. 7 = Harv Repr Nr. **250**	Typ, Lk, Am, P
U	MVS **42**	B, Typ
	Pop Astr **50** Nr. 7 = Harv Repr Nr. **250**	Typ, Lk, Am, P
W	MVS **42**	B, Typ
RU	MVS **46**	B, Typ
	VS Bull **6** 15	Not

Lyra

R	Ref. 8530	VS, B, Not, Lk
W	BSAF **60** 34	B
	MVS **41**	B, Typ
	MVS **69**	B, Typ
	NAT **1943** 22	B
	Pop Astr **53** 88 = Harv Repr Nr. **277**	Not, Lk
RW	MVS **42**	B, Typ
RY	MVS **46**	B, Typ
RZ	Tadjik Ann. **1** 5	Ka, B, Lk, El
SS	MVS **46**	B, Typ
ST	MVS **46**	B, Typ
TT	Harv Bull **916** 14	EB
EP	MVS **57**	B, Not, Typ, El
EZ	Tadjik Ann. **1** 5	Ka, B, Lk, El
FL	Harv Bull **917** 7	P
β	Publ Lyon **2** Nr. 11 = Ann d'Astrophys **2** 329, AJB **43** Ref. **1305**	Lk, CI
	Ref. **8436**	
	Ref. 8530	VS, B, Not, Lk

Monoceros

U	Harv Ann **113** 1	Ka, VS, B, P, Sp, CI
V	MVS **46**	B, Typ
	Pop Astr **50** Nr. 7 = Harv Repr Nr. **250**	Typ, Lk, Am, P
X	MVS **71**	B, El
	Pop Astr **50** Nr. 7 = Harv Repr Nr. **250**	Typ, Lk, Am, P
Y	Pop Astr **50** Nr. 7 = Harv Repr Nr. **250**	Typ, Lk, Am, P
RR	MVS **46**	B, Typ
	Pop Astr **50** Nr. 7 = Harv Repr Nr. **250**	Typ, Lk, Am, P
RW	Harv Bull **916** 14	EB
	MVS **24**	Not
	MVS **37**	B, Par
RZ	MVS **41**	B
TV	MVS **66**	O, Typ, Am, El
UU	MVS **39**	O, Typ, Am, El
	MVS **67**	O, Typ, Am, El
UY	VS Bull **6** 51	VS, Am, El
WX	MVS **104**	O, Typ, Am
WY	MVS **104**	O, Typ, Am
WZ	MVS **104**	O, Typ, Am
XY	MVS **104**	O, Typ, Am
XZ	MVS **104**	O, Typ, Am, El
YY	MVS **104**	O, Typ, Am, El
YZ	MVS **104**	O, Typ, Am, El
ZZ	MVS **104**	O, Typ, Am
AA	MVS **104**	O, Typ, Am, El
AB	MVS **104**	O, Typ, Am, El
AD	MVS **104**	O, Typ, Am
AE	MVS **104**	O, Typ, Am, El
AF	MVS **104**	O, Typ, Am, El
AG	MVS **104**	O, Typ, Am, El
AI	MVS **104**	O, Typ, Am, El
AL	MVS **104**	O, Typ, Am, El

AU	MVS **66**	O, Typ, Am, El
AX	Harv Bull **916** 13	Vgl.Ref. 8302
BP	MVS **39**	O, Typ, Am, El
	MVS **67**	O, Typ, Am, El
BQ	MVS **104**	O, Typ, Am
BU	MVS **39**	O, Not, Typ, Am, El
	MVS **66**	O, Typ, Am, El

Norma

Z	Erewan Bull. Nr. **3** S. 3	Not, Ref. 8452
TV	Harv Bull **917** 11	B, Sp, aD

Octans

R	Pop Astr **50** Nr. 7 = Harv Repr Nr. **250**	Typ, Lk, Am, P

Ophiuchus

S	MVS **42**	B, Typ
T	MVS **42**	B, Typ
U	Ref. 8530	VS, B, Not, Lk
W	MVS **46**	B, Typ
RT	MVS **46**	B, Typ
RY	MVS **69**	B, Typ
SS	MVS **46**	B, Typ
ST	Tadjik Ann. **1** 5	Ka, B, Lk, El
TT	Harv Ann **113** 1	Ka, VS, B, P, Sp, CI
UY	Harv Ann **109** 23	O, B, Typ, P
UZ	Harv Ann **113** 1	Ka, VS, B, P, Sp, CI
VZ	Harv Ann **109** 23	O, B, Typ, P
XX	Harv Bull **918** 10	B, Lk
AF	Harv Ann **109** 23	O, B, Typ
AI	Harv Ann **109** 23	O, B, Typ
AP	Harv Ann **109** 23	O, B, Typ, P
BD	Harv Ann **109** 10	O, B, Typ, El
BE	Harv Ann **109** 10	O, B, Typ, El
V 366	Harv Ann **109** 10	O, B, Typ, El
V 367	Harv Ann **109** 10	O, B, Typ, El
V 378	Harv Ann **109** 23	O, B, Typ, P
V 539	MVS **102**	B, Typ, Am, El
V 756	VS Bull **6** 90	Ka, VS, O, B

Orion

R	MVS **46**	B, Typ
	Pop Astr **50** 337 = Harv Repr Nr. **250**	Typ, Lk, Am, P
S	MVS **46**	B, Typ
	Pop Astr **50** 337 = Harv Repr Nr. **250**	Typ, Lk, Am, P
U	BSAF **60** 34	B
	MVS **69**	B, Typ
	Pop Astr **50** Nr. 7 = Harv Repr Nr. **250**	Typ, Lk, Am, P
	Ref. 8530	VS, B, Not, Lk
V	MVS **46**	B, Typ
	Pop Astr **50** 337 = Harv Repr Nr. **250**	Typ, Lk, Am, P
X	BSAF **57** 87	B
	BSAF **57** 100	Not
	J. Osmania Univ. **11** 23 = Nizamiah Obs. Repr. Nr. **3**	Ka, VS, Lk, El
Y	MVS **46**	B, Typ
BM	MVS **63**	B, Not, Am
α	BSAF **57** 87	B
δ	Ref. 8530	VS, B, Not

Pavo

BI	MVS **63**	Typ, Am, El
$\varkappa$	VS Bull **6** 57	P

Pegasus

R	Ref. 8530	VS, B, Not
S	Ref. 8530	VS, B, Not, Lk
U	Harv Bull **916** 14	EB
	MVS **85**	Am, El
V	MVS **46**	B, Typ
W	MVS **70**	B, Typ
Y	MVS **46**	B, Typ
Z	MVS **46**	B, Typ
RS	MVS **46**	B, Typ
RU	Pop Astr **54** 550 = Harv Repr Nr. **291**	B

RV	MVS **46**	B, Typ
RW	MVS **46**	B, Typ
TV	MVS **46**	B, Typ
TZ	MVS **46**	B, Typ
VV	Tadjik Ann. **1** 5	Ka, B, Lk, El
AG	Pop Astr **54** 432 = Harv Repr Nr. **291**	VS
AQ	Harv Card 717	B, El, Sp
AT	Harv Bull **916** 14	EB
AV	Tadjik Ann. **1** 5	Ka, B, Lk, El
BH	Tadjik Ann. **1** 5	Ka, B, Lk, El
DK	Tadjik Circ. Nr. **52** 6	B, Typ, Lk, El
DY	VS Bull **5** 340	Not
TT	MVS **62**	B, Typ, El
	MVS **84**	Not
TX	MVS **35—36**	B, Not, El
TY	MVS **46**	B, Typ
AB	Harv Bull **917** 7	P
AR	Tadjik Ann. **1** 5	Ka, B, Lk, El
AU	MVS **84**	B, Typ, Am, El
BS	MVS **64**	O, Typ, Am
DM	MVS **85**	Typ, Am, El
β	Obs **66** 222	Not, P
	Pop Astr **50** 170	B
	Warsaw Circ. Nr. **22** 4	B, El
	Ref. 8530	VS, B, Not
ϱ	Ref. 8530	B, Not, Lk

Perseus

R	Pop Astr **50** 337 = Harv Repr Nr. **250**	Typ, Lk, Am, P
U	BSAF **60** 34	B
	Pop Astr **50** 225 = Harv Repr Nr. **250**	Typ, Lk, Am, P
	Pop Astr **50** 337 = Harv Repr Nr. **250**	Typ, Lk, Am, P
Y	MVS **42**	B, Typ
	Pop Astr **50** 225 = Harv Repr Nr. **250**	Typ, Lk, Am, P
Z	Harv Bull **917** 7	P
RR	Pop Astr **50** 225 = Harv Repr Nr. **250**	Typ, Lk, Am, P
RU	Pop Astr **50** 337 = Harv Repr Nr. **250**	Typ, Lk, Am, P
RV	Warsaw Circ. Nr. **21** 5	B, Not, Typ, El
RW	Harv Bull **917** 7	P
RY	Harv Bull **916** 14	EB
RZ	Pop Astr **50** 225 = Harv Repr Nr. **250**	Typ, Lk, Am, P
ST	Harv Bull **917** 7	P
SY	MVS **46**	B, Typ

Phoenix

T	Pop Astr **50** 101 = Harv Repr Nr. **250**	Typ, Lk, Am, P

Pictor

S	Pop Astr **50** 337 = Harv Repr Nr. **250**	Typ, Lk, Am, P
T	Pop Astr **50** 337 = Harv Repr Nr. **250**	Typ, Lk, Am, P

Pisces

R	Pop Astr **50** 225 = Harv Repr Nr. **250**	Typ, Lk, Am, P
S	Pop Astr **50** 101 = Harv Repr Nr. **250**	Typ, Lk, Am, P
U	MVS **46**	B, Typ
	Pop Astr **50** 225 = Harv Repr Nr. **250**	Typ, Lk, Am, P
RU	VS Bull **6** 88	EB
	Ref. 8462	VS, B, Lk, P

Puppis

V	Ref. 8438	Lk, Elb, aD
AR	Harv Ann **113** 1	Ka, VS, B, P, Sp

Pyxis

T	Siehe § **86**	

Reticulum

R	Pop Astr **50** 337 = Harv Repr Nr. **250**	Typ, Lk, Am, P
	Pop Astr **52** 516 = Harv Repr Nr. **264**	Lk

Sagitta

R	Harv Ann **113** 1	Ka, VS, B, P, Sp, CI
U	Warsaw Circ. Nr. **21** 5	B,Not,Typ,El
	Engelhardt Bull. Nr. **23** 3	Vgl. Ref. 8457
RT	MVS **83**	B, Typ, Am, El
RU	MVS **68**	B, Typ, Am, El
RY	MVS **83**	B, Typ, Am, El
RZ	MVS **83**	B
SW	MVS **83**	B, Typ, Am, El
SX	MVS **83**	B, Typ, Am, P
TV	MVS **41**	B, Typ, Am, El
	MVS **84**	B, Typ, Am, El
VX	MVS **84**	B,Typ,Am, El

Sagittarius

S	MVS **42**	B, Typ
T	MVS **46**	B, Typ
RW	MVS **46**	B, Typ
RY	Harv Card 630	B, Not
	Pop Astr **50** 569 = Harv Repr Nr. **250**	Lk
AR	Harv Ann **113** 1	Ka, VS, B, P, Sp
EG	VS Bull **6** 34	VS, B, Typ, Lk, Am, P, El
V 524	VS Bull **6** 36	VS, B, Typ, Lk, Am, El
V 732	MVS **37—38**	VS, B, Not, Typ,Am,Sp
	MVS **39**	Not

Scorpius

X	MVS **46**	B, Typ
Z	MVS **46**	B, Typ
RR	MVS **46**	B, Typ
	Pop Astr **52** 516 = Harv Repr Nr. **264**	Lk
BT	Harv Ann **109** 10	O, B, Typ, El

Sculptor

S	Pop Astr **50** 101 = Harv Repr Nr. **250**	Typ, Lk, Am, P
T	Pop Astr **50** 101 = Harv Repr Nr. **250**	Typ, Lk, Am, P
U	Pop Astr **50** 101 = Harv Repr Nr. **250**	Typ, Lk, Am, P
V	Pop Astr **50** 101 = Harv Repr Nr. **250**	Typ, Lk, Am, P
X	Pop Astr **50** 101 = Harv Repr Nr. **250**	Typ, Lk, Am, P

Scutum

R	BSAF **60** 34	B
	Harv Ann **113** 1	Ka, VS, B, P, Sp, CI
	MVS **71**[1])	B, Not, Am
	Pop Astr **54** 550 = Harv Repr Nr. **291**	B
U	Harv Bull **917** 11	Lk
W	Harv Bull **917** 11	Lk
RY	Harv Bull **917** 11	Not, Lk
RZ	Harv Bull **917** 11	Lk, El

Serpens

R	BSAF **60** 34	B
	MVS **70**	B, Typ
S	MVS **46**	B, Typ
T	MVS **70**	B, Typ
VY	Tadjik Ann. **1** 5	Ka, B, Lk, El
WX	MVS **46**	B, Typ
AI	Harv Ann **109** 10	O, B, Typ, El

[1]) Lies in MVS **71** R Sct anstatt R Scu.

Sextans

T	MVS **72**	B, El
	Tadjik Ann. **1** 5	Ka, B, Lk, El

Taurus

R	MVS **42**	B, Typ
	MVS **80**	B, Typ
	Pop Astr **50** 337 = Harv Repr Nr. **250**	Typ, Lk, Am, P
	Ref. 8530	VS, B, Not
S	MVS **42**	B, Typ
	Pop Astr **50** 337 = Harv Repr Nr. **250**	Typ, Lk, Am, P
	Ref. 8530	VS, B, Not
V	Pop Astr **50** 337 = Harv Repr Nr. **250**	Typ, Lk, Am, P
	Ref. 8530	VS, B, Not
W	Pop Astr **50** 337 = Harv Repr Nr. **250**	Typ, Lk, Am, P
Z	Pop Astr **50** Nr. 7 = Harv Repr Nr. **250**	Typ, Lk, Am, P
RU	Pop Astr **50** Nr. 7 = Harv Repr Nr. **250**	Typ, Lk, Am, P
RV	Harv Ann **113** 1	Ka, VS, B, P, Sp, CI
RX	Pop Astr **50** 337 = Harv Repr Nr. **250**	Typ, Lk, Am, P
SU	Harv Card 625	B, Typ
	Pop Astr **50** 569 = Harv Repr Nr. **250**	Lk
SV	Harv Bull **917** 7	P
UZ	Publ ASP **55** 38	Sp
WY	VS Bull **5** 308	B
AE	VS Bull **6** 53	B, Lk, Am, El
λ	Ref. 8530	VS, B, Not
28	Warsaw Circ. Nr. **21** 7	B, Lk

Triangulum

R	BSAF **60** 34	B
	NAT **1945** 132	B
	Pop Astr **50** 225 = Harv Repr Nr. **250**	Typ, Lk, Am, P
	RH **27** Nr. 2—6	Ka
T	MVS **46**	B, Typ
X	Warsaw Circ. Nr. **22** 4	B, El
	Warsaw Circ. Nr. **22** 5	Lk, P
Z	MVS **46**	B, Typ

Tucana

S	Pop Astr **50** 101 = Harv Repr Nr. **250**	Typ, Lk, Am, P
U	Pop Astr **50** 101 = Harv Repr Nr. **250**	Typ, Lk, Am, P
W	Harv Bull **917** 16	B, Lk, El

Ursa maior

R	BSAF **60** 34	B
S	BSAF **60** 34	B
	MVS **70**	B, Typ
T	BSAF **60** 34	B
	MVS **70**	B, Typ
	Ref. 8530	VS, B, Not, Lk
W	Harv Circ Nr. **446**	VS, B, Not, Lk, El
X	MVS **46**	B, Typ
Z	NAT **1945** 63	B, Lk, P
RR	MVS **46**	B, Typ
RV	Tadjik Ann. **1** 5	Ka, B, Lk, El
RW	Ref. 8453	Elb, Elsb, Sp
SX	Tadjik Ann. **1** 5	Ka, B, Lk, El
SY	MVS **40**	VS, Not
TU	Tadjik Ann. **1** 5	Ka, B, Lk, El
TX	Harv Bull **916** 2	Not, Typ, Lk

Ursa minor

S	BSAF **60** 34	B
U	BSAF **60** 34	B

Vela

RU	MVS **13**	B, Typ, El
RV	Harv Bull **917** 7	Not, Am, El, Sp
RX	Harv Bull **917** 7	Not, Am, El, Sp
BS	MVS **62**	B, Not, Typ

Virgo

R	MVS 70	B, Typ
	RH 27 Nr. 2—6	Ka
T	MVS 46	B, Typ
V	MVS 46	B, Typ
ST	Tadjik Ann. 1 5	Ka, B, Lk, El
SU	MVS 46	B, Typ
UU	Tadjik Ann. 1 5	Ka, B, Lk, El
UV	Tadjik Ann. 1 5	Ka, B, Lk, El
UY	Warsaw Circ. Nr. 22 4	B
VV	VS Bull 6 53	Typ, El
XX	Tadjik Ann. 1 5	Ka, B, Lk, El
AG	Harv Bull 916 14	EB
AL	VS Bull 6 54	VS, Lk, El
AM	Tadjik Ann. 1 5	Ka, B, Lk, El
AS	Tadjik Ann. 1 5	Ka, B, Lk, El
AT	Tadjik Ann. 1 5	Ka, B, Lk, El
AU	Tadjik Ann. 1 5	Ka, B, Lk, El
AV	Tadjik Ann. 1 5	Ka, B, Lk, El
BD	Tadjik Circ. Nr. 52 6	B, Typ, Lk, El

Volans

R	Pop Astr 50 Nr. 7 = Harv Repr Nr. 250	Typ, Lk, Am, P

Vulpecula

V	Harv Ann 113 1	Ka, VS, B, P, Sp, CI
RU	MVS 70	B, Typ
RZ	MVS 84	Not, Typ, Am
SV	VS Bull 6 8	Not
AW	Warsaw Circ. Nr. 21 5	B, Not, Typ, El

8552. Veränderliche mit provisorischer Bezeichnung

82.1903	MVS 54	An, O, Typ, Am
85.1903	MVS 54	An, O, Typ, Am
149.1905	MVS 55	An, O, Typ, Am
11.1909	VS Bull 6 53	const
53.1913	VS Bull 6 46	const
29.1914	Harv Ann 109 33	O, B, Typ, P
31—32.1914	Harv Ann 109 33	O, B, Typ, P
33—35.1914	Harv Ann 109 18	O, B, Typ
37—38.1914	Harv Ann 109 18	O, B, Typ
51.1914	Harv Ann 109 33	O, B, Typ, P
53—56.1914	Harv Ann 109 33	O, B, Typ P
8.1920	MVS 85	O, Not, Am
53.1926	= V 354 Cyg	
11.1928	MVS 55	An, O, Typ, Am
26.1928	MVS 55	An, O, Typ, Am
116.1929	MVS 104	O, Typ, Am
145.1929	Tadjik Circ. Nr. 52 12	Typ
133.1930	MVS 21	Typ, Am, El
140—142.1930	MVS 21	Typ, Am, El
145.1930	MVS 21	Typ, Am
147—148.1930	MVS 21	Typ, Am
157.1930	MVS 21, 22	Not, Typ, Am, El
163—164.1930	MVS 21	Typ, Am, El
169—170.1930	MVS 21	Typ, Am, El
172—173.1930	MVS 22	Typ, Am, El
175.1930	MVS 22	Typ, Am, El
177.1930	MVS 22	Typ, Am, El
179.1930	MVS 22	Typ, Am, El
181.1930	MVS 22	Typ, Am
186.1930	MVS 22	Typ, Am
188.1930	MVS 22	Typ, Am
191.1930	MVS 22	Typ, Am, El
312.1930	= MW Cyg	
340.1930	Harv Ann 109 23	O, B, Typ

342.1930	Harv Ann **109** 23	O, B, Typ, P
83.1931	Tadjik Circ. Nr. **52** 12	Typ
85.1931	MVS **104**	O, Typ, Am, El
96.1931	MVS **104**	O, Typ, Am, El
140.1931	MVS **66**	O, Typ, Am
141.1931	MVS **39**	O, Typ, Am. El
142.1931	MVS **66**	O, Typ, Am
144.1931	MVS **39, 66**	O, Typ, Am, El
145.1931	MVS **66**	O, Typ, Am
146.1931	MVS **39, 66**	O, Typ, Am, El
148.1931	MVS **104**	O, Typ, Am, El
149—151.1931	MVS **104**	O, Typ, Am
152—155.1931	MVS **104**	O, Typ, Am, El
156.1931	MVS **104**	O, Typ, Am
158.1931	MVS **104**	O, Typ, Am, El
159.1931	MVS **104**	O, Typ, Am
161.1931	MVS **104**	O, Typ, Am, El
163.1931	MVS **104**	O, Typ, Am
164.1931	MVS **104**	O, Typ, Am, El
165.1931	MVS **104**	O, Typ, Am
184.1931	MVS **102**	O, Typ, Am, P
185.1931	MVS **102**	O, Typ, Am, El
187.1931	MVS **102**	O. Typ, Am, El
191.1931	MVS **102**	O, Typ, Am, El
202.1931	MVS **102**	O, Typ, Am, El
221.1931	Harv Ann **109** 23	O, B, Typ, P
292—293.1931	MVS **21**	Typ, Am, El
301—302.1931	MVS **21**	Typ, Am, El
304.1931	MVS **22**	Typ, Am, El
308—309.1931	MVS **22**	Typ, Am, El
311.1931	MVS **22**	Typ, Am, El
314.1931	MVS **22**	Typ, Am, El
334.1931	Harv Ann **109** 10	O, B, Typ
164—165.1932	Tadjik Circ. Nr. **52** 12	El
184.1932	Tadjik Circ. Nr. **52** 12	Typ
232.1932	Harv Ann **109** 18	O, B, Typ
352—353.1933	Harv Ann **109** 23	O, B, Typ, P
692.1933	MVS **66**	O, Typ, Am
704.1933	MVS **54**	An, O, Typ, Am.
740.1933	Tadjik Circ. Nr. **52** 12	El
742.1933	Tadjik Circ. Nr. **52** 12	Typ
746.1933	= V 524 Sgr	
769.1933	Harv Ann **109** 23 = V 756 Oph	O, B, Typ
772.1933	Harv Ann **109** 23	O, B, Typ, P
788.1933	MVS **76**	Not, Typ, Am
797.1933	MVS **72**	B, Am, El
799.1933	MVS **73**	B, Am, El
810.1933	MVS **73**	B, Am, El
813.1933	MVS **73**	B, Am, El
815.1933	MVS **73**	B, Am, El
821.1933	MVS **76**	Not, Typ, Am
823.1933	MVS **74**	B, Am, El
826.1933	MVS **76**	Not, Typ, Am
827.1933	MVS **74**	B, Not, Am, El
828.1933	MVS **76**	Not, Typ, Am, P

829.1933	MVS **74**	B, Not, Am, El
831.1933	MVS **74—75**	B, Am, El
832.1933	MVS **76**	Not, Typ, Am
833—834.1933	MVS **75**	B, Am, El
835.1933	MVS **77**	Typ, Am, El
836.1933	MVS **76**	Not, Typ, Am
838.1933	MVS **75**	B, Not, Am, El
839.1933	MVS **77**	Typ, Am, El
840.1933	MVS **76**	B, Not, Typ, Am, El
841.1933	MVS **77**	Not, Typ, Am
842.1933	MVS **78**	Typ, Am, El
846—847.1933	MVS **21**	Typ, Am
850—851.1933	MVS **21**	Typ, Am, El
853—854.1933	MVS **21**	Typ, Am, El
858.1933	MVS **22**	Typ, Am
859.1933	MVS **22**	Typ, Am, P
862.1933	MVS **22**	Typ, Am
863—864.1933	MVS **22**	Typ, Am, El
866.1933	MVS **22**	Typ, Am, El
12.1934	MVS **52**	An, O, Typ, Am
39.1934	Tadjik Circ. Nr. **52** 12	Typ
72.1934	Harv Ann **109** 23	O, B, Typ
73.1934	Harv Ann **109** 23	O, B, Typ, P
104.1934	MVS **66**	O, Typ, Am, El
295.1934	MVS **66**	O, Typ, Am
298.1934	MVS **66**	O, Typ, Am, El
301.1934	MVS **66**	O, Typ, Am, El
345.1934	Odessa Bull. Nr. **1** S. 6	Not
376.1934	Harv Ann **109** 23	O, B, Typ, P
429—430.1934	MVS **52**	An, O, Typ, Am
434—435.1934	MVS **52**	An, O, Typ, Am
475.1934	MVS **52**	An, O, Typ, Am
488.1934	Harv Ann **109** 23	O, B, Typ
494.1934	MVS **56**	An, O, Typ, Am
3.1935	MVS **53**	An, O, Typ, Am
5.1935	MVS **53**	An, O, Typ, Am
65.1935	VS Bull **6** 13	An
72.1935	Harv Ann **109** 23	O, B, Typ
77.1935	Harv Ann **109** 23	O, B, Typ, P
107.1935	Kiew Publ. Nr. **1** S. 224	B, Not
193.1935	MVS **52**	An, O, Typ, Am
207.1935	MVS **53**	An, O, Typ, Am
655.1935	Tadjik Circ. Nr. **52** 12	Typ
54.1936	MVS **39**	O, Not, Typ, Am, El
	MVS **66**	O, Typ, Am, El
55—59.1936	MVS **66**	O, Typ, Am
60.1936	MVS **66**	O, Typ, Am, El
61—62.1936	MVS **66**	O, Typ, Am
63.1936	MVS **39, 66**	O, Typ, Am, El
64.1936	MVS **66**	O, Typ, Am
65.1936	MVS **39, 66**	O, Typ, Am, El
66—72.1936	MVS **66**	O, Typ, Am
73.1936	MVS **39, 66**	O, Typ, Am, El
74.1936	MVS **39, 66**	O, Typ, Am, El
75.1936	MVS **66**	O, Typ, Am

76.1936	MVS **39, 67**	O, Typ, Am, El
77.1936	MVS **39, 67**	O, Typ, Am, El
78.1936	MVS **67**	O, Typ, Am, El
79.1936	MVS **67**	O, Typ, Am
80.1936	MVS **39, 67**	O, Typ, Am, El
81—84.1936	MVS **104**	O, Typ, Am, El
86.1936	MVS **104**	O, Typ, Am
87—91.1936	MVS **105**a	O, Typ, Am
92—93.1936	MVS **105**a	O, Typ, Am, El
94.1936	MVS **105**a	O, Typ, Am
95.1936	MVS **105**a	O, Typ, Am, El
97.1936	MVS **105**a	O, Typ, Am
98—101.1936	MVS **105**a	O, Typ, Am, El
102—103.1936	MVS **105**a	O, Typ, Am
104.1936	MVS **105**a	O, Typ, Am, El
105—107.1936	MVS **105**a	O, Typ, Am
174.1936	MVS **102**	O, Typ, Am, El
180.1936	MVS **102**	O, Typ, Am, El
182.1936	MVS **102**	O, Typ, Am, El
184.1936	MVS **102**	O, Typ, Am, El
186.1936	MVS **102**	O, Typ, Am
188.1936	MVS **102**	O, Typ, Am, El
476.1936	MVS **77**	Not, Typ, Am
479.1936	MVS **78**	Typ, Am, El
646.1936	MVS **47**	B, Typ, Am, El
649.1936	Harv Ann **109** 10	O, B, Typ, El
650.1936	Harv Ann **109** 10	O, B, Typ, El
657.1936	= UW Cep	
12.1937	= Pr 3045	
13.1937	= Pr 3058	
38.1937	= EG Sgr	
83.1937	MVS **66**	O, Typ, Am
84.1937	MVS **39, 66**	O, Typ, Am, El
85.1937	MVS **39, 66**	O, Typ, Am, El
86.1937	MVS **66**	O, Typ, Am
87.1937	MVS **39, 66**	O, Typ, Am, El
88.1937	MVS **39, 67**	O, Typ, Am, El
89—90.1937	MVS **67**	O, Typ, Am
183.1937	Harv Ann **109** 23	O, B, Typ
66.1939	Harv Bull **916** 7	VS, B, Typ, Lk, El, Elb
	Harv Bull **916** 14	EB
	VS Bull **6** 13	An
	= 448 Cyg	
82.1939	VS Bull **6** 16	Not
	= V 442 Cyg	
1.1940	MVS **64**	O, Typ, Am
2—4.1940	MVS **64**	O, Typ, Am, El
5—6.1940	MVS **64**	O, Typ, Am
7.1940	MVS **64**	O, Am
8.1940	MVS **64**	O, Typ, Am
9—18.1940	MVS **64**	O, Typ, Am, El
19—21.1940	MVS **64**	O, Typ, Am
22.1940	MVS **64**	O, Am
23—25.1940	MVS **64**	O, Typ, Am, El
27—28.1940	MVS **64**	O, Typ, Am, El

29.1940	MVS **64**	O, Typ, Am
	MVS **85**	Typ, Am, El
30.1940	MVS **64**	O, Am, El
31—32.1940	MVS **64**	O, Typ, Am
33.1940	MVS **64**	O, Typ, Am, El
34—38.1940	MVS **65**	O, Typ, Am, El
39.1940	MVS **65**	O, Typ, Am
40.1940	MVS **65**	O, Typ, Am, El
41.1940	MVS **65**	O, Typ, Am
42.1940	MVS **65**	O, Typ, Am, El
43—47.1940	MVS **65**	O, Typ, Am
232.1940	Tadjik Circ. Nr. **52** 12	El
	= FM Cas	
2—3.1943	MVS **82**	O, Typ, Am
4—11.1943	MVS **82**	O, Typ, Am, El
12—13.1943	MVS **82**	O, Typ, Am
14—15.1943	MVS **82**	O, Typ, Am, El
16.1943	MVS **82**	O, Typ, Am
17—19.1943	MVS **82**	O, Typ, Am, El
20.1943	MVS **82**	O, Typ, Am
21.1943	MVS **82**	O, Typ, Am, P
22—23.1943	MVS **82**	O, Typ, Am
24—29.1943	MVS **82**	O, Typ, Am, El
30.1943	MVS **82**	O, Typ, Am
31—32.1943	MVS **82**	O, Typ, Am, El
33.1943	MVS **82**	O, Typ, Am
34.1943	MVS **82**	O, Typ, Am, El
35—36.1943	MVS **82**	O, Typ, Am
37—38.1943	MVS **64**	O, Typ, Am, El
39—41.1943	MVS **64**	O, Typ, Am
42.1943	MVS **64**	O, Typ, Am, El
43.1943	MVS **64**	O, Typ, Am
	= DM Per	
44.1943	MVS **64**	O, Typ, Am, El
45.1943	MVS **65**	O, Typ, Am, El
46—47.1943	MVS **65**	O, Typ, Am
48.1943	MVS **65**	O, Typ, Am, El
96.1943	= BW Gem	
202.1943	= BE And	
218—249.1943	MVS **52**	An, O, Typ, Am
250—267.1943	MVS **53**	An, O, Typ, Am
268—269.1943	MVS **53, 65**	An, O, Typ, Am, El
270.1943	MVS **53, 65**	An, O, Typ, Am, P
271—272.1943	MVS **53, 65**	An, O, Typ, Am, El
273.1943	MVS **53, 65**	An, O, Typ, Am, P
274.1943	MVS **53, 65**	An, O, Typ, Am, El
275.1943	MVS **53, 65**	An, O, Typ, Am
276—278.1943	MVS **53, 65**	An, O, Typ, Am, El
279—280.1943	MVS **53, 65**	An, O, Typ, Am
281.1943	MVS **53, 65**	An, O, Typ, Am, El
282.1943	MVS **53, 65**	An, O, Typ, Am
283—284.1943	MVS **53, 65**	An, O, Typ, Am, El
285—333.1943	MVS **54**	An, O, Typ, Am
334—365.1943	MVS **55**	An, O, Typ, Am
366—388.1943	MVS **56**	An, O, Typ, Am

8553. Veränderliche BD-Sterne

BD
+49°1316 = BK Aur
47.4115 = BE And
43.3790 = V 354 Cyg
41.4461 = UW Lac
+34.3871 = 66.1939 Cyg

BD
+32°3743 = MW Cyg
+ 3.1214 = SVS 1026
−10.863 = HD 26750
−15.5498 = V 524 Sgr

8554. Veränderlicher CPD-Stern

*CPD −45°8503 Harv Bull **916** 9 An, VS, O, Lk, El

8555. Veränderliche HD-Sterne

HD 26750 Harv Bull **918** 16 An, B, Lk, Am, Elb, Sp
HD 44544 = SVS 1026
HD 156979 = CPD −45°8503
HD 190967 = 66.1939
HD 219961 = BE And

8556. Harvard-Veränderliche

HV
1341 Harv Ann **109** 27 const
1421 Harv Ann **109** 27 const
1429 Harv Ann **109** 27 const
1440 Harv Ann **109** 27 const
1467 Harv Ann **109** 27 const
1479 Harv Ann **109** 27 const
1613 Harv Ann **109** 27 const
1621 Harv Ann **109** 27 const
1648 Harv Ann **109** 27 const
2005 Harv Ann **109** 27 const
2066 Harv Ann **109** 27 const
3888 = EG Sgr
4075 = HV 833
6323 = HV 809
6346 = HV 860
6354 = HV 864
6358 = HV 865
(3888–6358: Harv Ann **109** 27)
8008 = HV 4075 = HV 833

HV
8009 = HV 2091 Harv Ann **109** 27
8709 Harv Ann **109** 33 O, B, Tpy, P
8726 Harv Ann **109** 33 O, B, Typ, P
8741 Harv Ann **109** 18 O, B, Typ
Harv Ann **109** 33 O, B, Typ, P
8753 Harv Ann **109** 18 O, B, Typ
8755 Harv Ann **109** 18 O, B, Typ
8806 Harv Ann **109** 18 O, B, Typ
8867 Harv Ann **109** 10 O, B, Typ, El
8889 Harv Ann **109** 10 O, B, Typ, El
8890 Harv Ann **109** 10 O, B, Typ, El
8923 Harv Ann **109** 10 O, B, Typ, El
10673 Harv Ann **109** 33 O, B, Typ, P
11085 Harv Bull **917** 5 An, VS, Lk, Els, Elb, Sp, aD
11087 = HD 26750
11111 Harv Bull **916** 14 EB
11183 = HV 841 Harv Ann **109** 27

8557. Prager-Sterne

Pr
79 MVS **65** O, Typ, Am
1423 = V 756 Oph
2266 = V 354 Cyg
2488 MVS **85** Not, const?
2542 MVS **65** O, Typ, Am
2815 MVS **80** B, Not, Typ, Am
2818 MVS **80** const
3014 MVS **25** const
3018 MVS **25** Not
3020 MVS **25** const
3021 MVS **25** Not

Pr
3022 MVS **25** Not, Am
3023 MVS **25** Not, const
3027 MVS **25** Not
3028 MVS **25** Not
3029 MVS **25** Not
3030 MVS **25**, **26** Not
3032 MVS **26** const
3034 MVS **26** Not
3036 MVS **26** Not
3045 MVS **26** Typ, Am
3058 MVS **26** Typ?

8558. Ross-Sterne

Ross 180 MVS **82** O, Typ, Am
Ross 263 MVS **75** B, Am, El
Ross 322 Tadjik Circ. Nr. **52** 12 El

8559. SVS-Sterne

SVS

100	= V 354 Cyg	
294	= V 354 Cyg	
481	VS Bull **6** 14	Not
547	= Pr 2818	
768	= BK Aur	
824	= GT Cas	
825	= GU Cas	
874	VS Bull **6** 50	VS, B, El
875	VS Bull **6** 50	B, Typ?
876	VS Bull **6** 50	B, Typ?
983	VS Bull **6** 21	An, Typ
996	VS Bull **6** 25	An, Ka, VS, O, B, Typ, Am
997—998	VS Bull **6** 25	An, Ka, VS, O, B, Typ?, Am
999	VS Bull **6** 25	An, Ka, VS, O, B, Am
1000	VS Bull **6** 25	An, Ka, VS, O, B, Typ, Am
1001	VS Bull **6** 25	An, Ka, VS, O, B, Typ?, Am
1002	VS Bull **6** 25	An, Ka, VS, O, B, Am
1003	VS Bull **6** 25	An, VS, O, B, Typ, Am
1004	VS Bull **6** 25	An, Ka, VS, O, B, Typ, Am
1005—1006	VS Bull **6** 25	An, Ka, VS, O, B, Am
1007	VS Bull **6** 25	An, Ka, VS, O, B, Typ, Am
1008—1009	VS Bull **6** 25	An, Ka, VS, O, B, Am
1010	VS Bull **6** 25	An, Ka, VS, O, B, Typ, Am
1011	VS Bull **6** 25	An, Ka, VS, O, B, Typ?, Am
1012	VS Bull **6** 25	An, Ka, VS, O, B, Typ, Am
1013	VS Bull **6** 25	An, Ka, VS, O, B, Am
1014	VS Bull **6** 25	An, VS, O, B, Typ, Am
1015—1019	VS Bull **6** 25	An, Ka, VS, O, B, Typ, Am
1020	VS Bull **6** 25	An, Ka, VS, O, B, Am
1021—1022	VS Bull **6** 25	An, Ka, VS, O, B, Typ, Am
1023	VS Bull **6** 30	An, Ka, VS, O, B, Typ
1024	VS Bull **6** 31	An, Ka, VS, O, B, Typ, P?
1025	VS Bull **6** 52	An, B, Typ?, Am?
1026	VS Bull **6** 74	An, Ka, VS, B, Typ?, Am, El

8560. Zinner-Sterne

Zi	163	MVS **53**	An, O, Typ, Am
		MVS **65**	O, Typ, Am
	524	MVS **80**	Not
	1653	= 11.1909	
	2098	= 53.1913	

8561. Sonstige Veränderliche

		Äqu. 1855	
$6^h\ 49^m\ 40^s$	+13° 19′ 53″	BSAF **60** 68, 95	An, O
6 49 40.5	+13 19 53	BSAF **60** 113	An, O, Not
6 49 44	+13 18	BSAF **60** 117	An, B, Not
6 43 53.4	−22 19.6	Publ. Louvain **11** Nr. 92	Ka, VS, B, Lk, El
6 54 8.7	−20 13.8	Publ. Louvain **11** Nr. 92	Ka, VS, B, Lk, El
6 54 30.3	−19 2.7	Publ. Louvain **11** Nr. 96	An, Ka, Typ, Lk, Am, El
6 54 32.1	−19 15.6	Publ. Louvain **11** Nr. 96	An, Ka, VS, Typ, Lk, Am, El
6 55 26.5	−19 23.6	Publ. Louvain **11** Nr. 96	An, Ka, VS, Typ, Lk, Am, El

$6^{h}\,57^{m}\,21^{s}.7$	$-22^{\circ}\,36'.2$	Publ. Louvain **11** Nr. 94	An, Lk, Am, P
6 59 20.2	−21 41.5	Publ. Louvain **11** Nr. 106	An, Ka, VS, Typ, Lk, Am, El
6 59 22.1	−18 38.3	Publ. Louvain **11** Nr. 96	An, Ka, VS, Typ, Lk, Am, El
7 1 57.5	−19 26.4	Publ. Louvain **11** Nr. 96	An, Ka, VS, Typ, Lk, Am, El
7 2 30	+ 3 10	BSAF **60** 113	An
7 6 58.0	−19 16.0	Publ. Louvain **11** Nr. 92	Ka, VS, B, Lk, El
7 7 24.7	−18 7.4	Publ. Louvain **11** Nr. 92	Ka, VS, B, Lk, El
7 7 28.7	−19 26.6	Publ. Louvain **11** Nr. 94	An, Lk, Am
7 9 8.1	−21 45.7	Publ. Louvain **11** Nr. 94	An, Lk, Am, P
7 12 59.6	−20 52.6	Publ. Louvain **11** Nr. 94	An, Lk, Am, P
7 13 3.7	−19 19.3	Publ. Louvain **11** Nr. 106	An, Ka, VS, Typ, Lk, Am, El
7 13 52.6	−22 7.0	Publ. Louvain **11** Nr. 96	An, Ka, VS, Typ, Lk, Am, El
7 14 8.9	−18 57.1	Publ. Louvain **11** Nr. 94	An, Lk, Am, P
7 15 44.0	−18 22.1	Publ. Louvain **11** Nr. 106	An, Ka, VS, Typ, Lk, Am, El
7 17 25.0	−19 37.3	Publ. Louvain **11** Nr. 95	Ka, Typ, Am, El
7 18 45.1	−19 12.1	Publ. Louvain **11** Nr. 92	Ka, VS, B, Lk, El
7 18 48.6	−20 16.7	Publ. Louvain **11** Nr. 94	An, Lk, Am, P
7 23 39.6	−19 10.1	Publ. Louvain **11** Nr. 93	Ka, VS, B, Typ
7 23 46.8	−19 26.9	Publ. Louvain **11** Nr. 106	An, Ka, VS, Typ, Lk, Am, El
7 24 23.9	−20 9.0	Publ. Louvain **11** Nr. 96	An, Ka, VS, Typ, Lk, Am, El
7 28 15.3	−19 15.4	Publ. Louvain **11** Nr. 106	An, Ka, VS, Typ, Lk, Am, El
7 30 36.5	−22 39.4	Publ. Louvain **11** Nr. 94	An, Lk, Am, P

Äqu. 1875

$6^{h}\,50^{m}\,7^{s}.1$	$-23^{\circ}\,29'.2$	Publ. Louvain **11** Nr. 95	Ka, Typ, Am, El
6 50 57.3	−25 29.4	Publ. Louvain **11** Nr. 106	An, Ka, VS, Typ, Lk, Am, El
6 54 4.9	−23 22.4	Publ. Louvain **11** Nr. 94	An, Lk, Am, P
6 57 30.1	−23 42.1	Publ. Louvain **11** Nr. 94	An, Lk, Am, P
6 59 33.6	−24 19.9	Publ. Louvain **11** Nr. 96	An, Ka, VS, Typ, Lk, Am, El
6 59 53.3	−23 35.6	Publ. Louvain **11** Nr. 106	An, Ka, VS, Typ, Lk, Am, El
7 5 30.5	−25 27.3	Publ. Louvain **11** Nr. 106	An, Ka, VS, Typ, Lk, Am, El
7 6 40.2	−26 46.6	Publ. Louvain **11** Nr. 95	Ka, VS, Typ, Lk, Am, El
7 10 1.2	−25 34.1	Publ. Louvain **11** Nr. 94	An, Lk, Am, P
7 10 7.7	−23 27.5	Publ. Louvain **11** Nr. 96	An, Ka, VS, Typ, Lk, Am, El
7 10 41.8	−25 56.9	Publ. Louvain **11** Nr. 92	Ka, VS, B, Lk, El
7 11 3.5	−26 56.8	Publ. Louvain **11** Nr. 92	Ka, VS, B, El
7 11 17.4	−24 7.6	Publ. Louvain **11** Nr. 94	An, Lk, Am, P
7 11 18.3	−25 35.1	Publ. Louvain **11** Nr. 106	An, Ka, VS, Typ, Lk, Am, El
7 11 28.3	−24 16.9	Publ. Louvain **11** Nr. 96	An, Ka, VS, Typ, Lk, Am, El
7 13 45.8	−26 54.0	Publ. Louvain **11** Nr. 95	Ka, B, Typ ?, Lk, Am, El ?
7 16 39.9	−26 17.8	Publ. Louvain **11** Nr. 96	An, Ka, VS, Typ, Lk, Am, El
7 17 41.9	−26 28.3	Publ. Louvain **11** Nr. 92	Ka, VS, B, Lk, El
7 17 59.2	−25 20.1	Publ. Louvain **11** Nr. 96	An, Ka, VS, Typ, Lk, Am, El
7 19 33.1	−25 56.7	Publ. Louvain **11** Nr. 92	Ka, VS, B, Lk, El
7 21 27.8	−27 40.6	Publ. Louvain **11** Nr. 106	An, Ka, VS, Typ, Lk, Am, El
7 22 9.8	−25 32.0	Publ. Louvain **11** Nr. 92	Ka, VS, B, Lk, El
7 24 35.9	−26 30.7	Publ. Louvain **11** Nr. 95	Ka, Typ, Am, El
7 25 5.0	−26 1.5	Publ. Louvain **11** Nr. 95	Ka, VS, Typ, Lk, Am, El
7 26 6.9	−25 38.6	Publ. Louvain **11** Nr. 95	Ka, VS, Typ, Lk, Am, El
7 29 22.9	−25 5.5	Publ. Louvain **11** Nr. 94	An, Lk, Am, P
7 29 51.6	−24 9.8	Publ. Louvain **11** Nr. 106	An, Ka, VS, Typ, Lk, Am, El

Äqu. 1900

$19^{h}\,11^{m}\,38^{s}$	$+62^{\circ}\,5'.9$	TAB Nr. 647 S. 1294	An, B, Typ, Am, El

8562. Verzeichnis der Beobachter und Berechner veränderlicher Sterne

P. Ahnert
A. Ali
N. M. Artjuchina
J. Ashbrook
M. D. Ashbrook
G. S. Badaljan
B. Berggren
T. P. Bhaskaran
E. H. Boyce
V. K. Brenton
E. S. Brodskaja
V. Buhl
P. N. Cholopow
L. Dezsö
J. Gadomski
Gainullin
S. Gaposchkin
R. Genrich
E. K. Gitz
H. Grouiller
D. Gudzent
P. Guthnick
M. Hack
C. M. Hanley
H. Harting
Hartmann
A. Hestin
A. R. Hogg
A. van Hoof
M. R. Hunt
M. Huruhata
J. J. Ikauniex
I. M. Ischtschenko
D. Jäger
J. I. Jefremow
A. H. Joy
S. Kanda
O. W. Katz
S. Kierulff
R. Kippenhahn
O. Knopf
Z. Kopal
B. W. Kukarkin
P. G. Kulikowskij
N. E. Kurotschkin
J. Lagrula
G. Larsson-Leander
G. List
M. Lurje
F. Mandré
M. W. Mayall
V. McKibben Nail
N. W. McLeod
I. T. Mergentaler
J. Mergentaler
P. W. Merrill
K. Mikkelsen
I. P. Milstein
N. A. Moller Nicolaisen
M. E. Nabokow
P. Naur
A. Nielsen
S. P. Nikolajew
W. B. Nikonow
G. Oriano de Vaucouleurs
J. Pagaczewski
P. I. Parenago
P. P. Parenago
C. Payne Gaposchkin
E. V. Petersen
G. Peterson
A. A. Petrow
R. Prager
E. F. Reilly
M. P. Rementschiz
R. Rigollet
D. W. Rosebrugh
W. Safranow
R. F. Sanford
H. Schneller
L. Shiwotowskij
T. Sjogren
M. S. Smirnow
A. W. Solowjow
G. Starikowa
O. Struve
H. H. Swope
N. Sytschewa
E. Tedeschini
T. S. Tschernowa
M. I. Uranowa
T. Vaaben
V. Vanýsek
G. de Vaucouleurs
A. van de Voorde
A. Wassiljewa
F. Weber
R. Weber
E. J. Woodward
G. Zarm
W. P. Zessewitsch

§ 86

Novae

8601. **C. Bertaud,** Recherches sur Nova Herculis 1934 et contribution à l'étude comparative des principales novae. Ann. Obs. Paris, Section d'Astrophys. à Meudon **9** fasc. 1, 234 S. mit 29 Fig. und 6 Tafeln, 1945. — Aus eigenen Aufnahmen wird das Verhalten der Absorptionssysteme in den einzelnen Entwicklungsphasen der Nova Her 1934 studiert. Dasselbe wird aus der Literatur fur die Novae Per 1901, Gem 1912, Aql 1918, Cyg 1920, Pic 1925 und Lac 1936 durchgeführt. Lichtkurven, Farbenindexkurven, Parallaxen und Zustände der Postnovae werden im einzelnen und vergleichenderweise im ganzen diskutiert. Ein Kapitel ist den in einem Katalog von 36 Objekten zusammengestellten Supernovae gewidmet, deren Eigenschaften mit denen der Novae verglichen werden. Loh.

8602. **C. Bertaud,** Magnitude absolue des novae galactiques. CR **220** 136—138, 1945. — Nova: Aql Nr. 3 (1918), Aql (1936), CrB (1866), Cyg Nr. 1 (1600),

Cyg Nr. 3 (1920), Gem Nr. 2 (1912), DQ Her (1934), Lac (1910), CP Lac (1936), Lyr (1919), Mon (1939), Oph Nr. 4 (1919), RS Oph Nr. 3 (1933), Per Nr. 2 (1901), Pic (1925), RT Ser (1909), Sge Nr. 2 (1913), Sgr (1936).

8603. **E. J. Brill,** The «guest-star» of 1054. T'oung Pao **36** 174—178.

8604. **B. H. Dawson,** Las estrellas Novae. Rev Astr **15** 278—284, 1943.

8605. **L. E. Gurewitsch, A. I. Lebedinskij,** Kernexplosionen als Ursache von Sternausbrüchen. Leningrader Universitatsbote Nr. **4—5** S. 53—58, 1946. Siehe auch DAN **56** 25—27, 1947 (russisch).

8606. **D. ter Haar,** On the deep minimum in the light curve of slow novae. MN **106** 283—285, 1946. — Eine Vermutung von Chandrasekhar und Stratton (MN **105** 275, AJB **45** Ref. **8619**), nach der das in der Lichtkurve einiger langsamer Novae beobachtete tiefe Minimum im Anschluß an das Maximum durch Bildung einer Wolke von Molekülen in den Außenschichten der Novahülle zu erklären ist, wird durch numerische Abschatzung nachgepruft und als möglich bestätigt. Kdr.

8607. **K. Himpel,** Zur Theorie der Neuen Sterne. Scientia (4) **38** 45—53, 1944. — Es wurde zuerst eine Übersicht über den gegenwärtigen Stand des Beobachtungsmaterials gegeben und besonders auf die Lücken, die dabei noch auszufüllen sind, hingewiesen; neben dem Fehlen jeglicher Kenntnis über das Verhalten im fruhen Anstieg wissen wir noch zu wenig über die Massen und die chemische Zusammensetzung der Neuen Sterne. Bei der Besprechung der Theorien wurde davon ausgegangen, daß, abgesehen von einigen in Dunkelwolken stehenden und größere Aufhellungen zeigenden Sternen, fur die echten Novae nur eine innere Ursache für das Zustandekommen des Ausbruches in Frage kommt. Nach einer Besprechung der einzelnen Hypothesen und ihrer Mangel wird dann ausgeführt, daß eine Sternentwicklungshypothese von Eddington unter Hinzunahme der neuesten Ergebnisse auf dem Gebiete der novaahnlichen Veränderlichen die meisten Beobachtungstatsachen zu erklären imstande ist. Ein Vergleich mit den Supernovae und einige daraus gezogene Schlußfolgerungen beschließen den Aufsatz. Verf.

* * **F. Hoyle,** Note on the origin of cosmic rays. Vgl. Ref. **9214**.

8608. **M. Johnson,** Atomic possibilities underlying stellar catastrophe. Obs **66** 248—254, 1946. — Es werden diejenigen Nova- und insbesondere Supernovatheorien kritisch besprochen, die auf der Vorstellung des Übergangs eines normalen Sterns in einen stark verdichteten Zustand beruhen. Wenn auch verschiedene kernphysikalische Spekulationen in Verbindung mit der Theorie der stellaren Energieerzeugung und der Gasentartung einen solchen Vorgang als moglich erscheinen lassen, so durfen wir jedoch erst dann von einer befriedigenden Novatheorie sprechen, wenn das Problem der Reaktionsgeschwindigkeit und des Energietransports im Sterninnern im Hinblick auf das Novaphanomen gelöst ist. Dies ist aber, wie Verf. betont, zur Zeit noch nicht der Fall. Kdr.

8609. **R. Jonckheere,** Observation d'une brillante Nova galactique (J 2301). JO **26** 26—27, 1943. — Ort (1943): $\alpha = 8^h 9^m 35^s$; $\delta = -35° 11'0$. Helligkeitsmaximum 9./10. Nov 1942, $3^h 30^m$ (UT), $0^m\!.3$.

8610. **W. A. Krat,** Über die Wiederkehr der Novaausbrüche. DAN **27** 917—919, 1940 (russisch).

8611. **W. Krat,** Über das Alter der Novae. Pulk Circ Nr. **31** S. 101—106, 1941 (russisch).

8612. **A. I. Lebedinsky,** Structure of envelopes of novae. RAJ **23** 15—30, 1946 (englisch mit russ. Ref.). — Ref. in Math Rev **8** 177—178.

8613. **D. B. McLaughlin,** The luminosities of novae. Pop Astr **50** 233—245, 1942. — Der Verf. berichtet zusammenfassend über die Bestimmung trigonometrischer und säkularer Parallaxen sowie solcher, die aus der Expansion der Nebelhüllen abgeleitet werden. Ferner werden andere Entfernungskriterien (Stärke der interstellaren Linien, Effekte der galaktischen Rotation auf die Radialgeschwindigkeit dieser Linien, statistische Methoden) und Novae in extragalaktischen Systemen bekannten Entfernungsmoduls behandelt. Abschließend wird eine mittlere absolute Novahelligkeit von $-7^m.0$ angenommen; die Streuung um diesen Wert beträgt mehrere Größenklassen. Micz.

8614. **D. B. McLaughlin,** On the spectra of novae. Publ. Obs. Univ. Michigan 8 Nr. 12, S. 149—194, mit 5 Fig., 1943. — Besprechung in Obs **65** 85—86. — Es wird versucht, in ausführlicher aber allgemeiner Form die Entwicklung eines Novaspektrums von der Ausbruchsphase bis zum Postnovastadium auf Grund von Beobachtungen auf einem umfangreichen Plattenmaterial verschiedener Novae zu beschreiben. Dabei wird eine Reihe von typischen Absorptions- und Emissionssystemen unterschieden, die sich in einer bestimmten Ordnung herausbilden. In einem Kapitel wird ein chronologisches Entwicklungsschema einer typischen Nova aufgestellt. Weiterhin werden spektrale Änderungen einschließlich Linienverschiebungen und ihre Beziehung zu sekundären Lichtschwankungen sowie Temperaturen und Temperaturänderungen behandelt. Die allgemeine Diskussion, die gleichzeitig eine eindeutige Nomenklatur für die Novaspektroskopie festlegen soll, dient schließlich zur Aufstellung eines Novamodells. Micz.

8615. **D. B. McLaughlin,** The spectral changes of a typical nova. Pop Astr **52** 109, 1944.

8616. **G. C. McVittie,** Novae, Supernovae and white dwarfs. Obs **66** 179—181, 1945. — Vgl. AJB **43** Ref. 8607/08 und 7718.

8617. **E. R. Mustel,** Über den möglichen Mechanismus des Materieauswurfes durch Neue Sterne im Moment ihrer maximalen Helligkeit. DAN **29** 296—299, 1940 (russisch).

8618. **E. R. Mustel,** Über den möglichen Mechanismus der Bildung verschiedener Absorptionssysteme in den Spektren Neuer Sterne. DAN **29** 365—367, 1940 (russisch).

8619. **E. R. Mustel,** Prozesse, die in Wolken entstehen, welche sich von den Neuen Sternen abgetrennt haben. RAJ **21** 276—279, 1944 (russisch).

8620. **E. R. Mustel,** On the expansion of new stars before maximum brightness I, II. RAJ **22** 65—80, 185—201, 1945 (russisch).

8621. **E. R. Mustel,** On the velocity of expansion of the photospheres of new stars before maximum brightness. RAJ **23** 289—297, 1946 (russisch mit engl. Ref.). — Nach der Formel $M_v = 29500 \cdot T^{-1} - 5 \log r - 0{,}08$ berechnet Verf. die Radien mehrerer Novae fur den Augenblick des Helligkeitsmaximums und 24 Stunden vorher. Daraus ergeben sich folgende Expansionsgeschwindigkeiten: N Gem 1912, 137 km/sec ($M_v = -6^m.4$), 193 km/sec ($M_v = -7^m.2$); N Aql 1918, 1700 km/sec; N Cyg 1920, 733 km/sec; N Pic 1925, 40 km/sec (4. 6.—5. 6.), 250 km/sec (6. 6.—7. 6.); N Her 1934, 156 oder 185 km/sec; N Lac 1936, 1100 km/sec. Loh.

8622. **C. Payne-Gaposchkin, S. Gaposchkin,** A spectrophotometric study of five bright novae. Harv Circ Nr. **445**, 19 S., 1942. — Die Intensitaten heller Linien von fünf Novae nach dem Ausbruch werden mitgeteilt. Bei ihrer Diskussion ergeben sich Elektronendichten zwischen 10^9 und 10^4 cm^{-3}. Wahrend die Anregungstemperaturen von der Großenordnung 100000° sind, sind die Elektronentemperaturen $<$ 10000°. Die Masse des abgeschleuderten Materials beträgt zwischen 10^{27} und 10^{30} g; sie wächst wahrscheinlich mit der absoluten Maximalhelligkeit der Nebel. Micz.

8623. **C. Payne-Gaposchkin, S. Gaposchkin,** On the material ejected from novae. Wash Nat Ac Proc **28** 482—490, mit 4 Fig., 1942 = Harv Repr Nr. **246.** — Die Diskussion von Intensitaten heller Linien im Spektrum von 5 Novae fuhrt auf sehr hohe Anregungstemperaturen, die mit denen der planetarischen Nebel vergleichbar sind. Die Elektronentemperaturen ergeben sich zu 10000° oder weniger. Die sekundaren Lichtschwankungen der Nova Persei 1901 und Nova Aquilae 1918 waren von Schwankungen der Anregungstemperatur begleitet. Die Elektronendichten liegen zwischen denen der planetarischen Nebel und der Wolf-Rayet-Sterne; sie nehmen im Verlauf der weiteren Entwicklung vom Ausbruch an um mehrere Zehnerpotenzen ab. Eine Abschatzung der abgestoßenen Massen fuhrt auf 10^{27}—10^{30} g. Micz.

* * **C. Payne-Gaposchkin,** Novae and related stars. Vgl. Ref. **149.**

8624. **B. Vorontsov-Velyaminov,** Gradient temperature of novae and Oehler's criticism. RAJ **20** Nr. 3 S. 8—10, 1943.

* * **Å. Wallenquist,** Pulserande och exploderande stjarnor. Vgl. Ref. 8477.

8625. **B. Woronzow-Weljaminow,** Die Bestimmung der nicht beobachteten Maxima der Neuen Sterne. RAJ **20** Nr. 4 S. 1—4, 1943 (russisch).

8626. Old novae. Obs **64** 337, 1942.

8627. Nova studies. Sky and Telescope **6** Nr. 1 S. 6, 1946. — Ref. AAS.

8628. **Nova Aquilae Nr. 3** (1918)
Beobachtung: Harv Ann **110** 131, 172, 203—204, 243—244, 305. — Helligkeitsbeobachtungen durch Mitglieder der AAVSO.
Harv Ann **116** 42. — Helligkeitsbeobachtungen durch Mitglieder der AAVSO.
MN **106** 280. W. H. Steavenson. — Helligkeit, Farbe.
Publ. Obs. Univ. Michigan 8 178. D. B. McLaughlin. — Spektrum.

C. Bertaud, Recherches sur Nova Herculis 1934 et contribution à l'étude comparative des principales novae. Vgl. Ref. **8601.**

C. Payne-Gaposchkin, S. Gaposchkin, A spectrophotometric study of five bright novae. — Vgl. Ref. **8622.**

8629. **Nova Aquilae Nr. 4** (1919)
Beobachtung: Harv Ann **110** 133. — Helligkeitsbeobachtungen durch Mitglieder der AAVSO.

8630. **Nova DO Aquilae** (1925)
Beobachtung: MN **106** 280. W. H. Steavenson. — Helligkeit.

8631. **Nova EL Aquilae** (1927)
Beobachtung: Publ. Obs. Univ. Michigan 8 177. D. B. McLaughlin. — Spektrum.

8632. **Nova V 356 Aquilae** (1936)
Beobachtung: Publ. Obs. Univ. Michigan 8 173. D. B. McLaughlin. — Spektrum.

8633. **Nova Aquilae 215.1943**
Anzeige: BSAF **57** 143, MVS 43.
Beobachtung: BSAF **57** 172—173, mit 1 Aufnahme. — Notiz, Karte, Helligkeiten.
Harv Bull Nr. **917** 16—17, mit 2 Fig. S. Gaposchkin. — Karte, Vergleichssterne, Helligkeiten.
Harv Card 665, 667. S. Gaposchkin. — Helligkeiten.

Harv Card 666. A. N. Vyssotsky. — Spektrum.
MVS 43. C. Hoffmeister. — Ort.
MVS 43. C. Hoffmeister. — Praenova.
MVS 43, 44. C. Hoffmeister, P. Ahnert. — Vergleichssterne, Helligkeiten.
MVS 45. C. Vick. — Ort.
MVS 45. C. Hoffmeister. — Spektrum.
Pop Astr **51** 518—519, mit 1 Fig. = Harv Repr **259**. — Lichtkurve.
VS Bull **6** 38. A. W. Solowjow. — Photographische Helligkeiten.

R. F. Sanford, The spectrum of Nova Aquilae 1943. Publ ASP **55** 284—285, 1943.

8634. Nova V 528 Aquilae (1945)

Beobachtung: BAB **3** 281. F. Moreau, J. Verbaandert. — Ort.
BAB **3** 283. E. Delporte. — Örter.
BSAF **59** 97—99, mit 2 Fig. C. Bertaud. — Ort, Vergleichssterne, Helligkeiten.
BSAF **59** 99—100, mit 1 Fig. F. Quénisset. — Helligkeiten.
BSAF **59** 100—102, mit 2 Fig. R. Weber, F. Weber, F. Mandré. — Vergleichssterne, Lichtkurve, Helligkeiten.
Gaz astr **28** 39—40. L. Michiels. — Helligkeiten.
Harv Bull Nr. **918** S. 5—6, mit 2 Fig. A. Hagopian, C. B. Sawyer. — Lichtkurve.
Harv Card 721. J. A. Pearce, S. Gaposchkin, Hagopian, Sawyer. — Spektrum, Helligkeiten.
MN **106** 280. W. H. Steavenson. — Helligkeiten.
NAT **1945** 110. P. Naur. — Anzeige, Ort, Vergleichssterne.
Obs **66** 162—163. — Helligkeiten, Notiz.
Pop Astr **53** 409—410 = Harv Repr **277**. — Helligkeiten.
Publ ASP **57** 312—314. R. F. Sanford. — Spektrum.
VS Bull **6** 66—67. A. W. Solowjow. — Karte, Vergleichssterne, Helligkeiten.

C. Bertaud, Découverte d'une nova dans la constellation de l'Aigle. CR **221** 255—256, 1945.

C. Bertaud, Variations lumineuses de Nova Aquilae 1945. CR **223** 780—782, 1946.

L. Gialanella, Fotometria visuale e indice di colore della «Nova Aquilae 1945». Rend. Accad. Lincei (8) **1** 616—624, 1946 = Oss. e Museo Astr. Roma, Contr. Sci. Nr. **129**. — 50 photometrische Messungen im normalen Licht und 38 Farbenindizes zwischen September und Dezember 1945. F. Z.

R. F. Sanford, Nova Aquilae 1945. Publ ASP **57** 263—264, 1945.

C. Schalén, Ljuskurvan for Nova Aquilae 1945. PAT **27** 48—53, mit 5 Fig., 1946.

A. Velghe, Nova Aquilae 1945 door een liefhebber waargenomen. Heelal **2** 40—41, mit 2 Fig., 1946.

8635. Nova T Aurigae (1891)

Beobachtung: MN **106** 280. W. H. Steavenson. — Helligkeit.
Veröff. Univ.- Sternwarte Jena Nr. **4** S. 42. O. Knopf. — Vergleichssterne, Helligkeiten.

8636. Nova η Carinae

Beobachtung: Harv Ann **115** 85. S. Gaposchkin. — Helligkeiten.

8637. Nova T Coronae borealis (1866)

Beobachtung: BSAF **60** 20. — Helligkeitsbeobachtungen durch Mitglieder der Société Astronomique de France.
BSAF **60** 139. — Notiz.
Harv Bull Nr. **918** S. 7—9. J. Ashbrook. — Vergleichssterne, Helligkeiten 1946.
Harv Bull Nr. **918** S. 9. F. W. Wright. — Helligkeiten 1946.
Harv Card 713. J. Sahade. — Spektrum.
Harv Card 738. O. Struve, J. Ashbrook, E. van Dien, L. Jacchia, L. Campbell, J. L. Gossner. — Spektrum, Helligkeiten.
Harv Card 739. F. W. Wright, J. Ashbrook, J. L. Gossner, Petzold, E. van Dien, Walther. — Helligkeiten.
Harv Card 750. D. W. Rosebrugh, Houston. — Helligkeiten.
MN **106** 281. W. H. Steavenson. — Helligkeiten.
NAT **1946** 74—75. — Notiz.
PAT **27** 66—67, mit 2 Fig. T Coronae Borealis, en rekurrent nova.
PAT **27** 67—69, mit 1 Fig. R. Brahde. — Spektrum.
Pop Astr **51** 226—227 = Harv Repr **259**. — Lichtkurve.
Pop Astr **54** 195–197 = Harv Repr **291**. – Helligkeiten, Notiz.
Pop Astr **54** 377 = Harv Repr **291**. — Notiz.
Publ ASP **58** 153—156. E. Pettit. — Lichtkurve.
Publ ASP **58** 156—159. R. F. Sanford. — Spektrum Febr. 10—22, 1946.
Publ ASP **58** 213. E. Pettit. — Visuelle Helligkeiten.
VS Bull **6** 68. A. W. Solowjow. — Vergleichssterne, Helligkeiten, Farbenindex.

C. Bertaud, La nova T Coronae Borealis 1866. BSAF **60** 73—79, mit 7 Fig., 1946.

M. Bloch, J. Dufay, C. Fehrenbach, Tcheng Mao-Lin, Etude préliminaire du spectre de Nova T Coronae Borealis en 1946. Ann d'Astrophys **9** 157—172, mit 8 Fig., 1946 = Publ. Obs. Haute Provence (A) Nr. **10**. — Die Verf. beschreiben zunachst das spektrale Verhalten der Nova T CrB, beginnend wenige Tage nach dem Maximum (12. 2. bis 20. 2. 1946) und teilen Radialgeschwindigkeitsmessungen mit. Die Bestimmung der Farbtemperatur ergibt ziemlich niedrige Werte zwischen 5300° und 8300°. Das Balmerkontinuum ist sehr stark in Emission (D = −0.8). Genauer behandelt wird die Entwicklung der drei Koronalinien λ 6374, λ 5303 und λ 3601. Das Spektrum war spater (20. 2. bis 30. 4. 1946) vor allem durch erlaubte und verbotene Linien hoher Ionisationsstufen sowie durch das Auftreten des M-Spektrums des nahen Begleiters gekennzeichnet. Wahrend des sekundären Maximums im Juni erschienen viele verbotene Linien und die von He II sehr geschwacht; die erlaubten und verbotenen Linien des Fe II herrschten vor. Die Profile von H und K waren merklich verandert. Micz.

Z. Bochníček, Hypothetisches System T Coronae borealis. RH **27** 81—84, 1946 (tschechisch).

L. Gratton, E. C. Krüger, Osservazioni spettrografiche della Nova T Coronae Borealis. Ricerca Sci. e Ricostruzione **16** Nr. 3–4, 2 S., 1946. — Bericht über die spektrographischen Aufnahmen der Nova zwischen 1946 Febr. 11 und 19. F. Z.

C. C. L. Gregory, E. M. Peachey, The spectrum of T Coronae Borealis on 1946 February 11. MN **106** 135—136, 1946. — Kurze Beschreibung des Spektrums der Nova T Coronae borealis 1946 Februar 11 und Mitteilung der Verschiebungen einer Reihe von Emissions- und Absorptionslinien.

R. Minkowski, Nova T Coronae Borealis. Publ ASP **55** 101—103, 1943.
E. Pettit, The secondary maximum of T Coronae Borealis. Publ ASP **58** 255—258, 1946.
E. Pettit, The secondary maximum of T Coronae Borealis. Publ ASP **58** 359—362, 1946.
R. F. Sanford, Velocities for the system of Nova T Coronae Borealis. Publ ASP **58** 240, 1946 (abstract).
B. Vorontsov-Velyaminov, The outburst of T Coronae in 1866. RAJ **23** 129, 1946 (russisch mit engl. Zusammenfassung).

8638. Nova Cygni Nr. 2 (1876)
Beobachtung: MN **106** 281. W. H. Steavenson. — Helligkeiten, Farbe.

8639. Nova Cygni Nr. 3 (1920)
Beobachtung: Harv Ann **110** 136, 173, 207[1]), 247, 311. — Helligkeitsbeobachtungen durch Mitglieder der AAVSO.
Harv Ann **116** 46. — Helligkeitsbeobachtungen durch Mitglieder der AAVSO.
C. Bertaud, Recherches sur Nova Herculis 1934 et contribution à l'étude comparative des principales novae. Vgl. Ref. **8601**.
C. Payne-Gaposchkin, S. Gaposchkin, A spectrophotometric study of five bright novae. — Vgl. Ref. **8622**.

8640. Nova Cygni 85.1942
Beobachtung: BAB **3** 201. E. Delporte. — Ort.
Harv Bull Nr. **916** S. 20—22, mit 1 Fig. M. D. Ashbrook, V. McKibben Nail. — Karte, Vergleichsterne, Helligkeiten.
Harv Card 632, 633. P. Swings. — Spektrum.
Harv Card 634, 649. — Helligkeiten.
MN **106** 281. W. H. Steavenson. — Helligkeit.
Pop Astr **50** 512 = Harv Repr **250**. — Helligkeiten, Lichtkurve.
Pop Astr **51** Nr. 2 = Harv Repr **259**. — Notiz.
Publ ASP **54** 206. Nova Cygni 1942.
R. F. Sanford, The spectrum of Nova Cygni 1942. Publ ASP **54** 255—256, 1942.
R. F. Sanford, Notes on Nova Puppis and Nova Cygni 1942. Publ ASP **55** 196—197, 1943.

8641. Nova Geminorum Nr. 2 (1912)
Beobachtung: MN **106** 281. W. H. Steavenson. — Helligkeit.
Publ. Obs. Univ. Michigan 8 174, 179. D. B. McLaughlin. — Spektrum.
C. Bertaud, Recherches sur Nova Herculis 1934 et contribution à l'étude comparative des principales novae. Vgl. Ref. **8601**.

8642. Nova DQ Herculis (1934)
Beobachtung: Harv Ann **110** 128, 172, 201, 241—242, 302. — Helligkeitsbeobachtungen durch Mitglieder der AAVSO.
Harv Ann **116** 39. — Helligkeitsbeobachtungen durch Mitglieder der AAVSO.
Harv Card 629. Expanding shell around Nova Herculis.

[1]) Lies in Harv Ann 110 207 Cyg anstatt Aql.

MN **106** 281. W. H. Steavenson. — Helligkeit, Spektrum.
Pop Astr **50** 512 = Harv Repr **250**. — Lichtkurve.
Publ. Obs. Univ. Michigan 8 177. D. B. McLaughlin. — Spektrum.
TAB Nr. 591, 622, 647. S. Kanda, S. Kaho. — Vergleichssterne, Helligkeiten.

W. Baade, The expanding shell around Nova Herculis. Publ ASP **54** 244—249, 1942.

C. Bertaud, Recherches sur Nova Herculis 1934 et contribution à l'étude comparative des principales novae. Vgl. Ref. 8601.

M. L. Humason, Spectrographic observations of the nebula surrounding Nova Herculis 1934. Publ ASP **55** 74—78, 1943.

C. Payne-Gaposchkin, S. Gaposchkin, A spectrophotometric study of five bright novae. — Vgl. Ref. 8622.

8643. Nova Lacertae (1910)

Beobachtung: Harv Ann **110** 143. — Helligkeitsbeobachtungen durch Mitglieder der AAVSO.
MN **106** 281. W. H. Steavenson. — Helligkeit.

8644. Nova CP Lacertae (1936)

Beobachtung: Harv Ann **110** 143, 211, 252, 318. — Helligkeitsbeobachtungen durch Mitglieder der AAVSO.
Harv Ann **116** 51. — Helligkeitsbeobachtungen durch Mitglieder der AAVSO.
MN **106** 281. W. H. Steavenson. — Helligkeiten.
TAB Nr. 591. S. Kaho. — Vergleichssterne, Helligkeit.

C. Bertaud, Recherches sur Nova Herculis 1934 et contribution à l'étude comparative des principales novae. Vgl. Ref. 8601.

8645. Nova Lyrae (1919)

Beobachtung: Harv Ann **110** 131. — Helligkeitsbeobachtungen durch Mitglieder der AAVSO.

8646. Nova BT Monocerotis 67.1939

Beobachtung: Harv Ann **110** 113. — Helligkeitsbeobachtungen durch Mitglieder der AAVSO.
Kiew Publ. Nr. **1** S. 168—171 (russisch mit engl. Zusammenfassung). S. K. Wsechswjatskij, A. Bykow. — Vergleichssterne, Helligkeiten, Lichtkurve.
TAB Nr. 591, 622, 647. S. Kanda, S. Kaho. — Vergleichssterne, Helligkeiten.

8647. Nova Ophiuchi Nr. 4 (1919)

Beobachtung: Harv Ann **110** 128. — Helligkeitsbeobachtungen durch Mitglieder der AAVSO.
Publ. Obs. Univ. Michigan 8 176. D. B. McLaughlin. — Spektrum.

8648. Nova RS Ophiuchi (1933)

Beobachtung: Harv Bull Nr. **918**, S. 9—10. S. Gaposchkin. — Helligkeiten.

8649. Nova V 794 Ophiuchi (1939)

C. G. Burwell, D. Hoffleit, A faint nova in Ophiuchus (June 1939). Publ ASP **55** 194—196, 1943.

8650. Nova Orionis 1.1939

Beobachtung: BSAF **59** 81—82, mit 1 Fig. C. Bertaud. — Anzeige, Ort, Vergleich mit RT Serpentis.
BSAF **59** 140. C. Bertaud. — Notiz.

8651. Nova Persei Nr. 2 (1901)

Beobachtung: Harv Ann **110** 108, 157, 182, 226, 268—269. — Helligkeitsbeobachtungen durch Mitglieder der AAVSO.
Harv Ann **116** 10. — Helligkeitsbeobachtungen durch Mitglieder der AAVSO.
MN **106** 282. W. H. Steavenson. — Helligkeiten.
Publ. Obs. Univ. Michigan **8** 177. D. B. McLaughlin. — Spektrum.

C. Bertaud, Recherches sur Nova Herculis 1934 et contribution à l'étude comparative des principales novae. Vgl. Ref. 8601.

C. Payne-Gaposchkin, S. Gaposchkin, A spectrophotometric study of five bright novae. — Vgl .Ref. 8622.

B. A. Vorontsov-Velyaminov, Physical oscillations in Nova Persei 1901. Studies on the O-class stars, planetary nebulae and novae. 16. note. RAJ **23** 269—288, mit 3 Fig., 1946 (russisch mit engl. Ref.). — An Hand von 5658 Helligkeitsbeobachtungen und 42 Spaltspektrogrammen diskutiert Verf. die Intensitatsschwankungen der Nova Persei 1901 zwischen Marz und Juni 1901. Die Temperaturamplitude der Schwankungen betragt 10000°, das Verhaltnis des photospharischen Radius zur Zeit der Maxima und Minima etwa 3. Mit 10 bis 20 km pro Sekunde hat die Pulsationsgeschwindigkeit die Großenordnung der Cepheiden, doch ist die Nova in den Minima heißer und kleiner. Loh.

8652. Nova RR Pictoris (1925)

Beobachtung: Harv Ann **115** 111. S. Gaposchkin. — Lichtkurve.
Harv Card 679. — Notiz.
Publ. Obs. Univ. Michigan **8** 175. D. B. McLaughlin. — Spektrum.

C. Bertaud, Recherches sur Nova Herculis 1934 et contribution à l'étude comparative des principales novae. Vgl. Ref. 8601.

C. Payne-Gaposchkin, S. Gaposchkin, A spectrophotometric study of five bright novae. — Vgl. Ref. 8622.

8653. Nova Puppis 86.1942

Entdeckung: B. H. Dawson, La Plata. Weitere unabhangige Entdeckungen durch A. D. Maxwell, Michigan, 1942 Nov. 11, F. Finsler, Zurich, und G. Ellis, England, Nov. 13.

Anzeige: Harv Card 637, 639, 640, Obs **64** 376—377.

Beobachtung: BSAF **57** 1—2, mit 1 Fig. G. C. Flammarion, F. Quénisset. — Photographische Aufnahme, Notiz.
BSAF **57** 94—95. — Notiz.
Harv Ann **116** 57—58. — Helligkeitsbeobachtungen durch Mitglieder der AAVSO.
Harv Bull Nr. **918** S. 7, mit 1 Fig. S. Gaposchkin. — Lichtkurve, zum Teil noch vor dem Maximum.
Harv Card 638. — Helligkeit, Spektrum.
Harv Card 639. — Spektrum.
Harv Card 652. V. K. Coman. — Örter.
Obs **65** 15—16. — Spektrum, Helligkeiten.
Obs **65** 16—17. — Helligkeiten.
Pop Astr **50** 570, 571—572 = Harv Repr **250**. — Helligkeiten

Pop Astr **51** 50—52, mit 1 Fig. = Harv Repr **259**. — Helligkeiten, Lichtkurve.
Pop Astr **51** Nr. 2 = Harv Repr **259**. — Notiz.
Pop Astr **51** 128, mit 1 Fig. = Harv Repr **251**. — Helligkeiten, Lichtkurve.
Pop Astr **51** 226—227 = Harv Repr **259**. — Lichtkurve.
Pop Astr **51** 283 = Harv Repr **259**. — Notiz.
Pop Astr **51** Nr. 8 = Harv Repr **259**. — Notiz.
Pop Astr **52** 99—100, mit 1 Fig. = Harv Repr **264**. — Helligkeiten, Lichtkurve.
Publ ASP **54** 259, **55** 14—20, 108—109. E. Pettit. — Helligkeiten.
Publ ASP **55** 37—38. S. B. Nicholson, M. L. Richmond. — Ort.
Publ ASP **55** 152—156. E. Pettit. — Lichtkurve.
Publ ASP **55** 285—286, **56** 32—34, 88, 125—126, **57** 179—180, **58** 213—214. E. Pettit. — Visuelle Helligkeiten.

M. L. Humason, R. F. Sanford, Nova Puppis 1942. Publ ASP **54** 256—257, 1942.

J. Sahade, Generalidades sobre las novae y el descubrimiento de Nova Puppis 1942 por el Dr. Dawson. Rev Astr **14** 327—336, mit 2 Fig. und 4 Spektrogrammen, 1942.

R. F. Sanford, The spectrum of Nova Puppis 1942. Publ ASP **55** 103—104, 1943.

R. F. Sanford, Notes on Nova Puppis 1942 and Nova Cygni 1942. Publ ASP **55** 196—197, 1943.

8654. Nova T Pyxidis

Beobachtung: Harv Card 700. — Helligkeit, Spektrum.
Harv Card 701. Adams, J. Gossner, W. Liller. — Spektrum, Helligkeit.
Harv Card 705. E. Gaviola. — Spektrum.
Harv Card 710. C. A. Bauer. — Helligkeiten.
Harv Card 718. J. S. Paraskevopoulos. — Helligkeiten.
Pop Astr **53** 285, mit 1 Fig. = Harv Repr **277**. — Notiz, Lichtkurve.
Pop Astr **53** 412, mit 1 Fig. = Harv Repr **277**. — Helligkeiten, Lichtkurve.
Publ ASP **57** 177. E. Pettit. — Visuelle Helligkeiten.

A. H. Joy, Observations of T Pyxidis in 1945. Publ ASP **57** 171—174, 1945.

8655. Nova Sagittae Nr. 2 (1913)

Beobachtung: BSAF **60** 188. — Notiz.
Harv Bull Nr. **918** S. 3—5, mit 4 Fig. M. W. Mayall. — Karte, Vergleichssterne, Lichtkurve.
Harv Card 760. K. Himpel. — Helligkeiten.
Pop Astr **54** 430—431, mit 2 Fig. = Harv Repr **291**. — Helligkeiten, Notiz.

8656. Nova Sagittarii Nr. 3 (1899)

Beobachtung: Harv Ann **110** 129[1]). — Helligkeitsbeobachtungen durch Mitglieder der AAVSO.

[1]) In Harv Ann **110** 129 lies Nova Sgr anstatt Nova Sge.

8657. **Nova V 909 Sagittarii (1941)**
Beobachtung: Harv Bull Nr. **918** S. 1—3, mit 1 Fig. M. W. Mayall. — Lichtkurve.
Pop Astr **51** 284 = Harv Repr **259**. — Lichtkurve.

8658. **Nova Scorpii (1941)**
Beobachtung: Harv Bull Nr. **918** S. 1—3, mit 1 Fig. M. W. Mayall. — Lichtkurve.

Supernovae

8659. **W. Baade,** Supernovae. Read at International Colloquium on Novae and White Dwarfs, Paris, 1939. Published under auspices of Singer-Polignac Foundation, in Novae and white dwarfs. Paris, Hermann, 1941. S. 177—198.

8660. **C. Bertaud,** Les supernovae: étoiles temporaires extragalactiques. BSAF **58** 49—58, mit 7 Fig., 1944. — Zusammenfassender Bericht über die die Supernovae betreffenden Arbeiten insbesondere von Hubble, Baade, Zwicky u. a.

8661. **B. Hacar,** Die Supernovae und das Beobachtungsprogramm eines Amateurs. RH **27** 9—14, 38—40, 1946 (tschechisch).

8662. **P. G. Kulikovsky,** Supernovae and classification of their light curves. RAJ **21** 211—222, 1944.

8663. **E. Schatzman,** Théorie des supernovae. Ann d'Astrophys **9** 199—221, mit 3 Fig., 1946 = Contr. Inst. d'Astrophys. Paris (B) Nr. **5**. — Verf. stellt zunachst die wichtigsten Beobachtungstatsachen uber die Supernovae zusammen. Zur Erklarung des Vorgangs zieht er seine Untersuchungen über die weißen Zwerge heran und identifiziert den Supernova-Prozeß mit einer Explosion in der Schicht der weißen Zwerge, die aus Wasserstoff und der Russell-Mischung besteht. Diese Schicht soll im Laufe der Entwicklung eines weißen Zwergs instabil werden. Der Vorgang ist nicht so tiefgreifend, daß der Aufbau des gesamten Sterns geändert wird, die freiwerdende Energie ist nur ein verschwindender Bruchteil der vorhandenen kinetischen Energie der Elektronen. Die Schallgeschwindigkeit in der instabilen Schicht erklart die beobachteten Radialgeschwindigkeiten. Für die beobachtete untere Grenze der freiwerdenden Energiebetrage werden Gründe angefuhrt. Schließlich wird die Haufigkeit des Phanomens und die Frage der Weiterentwicklung der Exnovae behandelt.
Micz.

8664. **Supernova im Krebsnebel (1054)**
J. H. Oort, J. J. L. Duyvendak, N. U. Mayall, Further data bearing on the identification of the Crab nebula with the supernova of 1054 A. D. Publ ASP **54** 91, 1942.
J. H. Oort. Note on the supernova of 1054. T'oung Pao **36** 179—180.

8665. **Supernova, B Cassiopeiae (1572)**
Z. Kopal, Über die Supernova im Sternbild Cassiopeia im Jahre 1572. RH **27** 194—198, 1946 (tschechisch).
Pop Astr **54** 375—376, 1946 = Harv Repr **291**. — Notiz.

8666. **Supernova in IC 4652 (1935)**
BSAF **55** 140, 1941. — Anzeige, Helligkeiten.

8667. **Supernova in NGC 4559 (1941)**
BSAF **55** 140, 1941. — Anzeige, Helligkeiten.

8668. **Supernova in NGC 5195**
Anzeige: BSAF **60** 45, NAT **1945** 111, Pop Astr **53** 286 = Harv Repr **277**.
M. L. Humason, Supernova in NGC 5195. Publ ASP **57** 174—175, 1945.

Zwölfter Teil

Sternsysteme. Nebel. Interstellarer Raum

§ 87

Sternhaufen

8701. **W. S. Adams,** Interstellar lines in the brighter stars of the Pleiades. Publ ASP **55** 106—108, 1943.

8702. **L. Binnendijk,** A study of stars in the Pleiades region, based on photographic magnitudes, colour-equivalents, spectral types and proper motions. Annalen van te Sterrewacht te Leiden **19**, tweede Stuk. 121 S. mit 26 Fig. und 3 Tafeln, 1946. — Von praktisch allen Plejadensternen bis 15^m8 innerhalb eines Kreises mit 1° Radius um Alkyone wurden photographische Helligkeiten neu bestimmt. Unter Zuhilfenahme von anderen photographischen Katalogen werden mittlere Helligkeiten abgeleitet. Die visuellen und photovisuellen Kataloge, darunter auch ein neu beobachteter, werden diskutiert. Die Farbenindizes werden mit den Farbaquivalenten I_λ von Hertzsprung verglichen. Mit Hilfe des Eigenbewegungsdiagramms werden physische und optische Haufensterne getrennt. Als innere Bewegung der Haufensterne (τ-Komponente) ergibt sich $\pm 0''0008$ p. a. Im Sud- und Westteil des untersuchten Areals wird interstellare Absorption bis zu 1^m2 nachgewiesen. Schließlich werden Spektrumhelligkeits- und Farbenhelligkeitsdiagramme aufgestellt, Parallaxen, Dichte- und Entfernungsverteilung betrachtet. Micz.

8703. **E. Bodén,** Colours and magnitudes in the galactic cluster NGC 457. Kgl. Svenska Vet. Handl. (3) **24** Nr. 1, 43 S. mit 7 Fig. = Uppsala Astr. Obs. Ann. **2** Nr. 1. — Nach Angabe von Einzelheiten uber die Bestimmung der photographischen und photovisuellen Helligkeiten von 608 Sternen des Haufens und seiner Umgebung werden Farben-Helligkeits-Diagramme von drei konzentrischen Zonen aufgestellt. Der Haufen selbst enthalt offensichtlich nur Sterne der Hauptreihe und gehört zur Trumplerschen Klasse 1b. Über die Ähnlichkeit des Farben-Helligkeitsdiagramms mit denen der Plejaden und M 36 wird unter Berucksichtigung der interstellaren Absorption auf eine Entfernung des Haufens von 980 pc geschlossen. Der nach der Malmquistschen Methode der Verteilung der weißen Sterne abgeleitete Wert 1450 pc weicht vom vorherigen um 50% ab, tendiert aber zu einigen bisher bekannten Werten. Ein Katalog beschließt die Arbeit. Loh.

* * **C. Fehrenbach, A. Daudin,** Une méthode pour la recherche d'étoiles rouges. Vgl. Ref. 1805.

8704. **H. Mineur,** Mises au point d'astronomie stellaire. V. Theorie des amas stellaires. BSAF **57** 8—11, 1943. — Verf. berichtet uber das von Schuster abgeleitete Dichtegesetz isolierter kugelformiger Sternhaufen, die v. Zeipelsche Bestimmung relativer Massen, das statistische Gleichgewicht von Sternhaufen im Gravitationsfeld der Milchstraße und die Entwicklung galaktischer Sternhaufen. Loh.

* * **F. Quénisset,** Séquences photographiques dans les Pléiades. Vgl. Ref. 7432.

8705. **I. N. Skabizkij,** Die potentiellen Gravitationsenergien einiger offener Sternhaufen. Abh. Staatsuniv. Leningrad Nr. **82** S. 201—207, 1941 (russisch).

* * **R. E. Wilson,** Radial velocities of two suggested members of the Ursa Major cluster. Vgl. Ref. 7208.

* * **J. P. Zukerwanik,** Eigenbewegungen von Sternen in der Umgebung des Sternhaufens NGC 7789. Vgl. Ref. 7207.

8706. Work on clusters. Sky and Telescope **6** Nr. 1 S. 6, 1946. — Ref. AAS.

8707. The double cluster. Sky and Telescope **6** Nr. 1 S. 7, 1946. — Ref. AAS.

Kugelförmige Sternhaufen

8708. **H. B. Sawyer,** The light curves of four variable stars in the Hercules cluster Messier 13. Publ. David Dunlap Obs. Univ. Toronto **1** Nr. 11 S. 231—239, mit 3 Fig., 1942. — Lichtkurven und Elemente von vier Veranderlichen im Kugelhaufen M 13, darunter drei δ Cephei-Sterne mit Perioden $1\overset{d}{.}46$, $2\overset{d}{.}11$ und $5\overset{d}{.}11$ sowie ein RR Lyrae-Stern, werden bestimmt und zur Verbesserung des Entfernungsmoduls benutzt. Micz.

8709. **H. B. Sawyer,** Variable stars in the globular cluster Messier 80. Publ. David Dunlap Obs. Univ. Toronto **1** Nr. 12 S. 243—247, mit 1 Fig. und 1 Tafel, 1942. — Die Gesamtzahl bekannter Veranderlicher in dem Kugelhaufen M 80 wurde durch Neuentdeckungen auf 6 erhoht, einer davon ist wahrscheinlich ein langperiodischer δ Cephei-Stern mit $P = 16^{d}0$. Micz.

8710. **H. B. Sawyer,** New variable stars in four globular clusters in Ophiuchus. Publ. David Dunlap Obs. Univ. Toronto **1** Nr. 14 S. 285—293, mit 2 Fig. und 1 Tafel, 1943. — Die Arbeit enthalt Mitteilungen uber neu entdeckte Veranderliche in den stark elliptischen Kugelhaufen NGC 6273 (M 19), 6284, 6287 und 6293. Von dem von allen bekannten Haufen am starksten elliptischen NGC 6273 wird das Ergebnis von Sternzahlungen zur Bestimmung seiner Form mitgeteilt. Die Entfernungsmoduli der Haufen werden neu bestimmt. Micz.

8711. **H. B. Sawyer,** Variable stars in the globular cluster Messier 22. Publ. David Dunlap Obs. Univ. Toronto **1** Nr. 15 S. 297—307, mit 3 Fig. und 1 Tafel, 1944. — Durch Neuentdeckungen wurde die Zahl bekannter Veranderlicher im Kugelhaufen M 22 auf 25 gesteigert. Fur die Mehrzahl konnten Lichtwechselelemente abgeleitet werden. Neben 18 RR Lyrae-Sternen enthalt der Haufen einen δ Cephei-, einen langperiodischen Veranderlichen und mehrere halb- oder unregelmaßige Veranderliche. Einige RR Lyrae-Sterne scheinen variable Perioden zu besitzen. Ein neuer Entfernungsmodul wird bestimmt. Micz.

8712. **H. B. Sawyer,** Light curves of the variable stars in the globular cluster NGC 5466. Publ. David Dunlap Obs. Univ. Toronto **1** Nr. 17 S. 343—354, mit 3 Fig. und 1 Tafel, 1945. — Die Gesamtzahl bekannter Veranderlicher im Kugelhaufen NGC 5466 wurde auf 18 erhoht. Alle sind RR Lyrae-Sterne, deren Lichtwechselelemente bestimmt werden konnten. Micz.

8713. **H. B. Sawyer,** Periods of variable stars in the globular cluster NGC 5053. Publ. David Dunlap Obs. Univ. Toronto **1** Nr. 18 S. 357—366, mit 3 Fig., 1946. — Lichtwechselelemente der 10 bekannten Veränderlichen, alle vom RR Lyrae-Typ, im Kugelhaufen NGC 5053 werden bestimmt. Einige weitere Sterne des Haufens, die im Farbenhelligkeitsdiagramm in dem vermutlich den RR Lyrae-Sternen vorbehaltenen Gebiet liegen, wurden mit negativem Ergebnis auf Veranderlichkeit untersucht. Im Gegensatz zu anderen Haufen kann also in NGC 5053 ein Stern die gleiche Farbe und absolute Helligkeit haben wie ein RR Lyrae-Stern, ohne veranderlich zu sein. Der Entfernungsmodul wird neu bestimmt. Micz.

8714. **H. Shapley,** Galactic and extragalactic studies, XII. The giant globular cluster 47 Tucanae and its long-period variables. Wash Nat Ac Proc **27** 440—445, mit 1 Fig., 1941 = Harv Repr Nr. **228.** — Verf. bestimmt erneut die absolute Helligkeit und Entfernung des Kugelhaufens 47 Tucanae, diskutiert die absoluten Helligkeiten der vier langperiodischen Veranderlichen des Haufens und teilt ihre mittleren Lichtkurven mit. 47 Tucanae ist danach ein Kugelhaufen, der in bezug auf Helligkeit ($M_{pg} = -10^m2$) und wahrscheinlich auch Masse mit kleineren extragalaktischen Systemen vergleichbar ist. Die vier Langperiodischen sind wahrscheinlich Überriesen. Micz.

8715. **H. Shapley,** Galactic and extragalactic studies, XVII. Revision of the distances of thirty high-latitude globular clusters. Wash Nat Ac Proc **30** 61—68, mit 2 Fig., 1944 = Harv Repr Nr. **257**. — Die Entfernungen von 30 Kugelhaufen in mittleren und hoheren galaktischen Breiten werden unter Berucksichtigung der interstellaren Absorption revidiert. Fruhere Abschätzungen der Sonnenentfernung vom galaktischen Zentrum sind mit den neuen Werten vereinbar. Die großte Ausdehnung des Systems der Kugelhaufen ubersteigt 40 kpc. Ihre raumliche Verteilung ist ähnlich der der RR Lyrae-Sterne. Die absoluten Helligkeiten gruppieren sich mit geringer Streuung um $M_{pg} = -7^m5$. Einige vereinzelte Objekte liegen allerdings wesentlich darüber oder darunter, z. B. 47 Tucanae. Micz.

8716. **F. W. Wright,** Eleven variable stars in the globular cluster NGC 4833. Harv Bull Nr. **916** S. 3—4, mit 6 Fig., 1942. — Durch Neuentdeckungen wurde die Zahl bekannter Veranderlicher in NGC 4833 auf 11 erhöht. Für 9 wurden Elemente abgeleitet, 2 davon sind Langperiodische mit $P > 300^d$. Micz.

§ 88

Galaktische Nebel

8801. **L. H. Aller, R. Minkowski,** The infrared spectrum of the planetary nebula NGC 7027. Publ ASP **58** 258—260, 1946.

8802. **W. A. Ambarzumjan,** Über den Charakter der Beziehung zwischen diffusen Nebeln und den sie beleuchtenden Sternen. Ber. Akad. Wiss. armen. Sowjetrepublik **2** Nr. 3 S. 67—70, 1945 (russisch).

8803. **D. Barbier,** Recherches sur les nébuleuses. II. Le spectre continu de la Crab nebula dans la région des courtes longueurs d'onde. Ann d'Astrophys 8 35—42, mit 3 Fig., 1945 = Publ. Obs. Haute-Provence (A) Nr. **7**. — Im kontinuierlichen Spektrum ist der Balmersprung nicht zu erkennen. Die Farbtemperatur (3200 bis 4500 Å) betragt 5600° ± 1000°, unter Berücksichtigung der interstellaren Verfärbung 6700°. Daraus ergibt sich eine Elektronentemperatur von 15000°. Die Abwesenheit des Balmersprunges zeigt, daß die Elektronentemperatur viel höher sein müßte, als sich hier ergibt, oder daß praktisch kein Wasserstoff vorhanden ist. Loh.

* * **T. Hatanaka,** On the theory of the optical interaction among He II, O III and N III atoms in a planetary nebula. Vgl. Ref. **3811**.

8804. **R. Jonckheere,** Deux nouvelles nébuleuses (J 2401—2501). JO **26** 27, 1943. — Örter (1950): $\alpha = 2^h\,39^m\,31^s$, $\delta = +39°\,19'6$; $\alpha = 9^h\,17^m\,39^s$, $\delta = +1°\,15'0$. Helligkeiten $\approx 13^m5$ bzw. 14^m5.

8805. **R. Jonckheere,** Importantes variations de la nébuleuse J 2401. JO **27** 16, 1944.

8806. **R. Jonckheere,** Une nouvelle nébuleuse (J 3001). JO **27** 82, 1944. — Ort (1950): $\alpha = 13^h\,35^m8$, $\delta = -10°\,27'$; Durchmesser 10'; Helligkeit 14^m2.

8807. **E. M. Lindsay,** The region of bright nebulosity in the coal sack. Proc. Roy. Irish Acad. **46** (A) 123—128, mit 1 Fig. und 2 Tafeln = Contr.

Armagh Obs. Nr. 1. — Auf Rotaufnahmen wurde im Bereich des Kohlensacks ein heller Nebel aufgefunden, der wahrscheinlich infolge Beleuchtung durch einen dG1- oder dG2-Stern leuchtet. Aus Sternzahlungen in der Nebelumgebung wird die Entfernung des Kohlensacks zu 165 pc bestimmt. Micz.

8808. **K. G. Malmquist,** Nyare undersokningar over de mörka nebulosornas avstånd. PAT **27** 1—12, mit 9 Fig., 1946.

8809. **R. Minkowski,** The origin of cometary nebulae. Publ ASP **54** 190—194, 1942.

8810. **R. Minkowski,** The continuous spectrum of the Crab nebula. Ann d'Astrophys **9** 97—98, mit 1 Fig., 1946. — Verf. macht darauf aufmerksam, daß aus den Beobachtungen von Barbier (Ann d'Astrophys 8 35, AJB **45** Ref. 8804) nicht unbedingt geschlossen werden kann, im Spektrum des Crab-Nebels sei der Balmersprung von unmeßbar kleinem Betrag. Die Beobachtungen lassen vielmehr die Moglichkeit einer entgegengesetzten Deutung zu. Das gleiche gilt von Mt.Wilson-Beobachtungen des Verf. Eine endgültige Entscheidung über die Existenz des Balmersprungs kann jedoch noch nicht erbracht werden. Micz.

8811. **R. Minkowski,** New emission nebulae. Publ ASP **58** 305—309, 1946.

8812. **R. Minkowski,** The distance of the Orion nebula. Publ ASP **58** 356—358, 1946.

8813. **J. H. Oort, H. C. van de Hulst, M. Minnaert, L. Rosenfeld,** Lichtgevende gasnevels in het sterrenstelsel. Ned. Tijdschrift v. Natuurkunde **12** 153, 1946.

8814. **P. M. Ryves,** Stars as parents of nebulae. JBAA **54** 20, 1944.

8815. **C. K. Seyfert,** The distribution of luminosity in the planetary nebula NGC 6572. Publ ASP **55** 32—34, 1943.

8816. **O. C. Wilson,** Spectrum of the planetary nebula NGC 3242. Publ ASP **58** 210—213, 1946.

8817. **F. Zagar,** La nebulosa anulare della Lira. Atti Accad. Udine (6) **7**, 15 S. mit 4 Fig., 1944 = Pubbl. Oss. Astr. Univ. Bologna **4** Nr. 1. — Aus drei Aufnahmen der Gegend um den planetarischen Nebel in der Leier werden Positionen von 29 Sternen und des Nebels gegeben. Einige Bemerkungen zur Veränderlichkeit des Nebelkerns auf Grund vorlaufiger Untersuchung eines reicheren Plattenmaterials. F. Z.

§ 89

Außergalaktische Nebel

8901. **G. Armellini,** Sul secondo problema fondamentale della Cosmogonia. Rend. Accad. Lincei (8) **1** 486—493, 1946 = Oss. e Museo Astr. Roma, Contr. Sci. (NS) Nr. **130**. — Theoretische Betrachtungen zur Form der Spiralnebel. F. Z.

8902. **D. Chalonge,** Recherches récentes sur la nébuleuse d'Andromède. BSAF **58** 139—140, 1944.

* * **R. Coutrez,** La dynamique des nébuleuses spirales. Vgl. Ref. **9038**.

8903. **P. Dingens,** Extragalactische Nevels. Heelal **2** 89—105, mit 4 Fig., 1946.

8904. **M. S. Eigenson,** Die Rotation des Andromeda-Nebels und der Aufbau der Galaxis. RAJ **20** Nr. 4 S. 5—16, 1943 (russisch).

8905. **W. G. Fessenkow,** Der Andromeda-Nebel und der Aufbau des galaktischen Systems. DAN **28** 313—315, 1940 (russisch).

8906. **A. Fletcher,** The number of galaxies per unit volume. MN **106** 121—123, 1946. — Es wird darauf hingewiesen, daß die meisten alteren Ableitungen der mittleren Nebeldichte im Raum aus Zahlungen um einen Faktor ~2 zu vergrößern sind, da die Berücksichtigung der Streuung der absoluten Nebelhelligkeiten nicht richtig erfolgt ist. Micz.

* * **I. M. Gordon,** Die Dispersion der Leuchtkrafte der Cepheiden und die Absorption des Lichtes in den nachsten außergalaktischen Sternsystemen. Vgl. Ref. 8463.

* * **I. M. Gordon,** Die Verteilung der Cepheiden in der Großen und Kleinen Magellanschen Wolke in Abhangigkeit von der Periode. Vgl. Ref. 8464.

8907. **I. M. Gordon,** Die Absorption des Lichtes in der kleinen und großen Magellanschen Wolke. Charkow Bull. Nr. **6** S. 9—12, 1946 (russisch).

8908. **J. Hély,** A propos du spectre et de la vitesse de recession des nébuleuses. BSAF **59** 89—90, 1945.

8909. **E. Holmberg,** Sur le problème des nébuleuses extragalactiques doubles et multiples. Ciel et Terre **60** 49—50, 1944.

8910. **E. Hubble,** Problems of nebular research. Scientific Monthly **51** 391—408, 1940.

8911. **E. Hubble, N. U. Mayall,** The direction of rotation of spiral nebulae. Science **93** 434, 1941 (abstract).

8912. **B. B. Lal,** On the theory of a spiral nebula. Proc. Nat. Acad. Sci. India (A) **12** 108—120, 1942. — Ref. in Math Rev 8 98—99.

8913. **B. B. Lal,** The arms of a spiral nebula in resisting medium. I. Proc. Nat. Acad. Sci. India (A) **13** 19—27, 1943. — Ref. in Math Rev 8 99.

8914. **B. B. Lal,** On the theory of a spiral nebula II. Proc. Nat. Acad. Sci. India (A) **13** 28—36, 1943. — Ref. in Math Rev 8 99.

8915. **B. B. Lal,** The arms of a spiral nebula in resisting medium. II. Proc. Nat. Acad. Sci. India (A) **13** 165—170, 1943. — Ref. in Math Rev 8 99.

8916. **B. B. Lal,** Formation of the arms of a spiral nebula. Proc. Nat. Acad. Sci. India (A) **13** 179—183, 1943. — Ref. in Math Rev 8 99.

8917. **M. Leontovski,** The structure of the Stebbins' regions of the Andromeda nebula. BIA Nr. **53** 490—493, 1944 (russisch mit engl. Ref.).

8918. **F. I. Lukazkaja,** Die Verteilung des Lichtes über die Oberfläche des Nebels M 51. RAJ **20** Nr. 3 S. 1—3, 1943 (russisch).

8919. **J. Mergentaler,** On the space-orientation of the axes of the extragalactic nebulae. Circ. Astr. Obs. Warsaw Univ. Nr. **22** 6—7, 1946.

8920. **E. A. Milne,** On the spiral character of the external galaxies. MN **106** 180—199, mit 3 Fig., 1946 = Commun. Univ. Obs. Oxford Nr. **23** S. 454—473. — Milne gibt in dieser Arbeit auf der Grundlage seiner kinematischen Gravitationstheorie eine Deutung der Spiralstruktur der außeren Teile extragalaktischer Nebel. Er zeigt, daß die Bahnkurven freier Partikeln in der Umgebung eines Nebelkerns Keplerbahnen sind in der sogenannten dynamischen Zeitskala, nach der die Welt statisch ist, daß sie aber Spiralform haben in der absoluten oder kinematischen Zeitskala, nach der die Welt expandiert. Als maßgeblich für unsere Beobachtungen, die die Spiralarme als geometrischen Ort der gegenwärtigen Lage der Partikeln zeigen, erweist sich die zweite Betrachtungsweise. Die detaillierte Ausfuhrung dieser Grundgedanken ergibt, daß die Spiralarme bis zu einer kritischen Entfernung im Sinne der Bahnbewegung, außerhalb jedoch in entgegengesetzter Richtung den Kern umwinden. Kdr.

8921. **D. N. Moghe,** On the theory of a spiral nebula. I, II. Proc. Nat. Inst. Sci. India **7** 141—160, 161—175, 1941.

8922. **J. H. Oort,** Intensiteitsverdeeling in extragalactische nevels. Nederl. Akad. van Wetenschappen, overgenomen uit het Verslag van de gewone vergadering der Afdeeling Natuurkunde, Deel **50** Nr. 5, 2 S., 1941.

8923. **H. Shapley,** Galaxis. Vgl. AJB **45** Ref. 8901. — Weitere Besprechung in Obs **65** 222—224 (J. H. Reynolds), PAT **27** 156, Publ ASP **56** 95—96 (W. Baade).

8924. **H. Shapley, V. McKibben,** Eclipsing stars in the Magellanic Clouds. Harv Bull Nr. **916** 19—20, mit 1 Fig., 1942. — Es wird ein Verzeichnis der im Bereich der Magellanschen Wolken gefundenen Bedeckungsveränderlichen mitgeteilt. Ihre Zugehörigkeit zu den Wolken selbst ist wegen der dann erforderlichen hohen absoluten Helligkeiten zweifelhaft. Micz.

8925. **H. Shapley,** Trends in the metagalaxy. American Scientist **32** 65—77, 1944 = Harv Repr Nr. **255**. — Der Aufsatz beschäftigt sich mit einigen Fragen der Erforschung des Systems der extragalaktischen Nebel (Dichtegradienten, Bewegungen u. a.) und beleuchtet die kosmogonischen Probleme, die sie mit sich bringen. Micz.

8926. **H. Shapley,** Galaxies. Science in Progress, Third Series. New Haven, Yale University Press, 1945. S. 1—21, mit 8 Fig. — Zusammenfassender Bericht mit den wichtigsten Beobachtungsergebnissen über Struktur und Bewegung der Milchstraße, die lokale Nebelgruppe und andere extragalaktische Nebel. Die Bedeutung der Riesen, Überriesen und Novae für die Erforschung dieser Objekte wird besonders hervorgehoben. Micz.

8927. **Z. Švestka,** Über die Durchmesser der Galaxien. RH **25** 34—38, 1944 (tschechisch).

8928. **N. N. Sytinskaja,** Absolute Photometrie der außergalaktischen Nebel NGC 205 und 221. RAJ **20** Nr. 3 S. 4—7, 1943 (russisch).

8929. **N. Sytinskaja,** Absolute Photometrie außergalaktischer Nebel. RAJ **20** Nr. 5—6 S. 54—57, 1943 (russisch).

8930. **M. A. Vashakidse,** Color-indices of 155 extragalactic nebulae. Abastumani Bull. Nr. **6** 57—70, 1942 (russisch mit engl. Ref.).

8931. **M. A. Vashakidse,** Color-indices of 215 extragalactic nebulae. Abastumani Bull. Nr. 8 S. 1—41, 1945 (grusinisch mit engl. Zusammenfassung).

8932. **A. Velghe,** Onderzoekingen betreffende kleuren en helderheden in den spiralnevel Messier 51. Vgl. AJB **45** Ref. 8926. — Weitere Besprechung in Ciel et Terre **63** 173—174 (J. Hunaerts).

8933. **A. Velghe,** Recherches sur les couleurs et les éclats dans la nébuleuse spirale Messier 51. Verh. Kon. Vl. Acad. v. België Kl. Wet. Nr. **16,** 1945. Résumé in BAB **3** 326—328, mit 4 Fig., 1945. — Photometrische Studie der Helligkeits- und Farbverteilung in M 51. Für die Bestimmung der Farbäquivalente wurde die Methode der effektiven Wellenlängen benutzt. Die Farbe der knotenförmigen Verdichtungen hängt von ihrer Entfernung vom Nebelkern und der Helligkeit des sie umgebenden Spiralarmgebietes ab. Verf. betrachtet die Knoten als Kondensationsstellen blauer Sterne. Ihre unterschiedliche Farbe kommt durch verschieden starke selektive Verfärbung infolge diffuser Materie zustande. Es werden Gründe dafür angeführt, daß die Spiralarme außerhalb der Knoten aus gasförmiger Materie bestehen. Micz.

8934. **H. Vogt,** Die Spiralnebel. Heidelberg, Carl Winter Universitätsverlag, 1946. 167 S. mit 29 Abb. Preis 8.50 DM. — Besprechung in AN **276** 269—270, PAT **29** 82—83, Sterne **24** 184, Z f Naturf **4a** 159—160 (E. Schoenberg). — Die vorliegende Monographie gibt in knapper, aber übersichtlicher Darstellung eine vollständige Übersicht über unsere derzeitigen Kenntnisse von den extragalaktischen Nebeln, deren Bedeutung als Einzelobjekte wie auch als Bausteine der Welt im Großen klar herausgearbeitet wird. Vor dem etwas älteren Hubbleschen Buch „Das Reich der Nebel" zeichnet sie sich durch eine ausführlichere

Behandlung der mit den Spiralnebeln zusammenhangenden theoretischen Probleme aus. Durch zahlreiche Literaturhinweise wird ein tieferes Eindringen in Einzelfragen ermoglicht, sodaß die Absicht des Verf.'s, in eines der wichtigsten Teilgebiete der modernen Astronomie einzufuhren, in vorzuglicher Weise erreicht wird. — Inhaltsubersicht: Einteilung und Bezeichnung; scheinbare Verteilung; Entfernungen der extragalaktischen Nebel; die extragalaktischen Nebel als Sternsysteme; Helligkeiten, Spektraltypen und Farben; Abmessungen und Abplattung; Rotation und Masse; raumliche Verteilung der extragalaktischen Nebel; mehrfache Nebel und Nebelhaufen; die lokale Nebelgruppe; die Rotverschiebung in den Spektren und ihr Zusammenhang mit der Nebelentfernung; Einfluß der Rotverschiebung und einer etwaigen Raumkrümmung auf scheinbare Helligkeit und raumliche Verteilung der Nebel; kosmologische Theorie; die Gestalt der Spiralnebel und deren Entstehung. Kdr.

8935. **A. G. Walker,** The spiral form of extragalactic nebulae. Obs **66** 215—217, 1946. — Die kurze Bemerkung befaßt sich mit dem Milneschen Versuch, die Spiralform der extragalaktischen Nebel durch eine geeignete Wahl der Zeitskala zu erklaren. Nach Ansicht des Verf. sind die fur einen irdischen Beobachter zur Beschreibung der beobachteten Spiralarme maßgeblichen Größen von der Zeitskala unabhangig. Kdr.

8936. **G. J. Whitrow,** The cause of the red shifts in the spectra of the extra-galactic nebulae. Phil Mag **37** 469, 1946.

8937. **R. E. Wilson,** The motions of the Magellanic clouds. Publ ASP **56** 102—106, 203—204, 1944.

* * The Harvard «galactic and extragalactic studies». Ref. **9026.**

8938. Resolution of nebulae. Obs **66** 35, 1945. — Besprechung der Arbeiten von W. Baade in ApJ **100** 137—150 = Contr. Mt. Wilson Obs. Nr. **696, 697.** Vgl. AJB **45** Ref. 8902, 8903.

§ 90

Milchstraßensystem

Aufbau

9001. **W. A. Ambarzumjan,** Zur Theorie der Helligkeitsschwankungen in der Milchstraße. DAN **44** 244—247, 1944 (russisch).

9002. **W. A. Ambarzumjan,** Über die Helligkeitsschwankungen der Milchstraße. Abastumani Bull. Nr. 8 S. 43—49, 1946 (russisch).

9003. **W. A. Ambarzumjan,** Über die relative Verteilung der leuchtenden und absorbierenden Materie in der Galaxis. Ber. Akad. Wiss. armen. Sowjetrepublik **4** Nr. 5 S. 133—136, 1946 (russisch).

9004. **V. A. Ambarzumian,** On the surface brightness within the galaxy. RAJ **23** 257—268, 1946 (russisch mit engl. Ref.). — Verf. zeigt, daß außerhalb der galaktischen absorbierenden Schicht befindliche Sterne die Verteilung der galaktischen Flächenhelligkeit nicht beeinflussen. Die Sterne sind im Mittel stärker zur galaktischen Ebene konzentriert als die interstellare Materie. Ein außergalaktischer Beobachter wird im Mittel eine gelbliche Färbung der Sterne der Sonnenumgebung feststellen. Das widerspräche der Hypothese, daß sich die Sonne in einem Spiralarm befindet. Loh.

9005. **W. Baade,** A search for the nucleus of our galaxy. Publ ASP **58** 249—252, 1946.

9006. **R. B. Baldwin,** The distribution of the stars as a function of spectral class. Pop Astr **52** 186, 1944.

9007. **G. Becker,** La estructura del sistema de la via láctea. Rev Astr **12** 160—166, mit 3 Fig., 1940. — Zusammenfassende Darstellung.

9008. **B. J. Bok, P. F. Bok,** The Milky Way. Vgl. AJB **43** Ref. **8902**, **45** Ref. **9003**. — Weitere Besprechung in Obs **64** 236, PAT **27** 155, Pop Astr **54** 106.

9009. **B. J. Bok,** The Milky Way. Pop Astr **52** 261—278, 318—342, mit 11 Fig., 1944 = Harv Repr **260**. — Diese monographische Übersicht uber die Milchstraße führt zunachst in das Beobachtungsmaterial ein, das zur Aufklarung ihrer Struktur in Betracht kommt (Helligkeiten, Farbenindizes, Spektraltypen, Leuchtkrafte, Eigenbewegungen, Radialgeschwindigkeiten). Im folgenden Kapitel wird uber Bewegungsverhaltnisse im Milchstraßensystem referiert (Bewegungshaufen, K-Effekt, Schnellaufer, gal. Rotation, Dynamik). Ein weiterer Abschnitt ist Fragen der interstellaren Absorption (Dunkelwolken, interstellare Verfarbung) gewidmet. Das letzte Kapitel behandelt Fragen der Sternverteilung unter besonderer Berücksichtigung der gal. Breite. Micz.

9010. **B. J. Bok,** An adventure in galactic research. Pop Astr **53** 340—346, mit 1 Fig., 1945 = Harv Repr **275**. — Der Verf. berichtet von Arbeiten uber die interstellare Absorption in einer Zone entlang des galaktischen Äquators in den Sternbildern Canis maior, Puppis, Pyxis und Vela, die unter seiner Mitwirkung an der Sternwarte Tonanzintla ausgeführt wurden und bei denen ausgedehnte Dunkelnebel nachgewiesen werden konnten. Micz.

9011. **H. A. Brück,** The fundamental properties of the galactic system. Obs **64** 374—375, 1942. — Besprechung der Arbeiten in Annals of the New York Acad. of Sci. **42** Art. 2, 1941. Vgl. AJB **43** Ref. **7105**, **7101**, **7301**, **7302**, **7701**, **7411**, **9003**, **9004**.

9012. **H. A. Brück,** The structure of the galaxy with special reference to the neighbourhood of the Sun. Obs **64** 326—328, 1942. — Bemerkungen uber die Verwendung von Sternzählungen zur Ermittlung der Struktur der Milchstraße unter besonderer Berücksichtigung der interstellaren Absorption und einschlägiger neuerer Arbeiten. Micz.

9013. **T. Elvius,** Kapteyns selected areas och något om deras betydelse för stellarastronomien. PAT **27** 23—39, mit 5 Fig., 1946.

* * **W. G. Fessenkow,** Der Andromeda-Nebel und der Aufbau des galaktischen Systems. Vgl. Ref. **8905**.

9014. **W. G. Fessenkow,** Über die Anzahl der Sterne im galaktischen System. DAN **29** 292—295, 1940 (russisch).

9015. **P. van de Kamp,** Stars nearer than five parsecs. Publ ASP **57** 34—41, mit 3 Fig., 1945 = Sproul Obs. Repr. Nr. **47**. — Besprechung in Sternenwelt **1** 159, mit 3 Abb. — Enthalt eine tabellarische Zusammenstellung von 39 nahen Sternen über Ort, Helligkeit, Eigenbewegung, Radialgeschwindigkeit, Parallaxe, absolute visuelle Helligkeit und visuelle Leuchtkraft. 16 Sterne sind Mehrfachsysteme. Das Russelldiagramm zeigt neben drei weißen Zwergen nur Sterne der Hauptreihe. Loh.

9016. **K. Lundmark,** The distance indicators of Astronomy. Dixième Congrès des Math. Scandinaves, Copenhague 1946, S. 17—27, mit 3 Fig. = Lund Medd (1) Nr. **163**. — Der Verf. eroffnet seinen Vortrag mit einem kurzen Hinweis auf die Rolle der interstellaren Absorption bei der photometrischen Entfernungsbestimmung und bespricht dann eine Reihe von Entfernungsindikatoren fur extragalaktische Sternsysteme. Behandelt werden die absolute Maximalhelligkeit von Novae und Supernovae, die absolute Helligkeit der hellsten Sterne des Systems, der δ Cephei-Sterne, bestimmt aus ihrer Periode oder Amplitude, sowie die absolute Totalhelligkeit der Kugelhaufen. Micz.

9017. **B. E. Markarjan,** Die Schwankungen in der scheinbaren Verteilung der Sterne und die kosmische Absorption. Mitt. Obs. Bjurakan **1** 1—56, 1946 (russisch).

9018. **P. P. Parenago,** Some work on the structure of the galaxy. Pop Astr **53** 441—446, 1945. — Der Verf. referiert im wesentlichen uber russische Arbeiten aus der Zeit des Krieges, insbesondere uber großere Katalogzusammenstellungen von Parallaxen, Radialgeschwindigkeiten, Doppelsternen, Sternhaufen, Nebelhaufen, Veranderlichen u. a., die als Grundlage fur Untersuchungen der Sternverteilung, Kinematik und Dynamik des Milchstraßensystems dienen sollen. Bereits vorliegende Resultate uber die interstellare Absorption und die galaktische Rotation werden gestreift. Micz.

* * **P. P. Parenago,** Lehrbuch der Stellarastronomie. Vgl. Ref. 840.

9019. **P. P. Parenago,** On the number of white dwarfs. RAJ **23** 349—351, 1946 (russisch mit engl. Ref.). — In Richtung zur Scutum-Wolke muß die raumliche Dichte der weißen Zwerge von derselben Großenordnung sein wie die gesamte Sterndichte in der Sonnenumgebung. Loh.

9020. **P. M. Ryves,** A hole in the heavens. JBAA **54** 19, 1944.

9021. **H. L. Vanderlinden,** Het sterrenstelsel. Heelal **1** 6—10, 25—28, mit 2 Abb., 1945.

9022. **M. A. Vashakidse,** The distribution of stars of different spectral classes in dark and bright regions of the Milky Way. Abastumani Bull. Nr. **6** 71—78, mit 3 Fig., 1942 (russisch mit engl. Ref.).

9023. **O. R. Walkey,** The true galactic pole. Obs **64** 264—273, mit 1 Abb. Mit einer Bemerkung von E. Martin in Obs **64** 331—332. Weitere Notiz dazu in Obs **64** 380, 1942.

9024. **O. R. Walkey,** On the true galactic pole. Obs **65** 126, 1943. Mit einem Zusatz in Obs **65** 156, 1944.

9025. Spectrophotometric investigation on stars in Cepheus. Obs **65** 30—31, 1943. — Besprechung der Arbeit von G. Wernberg in Uppsala Astr. Obs. Ann. **1** Nr. 4. Vgl. AJB **43** Ref. **9023.**

9026. The Harvard «galactic and extragalactic studies». Obs **65** 102—107, 1943. — Bericht uber die Forschungen am Harvard-Observatory von 1939 bis 1942 (G. C. McVittie).

9027. The nucleus of our galaxy. JBAA **57** 63—64. — Besprechung der Untersuchung von W. Baade in Publ ASP **58** 249.

9028. Flagstaff-Observatoriet: Mælkevejsbillede. NAT **1946** Titelbild.

9029. The galactic bulge. Sky and Telescope **6** Nr. 1 S. 6, 1946. — Ref. AAS.

Kinematik und Dynamik

9030. **N. M. Artjuchina,** Die Bewegung von RU Piscium. VS Bull **6** 88—90, 1946 (russisch). — Aus Moskauer Aufnahmen von 1935/37 und dem Pariser Astrographischen Katalog (Epoche 1892/1899) wird die Eigenbewegung des Veranderlichen bestimmt und zusammen mit der von Joy gemessenen Radialgeschwindigkeit und der photometrischen Parallaxe zur Berechnung der galaktozentrischen Geschwindigkeit verwandt. Es ergab sich $V_R = +256 \pm 45$, $V_\Theta = -205 \pm 46$, $V_z = +31 \pm 25$ km/sec. Die Bewegung ist also nach außen und derjenigen der Sonne entgegen gerichtet. Loh.

9031. **M. C. Ballario, A. Colacevich,** Generalità e calcolo delle velocità spaziali di 2459 stelle. Mem SA It (NS) **18** 65—75, mit 7 Fig., 1946 = Oss. e Mem. Osservatorio Astrofisico di Arcetri Nr. **63** 119—131. — Vorlaufige allgemeine Betrachtungen aus einer großeren Untersuchung über die Raumgeschwindigkeiten von 2459 Sternen unter 5^m5. F. Z.

9032. **P. Bourgeois, R. Coutrez,** La distribution des vitesses spatiales de type spectral B et le mouvement spiral de la Voie Lactée. Bull. Cl. Sci. Acad. Roy. de Belgique (5) **29** 230—252, 1943.

9033. **P. Bourgeois, R. Coutrez,** Le caractère spiral de la voie lactée. Ciel et Terre **60** 102—114, mit 5 Fig., 1944.

9034. **P. Bourgeois, R. Coutrez,** L'effet K et le caractère spiral de la voie lactée. Ann. Obs. Royal Belgique (3) **3** fasc. 1 S. 53—75, mit 7 Fig., 1944. — Es wird der Versuch unternommen, eine Bestatigung der plausiblen Annahme zu finden, daß der klassische K-Effekt die Komponente eines raumlichen K-Effektes ist und durch die Auswartsstromung von Sternen ins Äußere eines Nebels entsteht. Aus den Raumbewegungen von 305 B-Sternen findet sich Übereinstimmung mit der Theorie und ein Hinweis auf die Spiralstruktur der Galaxis. Loh.

9035. **P. Bourgeois, R. Coutrez,** L'effet K et le caractère spiral de la voie lactée. II. Étude statistique intrinsèque des étoiles de type spectral B à mouvement spatial connu. Ann. Obs. Royal Belgique (3) **3** fasc. 2 S. 81—117, mit 7 Fig., 1945. — Eine vorhergehende Arbeit uber den K-Effekt wird erganzt durch statistische Untersuchungen uber die dort benutzten B-Sterne. Behandelt werden die Homogenitat der Sternmassen, die Verteilung der Raumgeschwindigkeiten einschließlich des Einschlusses von Sternstromen und die Rotation der Milchstraße. Zur Beschreibung der Bewegungsverhaltnisse werden unter verschiedenen Voraussetzungen eine großere Anzahl von Gleichungssystemen aufgestellt sowie die Rotationskonstanten und die Lange des galaktischen Zentrums neu bestimmt. Micz.

9036. **S. Chandrasekhar,** Principles of Stellar Dynamics. Vgl. AJB **45** Ref. **9004**. — Weitere Besprechung in Obs **64** 332—335, 380, Pop Astr **50** 460—461 (L. Spitzer jr.), Publ ASP **54** 209—210 (R. Minkowski).

9037. **A. Colacevich,** Il supposto ammasso del Sole ed i moti stellari preferenziali. Nota I e II. Rend. Accad. Lincei, Cl. Sci. fis., mat. e nat. (8) **1** 831—839, 952—959, mit 3 Fig., 1946. — Untersuchung uber den sogenannten Sonnenhaufen auf Grund der Raumbewegung von 2459 Sternen; 60 davon besitzen eine Raumgeschwindigkeit unter 7 km/sek., doch erscheint die Realität des Haufens aus statistischen Betrachtungen außerst unsicher. F. Z.

9038. **R. Coutrez,** La dynamique des nébuleuses spirales. Ann. Obs. Royal Belgique (3) **3** fasc. 1 S. 76—80, 1944. — Es scheint, daß das Spiralphanomen durch eine Funktion zweiter Ordnung vom hyperbolischen Typ dargestellt werden kann. Als Nebelsequenz ergabe sich die Reihenfolge: elliptische Nebel, Balkenspiralen, Spiralnebel, unregelmaßige Nebel. Loh.

* * **M. S. Eigenson,** Die Rotation des Andromeda-Nebels und der Aufbau der Galaxis. Vgl. Ref. **8904**.

9039. **W. G. Fessenkow,** Über die Rotation der Milchstraße. DAN **29** 185—188, 1940 (russisch).

9040. **J. V. Garwick,** Note on stellar systems with ellipsoidal velocity-distribution. Astrophysica Norvegica **3** 301—305, 1943. — Es wird bewiesen, daß im Fall einer ellipsoidischen Geschwindigkeitsverteilung der von Chandrasekhar fur die Verteilungsfunktion ψ gemachte Ansatz $\psi = \psi(Q + \sigma(x, y, z, t))$, worin $Q = Q(u, v, w, x, y, z, t) =$ konstant ist, die allgemeinste Form darstellt, die fur ψ moglich ist. Kdr.

9041. **A. van Hoof,** Remarques sur l'ellipsoïde des vitesses des étoiles K. Publ. du Laboratoire d'Astronomie et de Géodésie de l'Univ. de Louvain **11** Nr. 104, 11 S., 1945. — Verf. kommt zu dem Schluß, daß die mittleren Geschwindigkeiten der K-Sterne mit der Entfernung von der galaktischen Ebene zunehmen. Diese Zunahme reicht zur Erklarung der systematischen Unstimmigkeit aus, die sich für die aus Eigenbewegungen einerseits und Radialgeschwindigkeiten andererseits abgeleiteten Geschwindigkeitsellipsoide ergibt. Loh.

9042. **A. van Hoof,** Over de snelheidsellipsoide van reuzensterren van spectraaltype K. Mededeelingen Kon. Vlaamsche Acad. van Belgie, Kl. d. Wetenschappen 8 Nr. 4, 18 S., 1946.

9043. **H. Jehle,** Statistical hypotheses in stellar dynamics. Phys Rev (2) **70** 538—555, 1946. — Ref. in Math Rev **8** 291.

9044. **M. Kaburaki,** Studies on the structure and motion of the galactic system I. Expansion of the galactic system as viewed from the motion of stars. JJAG **21** Nr. 1—2, S. 63—85, mit 1 Fig., 1944 = Tokyo Astr. Obs. Repr. Nr. **23.** — Verf. stellt zur Ableitung einer galaktischen Expansion den notwendigen mathematischen Formelapparat auf und wendet ihn sowohl auf die Radialgeschwindigkeiten von Campbell und Moore (Lick Publ. **16,** 1928) als auch auf die des Schlesingerschen Kataloges heller Sterne (1930) an. Es ergeben sich nach außen gerichtete Geschwindigkeiten der Sonne von 91 ± 44 bzw. 34 ± 45 km/sec. Da der Mittelwert von 63 km/sec etwa ein Viertel der Rotationsgeschwindigkeit beträgt, wird auf eine Spiralstruktur der Galaxis geschlossen. Loh.

9045. **M. Lleget,** La fricción de los astros. Ibérica **3** 537—541, 1946.

9046. **W. J. Luyten,** Note on the motion of LPM 206 = L 232—29. Harv Bull Nr. **916** 13—14, 1942. — Es wird darauf aufmerksam gemacht, daß die Geschwindigkeit von LPM 206 = L 232—29 vielleicht die Entweichgeschwindigkeit des galaktischen Systems übersteigt. Micz.

9047. **V. Nobile,** Sulla maniera di intendere e di trattare il problema della rotazione galattica. Atti Accad. Ital. Rend. Cl. Sci. Fis. Mat. Nat. (7) **4** 222—231, 1943.

9048. **V. Nobile,** Sopra un gruppo di problemi astronomici connessi con quello della rotazione galattica. — La soluzione rigorosa in base ad un nuovo postulato. Atti Accad. Ital. Rend. Cl. Sci. Fis. Mat. Nat. (7) **4** 349—354, 1943.

9049. **K. F. Ogorodnikow,** Die Dynamik des Geschwindigkeitsellipsoides. RAJ **21** 43—46, 1944 (russisch).

9050. **K. F. Ogorodnikow,** Über die Ursache der Abnahme des K-Effektes mit der Entfernung. RAJ **21** 47—49, 1944 (russisch).

9051. **P. P. Parenago,** Über Schwingungen senkrecht zur galaktischen Ebene. RAJ **22** 90—92, 1945 (russisch).

9052. **P. P. Parenago,** Stars with retrograde motion in the galaxy. RAJ **23** 141, 1946 (russisch mit engl. Zusammenfassung).

9053. **P. P. Parenago,** Die raumliche Bewegung der veränderlichen Sterne vom Typ RR Lyrae. VS Bull **6** 79—88, mit 3 Fig., 1946 (russisch). — Fur 48 RR Lyrae-Sterne wurden nach Berücksichtigung der Sonnenbewegung die galaktozentrischen Geschwindigkeiten bestimmt. Der Apex des Sonnenortes liegt bei l = 52° ± 10°, b = 6° ± 7°, V = 147 ± 27 km/sec. Die Oortsche Konstante A betragt nur 3 km/sec/kpc, der radiale logarithmische Dichtegradient der RR Lyrae-Sterne $\frac{\partial \ln D}{\partial R} = -0.33$. Die zentrale Dichte ist darnach 120mal größer als in Sonnenumgebung. Loh.

* * **H. Roure,** De l'action des étoiles sur le mouvement des planètes. Action de la matière diffuse répandue dans l'espace interplanétaire. Ref. **5633.**

9054. **S. W. Shiveshwarkar,** Stellar Dynamics and Galactic Rotation. Allahabad Law Journal Press, 1943. 6 + 171 S. — Besprechung in Obs **65** 175.

9055. **L. Spitzer jr.,** Magnetic field of the galaxy. Phys Rev (2) **70** 777, 1946.

9056. **A. I. Syrokomskij,** Das ebene Problem der galaktischen Dynamik. Publ. Hydrometeorolog. Inst. Charkow **3** 247—256, 1940 (russisch).

9056a. **O. R. Walkey,** An abstract on the solar apex. MN **106** 274—279, mit 1 Fig.

9057. **A. Wilkens,** Estadística de las velocidades absolutas estelares en su relación con las magnitudes absolutas y los tipos espectrales. Publ. Obs. Astr. La Plata, Ser. Astr. **21** Nr. 1 S. 1—30, mit 1 Fig., 1945. — Die Arbeit stellt eine Fortsetzung der in La Plata Publ. XIV mitgeteilten Untersuchungen dar, jedoch unter Beschrankung auf Sterne bekannter Raumgeschwindigkeit. Die Raumgeschwindigkeiten von 1121 hellen Sternen werden in einem Katalog mitgeteilt. Das Material wird benutzt, um die Beziehungen zwischen Raumgeschwindigkeit, absoluter Helligkeit und Spektraltyp zu untersuchen. Diskutiert wird ferner die Haufigkeits- und Richtungsverteilung der Geschwindigkeiten. Micz.

Radiostrahlung

9058. **C. J. Bakker, H. C. van de Hulst,** Radiogolven uit het wereldruim. Vgl. AJB **45** Ref. **9203**. — Weitere Besprechung in Ciel et Terre **63** 173 (A. Velghe), Gaz astr **29** 47—48.

9059. **D. Chalonge,** Parasites cosmiques. BSAF **59** 167—168, 1945. — Besprechung der Untersuchungen von G. Reber in ApJ **91** 621 und **100** 279. Vgl. AJB **42** Ref. **9114**, **45** Ref. **9216**.

9060. **J. L. Greenstein, L. G. Henyey, P. C. Keenan,** Interstellar origin of cosmic radiation at radio-frequencies. Nat **157** 806, 1946. — Ref. in Phys Ber **26** 406—407.

9061. **J. S. Hey, J. W. Philipps, S. R. Parsons,** Cosmic radiations at 5 metres wave-length. Nat **157** 296, 1946. — Ref. in Phys Ber **26** 119—120.

* * **J. L. Pawsey, R. Payne-Scott, L. L. McCready,** Radiofrequency energy from the sun. Vgl. Ref. **4832**.

9062. **G. Reber,** Cosmic static. Proc. Inst. Radio Eng. **30** 367—378, 1942. — Ref. in Phys Ber **27** 770.

9063. **I. S. Schklovsky,** On the radiation of radio-waves by the galaxy and by the upper layers of the solar atmosphere. RAJ **23** 333—347, 1946 (russisch mit engl. Ref.). — Besprechung in Phys Ber **27** 132—133. — Es werden einige theoretische Überlegungen mitgeteilt zur Deutung der aus dem interstellaren Raum und von der Sonne stammenden elektromagnetischen Strahlung ($\lambda \sim 10^1$—10^4 cm), die von verschiedenen Beobachtern in den letzten Jahren nachgewiesen wurde. (Nach der englischen Zusammenfassung.) Kdr.

9064. Astronomy and radio. Obs **66** 92—93, 1945. — Besprechung der Arbeiten von S. R. Khastgir und G. Reber in Indian J. of Phys. **17** 239 und ApJ **100** 279 (AJB **45** Ref. **9216**).

§ 91

Interstellare Materie

9101. **W. S. Adams,** Identificación de las rayas y bandas interestelares. Read at Congreso Interamericano de Astrofísica, Observatorio Astrofísico Nacional de Tonanzintla, Mexico (1942).

9102. **W. S. Adams,** Identification of interstellar lines and bands; a lecture delivered on the occasion of the meetings at the dedication of the National Astrophysical Observatory at Tonanzintla, Mexico. Publ ASP **55** 217—225, 1943.

9103. **W. S. Adams,** Nebular absorption lines of helium and interstellar calcium lines in the spectra of Θ^1 and Θ^2 Orionis and neighboring stars. Publ ASP **56** 119—121, 1944.

9104. C. S. Beals, The material of interstellar space. Pop Astr **52** 209—228, mit 4 Fig. und 2 Tafeln, 1944. — Diese kurze Monographie uber die interstellare Materie behandelt zunachst die wichtigsten Ergebnisse uber die staubformige Komponente (Koeffizient der allgemeinen Absorption, Selektivitat und Partikelgroße). Das folgende Kapitel beschaftigt sich mit dem interstellaren Gas (Absorptions- und Emissionslinien atomaren und molekularen Ursprungs, Bewegung des Gases, Beziehung zwischen Linienintensitat und Entfernung); dabei wird auch uber die Arbeiten, die seinen Ionisationszustand betreffen, referiert und uber Dichtebestimmungen der interstellaren Materie berichtet. In einem abschließenden Kapitel werden Probleme, die ungelöst sind oder der weiteren Diskussion bedürfen, aufgezeigt. Micz.

* * **H. Berthod-Zaborowski,** Recherche d'une deuxième correction au zéro de la relation période-luminosité et à la constante d'absorption dans l'espace interstellaire. Vgl. Ref. **8401**.

9105. J. M. Burgers, Some problems of the motion of interstellar gas clouds. I, II. Koninklijke Nederlandsche Akademie van Wetenschappen, reprinted from Proceedings **49** 589—607, mit 3 Fig. = Med. Laboratorium Aero- en Hydrodyn. Techn. Hogeschool Delft Nr. **48**. — Es werden zunachst die Vorgänge beim Zusammenstoß zweier interstellarer Gaswolken unter verschiedenen Bedingungen nach aerodynamischen Methoden behandelt und die Ergebnisse zur Erklarung einiger mit galaktischen Nebeln verbundener Phanomene herangezogen. Ferner wird die Moglichkeit des Auftretens von Wellenbewegungen in interstellaren Wolken diskutiert. Einige Bemerkungen uber die Deutung des turbulenten Bewegungszustandes des interstellaren Gases als Ganzes auf Grund der differentiellen Rotation der Milchstraße beschließen die Arbeit. Kdr.

9106. R. Compte Porta, Breve resumen de algunas observaciones sobre las nebulosas obscuras circumpolares. Urania Barcelona **30** Nr. 210 S. 66—67, mit 1 Fig., 1945.

* * **W. G. Fessenkow,** Die Kleinen Planeten und der kosmische Staub. Vgl. Ref. **5609**.

9107. W. G. Fessenkow, Kosmische Materie und Zodiakallicht. Meteoritika **2** 3—9, 1942 (russisch).

9108. W. G. Fessenkow, Sur l'absorption de lumière par les nuages obscures de la Voie Lactée. RAJ **22** 271—272, 1945.

9109. D. ter Haar, H. C. van de Hulst, J. H. Oort, A. J. J. van Woerkom, De vorming van vaste deeltjes in het interstellaire gas. Ned. Tijdschr. v. Natuurk. **10** 238, 1943.

9110. W. W. Lawdowskij, Untersuchung der Dunkelnebel in den Sternbildern Zwillinge und Orion nach Sternzahlungen. Pulk Mitt **16** 4 Nr. 133 S. 1—107, 1941 (russisch).

9111. B. E. Markarjan, Der Einfluß der interstellaren absorbierenden Materie auf die Integralhelligkeit der Sterne in Richtung zu den galaktischen Polen. DAN armen. Sowjetrepublik **4** Nr. 5 S. 129—132, 1946 (russisch).

* * **B. E. Markarjan,** Die Schwankungen in der scheinbaren Verteilung der Sterne und die kosmische Absorption. Vgl. Ref. **9017**.

9112. O. A. Melnikov, On the absorption in the windows of zone of avoidance. Abastumani Bull. Nr. 8 S. 51—56, 1945 (grusinisch mit engl. Zusammenfassung).

* * **O. A. Melnikow,** Die kosmische Absorption nach den langperiodischen Cepheiden in Verbindung mit der Frage über den Nullpunkt der Perioden-Helligkeitsbeziehung. Vgl. Ref. **8468**.

* * **P. W. Merrill,** Interstellar lines in the spectrum of β Lyrae. Vgl. Ref. **7542**.

9113. **P. W. Merrill,** Distribution of interstellar gas. Publ ASP **58** 354—355, 1946.

9114. **J. H. Oort, H. C. van de Hulst,** Gas en vaste stof in de interstellaire ruimte. Koninklijke Nederlandsche Akademie van Wetenschappen **55** Nr. 2, 2 S., mit 1 Fig., 1946.

9115. **J. H. Oort,** Some phenomena connected with interstellar matter. MN **106** 159—179, mit 3 Fig. und 2 Tafeln, 1946. Vgl. auch MN **106** 242—243. — Besprechung in Nat **160** 203. — In dieser George Darwin-Vorlesung skizziert Oort zunachst unsere derzeitigen Kenntnisse uber Verteilung und Bewegungszustand der interstellaren Materie und kommt dabei zu dem Ergebnis, daß Gas- und Staubwolken im wesentlichen identisch sind, wenn auch Unterschiede in der Verteilung im einzelnen existieren. Dann bespricht er die Frage einer Korrelation zwischen interstellarer Materie und Sternen frühen Spektraltyps sowie der Neubildung und Auflosung von interstellaren Wolken. Die beobachtete Eigenbewegung von Wolken laßt auf die Moglichkeit von Zusammenstößen zwischen ihnen schließen, die zu einem Dichte- und Temperaturanstieg und zur Verdampfung der festen Teilchen in den sich durchdringenden Schichten der Wolken Anlaß geben. Moglicherweise ist hierauf das Leuchten der Randgebiete einiger Dunkelwolken zuruckzuführen. Anschließend werden an Hand der Arbeiten von ter Haar, Kramers, v. d. Hulst und Oort (BAN **10** 1, 137, 187, AJB **45** Ref. 3805, 3810, 3811; ApJ **100** 288, AJB **45** Ref. 3806) die Kondensation fester Teilchen im interstellaren Gas, die Verteilungsfunktion der Radien interstellarer Partikel und damit zusammenhängende Fragen erörtert. Den Abschluß der Vorlesung bildet eine Diskussion der Phanomene, die beim Zusammentreffen der von Neuen Sternen abgestoßenen Gasmassen mit interstellarer Materie zu erwarten sind. Kdr.

9116. **P. P. Parenago,** Über die interstellare Absorption des Lichts. RAJ **22** 129—150, 1945 (russisch).

9117. **R. F. Sanford,** Interstellar sodium lines in stars of classes R and N. Publ ASP **54** 257—258, 1942.

9118. **F. H. Seares,** Absorption by the dust of space. Griffith Observer **5** 134—140, 1941.

9119. **P. T. Shajn,** The study of selective absorption in the region of the rift of milky way in Aquila. Abastumani Bull. Nr. **7** S. 189—199, 1943.

* * **J. Stebbins,** Irregularities in interstellar absorption. Vgl. Ref. 149.

9120. **A. Velghe,** De Interstellaire Ruimte. Heelal **2** 37—39, 1946.

9121. **A. E. Whitford, J. Stebbins,** The law of interstellar absorption. Publ AAS **10** 263, 1942.

9122. **H. Wilkens,** Estadistica estelar simultáneamente en varias longitudes de ondas efectivas y las leyes de la absorción interestelar. Publ. Obs. Astr. La Plata, Ser. Astr. **22**, 157 S., mit 16 Fig., 1945. — Unter Verwendung alterer Sternzahlungen, die nahezu den gesamten Himmel umfassen, wird für Blau- und Gelbhelligkeiten getrennt mit Hilfe des Kapteynschen Schemas und der Methode von Bok ein Beweis fur die selektive interstellare Absorption erbracht. Fur ihren Verlauf als Funktion der galaktischen Breite und der Entfernung werden Formeln aufgestellt. Danach dehnt sich die Absorptionsschicht in der Milchstraßenebene mit sehr geringer Dichte nach den galaktischen Polen zu aus. Weiter wird das Wellenlangengesetz der Verfarbung diskutiert; es erweist sich als stark ortsabhangig. Die aufgestellten Absorptionsformeln werden auf verschiedene Probleme (Kugelhaufen, Absorption in Richtung des Pols der Erddrehung, B-Sterne) angewandt. Micz.

9123. More interstellar particles. Obs **64** 241—242, 1942. — Besprechung der Untersuchung von Dunham und Adams in Publ ASP **53** 341, AJB **43** Ref. 9106.

§ 92

Kosmische Strahlung

9201. **J. M. Alonso,** Las radiaciones cósmicas. Alfa, Nov.-Dez. 1945 S. 3—7.

9202. **C. D. Anderson,** Cosmic rays and new elementary particles of matter. Science in Progress, Second Series. New Haven, Yale University Press, 1946. S. 168—196, mit 16 Fig. — Populare Darstellung der Entdeckungsgeschichte und der Beobachtungsmethoden der kosmischen Strahlung. Die Abhängigkeit der Intensitat der Hohenstrahlung von geomagnetischer Breite und Seehohe wird behandelt, ferner ihre Wechselwirkung mit Materie sowie Entdeckung und Eigenschaften der Positronen und Mesonen. Micz.

9203. **P. Auger,** Die kosmischen Strahlen. Bern, Verlag A. Francke AG, 1946. Sammlung Dalp Nr. 3. 144 S. mit 33 Abb. — Besprechung in VJS der Naturforschenden Ges. in Zurich **92** 148 (W. Brunner).

9204. **P. Auger,** What are Cosmic Rays? Vgl. AJB **45** Ref. **9202**. — Weitere Besprechung in Pop Astr **54** 441—442.

9205. **J. Daudin,** Etudes sur les gerbes des rayons cosmiques. Ann. de Phys. (11) **18** 145—166, 217—257, 1943. — Ref. in Phys Ber **26** 127—128.

9206. **A. M. Descamps,** La radiation cosmique (suite). Variation de l'intensité de la radiation cosmique avec la position géographique. Ciel et Terre **60** 11—23, mit 6 Fig., 1944. (Fortsetzung von AJB **45** Ref. **9206**).

9207. **A. M. Descamps,** Contributions à la théorie des effets de latitude et d'asymétrie des rayons cosmiques. VIII. Détermination de l'angle η des trajectoires asymptotiques en leur point d'intersection avec l'axe λ. Inst. Royal Météorol. de Belgique Miscellannées, fasc 15, 20 S. mit 5 Fig., 1945 = Publ. du Laboratoire d'Astronomie et de Géodésie de l'Univ. de Louvain **11** Nr. 103. — Verf. stellt Formeln zur Bewegung von elektrisch geladenen Teilchen im irdischen Magnetfeld auf und behandelt ihre numerische und graphische Anwendung. Loh.

9208. **F. Dessauer,** Über die Weltraumstrahlung. In Memoriam A. Gockel. S. A. Schweiz. Rundschau **40**, 14 S., 1940/41.

9209. **P. Doig,** Cosmic radiation. JBAA **55** 149, 1945.

9210. **A. Duperier,** A lunar effect on cosmic rays. Nat **157** 296, 1946.

9211. **A. Duperier,** Solar and sideral diurnal variations of cosmic rays. Nat **158** 196, 1946.

9212. **H. Euler, H. Wergeland,** Über die ausgedehnten Luftschauer der kosmischen Strahlung. Astrophysica Norvegica **3** 165—191, mit 3 Fig., 1940. — Es wird die seitliche Ausdehnung eines Schauers in Luft berechnet. Hieraus schließt man auf das Spektrum der Primarelektronen bei hohen Energien und auf die Beimengung von harter Strahlung im Schauer. Verf.

9213. **W. Heisenberg,** Cosmic Radiation. Fifteen Lectures. New York, Dover Publications, 1946. 9 + 192 S. Preis $ 3.50. Übersetzung der deutschen Ausgabe (AJB **45** Ref. **9201**) von T. H. Johnson. — Besprechung in J. of Applied Physics **18** 1135, Math Rev **8** 304.

9214. **F. Hoyle,** Note on the origin of cosmic rays. MN **106** 384—389. — Auf Grund der Vorstellung, daß ein Supernovaausbruch als Instabilwerden eines sich schnell kontrahierenden, rotierenden Sterns aufzufassen ist (vgl. MN **106** 343, Ref. **3711**), wird die Moglichkeit der Entstehung der kosmischen Strahlung in Supernovae diskutiert. Kdr.

9215. **L. Janossy, G. D. Rochester,** Penetrating non-ionizing cosmic rays. Proc. Roy. Soc. London (A) **181** 399—408, 1943. — Ref. in Phys Ber **26** 126—127.

9216. **P. Jordan,** Zur Deutung der Höhenstrahlung. Nachrichten Akad. Wiss. Göttingen, Math.-Phys. Klasse **1945** 77—79. — Verf. nimmt an, daß in den Supernovae die Quelle der Hohenstrahlung zu suchen sei. Dann müßte deren Entstehung bei sehr hohen Temperaturen erfolgen und bei Gültigkeit des Planckschen Strahlungsgesetzes auf das Vorhandensein langwelligerer Strahlung in sehr betrachtlicher Menge geschlossen werden, was aber nicht beobachtet wird. Daher zieht Verf. die Anwendbarkeit der bekannten thermodynamisch-statistischen Gesetze bei den in Frage kommenden hohen Temperaturen in Zweifel und gibt für die Energiedichte einen umfassenderen Ausdruck an, der fur sehr hohe Frequenzen in die Eulersche Formel für die Energiedichte der Höhenstrahlung, fur maßige Frequenzen und Temperaturen aber in die Plancksche Formel übergeht. Kdr.

9217. **M. Kidnapillai, A. W. Mailvaganam,** Solar and lunar effects of cosmic rays. Phys Rev (2) **70** Nr. 1 und 2, 1946.

9218. **S. A. Korff, E. T. Clarke,** The production of neutrons and protons by the cosmic radiation at 14,125 feet. J. Franklin Inst. **234** 195, 1942. — Ref. in Phys Ber **26** 127.

9219. **L. Leprince-Ringuet,** Progrès dans l'étude du rayonnement cosmique: Le mésoton. BSAF **57** 145—151, mit 6 Fig., 1943.

9220. **H. R. Sarna, O. P. Sharma,** An observed abnormal increase in cosmic-ray intensity at Lahore. Nat **158** 550, 1946.

9221. **W. F. C. Swann,** Cosmic rays. J. Franklin Inst. **236** 521—540, 1943. — Ref. in Phys Ber **26** 413.

9222. **S. Viñas,** Los rayos cósmicos. Ibérica **4** 347—351, 1946.

9223. Cosmic rays and magnetic storms. Obs **64** 339, 1942.

Dreizehnter Teil

Geodäsie. Nautik

§ 93

Berichte, Allgemeines

9301. **F. Bouny,** Sur un nouvel appareil destiné au Laboratoire de Mécanique de la Faculté Polytechnique de Mons. Ciel et Terre **60** 205—210, mit 3 Fig., 1944.

9302. **E. Buchar,** Astronomische Erdvermessung als Grundlage für die Landkartenherstellung. RH **26** 39, 78, 117, 1945 (tschechisch).

§ 96

Erdfigur, Schwerkraft, Massenverteilung

9601. **F. Aguilar,** Síntesis de los trabajos relizados para la medición de un arco meridiano en la Republica. Rev Astr **12** 221—226, mit 5 Fig., 1940. — Zusammenfassung einer Mitteilung, die Verf. selbst in einer Versammlung der Ac. Nac. de Ciencias Exactas, Fis. y Nat. vorgetragen hat. Es handelt sich um eine Synthesis der angefertigten Arbeiten fur die Messung eines Meridianbogens auf argentinischem Boden. Sconzo

9602. **J. Carrizosa Valenzuela,** Critique of the study of a possible equilibrium figure of the terrestrial globe. Rev. Acad. Colombiana Ci. Exact. Fis. Nat. **6** 459—466 = Univ. Nac. Colombia **5** 341—361, 1946 (spanisch). — Ref. in Math Rev **8** 292.

9603. **J. Coulomb,** La géophysique française pendant la guerre. Obs **66** 182—183, 1945.

9604. **E. A. Hodgson,** The structure of the Earth as revealed by seismology. JCan RAS **32** Nr. 6, mit 11 Fig. und 3 Tafeln = Dominion Obs. Repr. Nr. **33**.

9605. **M. Mineo,** Superficie d'equilibrio terrestri chiuse. Rend. Accad. Lincei (8) **1** 1073—1078, 1946 = Pubbl. Oss. Astr. Palermo (NS) **9** Nr. 13. — Ref. in Math Rev **8** 495.

9606. **A. J. Orlow,** Über die Dreiachsigkeit der Erde. DAN **43** 343—345, 1944 (russisch).

* * **N. N. Parijskij,** Veranderung der Tageslänge und Deformation der Erde. Vgl. Ref. **1623**.

9607. **F. Pierrard,** Mesures de la déviation par rapport à la verticale dans la montée à vitesse constante d'un poids suspendu à un fil. Ciel et Terre **58** Nr. 9—10, 1942 = Univ. Bruxelles, Inst. d'Astronomie (2) Nr. **34**.

9608. **G. Sans Huelin,** La determinación de la figura de la tierra y el teorema de Stockes. Rev. Geofísica **14** 227—241, 1945.

9609. **C. Somigliana,** Sviluppi in serie delle espressioni della gravità e determinazione gravimetrica delle costanti del geoide. Mem SA It (NS) **18** 3—31, 1946. — Reihenentwicklungen fur die Schwerkraft und Beziehungen zwischen den Koeffizienten derselben und den Konstanten des Geoids. Anwendung auf das Problem der numerischen Bestimmung dieser Konstanten aus den Werten der Schwerkraft. Die vom Verf. erhaltenen Resultate zeigen, daß es moglich ist, eine gute Bestimmung der Abplattung des Geoids aus den bekannten Werten der Schwerkraft allein zu erhalten, wahrend die mittlere Dichte und die Halbachsen großere Unsicherheit aufweisen. F. Z.

9610. **N. Stoyko,** L'attraction luni-solaire et la formule internationale de la pesanteur. Ann. Françaises de Chronométrie **16** 5—30, 1946.

9611. **B. P. Weinberg,** Die Figur der Erde. Priroda **29** Nr. 10 S. 25—31, 1940 (russisch).

9612. The figure of the earth. Obs **64** 318—325, 1942. — Geophysikalische Diskussion wahrend der Sitzung der Royal Astronomical Society, 1942 Aug. 14.

§ 97

Geodätische Koordinaten, Polschwankung

9701. **F. Aguilar,** Una solucion del metodo de Gauss generalizado a mas de 3 astros y tablas auxiliares para tiempo sidereo y acimut en el instante de la observacion. Obs. Astronomico Univ. Nac. de La Plata, Serie geodesica **2** (2ª Edición), 148 S., 1942.

9702. **V. R. Berg,** Preliminary curves of latitude variation at Poulkovo for the years 1933, 1934 and 1938 from observations with the large zenith-telescope. Poulk Circ **32** 99—102, 1941 (russ. mit engl. Zusammenfassung). — Die Polhohenschwankungen liegen 1933 (1934 bzw. 1938) zwischen $-0\overset{''}{.}19$ und $+0\overset{''}{.}14$ ($-0\overset{''}{.}10$ und $+0\overset{''}{.}05$ bzw. $-0\overset{''}{.}14$ und $+0\overset{''}{.}11$) gegen den Wert $\varphi = 59° 46' 17\overset{''}{.}00$. Loh.

9703. **M. Cimino,** Nuova determinazione della latitudine dell'Osservatorio Astronomico di Roma su Monte Mario, eseguita in primo verticale, Nota I, II e III. Rend. Accad. Lincei (8) **1** 72—77, 383—388, 628—633, 1946 = Oss. e Museo Astr. Roma, Contr. Sci. (NS) Nr. **125**.

9704. **I. A. Djukow,** Über die Organisation des sowjetischen Breitendienstes in Verbindung mit den Arbeiten zur Aufstellung des Fundamentalkataloges schwacher Sterne. Publ. Breitenkonferenz Poltawa 1939 S. 11—13, 1941 (russisch).

9705. **K. K. Dubrowskij,** Zur Frage der Errichtung der Breitenstation in Gorkij. RAJ **18** 133—134, 1941 (russisch).

9706. **K. K. Dubrowskij,** Die optimalen Bedingungen zur Bestimmung der Breitenschwankungen aus den Beobachtungen. Kiew Publ. Nr. **1** S. 217—220, 1946 (russisch).

9707. **J. O. Fleckenstein,** Vergleich der Hauptmethoden zur Bestimmung der Breitenvariation. Verhandlungen der Schweiz. Naturf. Ges. Schaffhausen **1943** S. 91—93.

9708. **L. Hermans,** La mesure des latitudes géographiques, spécialement dans les régions équatoriales. Bull. Soc. Sci. Liége **1942** S. 170—196, mit 5 Fig. = Inst. d'Astrophys. Liége Mém. Nr. **272**. — Die Methode, aus Zenitdistanzmessungen in Meridiannahe die Polhöhe mittels Reihenentwicklung nach Potenzen des Stundenwinkels abzuleiten, versagt für den Fall, daß der Meridiandurchgang nahe dem Zenit stattfindet, z. B. bei Sonnenbeobachtungen in niedrigen Breiten. Hier liefert die graphische Darstellung der Zenitdistanz als Funktion des Stundenwinkels die besten Ergebnisse. Bo.

9709. **J.-A. Madeira,** Determinacâo Radiotélégrafica da Longitude et Problema Correlativos. Publ. do Sindicato National dos Engenheiros Géografos (3) Nr. **4**, 206 S. — Besprechung in Ann. Françaises de Chronométrie **16** 323.

9710. **A. J. Orlow,** On the pole motion 1916—1928. Moskau Sternberg Inst. Bull. Nr. **7** 5—26, mit 3 Fig., 1941 (russisch mit engl. Ref.).

9711. **A. J. Orlow,** On the pole motion 1892—1938. Moskau Sternberg Inst. Bull. Nr. **8** 5—34, mit 4 Fig., 1941 (russisch mit engl. Ref.).

9712. **A. J. Orlow,** Die Polschwankungen von 1891.5 bis 1940.0. DAN **37** 304—309, 1942 (russisch).

9713. **A. J. Orlow,** Über die Schwankungen der mittleren Breite von Greenwich. DAN **42** 391—395, 1944 (russisch).

9714. **A. J. Orlow,** Über die Breitenschwankungen von Batavia auf der Insel Java. DAN **51** 421—424, 1946 (russisch).

9715. **A. J. Orlow,** Über die mittlere jährliche Bewegung der Hauptträgheitsachsen der Erde. DAN **51** 507—508, 1946 (russisch).

* * **K. D. P. Rosén,** Solförmorkelseobservationers betydelse for geodesien. Vgl. Ref. 4204a.

9716. **L. N. Schtschirshezkij,** Beobachtungen von Sternpaaren in Kitab während der Jahre 1936, 1937 und 1938. Publ. Breitenkonferenz Poltawa 1939 S. 22—24, 1941 (russisch).

9717. **L. N. Schtschirshezkij,** Der Breitendienst des Observatoriums Kitab. Publ. Breitenkonferenz Poltawa 1939 S. 24—25, 1941 (russisch).

9718. **N. A. Tchudovitcheva,** Results of latitude variation observations at Engelhardt Observatory in the years 1932.7—1942.7. Engelhardt Obs. Publ. **23** 44—78, 1945 (russisch mit engl. Ref.).

9719. **G. A. Tevsadse,** Determination of the latitude and longitude of Abastumani Observatory on the Mount Kanobili based on observations in 1939. Abastumani Bull. Nr. **6** 105—130, mit 2 Fig., 1942 (russisch mit engl. Ref.). — Länge: $2^h\,51^m\,18^s.082 \pm 0^s.0053$, Breite: $+41°\,45'\,18''.19 \pm 0''.02$.

9720. **S. V. Voroshilova-Romanskaya,** Preliminary curves of latitude variation at Poulkovo for the years 1935—1940. Poulk Circ **32** 103—107, 1941 (russ. mit engl. Zusammenfassung). — Im betrachteten Zeitraum beträgt der Mittelwert der Polhöhe $59°\,46'\,17''.04$. Die größten Werte der Polschwankungen sind $-0''.22$ bzw. $+0''.20$. Eine etwa einjährige Welle deutet sich an. Loh.

9721. **P. E. Wylie,** A simplified method of latitude determination from meridian observations. Pop Astr **53** 108, 1945.

9722. Unions Astronomique et Géodésique-Géophysique Internationales. Bureau International de l'Heure. La deuxième opération internationale des longitudes, octobre—novembre 1933, par A. Lambert, P. Dubois et N. Stoyko. Paris 1938—1941, 716 S. — Die internationalen Längenbestimmungen im Jahre 1933 führten zu folgenden Ergebnissen:

Adelaïde	-19^h	14^m	$19^s.861$	$\pm 0^s.005$
Algier	− 0	12	8.455	0.006
Belgrad	− 1	21	48.084	0.004
Ber-Rechid	+ 0	29	39.172	0.007
Bukarest	− 1	44	23.199	0.005
Buenos Aires	+ 3	53	44.920	0.006
Canton	− 7	33	2.15	
Cape	− 1	13	54.599	0.016
Coimbra	+ 0	33	43.103	0.009
Cordoba	+ 4	16	47.130	0.028
Dehra-Dun	− 5	12	11.777	
Evanston	+ 5	50	42.048	0.048
Gdynia	− 1	14	11.182	0.008
Greenwich	+ 0	0	0.015	0.003
Hamburg	− 0	39	53.422	± 0.009
Heidelberg	-0^h	34^m	$53^s.185$	$\pm 0^s.005$
Helwan	− 2	5	21.841	0.006
Honolulu-Niu	+10	30	55.265	0.023
Izaña	+ 1	5	58.060	0.007
Kharkov	− 2	24	55.719	0.011
Kitab	− 4	27	31.401	0.040
Kodaikanal	− 5	9	52.429	0.027
Ksara	− 2	23	33.754	0.053
Lembang	− 7	10	27.775	0.005
Leningrad	− 2	1	15.912	0.004
Lick (Mt. Hamilton)	+ 8	6	34.941	0.007
Liége	− 0	22	15.047	0.005
Lisabonn	+ 0	36	44.762	± 0.010

9723. Publikationen der Breitenkonferenz in Poltawa (15.—18. Okt. 1939). Kiew, Verlag Akad. Wiss. ukrain. Sowjetrepublik, 1941. 43 S. — Die einzelnen Publikationen sind in den entsprechenden Paragraphen aufgeführt.

§ 100

Nautik

10001. **J. M. Aymat,** Navegación astronómica. Las tablas Garcia. Nuevo y genial método de determinación del punto. Gráficas del Ministerio del Aire. Madrid 1945. 30 S.

10002. **J. M. Aymat,** Métodos gráficos para la determinación astronómica del punto. Rev. Aeronáutica Febr. 1946 S. 39—47.

10003. **W. H. Barton jr.,** World Wide Planisphere. Vgl. AJB **45** Ref. **10002.** — Weitere Besprechung in Pop Astr **52** 207.

10004. **W. H. Barton jr., C. O. Roth jr.,** Basic Problems in Celestial Navigation. Vgl. AJB **45** Ref. **10003.** — Weitere Besprechung in Pop Astr **52** 206.

10005. **B. J. Bok, F. W. Wright,** Basic Marine Navigation. Vgl. AJB **45** Ref. **10005.** — Weitere Besprechung in Pop Astr **52** 361—362 (R. H. Baker).

10006. **I. Broc,** Deux applications de Radar pour la navigation maritime. Ann. des Télécommunications **1** 48—93, 1946. — Ref. in Ann. Françaises de Chronométrie **16** 207.

10007. **D. Brouwer, F. W. Keator, D. A. Mc Millen,** Spherographical Navigation. Vgl. AJB **45** Ref. **10006.** — Weitere Besprechung in Pop Astr **52** 155.

10008. **F. Chichester,** Astro-Navigation — Part III. London, G. Allen and Unwin, 1942. Preis 2 s. 6 d. — Besprechung in Obs **64** 244.

10009. **F. Debenham,** Astrophysics: First Steps in Navigation by the Stars. Vgl. AJB **44** Ref. **10006.** — Weitere Besprechung in Obs **64** 375—376.

10010. **R. M. Field, H. T. Stetson,** Map Reading and Avigation. Vgl. AJB **45** Ref. **10013.** — Weitere Besprechung in Pop Astr **51** 56—58 (S. Herrick), Pop Astr **51** 232 (J. Q. Stewart).

10011. **S. Herrick,** Position line graphs. Astr. Pap. Univ. Calif. Nr. **2,** 7 S., mit 5 Fig., 1943. — Graphische Positionslinien von Hamal und Procyon sind für bestimmte geographische Koordinaten in Tafeln gegeben, deren Gebrauch an Hand von Beispielen dargelegt wird. Sie sind für die Luftnavigation gedacht. Str.

10012. **S. Herrick,** Grid navigation. Geogr. Rev. **34** 436—456, mit 9 Fig., 1944 = Astr. Pap. Univ. Calif. Nr. **3.** — Die Gerade-Linie-Navigation in einer Karte, die keine Merkator-Projektion ist, wird trotzdem durch die Einführung eines Netzes möglich, das sich aus der Meridian-Konvergenz + den magnetischen Variationen zusammensetzt. Die praktische Bedeutung dieser «isogrivs» ist an Beispielen gezeigt, wobei die Radio-Navigation und die verschiedenen Kartenprojektionen besonders berücksichtigt werden. Str.

10013. **S. Herrick,** The accuracy of Ageton's method in celestial navigation. Publ ASP **56** 149—155, mit 2 Fig., 1944 = Astr. Pap. Univ. Calif. Nr. **4.** — Es wird der maximale Fehler (bis 30 Meilen bei Höhen nahe 90°) in Abhängigkeit von der nach diesen speziellen Tafeln gerechneten Gestirnshöhen mitgeteilt und an Beispielen klargemacht. Str.

10014. **J. C. Kingsland, D. W. Seager,** Navigation. Vgl. AJB **45** Ref. **10020.** — Weitere Besprechung in Pop Astr **51** 525.

10015. **R. de la Mar,** De ciencia náutica. Un gigantesco progreso en la navegación astronomica. Rev. General Marina **130** 697—700, 1946.

10016. **A. L. Miéville,** Astronomical Navigation without Mathematics. London, Macmillan, 1946. 10 + 25 S. mit 11 Fig. Preis 3 s. net. — Vgl. AJB **45** Ref. **10023.** Besprechung in Obs **67** 73 unter dem Titel: Star navigation for beginners.

10017. **S. S. Rabl,** The Star Atlas and Navigation Encyclopedia. Vgl. AJB **45** Ref. **10026.** — Weitere Besprechung in Scientific Monthly **64** 266—267 (R. W. Knox).

10018. **C. K. Seyfert,** Ships and stars. ASP Leaflet Nr. **160,** 8 S., 1942.

10019. **W. T. Skilling, R. S. Richardson,** The Practical Essentials of Pre-Training Navigation. Vgl. AJB **45** Ref. **10031.** — Weitere Besprechung in Pop Astr **51** 56—58 (S. Herrick), Publ ASP **54** 271—272.

10020. **S. Slaucitajs,** Vergleichende Untersuchung uber die Genauigkeit der S-Diagramme. Contr. Baltic Univ. Hamburg-Pinneberg Nr. **13,** 17 S. mit 7 Fig., 1946. — Beschreibung der S-Diagramme als auch des astronomischen Rechengerätes, deren Handhabung durch Beifügung je eines Beispiels erläutert wird. Bei Benutzung des S-Diagramms kann gegenüber dem astronomischen Rechengerät die dreifache Genauigkeit erreicht werden. Abschließend werden einige Mängel des astronomischen Rechengerätes aufgezeigt, deren Beseitigung in Verbindung mit den ebenfalls dargelegten Verbesserungsvorschlagen eine Genauigkeitssteigerung für dieses Gerat erwarten lassen.

10020a. **W. M. Smart,** On a problem in navigation. MN **106** 124—127, mit 1 Fig.

10021. **C. H. Smiley,** Navigation with a watch. Pop Astr **51** 136*, 245—251, 1943.

10022. **C. H. Smiley,** Increased accuracy with Ageton's method. Pop Astr **52** 379—383, 1944.

10023. **J. Q. Stewart, N. L. Pierce,** Marine and Air Navigation. Vgl. AJB **45** Ref. **10036.** — Weitere Besprechung in Pop Astr **52** 256—259 (H. N. Russell).

10024. **J. A. Stowell,** Practical Marine Navigation. Vgl. AJB **45** Ref. **10037.** — Weitere Besprechung in Pop Astr **53** 424.

10025. **C. H. True,** Celestial Navigation for Aviators. Ohne Quelle. — Besprechung in Pop Astr **51** 406, 1943.

10026. **P. V. H. Weems, W. C. Eberle,** Learning to Navigate. Vgl. AJB **45** Ref. **10039.** — Weitere Besprechung in Pop Astr **51** 525 (O. J. Lee).

Nachtrag

6677. Komet 1946 k Bester

Anzeige:	Harv Card 778, Obs **66** 398, Pop Astr **54** 552.	
Beobachtung:	Flagstaff	Harv Card 780, Pop Astr **54** 552
	Washington	Harv Card 784, 785
	Williamsbay	Pop Astr **54** 552
Elemente:	J. Bobone	Harv Card 780, Pop Astr **54** 552
	L. E. Cunningham	Harv Card 783
Ephemeride:	G. van Biesbroeck	Pop Astr **54** 553
	L. E. Cunningham	Harv Card 783
	A. D. Maxwell, H. G. Hertz	Harv Card 784

6678. Komet Borrelly

Ephemeride: L. E. Cunningham Harv Card 774

6679. Kometen. Sternwarten und Beobachter

Asiago	A. Gennaro, S. Taffara
Basel	J. O. Fleckenstein
Berkeley	M. E. Stahr
Besançon	V. Maitre
Bloemfontein	J. S. Paraskevopoulos
Bordeaux	P. Sémirot
Cambridge, Engl.	W. H. Steavenson
Cambridge, Mass.	R. N. Thomas, F. L. Whipple
Cordoba	J. Bobone, C. G. Torres, A. S. de Volponi
Cormeilles-en-Parisis	R. Weber, F. Weber
Dunedin	D. C. Berry
Flagstaff	H. L. Giclas
Fort Davis	G. van Biesbroeck
Juvisy	F. Quénisset
Kiew	F. Felizin
Königsberg	E. Przybyllok
Kyoto	—
La Plata	B. H. Dawson
Madrid	R. Carrasco
Mt. Hamilton	G. H. Herbig, H. M. Jeffers, G. Nagtegaal, J. Vinter-Hansen
Oak Ridge	C. Bauer, S. Daro, E. van Dien, M. R. Hunt, I. R. King, R. Le Claire, U. Mayer, E. Reilly, M. P. Savedoff
Poughkeepsie	B. G. Karpov
South Hadley, Mass.	A. H. Farnsworth
Tokyo	H. Hirose
Toulouse	W. H. Dirks, B. de Jekhowsky, P. Prêtre
Turku	Y. Vaisälä
Uccle	S. Arend, E. Delporte, F. Rigaux
Washington	H. E. Burton, E. G. Reuning, B. P. Sharpless
Williamsbay	G. van Biesbroeck, G. Hall
Yeoville	Van den Bos (NAT **1946** 111)

Namen-Verzeichnis

Das Verzeichnis verweist auf die Stellen, an denen Arbeiten und Beobachtungen der Autoren besprochen sind, hingegen nicht auf Stellen, an denen auf solche Arbeiten nur Bezug genommen oder ein Name in irgendeinem Zusammenhange genannt wird. Auch sind reine Personalnotizen nicht berücksichtigt, da sie schon in § 3 alphabetisch geordnet sind.

Sach-Verzeichnis

Das Sachverzeichnis soll ein schnelles Aufsuchen nach einem Stichwort ermöglichen. Im allgemeinen ist bei mehreren aufeinanderfolgenden Referaten uber den gleichen Gegenstand nur die erste Seite nachgewiesen. Der Benutzer hat daher auch die folgenden Seiten des betreffenden Paragraphen einzusehen.

Berichtigung

AJB **45**, 1943/46 I

S. 233 Ref. **8422**. Das Referat zu der Arbeit ist dem Inhalt nach identisch mit dem von Ref. **8423**. Die zu Ref. 8422 gehörende Besprechung ist AJB **46** Ref. **8414** zu entnehmen.

FSC
www.fsc.org
MIX
Papier | Fördert gute Waldnutzung
FSC® C083411

Zeitfracht Medien GmbH
Ferdinand-Jühlke-Straße 7
99095 Erfurt, Deutschland
produktsicherheit@kolibri360.de